U0293828

材料与结构损伤的计算理论与方法

Calculating Theories and Methods on Damage of Materials and Structures

虞岩贵　著

Yangui Yu

国防工业出版社

·北京·

内 容 简 介

本书借助力学和材料中常用的参数和常数,对材料从微观损伤、细观损伤至宏观损伤,就损伤体强度计算、强度准则、扩展速率、寿命预测,分别提出了新的计算理论、新的计算式和计算方法。书中涉及单调和疲劳载荷,有低周、高周、超高周以及多轴疲劳下的加载形式;从损伤行为的起点到各临界点,绘制了与各计算式相对应的各种曲线与全过程行为对应的几何图形;对重要的参数、方程给出了具体的几何和物理意义;在各章节给出材料或结构件的计算实例。书中还提供了材料损伤行为综合图和综合表格,使读者阅读后形成总体概念。此书是融合数学、物理、力学、材料、机械结构与现代疲劳 – 损伤 – 断裂为一体的综合性学术著作。它使现代疲劳 – 损伤学科与材料力学、机械结构建立了联系和沟通,使损伤体计算与裂纹体计算取得了等效一致的结果,使当今主要依赖于实验的疲劳和损伤新学科像材料力学、机械设计学科那样,成为可计算的学科。

本书适合高校力学、材料、机械、建筑、航空航天、军事工程、交通运输、石油、化工、农业等专业的教师、本科生、硕士和博士研究生以及研究人员阅读;也可供机械行业的工程技术人员参考。

图书在版编目(CIP)数据

材料与结构损伤的计算理论与方法/虞岩贵著. —
北京:国防工业出版社,2022.8
ISBN 978 – 7 – 118 – 12511 – 5

Ⅰ.①材…　Ⅱ.①虞…　Ⅲ.①材料—损伤(力学)—计算方法　Ⅳ.①TB301

中国版本图书馆 CIP 数据核字(2022)第 129837 号

※

国防工业出版社出版发行
(北京市海淀区紫竹院南路 23 号　邮政编码 100048)
北京虎彩文化传播有限公司印刷
新华书店经售

*

开本 710×1000　1/16　印张 21¼　字数 380 千字
2022 年 11 月第 1 版第 1 次印刷　印数 1—1000 册　定价 158.00 元

(本书如有印装错误,我社负责调换)

国防书店:(010)88540777	书店传真:(010)88540776
发行业务:(010)88540717	发行传真:(010)88540762

前　　言

众所周知,如今各个行业的工程机械和结构都是基于传统的材料力学和结构力学而做出设计、计算和制造的。许多结构体在强度设计计算时已经满足安全要求,但还是常常发生灾难性的事故。例如:有的强度设计足够的飞机,却发生了机毁人亡;有的强度设计足够的压力容器却发生了爆炸;有的强度设计足够的桥梁发生了断裂……。殊不知,这是因为这些结构体的材料中存在着各种各样的缺陷或应力集中引发了损伤。而大大小小的缺陷和应力集中,几乎在铸造、焊接、机械加工中都有可能产生,有应力集中引发的损伤或裂纹的结构和材料,在疲劳载荷下,损伤或裂纹必然要扩展以致断裂。这是材料力学和结构力学无法计算的难题。损伤力学和断裂力学,就是在这种背景下产生的新学科。

此书属学术理论著作,它基于作者的一个理念,即在力学和机械工程领域中存在着类似于生命科学中的基因原理;以及基于作者长期从事机械设计、工程技术和科学研究相结合的经历;借助于材料科学中常用的计算参数和材料常数,可使当今主要依赖于实验的疲劳－损伤－断裂三学科,像可计算的传统材料力学和结构力学一样,成为可计算的学科。如此一来,对缩短三学科投入实验的周期,加速应用于工程安全设计、事故计算和分析,节省实验设备、人力和资金的投入,促进各学科自身的发展都有着重要的实际意义。

此书内容涉及诸多线弹性和弹塑性结构与材料行为的描述和计算;从微观、细观至宏观损伤,从材料损伤的驱动力、门槛值模型至各个阶段以至全过程的强度计算准则、损伤演化速率、寿命预测,都分别而具体地提出了新的计算理论、大量原创性的计算模型、各种各样的计算式和计算方法。书中提到的载荷形式涉及单调和疲劳载荷;从低周、高周至超高周,以及多轴疲劳加载。书中所论述与加载方式对应的各个临界点、各段直线、全过程曲线,以及由它们构成的各个几何图形,都分别给出了相应的计算表达式、相应的几何含义和物理含义的概念。在各章节末尾,结合实际工程应用,分别给出材料或机械构件的具体计算实例,给出了具体的计算方法和计算步骤、相应的计算表格,以及用计算数据所描绘的曲线。在本书最后的章节,还给出了简化的归纳性表格和材料行为综合图。从而使读者阅读全书后能对结构与材料行为的描述和计算形成总体的概念。从理论上它为工程结构的损伤强度和寿命预测计算提供了全面而系统的计算路线、具体的计算式与计算方法。因此,此书是融合数学、物理、工程材料、材料力学、机械结构与现代疲劳、损伤力学、断裂力学为一体的综合性学术理论著作。

应该说明,作者已步入晚年,只想做一点抛砖引玉的工作,继续为国家的科学和教育事业贡献微薄之力。此书从研究、写作、编辑至校订;从计算机上的打字、绘图,以至出版中的烦琐事务,其人力和物力许多场合只能靠自身投入而完成。因力量单薄,眼力不足,加上水平有限,书中的缺点和错误在所难免,敬请读者批评指正。

温州大学,虞岩贵

2020 年 8 月

目　　录

绪　论

众所周知,传统材料力学是一门可计算的学科,它为各个行业的工程机械和结构设计奠定可计算的基础做出了巨大贡献。但是它通常只能应用于单调载荷下的强度计算,还不能用于疲劳载荷下的损伤计算,也不能为出现裂纹的材料和结构做强度和寿命的预测计算。这是因为它没有考虑在上述载荷条件下所出现的材料损伤或出现裂纹的问题,因而在它的计算模型中,没有包含损伤变量和裂纹尺寸的参数。

现代疲劳学科,它可以应用于材料和构件的寿命预测计算。但是目前,它实际上主要依赖于实验。正因为这样,实验周期长,投入的设备、人力和资金巨大,已建立可计算的数学模型还难以满足大量工程计算的需要。

现代断裂力学学科,它具有应力参数和裂纹尺寸的明确的量纲和单位,可以应用于材料在出现裂纹之后的剩余强度和寿命的计算和设计。但是目前,还是主要依赖于实验,而且在宏观裂纹出现之前,对小裂纹扩展行为的计算,实际上也未能付诸应用。

特别是现代损伤力学,目前基本上还只是停留在书本和课堂上,从理论到理论,某些学者却认为它只适用于在材料出现裂纹之前的损伤分析和计算;与材料力学和断裂力学相比,还缺乏明确而具体的计算量纲和计算单位;从某种意义上说,实际上与工程的实际应用相差甚远。

因此,总体来说,疲劳、损伤、断裂三学科,许多学者付出了大量的辛勤劳动,做出了巨大的贡献。但时下,总体看来,主要都还依赖于大量的实验,在特定的加载条件下,用实验所取得某些数据建立数学模型而进行某种条件下的应用计算。

尤其是对于损伤力学而言,对于受损伤或含缺陷的各种各样的材料与结构,在各种形式的疲劳加载条件下,从微观损伤到宏观损伤解决各个阶段及全过程强度计算、损伤扩展速率计算、寿命预测计算,从物理意义和几何意义的理论上,从数学模型到几何图形的描述和计算方法上,解释各种各样的理论和实际疑问,显然目前还没有解决的太多的大问题。因此用于疲劳、损伤、断裂三学科的实验周期和时间,投入的人力、设备和资金,都将是一个巨大的付出。

作者发现,在服务于工程领域的诸学科中,例如,在力学学科中,存在着类似于生命科学中的基因原理。作者在以往长期的研究中,应用了此"基因"原理,提出了一些新的理念和理论,提出了一些可计算的数学模型,为损伤演化行为的各个阶段,以至全过程扩展的驱动力、强度准则以及损伤演化速率计算、寿命预测计算,提供了较全面、较系统的可计算数学表达式和计算方法。使它在材料出现裂纹前后都具有一定的可计算功能;使它为某些不同的材料,在不同的加载条件下,从微观损伤、细观损伤到宏观损伤,以至全过程一定范围内具有可计算功能;使它与断裂力学建立联系和沟通,具有明确而具体的计算量纲和单位。试图使损伤力学变成像传统材料力学、结构力学那样逐步成为可计算的学科。如果可能,那将能够为缩减疲劳-损伤-断裂的实验节省人力和资金的巨大投入;促进新学科在航空航天、国防军事、交通运输、石油化工、建筑与农业等机械工程中的应用;促进各相关新学科之间的沟通和发展。

自然科学和社会科学中在基因问题上的普遍规律
——浅谈认识论与方法论上的一点认识

生命科学中的基因原理和技术,主要是单元体与结构之间的原理和技术。而单元体与结构体的关系,从广义上说,各个领域都普遍存在。

(1) 生命科学中的单元体与结构体之间的关系,例如细胞是一个结构体,它由各种蛋白质、碳水化合物及其各种元素的单元体组成;

(2) 材料科学中单元体与结构体之间的关系,例如各种材料的分子是一个结构体,它由各个材料的原子、原子核与电子等单元体组成;

(3) 工程学中的单元体与结构体之间的关系,例如汽车、飞机、计算机各类大大小小机器是一个结构体,它由各个部件、零件、元件等单元体组成;

(4) 数学和力学中的单元体与结构体之间的关系,例如方程式、计算式各种简单和复杂的表达式都是一个结构体,它由各个数学符号、计算参数和材料常数等单元体组成;

(5) 文字与语言中的单元体与结构之间的关系,例如文章中各种简单和复杂的成语、句子是一个结构体,它由各个文字、字母和符号等单元体组成;

(6) 社会组织与社会团体的单元体与结构体之间的关系,例如学校、企业、家庭是一个结构体,它由每个个人或成员等单元体组成。

如此等等,还有很多。所有的单元体都类似于生命科学中的基因,所有的结构体都类似于生命科学中的基因结构体;而所有的单元和结构体,都有如下的共性:

（1）都具有自身的固有特性，都有遗传性；

（2）都有可移植性、可转移性，可以复制，具有可克隆的技术；

（3）都可重新组合，构成新的结构体再发育、再生长或再发展。

这就是自然界科学和社会科学中在基因问题上的共性和普遍规律。

关于工程领域中存在类似于基因原理的理念和认识[1-11]

生命科学中的基因，本质上是生物体中的最小单元体。这些最小单元体在某一结构体中都具有自身的遗传性、可移植性、可重新组合的固有特性。当它发生新的移植后，虽然新组成的结构体具有新的特性，但是此单元体原有的遗传性、可转移性、可组合性的固有特性是不变的。

在传统的材料力学计算模型中，在描述材料行为和强度问题时，它所用的主要参数有应力 σ（MPa）、应变 ε（无量纲）以及它们的相关材料常数，如屈服应力 σ_s（MPa）、弹性模量 E（MPa）等。在这里，可以将应力 σ 以及它们的材料常数 σ_s、E 等单元体所具有的原有特性作为"遗传基因"。

在疲劳与损伤力学中，实验建立的模型中所使用的损伤参量 D（无量纲）、疲劳强度系数 σ'_f（MPa）、疲劳强度指数 b'（无量纲）、疲劳延性系数 ε'_f（无量纲）、疲劳延性指数 c'（无量纲）、循环强度系数 K'（MPa）、应变硬化指数 n'（无量纲）等参数和常数及其原有的特性也可作为单元体，即作为"遗传基因"。

在断裂力学中，在描述强度与寿命问题的材料行为时，主要基于裂纹尺寸 a（mm）作为变量，采用断裂韧性 K_{Ic}（MPa$\sqrt{m}$ 或 MPa $\sqrt{mm}$）与数学中的圆周率 π（无量纲）作为材料常数，我们可以将这些参数和常数当作"遗传基因"。

上述参数和材料常数，本质上都是工程计算中所建立起来的各种各样的计算模型（或称方程式、计算式）的最基本的单元体，这些单元体，可以按照不同的物理意义，根据自身的固有特性，按照一定的规律，进行各种各样的科学组合；也可以按新发现的规律，进行重新转移、重新组合而形成新的数学模型，此时它们原有的物理含义和单位仍保持不变。从这个认识论和方法论的角度去理解和观察问题，作者认为，在工程领域、材料科学、传统的力学和现代力学等学科中，同样存在着类似于生命科学中的基因原理。举例说明：

（1）在某一不同应力下的等效损伤值的计算式[1]：

$$D_i = \left(\sigma_i^{(1-n')/n'} \times \frac{E \times \pi^{1/(2n')}}{K'^{1/n'}} \right)^{\frac{2b'n'}{b'(2b'n'+1)}} （损伤单位）$$

式中的 D_i 被定义为在某一应力 σ_i 下产生的等效损伤量，此"D_i"的单位，计算结果是一个无量纲的数值，这里定义为"损伤单位"，它本质上也是无量纲的量。要使它变成具体的物理概念,作者把它定义等效于裂纹尺寸。具体说,如果计算结果数值是"5",就称"5 个损伤单位",它就等效于"5mm 裂纹长度"或"5mm 裂纹尺寸";如果计算结果是"378",就称为 378 个"损伤单位",它就等效于"378mm 的裂纹长度"。式中其他参数的物理含义和量纲单位,如前面所述,同力学和材料学科中的量纲和单位相同。

这样一来,损伤力学就变成了与传统的材料力学和现代的断裂力学一样,都有明确物理意义,它有了具体的量纲和计算单位。

(2) 损伤强度计算准则[1]:

$$\sigma_{\mathrm{I}} = \left(\frac{K' \times D^{(2n'b'+1)/2}}{E^{n'} \pi^{1/2}} \right)^{\frac{1}{1-n'}} \leqslant \sigma_{\mathrm{Ic}} (\mathrm{MPa})$$

式中的 σ_{I} 被定义损伤 σ_{I} 型应力强度因子;而此 σ_{Ic} 被定义为"损伤 σ_{I} 型临界强度因子",它们之间的关系构成了材料在加载单调载荷或疲劳加载下强度计算的准则。

如果在材料、疲劳、损伤力学之间建立某种联系和沟通,对某些参数分别提供相互转换的途径和方法,之后,对它们方程中的变量之间、材料常数之间进行转换(或换算)。这样一来,就可能实现建立新方程的目的。例如,我们可以将应力 σ 和材料常数 σ_{s}、E、ψ 与变量 D_1 结合,一起使其转移到微观损伤力学的相关计算式中;再将这些参数与变量 D_2 结合,使其转移到宏观损伤力学相关计算式中;那么,有可能用这些参数(σ、ε、σ_{f}'、$\varepsilon_{\mathrm{f}}'$ 等)分别地建立微观和宏观阶段上的损伤力学新的驱动力模型、损伤演化速率方程、寿命预测方程;甚至,可以用这些参数和全过程变量 D,建立全过程计算的数学模型。

有趣的是,对比损伤学科中与损伤变量 D 相关的参数的计算结果和同在断裂学科中与裂纹变量 a 相关的参数计算结果发现,虽然两者所属学科不同,但计算结果的数据是一致的。

显然,上述参数和材料常数同生命科学中的那些参数比较,由于学科不同,它们的性能显然是不同的。但是,只要遵循生命科学中相类似的规律,对于那些参数和常数既具有自身的固有特性,又有可转移、可重新组合的特性。对此,在认识论上和方法论上是相似的。

基于以上认识和理念,作者在材料力学、疲劳、损伤力学之间建立某种联系,按照各学科自身的规律,对它们的数学模型的结构及其参数之间的相互关系进行了物理和几何意义上的分析,对它们的方程进行了推导,对单位之间的相互关系进行了换算,然后对新建立的方程进行反复计算、检查和验证,构建和派生出更多的可计算模型,提供了大量的可计算方程式。其目的是试图使传统的材料力学、结构力学与现代疲劳学科、损伤力学之间建立沟通,使这些新建立的可计算的强度计算模型、速率方程式、寿命预测计算式能像材料力学中的那些方程一样,逐步变成可计算的数学模型。实现这个目标对工程设计、机械结构安全运行和维修的评定和管理中的计算分析,都将有重大的实际意义。

作者的声明和希望

科学研究的目的在于应用。虽然此书尽力围绕着工程应用,为工程材料和结构件的微观、细观至宏观行为的强度、损伤演化速率和寿命预测的计算问题,为工业工程领域中的机械设备的设计计算和安全分析而研究、建议并提供了许多可计算的数学模型和计算表达式。但是,由于研究工作量极大,这些计算模型毕竟还只是理论工作,它主要是依赖于材料手册中有限的实验数据,用数学分析和推导的方法而取得的理论成果。虽然在许多实例计算中提供计算的步骤方法较为具体、实用,但在许多实例中,因为缺乏足够的实验数据,有的还只能采用假设的方式,有的只能用假定的取值数据,其目的是给读者先提供可接受的认识思路和容易理解的思维方法。

因此,在工程应用计算之前,必须还得依赖于大量的实验数据做检验、比较、验证和修正。另外,正因为许多数学模型研究建立的工作量极大,加上作者已年过八旬,步入晚年,在数学分析和推导工作中,在写作、打字、绘图和制表工作中,个人力量单薄,有时眼力不足,书中难免存在错漏之处。作者真诚地希望相关行业的读者在阅读和用实验检验之后提供宝贵意见和建议反馈,以便作者能及时进一步地修正,共同为发展和繁荣祖国的科学事业贡献力量。而此,也是撰写这一学术著作的动机之一,也为此,向读者表示衷心的感谢!

参考文献

[1] YU Y G(Yangui Yu). Calculations on Damages of Metallic Materials and Structures[M]. Moscow:KNORUS, 2019:1 - 14.

[2] YU Y G(Yangui Yu). Calculations on Fracture Mechanics of Materials and Structures[M]. Moscow:KNORUS, 2019:10 - 14.

[3] YU Y G(Yangui Yu). Calculations on Cracking Strength in Whole Process to Elastic - Plastic Materials—TheGenetic Elements and Clone Technology in Mechanics and Engineering Fields [J]. American Journal of Science and Technology, 2016, 3(6):162 - 173.

[4] YU Y G(Yangui Yu). The Life Predictions in Whole Process Realized with Differet Variables and Conventional Materials Constants for Elastic Plastic Materials Behaviors under Unsymmetri-

cal Cycle Loading [J]. Journal of Mechanics Engineering and Automation, 2015 (5): 241 – 250.

[5] YU Y G(Yangui Yu). Multi – Targets Calculations Realized for Components Produced Cracks with Conventional Material Constants under Complex Stress States [J]. AASCIT Engineering and Technology, 2016, 3(1): 30 – 46.

[6] YU Y G(Yangui Yu). The Life Predicting Calculations in Whole Process Realized with Two Kinks of Methods by means of Conventional Materials Constants under Low Cycle Fatigue Loading[J]. Journal of Multidisciplinary Engineering Science and Technology (JMEST) ,2014, 1 (5): 210 – 224.

[7] YU Y G(Yangui Yu). Damage Growth Rate Calculations Realized in Whole Process with Two Kinks of Methods[J]. AASCIT American Journal of Science and Technology, 2015, 2(4): 146 – 164.

[8] YU Y G(Yangui Yu). The Calculations of Evolving Rates Realized with Two of Type Variables in Whole Process for Elastic – Plastic Materials Behaviors under Unsymmetrical Cycle[J]. Mechanical Engineering Research. Canadian Center of Science and Education, 2012, 2(2):77 – 87.

[9] YU Y G(Yangui Yu). Strength Calculations on Damage in Whole Process to Elastic – Plastic Materials——The Genetic Elements and Clone Technology in Mechanics and Engineering Fields[J]. American Journal of Science and Technology, 2016, 3(5):140 – 151.

[10] YU Y G(Yangui Yu). The Predicting Calculations for Life time in Whole Process Realized with Two Kinks of Methods for Elastic – Plastic Materials Contained Crack[J]. AASCIT Journal of Materials Sciences and Applications, 2015, 1(2): 15 – 32.

[11] YU Y G(Yangui Yu). The Life Predicting Calculations in Whole Process Realized by Calculable Materials Constants from short Crack to Long Crack Growth Process[J]. International Journal of Materials Science and Applications, 2015, 4(2): 83 – 95.

第1章 无缺陷材料的损伤强度、损伤速率、寿命预测计算

本书将有缺陷的材料和构件统称为损伤体。对于有缺陷的材料和构件，通常存在着两种形式。一种是原先为无缺陷的材料和构件，这里称为无缺陷材料或无损伤构件，或统称为无损伤体。这种无损伤体，在外力作用下，从位错、产生滑移线，发展至滑移带而引发损伤；或者因加工构件的形状和表面粗糙度不同，在外力作用下产生应力集中而引发损伤，这是当今损伤力学的研究范围。另一种是原先在铸造或焊接等工艺过程中存在缺陷，这里称为含缺陷材料或含缺陷构件，或统称为含缺陷损伤体。这种含缺陷损伤体的缺陷的尖端，在外力作用下形成应力-应变场，引发更大的应力集中，这是当今断裂力学的研究范围。作者认为，无损伤体萌生的裂纹（损伤）与含缺陷损伤体已有的裂纹（损伤）尖端的应力-应变场，两者起因有明显区别。前者主要是外力产生应力-应变引发损伤，这种损伤行为表现主要与外力有密切的联系，其行为演变的整个过程是连续的。后者虽然同外力大小有关，但主要与原先缺陷尖端的应力-应变场的形状和大小有着密切的联系；而且因为原先的缺陷，裂纹演化行为是不连续的。两种损伤有不同形式的起因和起源，对于它们的材料行为在不同阶段表现应该是相同或者不同，国内外有着不同的认识。作者认为：两者有不同，也有类似；前阶段行为表现不同，后阶段有相似。本书侧重于计算，针对各种各样不同性能的材料，描述它们出现不同形式损伤后在不同阶段的表现，从理论上说，其数学模型应有各种各样的形式，难以用少量数学模型描述其诸多的行为。

此外，即使是无缺陷的连续材料和构件，当它因外力或应力集中作用萌生微观损伤，演化至细观损伤，再扩展到宏观损伤阶段时，宏观损伤的行为也不同于初始萌生的微观损伤和细观损伤的行为。而且，对于无缺陷的弹性材料与塑性材料，除在低周疲劳下其应变与寿命之间的关系可能近似地用同一数学模型表达外，当它在低应力或高周疲劳加载下而发生失效，它们的行为在整个漫长的演变中，在不同的阶段，其行为表现也是不同的，因而某些情况下难以用相同的数学模型去表述它在不同阶段上的不同行为。但是，在整个过程中，不同阶段的不同行为，总是有连接点；而描述不同行为的方程，也应有连接的形式。这个新形

式的方程,被后文称为全过程连接方程。

按照上述两种思路,书中就损伤强度、损伤速率和寿命预测计算分别提出了各种不同的数学模型。有关原先是无损伤材料和无损伤构件的计算主题,放在第 1 章中介绍和叙述。有关原先存在缺陷的材料和构件的计算主题,将在第 2 章中介绍和叙述。

为描述材料损伤演化在不同过程中的不同行为,阐述损伤力学计算参数与断裂力学计算参数之间的关系,首先要对一些变量和参数做如下的定义[1-6]:

(1) 材料从微观损伤至失效断裂的整个过程,采用一个参数"D"作为全过程变量。它等效于从微裂纹至长裂纹扩展,直至材料发生断裂的全过程裂纹变量"a"。

(2) 材料从微观损伤萌生至宏观损伤形成的阶段为第一阶段,其损伤值的大小、量纲和单位,等效于材料从微观裂纹萌生至宏观裂纹形成阶段的尺度、量纲和单位。这一阶段的损伤值范围大约是 0.02 损伤单位(等效于小裂纹尺寸 $a_1 \approx 0.02$mm)至损伤过渡值"$D_{tr} \approx 0.3$"损伤单位(等效于裂纹过渡尺寸 $a_{tr} \approx 0.3$mm);这一阶段(即第一阶段)的损伤变量,采用变量"D_1",等效于短裂纹变量"a_1"。

(3) 材料从宏观损伤形成阶段至损伤扩展阶段,称第二阶段,这一阶段采用变量"D_2"表示;它相当于宏观裂纹扩展阶段,此变量等效于长裂纹变量"a_2"。

(4) 本书中某些数学模型的结构和组成与断裂力学中数学模型的结构和组成相似。

(5) 有关微观损伤和细观损伤计算式中出现材料常数的量纲和单位,同材料力学与断裂力学计算式中量纲和单位相似或相同,例如:应力 σ(MPa),应变 ε(%)是相同的;而损伤临界应力强度因子 K'_{Ic}(MPa $\sqrt{1000\text{damage} - \text{unit}}$)同断裂力学中的临界应力强度因子 K_{Ic}(MPa $\sqrt{\text{m}}$)相似。

(6) 计算式以及计算式中的一些参数、材料常数的物理意义和几何意义,同材料力学和断裂力学中计算式以及计算式中的参数、材料常数的物理意义和几何意义相同或相似。

(7) 对于同一材料,在相同条件下,有关强度计算、速率计算和寿命预测计算的结果数据,同材料力学和断裂力学中的计算式的结果数据一致或接近。

在图 1-1 中有两组曲线图:一组是强度问题的曲线,是关于在单调加载或疲劳加载下,材料抵抗作用力所表现出的强度行为的曲线,它用粉红色曲线 $jEE'k$ 表示;另一组是损伤演化速率和寿命问题的曲线,是在疲劳加载产生应力或应变作用下,材料所表现出的损伤扩展速率或寿命行为的演化曲线。对于低周疲劳,图 1-1 中用曲线 $C_1B'C_2$(黄色的)表示;对于高周和超高周疲劳,它用曲线

$A'A_1BA_2$（绿色的，$R=-1$，$\sigma_m=0$）和 $D'D_1D_2$（蓝色的，$R\neq-1$，$\sigma_m\neq0$）表示。

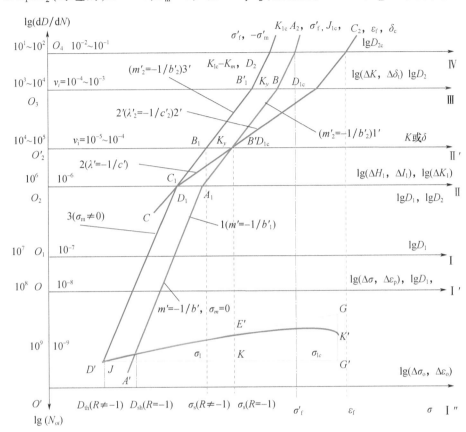

图 1-1　材料全过程损伤扩展行为综合图[1-2]

1.1　材料损伤强度计算

本书对于原有缺陷或在外力作用下发生损伤的材料或构件，称其为损伤材料或损伤构件。

本节分为两大主题：

＊单调载荷下的连续损伤强度计算；

＊疲劳载荷下的连续损伤强度计算。

1.1.1　单调载荷下连续损伤强度计算

在单调载荷作用下损伤强度计算的各章节中，将提出一些有关损伤强度计算的理论、数学模型、计算参数和材料常数,以及强度计算准则,其中有损伤门槛值 D_{th}、损伤门槛应力强度因子 K'_{th}、损伤临界值 D_{Ic}、临界损伤应力强度因子 K_{Ic} 等。这些参数是属于单调加载下的计算参数。

还应该说明,损伤计算中常用的变量"D"是无量纲的量,为了有效地建立损伤力学与断裂力学之间的联系和沟通,必须定义:用抽象的无量纲的名称"一个损伤单位的量值,等效于 1mm 的裂纹长度",单位标号为"1damage – unit";用"1000 个损伤单位的量值,等效于"1m 长度的裂纹",单位标号为"1000damage – unit"[1,3-6]。

1. 损伤门槛值的计算

应该指出,对于一般的钢材来说,虽然加载的方式不同,或者加载在不同的应力水平加载下,但是材料总是存在着如图 1 – 1 中所指出的大约在 A'、D' 点附近位置的损伤门槛值,这个损伤门槛值 D_{th} 只与呈现材料特性的参数 $b_1 = b$ 有关,此处 b 是材料在单调加载下的强度指数。D_{th} 只借助于 b 的大小可以用下式计算[1,3-6]:

$$D_{th} = D_{th1} = \left(\frac{1}{\pi^{0.5}}\right)^{\frac{1}{0.5+b}} = 0.564^{\frac{1}{0.5+b}} (\text{damage} - \text{unit}) \qquad (1-1)$$

从表 1 – 1 中所计算的数据看,损伤门槛值 D_{th} 的大小在 0.21 ~ 0.275 damage – unit(损伤单位)的范围内,相当于 0.21 ~ 0.275mm 短裂纹尺寸的范围。

作者发现,这个门槛值与材料性能 $b_1 = b$ 有关。这里定义"D_{th1}"为在静载荷下的损伤第一门槛值,它有别于后面提出的第二损伤门槛值 D_{th2}。

表 1 – 1 损伤门槛值 D_{th} 计算数据

材料[7-9]	σ_b	σ_s	E	K	n	b	D_{th}
QT600 – 2	748	456	150376	1440	0.1996	– 0.0777	0.258
QT800 – 2	913.0	584	160500	1777.3	0.2034	– 0.083	0.253
ZG35	572.3	366	204555	1218	0.285	– 0.0988	0.240
60Si2Mn	1504.8	1369	203395	1721	0.035	– 0.1130	0.228
16MnL	570		200700			– 0.1066	0.233
16Mn	572.5	360.7	200741	856.1	0.1813	– 0.0943	0.244
20	432	307				– 0.12	0.222
40CrNiMoA	1167					– 0.061	0.271
BHW35	670	538				– 0.0719	0.262

2. 一定应力下当量损伤值计算与损伤值强度准则

方法 1

如果某一材料或构件在某一载荷加载下,材料内部晶粒产生位错或滑移,本

书则认为其发生了损伤。对于某一确定应力下的损伤值的计算,可以用下式做等效计算:

$$D_i = \left(\sigma_i^{(1-n)/n} \frac{E\pi^{1/(2n)}}{K^{1/n}} \right)^{\frac{2bn}{b(2bn+1)}} (damage - unit) \tag{1-2}$$

式中:D_i 为当量损伤值;K 为强度系数;b 为材料强度指数;n 为应变硬化指数;E 为弹性模量。

实际上,损伤值随着作用力的增加而增长,当 $\sigma \leqslant \sigma_s$ 时,按它的变化规律可以建立一条按损伤量计算的强度准则:

$$D_i = \left(\sigma_i^{(1-n)/n} \frac{E\pi^{1/(2n)}}{K^{1/n}} \right)^{\frac{2bn}{b(2bn+1)}} \leqslant [D] = \frac{D_{1c}}{n_1} (damage - unit) \tag{1-3}$$

式中:$[D]$ 为许用损伤值;D_{1c} 为达到屈服应力时的损伤临界值;n_1 为一个安全系数,对于脆性和线弹性材料,$n_1 \approx 3$,对于弹塑性材料,$n_1 \approx 1.6 \sim 2$。上述材料常数,都是单调载荷下的参数。但它们的取值大小还只是理论上和经验上的估计,在应用计算时还必须慎重地用实验验证来确定。而式(1-3)中的临界损伤值,建议用下式计算[9]:

$$D_{1c} = \left(\sigma_s^{(1-n)/n} \frac{E\pi^{1/(2n)}}{K^{1/n}} \right)^{-\frac{2mn}{2n-m}} (damage - unit) \tag{1-4}$$

还应该说明,损伤临界值 D_{1c} 的物理含义正是材料从弹性应变刚刚向塑性应变过渡时相对应的转折点上的损伤值,它等效于临界裂纹尺寸 a_{1c}。

当应力 $\sigma > \sigma_s$ 时,还存在着另一个损伤临界值 D_{2c},它是对应于断裂应力 σ_f 的后一阶段的临界值,可以取代 σ_s 用下式计算出来:

$$D_{2c} = \left(\sigma_f^{(1-n)/n} \frac{E\pi^{1/(2n)}}{K^{1/n}} \right)^{-\frac{2mn}{2n-m}} (damage - unit) \tag{1-5}$$

方法 2

必须注意,此方法 2 不同于方法 1,它的损伤值是一个剩余值的概念,随着应力的增大,其剩余的损伤值会减小。方法 2 适用于某些弹塑性材料的损伤值计算,例如钢 16Mn 和 Q235A 等。

对于 $\sigma \leqslant \sigma_s$,在弹性应变阶段,它的损伤值 D_e 的计算式可以用下式表示:

$$D_e = \left(\frac{KE}{\sigma C} \right)^2 / \pi (damage - unit) \tag{1-6}$$

式中:E 为弹性模量,是指数 "$m = -1/b$" 的微分(极限值)的积分(叠加值),即 $E = \int \mathrm{d}m$,m 在几何上是弹性阶段的斜率,物理意义是材料在弹性行为演化阶段

11

的变化率,E 实际上与别的参数存在着如下关系:

$$E = \frac{\sigma}{K} \sqrt{D_e \pi} C \qquad (1-7)$$

而对于 $\sigma \geqslant \sigma_s$ 时,其塑性应变损伤值 D_p 可以用另一形式表达:

$$D_p = \frac{K^{(2n+2)}}{\sigma^2 \pi} (\text{damage} - \text{unit}) \qquad (1-8)$$

式中:K 为强度系数,是指数"$\lambda = -1/c$"的微分(极限值)的积分(叠加值),即 $K = \int d\lambda$,λ 在几何上是塑性阶段的斜率,其物理意义是材料在塑性行为演化阶段的变化率。K 实际上同别的参数存在着如下关系,即

$$K = \frac{\sigma}{E} \sqrt{D_e \pi} C (\text{MPa}) \qquad (1-9)$$

对于某一材料在某一确定载荷(应力)下,整个全过程的损伤值 D_w 计算式,应该是

$$D_w = D_e + D_p = \left(\frac{KE}{\sigma C}\right)^2 / \pi + \frac{K^{(2n+2)}}{\sigma^2 \pi} (\text{damage} - \text{unit}) \qquad (1-10)$$

从上述那些计算模型中可以知道,那些损伤值 D 的强度概念是指具有连续性的材料,在某一应力 σ 作用下,而导致材料损伤量产生的程度。

3. 损伤强度计算与按损伤应力强度因子计算的强度准则

方法 1

基于上述理论,在这里还可以建立按应力水平计算的损伤强度准则,即

$$\sigma_I = \left(\frac{KD^{(2nb+1)/2}}{E^n \pi^{1/2}}\right)^{\frac{1}{1-n}} \leqslant [\sigma] = \frac{\sigma_{Ic}}{n_1 \text{ 或 } n_2} (\text{MPa}) \qquad (1-11)$$

式中:σ_I 为损伤应力强度因子,它是损伤扩展的驱动力;$[\sigma]$ 为损伤应力强度因子的许用值,$[\sigma] = \sigma_s/n_1$,它的物理意义是材料受到力的作用而被控制的许可范围,它的几何意义正是在综合图 1-1 中曲线所描绘的在整个图形面积($JE'GG'KJ$)中所包含的部分面积($JE'KJ$)。另外,$[\sigma]$ 也可以取 $[\sigma] = \sigma_f/n_2$,它是对应于断裂应力 σ_f 的许用值,此时的 σ_{Ic},其物理含义是材料达到断裂时所做的全部功,或者是材料断裂时所释放的全部能量。此时的 σ_{Ic},它的几何意义是图 1-1 中用黄绿色表示的整个图形($JE'GG'KJ$)相对应的面积。计算式中安全系数 n_1 和 n_2 应该由实验确定。

式(1-11)中的强度系数 K,对于某材料已达到屈服点所对应的损伤临界值时,可用下式计算:

$$K = \frac{\sigma_s^{(1-n)} E^n \pi^{1/2}}{D_{1c}^{(2nb+1)/2}} (\text{MPa}) \qquad (1-12)$$

对于材料已达到断裂点所对应的损伤临界值时,强度系数可用另外一些常数求出:

$$K = \frac{\sigma_f^{(1-n)} E^n \pi^{1/2}}{D_{2c}^{(m+2n)/2m}} (\text{MPa}) \qquad (1-13)$$

方法 2

应该注意,此方法也不同方法 1,它的强度值是一个剩余强度的概念。随着应力的增大,其剩余强度会减小。

这种方法是按材料的弹性行为和塑性行为来分阶段再相加计算材料的强度,例如,对于 $\sigma \leq \sigma_s$ 时,它在弹性阶段的损伤应力强度因子的计算式为

$$K_e = \frac{\sigma \alpha \sqrt{\pi D}}{E} C (\text{MPa} \sqrt{\text{damage} - \text{unit}}) \qquad (1-14)$$

式中:C 为单位的换算系数,$C = 1 \times 10^5 \text{MPa}$;$\alpha$ 为对损伤缺陷尺寸和形状的修正系数。

当 $\sigma > \sigma_s$ 时,它在塑性阶段的损伤应力强度因子的计算式为

$$K_p = (\sigma^2 \times \pi D)^{1/(2n+2)} (\text{MPa} \sqrt{\text{damage} - \text{unit}}) \qquad (1-15)$$

式(1-14)和式(1-15)的 K_e 和 K_p 是弹性与塑性损伤应力强度因子,它们相当于断裂力学中的第一阶段的应力强度因子 $K_1 (K_e = K_1)$ 和第二阶段的应力强度因子 $K_2 (K_p = K_2)$。

因此,包括描述弹性行为和塑性行为的整个全过程损伤应力强度因子 K'_w 的表达式应该是如下形式:

$$K_w = K_e + K_p \leq [K_w] (\text{MPa} \sqrt{\text{damage} - \text{unit}}) \qquad (1-16)$$

式(1-16)是材料全过程强度准则的另一表达形式。式中的 $[K_w]$ 是全过程许用损伤应力强度因子,$[Kw] = K_{wc}/3$。式(1-16)的展开式为

$$K_w = \frac{\sigma \sqrt{\pi D}}{E} C + (\sigma^2 \times \pi D)^{1/(2n+2)} \leq [K_w] \qquad (1-17)$$

如果考虑材料的损伤门槛应力强度因子 K_{th} 的大小,可表示为

$$K_{th} = \alpha_1 \sigma \sqrt{\pi D_{th}} \qquad (1-18)$$

式中:D_{th} 为损伤门槛值;α_1 为对微观损伤缺陷的修正系数,$\alpha_1 \approx (0.5 \sim 0.65)$,但需要实验确定。那么,此时材料全过程损伤应力强度因子的表达式应该由 3 项组成:

$$K_{\mathrm{w}} = \alpha\sigma \sqrt{\pi D_{\mathrm{th}}} + \frac{\sigma \sqrt{\pi D}}{E} C + (\sigma^2 \times \pi D)^{1/(2n+2)} \leqslant [K_{\mathrm{w}}] = K_{\mathrm{wc}}/n$$

$$(1-19)$$

材料全过程临界损伤应力强度因子为

$$K_{\mathrm{wc}} = \alpha_1\sigma \sqrt{\pi D_{\mathrm{th}}} + \frac{\sigma_{\mathrm{s}}\beta \sqrt{\pi D_{\mathrm{1c}}}}{E} + (\sigma_{\mathrm{f}}^2 \times \pi D_{\mathrm{2c}})^{1/(2n+2)} \qquad (1-20)$$

式中：β 为对屈服应力 σ_{s} 转化为弹性应力 σ_{e} 的系数,从材料力学实验数据中可查出;K_{wc} 为全过程临界损伤应力强度因子,相当于断裂力学中的临界损伤应力强度因子 K_{Ic}。此时,呈现材料的弹性行为的损伤临界值 D_{1c} 从理论上也可以用下式做近似计算：

$$D_{\mathrm{1c}} = \left(\frac{KE}{\beta\sigma_{\mathrm{s}}C}\right)^2 / \pi (\mathrm{damage} - \mathrm{unit}) \qquad (1-21)$$

而表现材料的塑性行为的损伤临界值 D_{2c} 也可以做类似计算：

$$D_{\mathrm{2c}} = \frac{K^{(2n+2)}}{\sigma_{\mathrm{f}}^2 \pi} (\mathrm{damage} - \mathrm{unit}) \qquad (1-22)$$

另一方面,对于表现线弹性行为的临界损伤应力强度因子,它可以用下式计算：

$$K_{\mathrm{ec}} = \sigma_{\mathrm{s}} \sqrt{\pi D_{\mathrm{s}}} (\sigma_{\mathrm{s}}/E)^{-n} (\mathrm{MPa} \sqrt{\mathrm{damage} - \mathrm{unit}}) \qquad (1-23)$$

而对于表现弹塑性行为的临界损伤应力强度因子,可以用另一形式计算：

$$K_{\mathrm{pc}} = \sigma_{\mathrm{f}} \sqrt{\pi D_{\mathrm{f}}} \sigma_{\mathrm{f}}^{-n} (\mathrm{MPa} \sqrt{\mathrm{damage} - \mathrm{unit}}) \qquad (1-24)$$

以上这些计算式用来分阶段或全过程地做损伤强度计算。

但是,在对某些材料计算时可以看出(如钢 30CrMnSiNi2A、4340 和 球墨 QT800 - 2 等),如果 K_{wc} 和 K_{Ic} 的单位一致(事实上它们只是等效的),那么, 这些材料的临界损伤应力强度因子 K_{wc} 值与它们在断裂力学中的裂纹临界损伤应力强度因子 K_{Ic} 值是相近似的。

举例说：对于 30CrMnSiNi2A 钢,它的 $K_{\mathrm{Ic}} = 73 \mathrm{MPa} \sqrt{\mathrm{m}}$,$\sigma_{\mathrm{s}} = 1308.3 \mathrm{MPa}$,强度系数 $K = 2355 \mathrm{MPa}$。

(1) 先用断裂力学中的"$\mathrm{MPa} \sqrt{\mathrm{m}}$"为单位,用屈服应力 $\sigma_{\mathrm{s}} = 1308.3 \mathrm{MPa}$ 代入下式,用裂纹临界的应力强度因子 K_{Ic} 计算式计算裂纹临界尺寸为

$$a_{\mathrm{1c}} = \frac{K_{\mathrm{Ic}}^2}{\sigma_{\mathrm{s}}^2 \pi} = \frac{73^2}{1308.3^2 \pi} = 0.991 \times 10^{-3} (\mathrm{m}) = 0.991 (\mathrm{mm})$$

得出计算结果,临界尺寸 $a_{\mathrm{1c}} = 0.991 \mathrm{mm}$。

(2) 然后再用强度系数 $K = 2355 \mathrm{MPa}$ 计算,使用损伤计算的结构式,同样将

屈服应力 $\sigma_s = 1308.3\text{MPa}$ 代入，得

$$D_{1c} = \frac{K^2}{\sigma_s^2 \pi} = \frac{2355^2}{1308.3^2 \pi} = 1.0314 \times 10^{-3}(1000\text{damage} - \text{unit})$$

$$= 1.0314(\text{damage} - \text{unit})$$

计算结果为 $1.0314(\text{damage} - \text{unit})$，同 0.991mm 很接近，只是因为学科不同，所以单位不一样，但两者之间是等效关系。

（3）如果采用断裂力学的计算式，用 mm 为单位计算裂纹的应力强度因子值的大小，这时应为

$$K_{\text{Ic}} = \sigma_s \sqrt{\pi a_{1c}} = 1308.3 \times \sqrt{\pi \times 0.991} = 2308(\text{MPa} \sqrt{\text{mm}})$$

其计算数值为 2308，此数据与强度系数的数值大小很接近。

（4）再校核强度系数值，以损伤临界值计算式计算：

$$K_{\text{Ic}} = \sigma_s \sqrt{\pi D_{1c}} = 1308.3 \times \sqrt{\pi \times 1.0314} = 2354.5(\text{MPa} \sqrt{\text{damage} - \text{unit}})$$

可见与原来的强度系数值 2355 很接近。

作者再验算了 QT800 - 2 等材料，发现断裂力学中的裂纹应力强度因子 K_{Ic} 似乎与强度系数 K 存在着某种等效的关系。两者之间的差异似乎是：断裂力学中的裂纹临界应力强度因子 K_{Ic} 的单位是"MPa $\sqrt{\text{m}}$"，用毫米表示为"MPa $\sqrt{\text{mm}}$"；而文献中的强度系数 K 先前的单位是"MPa"，本书中的定义单位是 MPa $\sqrt{\text{damage} - \text{unit}}$，它等效于 MPa $\sqrt{\text{mm}}$。

由此可见，在以往文献中对 K 的单位，实际上隐藏着未被发现的"mm"。在材料进入应变阶段，这样的微观、细观损伤实际上是存在的，只是先前未能计入量纲和单位中。

如果统一用"MPa $\sqrt{\text{mm}}$"计算，研究发现，对不同材料，有不同关系：对于脆性材料或某些线弹性材料，其弹性阶段的损伤应力强度因子与全过程损伤应力强度因子几乎相等；有的材料，弹性阶段应力强度因子分量占 2/3。换言之，裂纹的应力强度因子与强度系数，在数值上几乎相等或相近，即

全过程临界损伤应力强度因子：

$$K_w = K_{\text{th}} + K_{\text{ec}} + K_{\text{pc}}, \quad K_w = K_{\text{th}} + K_{1c} + K_{2c}$$

则 $K \approx K_{\text{Ic}}$ 或 $K_{\text{ec}} \approx 2/3 K_{\text{wc}}$，或 $K_{\text{ec}} \approx K_{1c}$。

对于如 LC4CS 那样的某些铝合金，全过程临界损伤应力强度因子为

$$K_w = K_{\text{th}} + K_{1c} + K_{2c}, \quad K_w = K_{\text{th}} + K_{1c} + K_{2c}$$

则 $K_{2c} > K_{1c}$ 或 $K_{\text{pc}} > K_{\text{ec}}$、$K_{2c}(K_{\text{pc}}) \approx K(K_{1c})$。

对于如 30CrMnSiA 那样的马辛材料，全过程损伤临界应力强度因子为

$$K_{\mathrm{w}} = K_{\mathrm{th}} + K_{\mathrm{ec}} + K_{\mathrm{pc}}, K_{\mathrm{w}} = K_{\mathrm{th}} + K_{\mathrm{1c}} + K_{\mathrm{2c}}$$

则 $K_{\mathrm{1c}} \approx K_{\mathrm{2c}}$ 或 $K_{\mathrm{ec}} \approx K_{\mathrm{pc}}$。

众所周知,弹性模量 E 与强度系数的单位都是 MPa。研究发现,弹性模量 E 先前可能已经包含了材料在应变过程中所发生的微观裂纹值;材料的强度系数 K 中更加可能在它发生塑性应变的过程前就已经包含了微观和细观裂纹尺寸,只不过早期还没有找到材料在发生变形过程中的裂纹尺寸如何计算而已。

表 1-2 和表 1-3 列出了 14 种材料的性能数据,而且还用相关计算式计算出了它们的损伤门槛值 D_{th},还可以比较临界损伤应力强度因子 K_{1c} 与强度系数 K 之间的关系。

表 1-2　单调载荷下某些材料的性能数据

材料[7-9]	σ_{b}	σ_{s}	E	n	σ_{f}	b
Q235A,应变硬化	470.4	324.6	198753	0.259	976.4	-0.0709
16Mn 应变硬化	572.5	360.7	200741	0.1813	1118	-0.0943
45 钢应变软化	897.7	816.9	193500	0.0369	1512	-0.0704
LC4CS	613.9	570.8	72572	0.063	710.6	-0.0727
9262	1000	786	200850	0.14	1220	-0.073
30CrMnSiA	1177	1104	203005	0.063	1795	-0.0859
QT600-2 应变硬化	677	521	150377	0.1834	888.8	-0.1056
ZG35 应变硬化	572.3	366.27	204555	0.285	809.4	-0.0988
60Si2Mn 应变软化	1505	1369.4	203395	0.035	2172	-0.1130
40Cr 应变软化	1085	1020	202860	0.0512	1265	-0.0789
QT800-2 应变硬化	913.0	584.32	160500	0.2034	947	-0.0830
4340(40CroNiMo)	1241	1172	203005	0.066	1655	-0.076
30CrMnSiNi2A	1655	1308	200063	0.091	2601	-0.1026
40CrMnSiMoVA(GC-4)	1875.3	1513.2	200455.1	0.1468	3511	-0.1054

表 1-3　单调载荷下某些材料参数计算结果

材料	σ_{b}	ε_{f}	c	K	K_{1c}	D_{th}
Q235A 应变硬化轧态	470.4	1.0217	-0.496	928.2	121~126	0.263
16Mn 应变硬化轧态	572.5	1.0729	-0.540	856.1	92.7	0.244
45 钢应变软化	897.7	0.8393	-0.734	928.7	96.8~130	
LC4CS	613.9	0.18	-0.776	775	38	
9262	1000	0.41	-0.6	1358		0.2615

续表

材料	σ_b	ε_f	c	K	K_{1c}	D_{th}
30CrMnSiA	1177	0.773	−0.771	1475.8	98.9	0.251
QT600−2 应变硬化	677	0.0377	−0.339	1621.5		
ZG35 应变硬化	572.3	0.2383	−0.508	1218.1		0.240
60Si2Mn 应变软化	1505	0.4557	−0.583	1721.2		0.228
40Cr 应变软化	1085	0.7319	−0.577	1285		
QT800−2 应变硬化	913.0	0.0456	−0.579	1777	47.6	0.253
4340(40CroNiMo)		0.84	−0.62	1579	50	
30CrMnSiNi2A	1655	0.74	−0.782	2355	73	0.2367
40CrMnSiMoVA(GC−4)	1875	0.6332	−0.785	3150.2	72.6	

为什么弹性模量 E 是一个常数？众所周知，在材料进入屈服点前的弹性阶段，其弹性模量 E 数值大小是 $E = \sigma_e / \varepsilon_e$。在几何上，它是前一阶段所构成的三角形的斜边，它的起点和终点的斜率大小（$\tan\alpha$）总是相等。研究发现，进入弹性阶段时，强度系数 K 数值大小与损伤应力强度因子 K_1 相近，与材料在这一阶段弹性模量 E 和损伤值 D_e 有如下关系：

$$K_1 = \sigma_e \sqrt{2E\pi D_e C}$$

式中：C 为单位换算系数，针对不同材料取值范围为 $1 \times 10^{-8} \sim 1 \times 10^{-9}$。

为什么强度系数 K 是一个常数？作者研究发现，到塑性应变阶段，材料进入屈服点时的强度系数 $K = \sigma_s \sqrt{\pi D_s}$ 与进入断裂点时强度系数 $K = \sigma_f \sqrt{\pi D_c}$ 的数值大小实际上也是相近的；此外，它又与后一阶段（即材料进入塑性应变阶段）的应力强度因子 K_2' 数值大小几乎相等，即 $K_1 = \sigma_s \sqrt{\pi D_s} = K_2 = \sigma_f \sqrt{\pi D_c}$。在几何上，它是后一阶段所构成的三角形的斜边的起点和终点，其斜率大小（$\tan\beta$）总是相等。

而且，这与以前科学家提出的 $K = \sigma_f \varepsilon_f^{-n}$ 也是一致的，它们的关系是

$$K = \frac{\sigma_s}{\varepsilon_s^n} = K_1 \approx \sigma_s \sqrt{\pi D_1}$$

$$= K_2 = \frac{\sigma_f}{\varepsilon_f^n} \approx \sigma_f \sqrt{\pi D_2} \ (\text{MPa} \sqrt{\text{damage} - \text{unit}})$$

如果将前一阶段的 K_1 与后一阶段的 K_2 数值相加，大致就是此材料的临界损伤应力强度因子，即

$$K_{1c} = K_1 + K_2$$

在几何上表现为第一阶段斜边在横坐标轴上的投影长度与第二阶段斜边在横坐标轴上的投影长度(即两者矢量值大小)相加之和。

计算实例

实例 1

有一种线弹性材料球墨铸铁 QT800 - 2[7],它的性能数据被列在表 1 - 2 中,随着应力 σ 的逐渐增加,用式(1 - 2)计算的损伤值的数据被列在表 1 - 4 中,用表中的数据绘制的损伤值与应力之间的关系曲线如图 1 - 2 所示。

表 1 - 4　球墨铸铁 QT800 - 2 损伤值随应力增加而增加的计算数据

σ/MPa	150	275	400	500	584.3	650	800	946.8
D/damage - unit	0.370	1.004	1.862	2.69	3.478	4.146	5.838	7.71

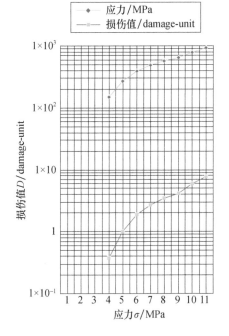

图 1 - 2　球墨铸铁 QT800 - 2 损伤值随应力增加而增加的曲线

实例 2

有一种弹塑材料 16Mn 钢,材料的性能数据被列在表 1 - 2 中,随着应力 σ 的逐渐增加,用式(1 - 2)计算的损伤值的数据被列在表 1 - 5 中,用表中数据绘制的损伤值与应力之间的关系曲线如图 1 - 3 所示。

表 1 − 5 　16Mn 钢损伤值随应力增加而增加的计算数据

σ/MPa	150	200	280	360.7	500	700	900	1118.3
D/damage − unit	1.324	2.156	3.147	5.86	10.19	18.03	27.6	39.89

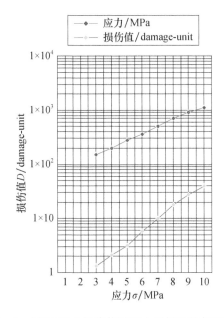

图 1 − 3 　钢(16Mn)损伤值随应力增加而增加的曲线

实例 3

有一种弹塑材料钢 Q235A,它的材料的性能数据被列在表 1 − 2 中,随着应力 σ 的逐渐增加,试用计算式(1 − 2)、式(1 − 9)和式(1 − 11)计算对应的损伤值 D、强度系数 K 以及损伤应力强度因子 σ_{I}。

计算方法和步骤如下:

(1) 按照下式,针对各个应力值计算出各个损伤值。

$$
\begin{aligned}
D &= \left(\sigma^{(1-n)/n} \frac{E \pi^{1/(2n)}}{K^{1/0.259}} \right)^{\frac{2mn}{2n-m}} \\
&= \left(\sigma^{(1-0.259)/0.259} \times \frac{198753 \times \pi^{1/(2 \times 0.259)}}{928.2^{1/0.259}} \right)^{\frac{2 \times 14.1 \times 0.259}{2 \times 0.259 - 14.1}} \\
&= \left(\sigma^{2.861} \times \frac{198753 \times \pi^{1.9305}}{928.2^{3.861}} \right)^{0.538} \quad (\text{damage − units})
\end{aligned}
$$

(2) 用下式计算各个应力相对应的损伤应力强度因子 σ_{I}。

$$\sigma_1 = \left(\frac{KD^{(2nb+1)/2}}{E^n\pi^{1/2}}\right)^{\frac{1}{1-n}} = \left(\frac{928.2 \times D^{[2\times0.259\times(-0.0709)+1]/2}}{198753^{0.259}\times\pi^{1/2}}\right)^{\frac{1}{1-0.259}} (\text{MPa})$$

（3）按下式，从表中查出 Q235A 的相关性能数据，再将各个应力值和损伤值代入，计算各个损伤值下强度系数 K。

$$K = \frac{\sigma^{(1-n)}E^n\pi^{1/2}}{D^{(2nb+1)/2}} = \frac{\sigma^{(1-0.259)}\times198753^{0.259}\times\pi^{1/2}}{D^{[2\times0.259\times(-0.0709)+1]/2}} (\text{MPa})$$

按照各个计算式得出的数据列在表 1 – 6 中；根据表中的各类数据绘制成损伤值、损伤应力强度因子和强度系数的曲线如图 1 – 4 所示。

表 1 – 6　应力、损伤值、损伤应力强度因子以及强度系数的计算数据

σ/MPa	150	200	240	280	324.6	400	500	650	800	976.4
D/damage – unit	3.56	5.55	7.35	9.31	11.69	16.13	22.74	34.05	46.87	60.73
σ_1/MPa	150	200	240.2	280.12	324.8	400.4	500.5	650.7	800.6	947.8
K/MPa	928	927.8	927.6	928	927.5	927.6	927.56	927.55	927.5	948.1

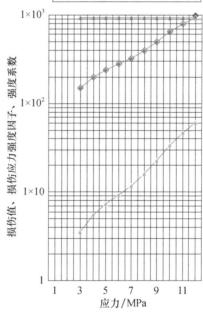

图 1 – 4　在逐渐增加的应力下，损伤值、损伤应力强度因子与强度系数 K 变化曲线

从表 1 - 2 和图 1 - 4 可以看出,在任何一个应力值和任何一个损伤值下,计算出的强度系数的实际数值都保持相同不变的常数值,都与表 1 - 2 中原先的性能数据一致。这就说明强度系数 K 的物理意义是材料已进入塑性应变阶段,从屈服点之后到材料断裂之前的宏观损伤扩展阶段的过程中,材料塑性应变的速率是一个恒定不变的比值;强度系数 K 的几何意义,正是材料塑性应变曲线上的一条切线,也就是相当于图 1 - 1 中的黄绿色大三角形"$JE'GG'Kj$"中后一部分梯形部分"$E'GG'K$"上的斜线"$E'G$"。这个认识,以后从其他材料的计算数据和实验数据中将会得到验证。

实例 4

试采用正文中的相关计算式和表 1 - 2、表 1 - 3 中 30CrMnSiA 钢的性能数据,在应力逐渐增加的情况下,计算其各对应的应力下的损伤值、损伤应力强度因子以及强度系数(计算单位统一用"damage - unit、MPa $\sqrt{damage - unit}$ 或 MPa $\sqrt{1000damage - unit}$"),并绘制相应的曲线。

计算方法和步骤如下:

(1)方法 1,根据以下计算式,当应力 $\sigma \leqslant \sigma_s$ 时,计算各个应力下发生弹性应变的剩余损伤值:

$$D_e = \left(\frac{KE}{\sigma C}\right)^2 \Big/ \pi = \left(\frac{1475.8 \times 203005}{\sigma \times 1 \times 10^5}\right)^2 \Big/ \pi \, (damage - unit)$$

(2)方法 2,根据以下计算式,当应力 $\sigma \geqslant \sigma_s$ 时,计算其各个应力下发生塑性应变的剩余损伤值:

$$D_p = \frac{K^{(2n+2)}}{\sigma^2 \times \pi} = \frac{1475.8^{(2 \times 0.063 + 2)}}{\sigma^2 \times \pi} \, (damage - unit)$$

(3)方法 1,当 $\sigma \leqslant \sigma_s$,用下式计算出在各对应应力和损伤值下的剩余损伤应力强度因子 K/K_1 在弹性阶段为

$$K_e = \frac{\sigma \sqrt{\pi D_e}}{E} C = \frac{2\sigma_i \sqrt{\pi D_e}}{203005} \times 10^5$$

$$= \frac{\sigma \sqrt{\pi D_e}}{203005} \times 10^5 \, (MPa \sqrt{damage - unit})$$

(4)方法 2,当 $\sigma \geqslant \sigma_s$ 时,用下式计算出在各对应应力和损伤值下的损伤应力强度因子 K/K'_2,在塑性阶段为

$$K_p = (\sigma^2 \times \pi D_p)^{1/(2n+2)} \, (MPa \sqrt{damage - unit})$$

$$= (\sigma^2 \times \pi D_i \times 10^{-3})^{1/(2n+2)} \, (MPa \sqrt{1000damage - unit})$$

上述计算的数据被列在表 1 - 7 中。

表 1-7　弹塑性材料钢 30CrMnSiA，在各应力下的剩余损伤值与
剩余损伤应力因子计算数据

σ 应力	400	500	650	800	950	1105	1300	1550	1795	计算式
D_e 弹性剩余损伤值	17.86	11.43	6.76	4.46	3.17	2.34	1.69	1.19	0.888	1-5
K_e 弹性剩余损伤因子	1476	1476	1476	1475	1477	1476	14756	1476	1477	1-12
D_p 塑性剩余损伤值	10.87	6.95	4.12	2.72	1.93	1.42	1.03	0.724	0.54	1-6
K_{ep} 塑性剩余损伤因子	1476	1475	1477	1477	1477	1474	1477	1476	1476	1-13
$K_w = K_e + K_p$ 总剩余损伤因子	$K_w = K_e + K_p = 1475 + 1475$ $= 2950, \text{MPa} \sqrt{\text{damage} - \text{unit}}$					$K_w = K_e + K_p = 1475 + 1475$ $= 2950, \text{MPa} \sqrt{\text{damage} - \text{unit}}$				1-17
K_{1c} 实验	$K_{1c} \approx 98.9 (\text{MPa} \sqrt{m})$					$K_{1c} \approx 98.9 (\text{MPa} \sqrt{m})$				
$K_{1c} + K_{2c}$	$K_{1c} + K_{2c} = 46.65 + 46.65$ $= 93.3 \approx 98.9$					$K_{1c} + K_{2c} = 46.65 + 46.65$ $= 93.3 \approx 98.9$				

（5）根据上述计算，如果用单位"MPa $\sqrt{\text{mm}}$"表达，可用下式表达应力强度因子：

$$K_w = K_e + K_p = 1858 + 1298 = 3136(\text{MPa} \sqrt{\text{damage} - \text{unit}})$$

（6）如果用"1000 损伤单位"表达，应力强度因子应该如下所示：

$$K_w = K_e + K_p = 58.73 + 46.4 = 105.13(\text{MPa} \sqrt{1000\text{damage} - \text{unit}})$$

（7）试用下式计算出全过程损伤应力强度因子 $K_{wc} = K_{1c} + K_{2c}$：

$$K_{wc} = K_{1c} + K_{2c} = 1858 + 1298 = 3136(\text{MPa} \sqrt{\text{mm}})$$

如此一来，就可以换算为用单位"MPa $\sqrt{m}$"表达的总应力强度因子：

$$K_{1c} = K_{1c} + K_{2c} = 58.73 + 46.4 = 105.13(\text{MPa} \sqrt{m})$$

从计算结果可以看出，此应力强度因子 105.13MPa $\sqrt{m}$ 接近于表 1-2 中的实验数据 96.8~130MPa $\sqrt{m}$。

对于像钢 45 这样的弹塑性材料，根据表 1-2 中的数据用全过程强度计算式计算结果，可以看出它们的关系：

全过程损伤应力强度因子 K_w 等于弹性应变阶段应力强度因子 K_e 和塑性应变阶段应力强度因子 K_p 之和，即 $K_w = K_e + K_p$。

或者说，全过程损伤应力强度因子 K_{1c} 等于第一阶段应力强度因子 K_{1c} 和第二阶段应力强度因子 K_{2c} 之和，即 $K_{1c} = K_{1c} + K_{2c}$。

而且，弹性阶段应力强度因子（第一阶段）$K_e \approx K_{1c}$，占全过程的 2/3，即 $K_e \approx$

$K_{1c}=2/3K_w$，则 $K_{1c}\approx2/3K_{1c}$。

按照表 1 - 7 中的数据，在逐渐增加应力的情况下，可描绘出其剩余损伤值、强度系数值以及计算的剩余损伤应力强度因子的关系曲线，如图 1 - 5 所示。

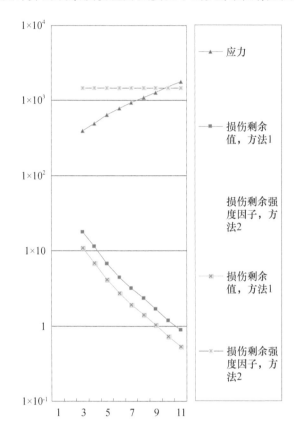

图 1 - 5　在随逐渐增加应力的情况下，计算的剩余损伤值、
强度系数值损伤应力强度因子值关系曲线

1. 1. 2　疲劳载荷下连续损伤强度计算

疲劳载荷下的损伤强度计算分以下两个主题：

＊ 单轴疲劳下的损伤强度计算；

＊ 多轴疲劳下的损伤强度计算。

材料全过程裂纹行为综合图如图 1 - 6 所示。

众所周知，疲劳载荷下的材料行为同单调载荷下的材料行为是不同的，读者可以从材料性能表 1 - 8 中看出，在单调载荷下的材料行为与疲劳载荷的材料行

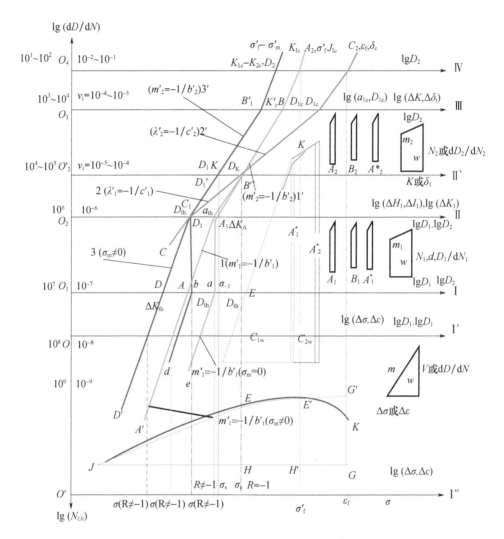

图 1-6　材料全过程裂纹行为综合图[1]

为的区别。例如,表中有 7 种材料,它们在单调载荷下屈服应力的实验数据与疲劳载荷下的屈服应力的实验数据都是不同的(σ_s/σ_s')。另外,单轴疲劳载荷下的材料行为与多轴疲劳载荷下的材料行为也有明显区别。下文首先针对单轴疲劳载荷下材料行为进行描述,提出它的计算理论、计算模型和计算方法;而多轴疲劳载荷下计算理论和方法将在后面部分进行讨论。

对于不同应力水平下全过程的材料行为变化的描述,仍然采用变量"D",所提出的某些材料在疲劳载荷下的性能数据,被列在表 1-8 中。

表1-8 部分材料在疲劳载荷下的性能数据

材料[7-9]	σ_b	σ_s/σ_s'	E	σ_{-1}	ε_f'	c'
SAE 1137			209000		1.104	-0.6207
铝合金 LY12CZ	455	289/-	71000		0.361	0.6393
30CrMnSiA	1177	1105/-	203000	641	2.788	-0.7736
30CrMnSiNi2A	1655	1308/-	200000		2.075	-0.7816
40CrMnSiMoVA	1875	1513/-	201000		2.884	-0.8732
热轧薄板钢 1005-1009	345	262/228		148	0.10	-0.39
冷拉薄板钢 1005-1009	414	400/248		195	0.11	-0.41
热轧薄板钢 1020	441	262/241		152	0.41	-0.51
低合金高强度钢	510	393/372		262	0.86	-0.65
热轧薄板钢 RQC-100	931	883/600		403	0.66	-0.69
退火 9262	924	455/524		348	0.16	-0.47
淬火并回火 9262	1000	786/648		381	0.41	-0.60
2024-T3	469	379/427		151	0.22	-0.59
轧态 Q235A	470	324.6/-	198753	181	0.2747	-0.4907
轧态 16Mn	573	361/-	200741	298	0.4644	-0.5395
正火 QT800-2	913	584/-	160500		0.1684	-0.5792
铸态 QT450-10	498	394/-	166109		0.1461	-0.7237
调质 Steel 45	898	817/-	193500	389	1.5048	-0.7338
调质 40Cr	1085	1020/-	202860		0.3809	-0.5765
TC4(Ti-6I-4V)	989	943/-	110000		2.69	-0.96

注:σ_b(MPa)——单调载荷下的强度极限;σ_s(MPa)——单调载荷下的屈服极限;E(MPa)——单调载荷下的弹性模量;σ_s'(MPa)——疲劳载荷下的屈服极限;ε_f'——疲劳载荷下的延性系数;c'——疲劳载荷下的延性指数;σ_{-1}——疲劳极限。

1. 材料在单轴疲劳下的损伤强度计算

1)单轴疲劳下各相关强度参数的计算

下文就单轴疲劳载荷下的损伤门槛值 D_{th},不同应力下的损伤值 D_i 以及它的临界值 D_{1fc}、D_{2fc} 的计算与它们的物理含义进行说明。

(1)损伤门槛值。几乎所有的金属材料,总是存在着损伤门槛值 D_{th},从表1-9可见,它的数值范围为 0.19~0.275damage-unit,相当于 0.19~0.275mm。在低周或高周疲劳载荷下,这个损伤门槛值可能出现在材料的表面。它的位置相当于图1-6所示曲线 A_1ae、D_1bd 同横坐标轴 O_1 Ⅰ、O_2 Ⅱ 的交叉点(低周疲劳相当于

A 点、B 点附近,高周疲劳相当于在 a 点、b 点附近);在超高周疲劳载荷下,它像一个"鱼眼"一样,往往发生在材料的次表面(如 d 点、e 点、A' 点、D' 点附近)。疲劳载荷下的损伤门槛值只取决于材料常数 b',它也是可计算的[1,3-6]:

$$D'_{th} = D'_{th-1} = \left(\frac{1}{\pi^{0.5}}\right)^{\frac{1}{0.5+b'}} = 0.564^{\frac{1}{0.5+b'}} \, (\text{damage} - \text{unit}) \qquad (1-25)$$

式中:D'_{th-1} 为疲劳载荷下损伤第一门槛值,是与载荷有关的超高周疲劳下的门槛参数,所以,与前面的"D_{th-1}"概念是不同的。

表 1-9　一些材料损伤门槛值 D'_{th} 的计算数据

材料[7-9]	σ_b	σ_s/σ'_s	σ'_f	b'	D'_{th}
SAE 1137			1006	−0.0809	0.255
铝合金 LY12CZ	455	289 / −	768	−0.0882	0.249
30CrMnSiA	1177	1105 / −	1864	−0.086	0.251
30CrMnSiNi2A	1655	1038/ −	2974	0.1026	0.237
40CrMnSiMoVA	1875	1513/ −	3501	−0.1054	0.234
热轧薄板钢 1005 - 1009	345	−/228	641	−0.109	0.231
冷拉薄板钢 1005 - 1009	414	−/248	538	−0.073	0.2615
热轧薄板钢 1020	441	−/241	896	−0.12	0.2215
低合金高强度钢	510	−/372	807	−0.071	0.263
热轧薄板钢 RQC - 100	931	−/600	1240	−0.07	0.264
退火 9262	924	−/524	1046	−0.071	0.263
淬火并回火 9262	1000	−/648	1220	−0.073	0.2615
2024 - T3	469	−/427	1100	−0.124	0.218
轧态 Q235A	470		659	−0.0709	0.263
轧态 16Mn	573		947	−0.0943	0.244
正火 QT800 - 2	913		1067	−0.083	0.253
铸态 QT450 - 10	498	−/499	857	−0.1027	0.237
调质 Steel 45	898	−/566	1041	−0.0704	0.264
调质 40Cr	1085	−/740.3	1385	−0.0789	0.257
TC4(Ti - 6I - 4V)	989	−/1023.5	1564	−0.07	0.264

注:σ_b(MPa)——单调载荷下的强度极限;σ_s(MPa)——单调载荷下的屈服极限;σ'_s(MPa)——疲劳载荷下的屈服极限;σ'_f(MPa)——疲劳载荷下的强度系数;b'——疲劳载荷下的强度指数,$m' = -1/b'$;D'_{th}——疲劳载荷下的损伤门槛值。

（2）一定应力幅 σ_a 下损伤值的计算。疲劳载荷下的损伤值的计算，可采用如下方程：

$$D_i = \left(\sigma_a^{(1-n')/n'} \frac{E\pi^{1/(2n')}}{K'^{1/n'}} \right)^{-\frac{2m'n'}{2n'-m'}} (\text{damage} - \text{unit}) \qquad (1-26)$$

式中：σ_a 为应力幅，$\sigma_a = \Delta\sigma/2$，$\Delta\sigma$ 为应力范围值，$\Delta\sigma = \sigma_{max} - \sigma_{min}$；$K'$ 为低周疲劳加载下的循环强度系数；E 为弹性模量；$m' = -1/b'$，b' 为疲劳强度指数；n' 为疲劳载荷下的应变硬化指数。应该指出，这个式中的指数符号是一个"负"的符号。

（3）两个阶段之间的过程值 D'_{tr} 计算。材料的细观损伤行为同宏观损伤行为从理论上说，必然存在一个过渡点，因此表达其行为的数学模型也应该有一个损伤过渡值的计算式，它可以用下式计算表示：

$$D'_{tr} = D'_{th-2} \left(\sigma'^{(1-n')/n'}_s \frac{E\pi^{1/(2n')}}{K'^{1/n'}} \right)^{\frac{2m'n'}{2n'-m'}} \qquad (1-27)$$

式中：D'_{tr} 损伤第二门槛值，是高周疲劳下的门槛值，它与第一门槛值不同，是同屈服应力有关的参数；这个式中的指数符号是一个"正"的符号；σ'_s 为疲劳载荷下的屈服极限，如果在手册中缺乏这样的数据，建议用下式做近似计算：

$$\sigma'_s = \left(\frac{E}{K'^{1/n'}} \right)^{\frac{n'}{n'-1}} \qquad (1-28)$$

在表 1 - 10 中，借用式（1 - 27）计算出 12 种材料的过渡值 D'_{tr} 的计算数据，其中有一般的 45 碳钢和 Q235A；有合金钢 30CrMnSiNi2A 和 40CrMnSiMoVA；有铝合金 LY12CZ 和钛合金 TC4（Ti - 6I - 4V）；还有球墨铸铁 QT450 - 10 和 QT800 - 2。这些材料中有线弹性材料，也有弹塑性材料；有应变硬化材料，也有应变软化材料。尽管它们的特性都不一样，但是我们可以看出，它们从细观损伤至宏观损伤的过渡值 D'_{tr} 都是在 0.3056 ~ 0.315damage - unit 的范围内，相当于 0.3056 ~ 0.315mm 的范围内。作者认为，这个数据在材料发生屈服变形的行为时，是屈服变形平台的尺寸。

表 1 - 10　一些材料低周疲劳下性能数据和过渡值 D'_{tr}

材料[7-9]	σ_s/σ'_s	K'	n'	σ'_f	b'	D'_{tr}
SAE 1137	-/459	1230	0.161	1006	-0.0809	0.3088
铝合金 LY12CZ	289/453	802	0.113	768	-0.0882	0.311
30CrMnSiA	1105/889	1772	0.127	1864	-0.086	0.31

续表

材料[7-9]	σ_s/σ_s'	K'	n'	σ_f'	b'	D_{tr}'
30CrMnSiNi2A	1308/ –	2468	0.13	2974	0.1026	0.31
40CrMnSiMoVA	1513/1757	3411	0.14	3501	– 0.1054	0.3074
轧态 Q235A	324/296	970	0.1824	659	– 0.071	0.308
轧态 16Mn 钢	361/356	1165	0.1871	947	– 0.0943	0.3056
正火 QT800 – 2	584/638	1438	0.147	1067	– 0.083	0.3092
铸态 QT450 – 10	394/499	1128	0.1405	857	– 1027	0.3075
45 调质碳钢	817/566	1113	0.1158	1041	– 0.0704	0.3127
40Cr 调质	1020/740.3	1229	0.0903	1385	– 0.0789	0.313
TC4(Ti – 6I – 4V)	943/1023.5	1420	0.07	1564	– 0.07	0.315

（4）对应于线弹性材料屈服点的损伤临界值 D_{1fc} 的计算。从图 1 – 6 中可以看出,当应力达到屈服应力点 σ_s' 时,在几何关系上,它正处于横坐标轴 $O_3Ⅲ$ 的 B 点（$\sigma_m = 0$）和 B' 点（$\sigma_m \neq 0$）位置,此时,对应于屈服应力的损伤值可按下式计算:

$$D_{1fc} = \left(\sigma_s'^{(1-n)/n} \frac{E\pi^{1/(2n')}}{K'^{1/n'}} \right)^{-\frac{2m'n'}{2n'-m'}} \qquad (1-29)$$

在表 1 – 11 中,有 12 种材料按照它们屈服应力而计算出它们的损伤临界值 D_{1fc}。

表 1 – 11　12 种材料的性能数据以及按屈服应力 σ_s' 计算的损伤临界值 D_{1fc}

材料[7-9]	E	σ_s'	K'	n'	σ_f'	b'	D_{1fc}
SAE 1137	209000	459	1230	0.161	1006	– 0.0809	3.238
铝合金 LY12CZ	71000	453	802	0.113	768	– 0.0882	3.216
30CrMnSiA	203000	889	1772	0.127	1864	– 0.086	3.23
30CrMnSiNi2A	200000	1280	2468	0.13	2974	0.1026	3.229
40CrMnSiMoVA	201000	1757	3411	0.14	3501	– 0.1054	3.25
轧态 Q235A	198753	296	970	0.1824	659	– 0.071	3.244
轧态 16Mn 钢	200741	356	1165	0.1871	947	– 0.0943	3.272
QT800 – 2	160500	638	1438	0.147	1067	– 0.083	3.234
铸态 QT450 – 10	166109	499	1128	0.1405	857	– 1027	3.252
45 调质碳钢	193500	566	1113	0.1158	1041	– 0.0704	3.197

续表

材料[7-9]	E	σ'_s	K'	n'	σ'_f	b'	D_{1fc}
40Cr 调质	202860	740.3	1229	0.0903	1385	-0.0789	3.194
TC4(Ti-6I-4V)	110000	1024	1420	0.07	1564	-0.07	3.177

表 1-11 中 12 种材料的临界损伤值 D_{1fc} 都在 3.177~3.238mm 范围内,它告诉我们,这个损伤临界值是一个常数值,这是一个重要的性能数据。作者认为其物理和几何含义是一般脆性材料或线弹性材料行为在达到断裂之前的强度曲线最高点上的位置。

（5）对应于弹塑性材料断裂点的损伤临界值 D_{2fc} 的计算。相类似地,当应力达到断裂应力点 σ'_f 时,在几何关系上,它正处于横坐标轴 $O_4 Ⅳ$ 的 A_2 点($\sigma_m = 0$)和 D_2 点($\sigma_m \neq 0$)位置,此时,对应于断裂应力的损伤值可按下式计算：

$$D_{2fc} = \left(\sigma'^{(1-n')/n'}_f \frac{E\pi^{1/(2n')}}{K'^{1/n'}} \right)^{-\frac{2m'n'}{2n'-m'}} \tag{1-30}$$

在表 1-12 中,也有 12 种材料按照它们断裂应力而计算出的损伤临界值 D_{2fc}。这个损伤临界值实际上也是常数值,也是重要的性能数据。它的物理和几何含义,作者认为是一般弹塑性和塑性材料行为在达到断裂之前的强度曲线最高点上的位置。

表 1-12　12 种材料的性能数据以及按断裂应力 σ'_f 计算的损伤临界值 D_{2fc}

材料[7-9]	σ_b	E	K'	n'	σ'_f	b'	D_{2fc}
SAE 1137		209000	1230	0.161	1006	-0.0809	12.55
铝合金 LY12CZ	455	71000	802	0.113	768	-0.0882	8.36
30CrMnSiA	1177	203000	1772	0.127	1864	-0.086	12.12
30CrMnSiNi2A	1655	200000	2468	0.13	2974	0.1026	11.2
40CrMnSiMoVA	1875	201000	3411	0.14	3501	-0.1054	11.04
轧态 Q235A	470	198753	970	0.1824	659	-0.071	12.43
轧态 16Mn	573	200741	1165	0.1871	947	-0.0943	17.01
QT800-2	913	160500	1438	0.147	1067	-0.083	7.955
铸态 QT450-10	498	166109	1128	0.1405	857	-1027	8.46
调质碳钢 45	898	193500	1113	0.1158	1041	-0.0704	9.56
调质 40Cr	1085	202860	1229	0.0903	1385	-0.0789	10.15
TC4(Ti-6I-4V)	989	110000	1420	0.07	1564	-0.07	7.05

上述这些数据的计算提供了某些理论依据,对于工程机械零件和机械结构的应用设计和计算,或许有着重要的实际意义。

计算实例

这里有一种弹塑性材料,钢16Mn[7],它的性能数据列于表1-13中,试用前文中的相关计算式计算其屈服应力下的临界损伤值,计算随着应力逐渐增加的损伤值,并根据计算数据绘制它们之间的关系曲线。

表1-13　钢16Mn在低周疲劳下的性能数据

材料[12-13]	σ_b	E	K'	n'	σ_f'	b'/m'	ε_f'	c'/λ'
16Mn	572.5	200741	1164.8	0.1871	947.1	-0.0943/10.6	-0.5395	-0.5395/1.854

计算步骤如下:

① 计算疲劳载荷下的屈服应力。

$$\sigma_s' = \left(\frac{E}{K'^{1/n'}}\right)^{\frac{n'}{n'-1}} = \left(\frac{200741}{1164.8^{1/0.1871}}\right)^{\frac{0.1871}{0.1871-1}} = 356.1(\text{MPa})$$

② 计算随着应力逐渐增加的损伤值。

$$D_i = \left(\sigma_i^{(1-n')/n'} \frac{E\pi^{1/(2n')}}{K'^{1/n'}}\right)^{-\frac{2m'n'}{2n'-m'}}$$

$$= \left(\sigma_i^{(1-0.1871)/0.1871} \times \frac{200741 \times \pi^{1/(2\times0.1871)}}{1164.8^{1/0.18714}}\right)^{-\frac{2\times10.6\times0.1871}{2\times0.1871-10.6}}$$

$$= \left(\sigma_i^{4.345} \times \frac{200741 \times \pi^{2.672}}{1164.8^{5.345}}\right)^{0.3879}(\text{damage} - \text{unit})$$

取表1-13中材料常数的相关数据及表1-14中各应力 σ_i 数据代入式中,计算出不同的损伤值,并列入表1-14中。

表1-14　按各应力计算的各损伤值

σ_i/MPa	350	450	550	650	750	850	947.1(σ_f')
D_i/damage - unit	3.182	4.86	6.816	9.03	11.50	14.2	17.03
K'	1164.3	1164	1164	1164	1164	1163.4	1163.27

③ 绘制应力大小与损伤值之间的关系曲线。

根据表1-14中的数据,绘制的应力大小与损伤值之间的关系曲线,如图1-7所示。

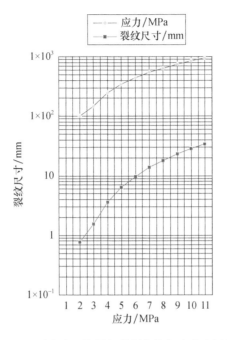

图 1 - 7　钢 16Mn 随应力逐渐增加的损伤值与应力之间的关系曲线

2）单轴疲劳载荷下损伤强度的计算准则

关于单轴疲劳载荷下损伤强度的计算准则，下文建议几种方法。

方法 1——损伤值计算法

从上述诸表格中的材料性能数据可以看出，对于任何一种材料，它的性能是固有的，一些性能的临界值通常是一个常数，因此它的损伤临界值 D_{1fc} 也通常是一个常数。依据这一推理，我们可以用损伤值 D 建立它的计算准则，实际上也是强度问题上的一个准则。

当应力比 $R = -1$、$\sigma_m = 0$ 时，可以考虑以损伤量 D 建立如下形式的强度准则[1-6]：

$$D = \left(\sigma_a^{(1-n')/n'} \frac{E\pi^{1/(2n')}}{K'^{1/n'}} \right)^{-\frac{2m'n'}{2n'-m'}} \leqslant [D] = D_{1fc}/n\,(\text{damage} - \text{unit}) \quad （1-31）$$

当应力比 $R \neq -1$、$\sigma_m \neq 0$ 时，那么它应该是如下形式：

$$D = \left(\sigma_a^{(1-n')/n'}(1-R) \frac{E\pi^{1/(2n')}}{K'^{1/n'}} \right)^{-\frac{2m'n'}{2n'-m'}} \leqslant [D] = D_{1fc}/n\,(\text{damage} - \text{unit})$$

$$（1-32）$$

方法 2——σ'_1 损伤因子计算法 [1-6]

31

在本书中,称方法 2 为"σ'_1 损伤因子计算法",当 $R = -1$、$\sigma_m = 0$ 时,它的强度准则用如下计算式表示:

$$\sigma'_1 = \left(\frac{K'D_i^{(2n'b+1)/2}}{E^{n'}\pi^{1/2}} \right)^{\frac{1}{1-n'}} \leqslant [\sigma'_1] = \frac{\sigma_{Ifc}}{n}(\text{MPa}) \qquad (1-33)$$

而当应力比 $R \neq -1$、$\sigma_m \neq 0$ 时,它应该是

$$\sigma'_1 = \left(\frac{K'(1-R)D_i^{(2n'b+1)/2}}{E^{n'}\pi^{1/2}} \right)^{\frac{1}{1-n'}} \leqslant [\sigma'_1] = \frac{\sigma_{Ifc}}{n}(\text{MPa}) \qquad (1-34)$$

式中:σ'_1 为"σ'_1 型"应力强度因子;σ_{Ifc} 为它的临界值,σ_{Ifc} 的物理意义是材料断裂时释放出的全部能量,它的几何意义是综合图 1-6 中黄绿色三角形 $JEE'G'GHJ$ 所包含的全部面积;$[\sigma_I]$ 为一个许用因子值;n 为安全系数,$n = 1.6 \sim 3$。

还应该指出,式(1-34)中 σ_I 的数值及其临界值 σ_{Ic} 和 σ_{Ifc} 的单位和大小,实际上与通常的应力 σ 和屈服应力 σ'_s 或断裂应力 σ'_f 的单位和数值是一致的。

K' 是低周疲劳下的循环强度系数,从一般手册中能查阅得出,也可以通过下式计算得出:

$$K' = \frac{\sigma_s'^{1-n'}E^{n'}\pi^{1/2}}{D_i^{(2n'b'+1)/2}}(\sigma_m = 0) \qquad (1-35)$$

$$K' = \frac{\sigma_s'^{1-n'}(1-R)E^{n'}\pi^{1/2}}{D_i^{(2n'b'+1)/2}}(\sigma_m \neq 0) \qquad (1-36)$$

还应该说明,从上述方法 1 和方法 2 的计算中都能证明,K' 的物理含义是材料在疲劳载荷下,呈现出线弹性或弹塑性和韧性行为综合的特性,是一个恒定不变的常数;它的几何含义是图 1-6 中大梯形中的后一部分的梯形的斜边。方法 1 和方法 2 通常被应用于线塑性材料和弹塑性材料的计算。

方法 3——H' 因子法

这种方法的计算准则是

$$H'_a \leqslant [H'] = H'_{1fc}/n \qquad (1-37)$$

式中:H'_a 为损伤应力因子幅,$H'_a = \Delta H'/2$。

$$\Delta H' = \Delta\sigma D^{1/m'} \qquad (1-38)$$

$$H'_{1fs} = \sigma'_s D_{1fc}^{1/m'} \qquad (1-39)$$

式中:H'_{1fs} 为疲劳载荷下对应于屈服应力 σ'_s 的临界因子值;D_{1fc} 为对应于屈服应力 σ'_s 的损伤临界值。因此它的整个关系式为

$$H'_a = \Delta\sigma D^{1/m'} \leqslant [H'] = \frac{H'_{1fc}}{n} \qquad (1-40)$$

此计算准则通常被应用于应力疲劳下的损伤强度计算。

方法 4——I' 因子法

此强度准则的表达式是

$$I'_a \leqslant [I'] = I'_{fc} / n \tag{1-41}$$

式中：I'_a 为应变幅，$I'_a = \Delta I / 2$。

$$\Delta I = \Delta\varepsilon_p D^{1/\lambda} \tag{1-42}$$

式中：指数 $\lambda' = -1/c'$，c' 为低周疲劳下的延性指数；$\Delta\varepsilon_p$ 为塑性应变范围值，$\Delta\varepsilon_p = \varepsilon_{max} - \varepsilon_{min}$。

$$I'_{fc} = \varepsilon'_f D_{2fc}^{1/\lambda'} \tag{1-43}$$

式中：I'_{fc} 为损伤应变因子，它是对应于低周疲劳下的断裂应变 ε'_f（等于疲劳延性系数）的因子值。

因此，它的整个表达式应该是如下形式：

$$I'_a = \varepsilon_p D^{1/\lambda'} \leqslant [I'] = \frac{I'_{fc}}{n} \tag{1-44}$$

这个强度准则通常被应用于如铝合金 LY12 和马辛材料 30CrMnSiA 的塑性应变疲劳下的强度计算。

方法 5——双参数乘积法

双参数乘积法的准则表达式是

$$Q'_a \leqslant [Q'] = Q'_{fc} / n \tag{1-45}$$

式中：Q'_a 为用应力和应变（σ, ε）两个参数相乘同其他常数构成的损伤强度因子幅。

$$Q'_a = (\sigma_a \varepsilon_a) D^{1/[m'\lambda'/(m'+\lambda')]} [\text{MPa} (\text{damage} - \text{unit})^{1/[m'\lambda'/(m'+\lambda')]}] \tag{1-46}$$

其损伤强度因子范围值 $\Delta Q'$ 是

$$\Delta Q' = (\Delta\sigma \Delta\varepsilon) D^{1/[m'\lambda'/(m'+\lambda')]} [\text{MPa} (\text{damage} - \text{unit})^{1/[m'\lambda'/(m'+\lambda')]}] \tag{1-47}$$

应变 ε 用下式计算：

$$\varepsilon = \frac{\sigma}{E} + \left(\frac{\sigma}{K'}\right)^{1/n'} \tag{1-48}$$

式（1-45）中的 Q'_{fc} 是与断裂应力 σ'_f 和断裂应变 ε'_f 相关的临界因子：

$$Q'_{fc} = (\varepsilon'_f \sigma'_f) D_{2fc}^{1/[m'\lambda'/(m'+\lambda')]} \tag{1-49}$$

所以，整个准则的表达式应该是如下形式：

$$Q'_a = (\sigma_a \varepsilon_a) D^{1/[m'\lambda'/(m'+\lambda')]} \leqslant [Q'] = \frac{Q'_{fc}}{n} \tag{1-50}$$

这个准则通常被应用于某些线塑性材料和弹塑性材料的损伤强度计算。

方法 6——三参数比值法

三参数比值法的准则形式为

$$L'_a \leqslant [L'] = L'_{fc}/n \tag{1-51}$$

式中:L'_a 为用参数 σ、ε 的比值与其他参数和常数组成的因子幅。

$$L'_a = \Delta L'/2$$

它的具体参数和结构如下:

$$L'_a = \frac{\sigma_a}{2\varepsilon_p E} D^{1/[m'\lambda'/(m'-\lambda')]} \left[\% (\text{damage} - \text{unit})^{1/[m'\lambda'/(m'-\lambda')]} \right] \tag{1-52}$$

式(1-51)中的 L'_{fc} 也是与 σ'_f 和 ε'_f 相关的临界因子。

这样一来,这个准则的整个表达式应该是如下形式:

$$L'_a = \left(\frac{\sigma_a}{2\varepsilon'_p E} D^{1/[m'\lambda'/(m'-\lambda')]} \right) \leqslant [L'] = \frac{L'_{fc}}{n} \tag{1-53}$$

这个强度准则通常只适用于某些像铝合金 LY12 这样的塑性材料,应用范围比较有限。

方法 7——δ'_t 因子法

第 7 种方法被定义为"δ'_t 因子法计算准则"[12],它的简化形式是

$$\delta'_t \leqslant [\delta'_t] = \delta'_{1fc}/n \tag{1-54}$$

当应力 $\sigma < \sigma'_s$ 时,它的表达式为

$$\delta'_t = \frac{\pi\sigma'_s (\sigma/\sigma'_s)^2 D}{E} (\sigma < \sigma'_s) (\text{damage} - \text{unit}) \tag{1-55}$$

当应力 $\sigma > \sigma'_s$ 时,它应该表达为

$$\delta'_t = \frac{0.5\pi\sigma'_s (\sigma/\sigma'_s + 1) D}{E} (\sigma > \sigma'_s) (\text{damage} - \text{unit}) \tag{1-56}$$

式(1-54)中的 δ'_{1fc} 是与屈服应力 σ'_s 相关的临界因子,当 $\sigma < \sigma'_s$ 时,表示为

$$\delta'_{1fc} = \frac{\pi\sigma'_s D}{E} (\sigma < \sigma'_s) (\text{damage} - \text{unit}) \tag{1-57}$$

当 $\sigma > \sigma'_s$ 时,表示为

$$\delta'_{1fc} = \pi\sigma'_s (\sigma'_f/\sigma'_s + 1) D_{1fc}/E (\text{damage} - \text{unit}) \tag{1-58}$$

这样,这个准则的整个表达式应该为:

对于 $\sigma < \sigma'_s$,有

$$\delta'_t = \frac{\pi\sigma'_s (\sigma/\sigma'_s)^2 D}{E} \leqslant [\delta'] = \frac{\delta'_{1fc}}{n} \tag{1-59}$$

对于 $\sigma > \sigma'_s$,有

$$\delta'_t = \frac{0.5\pi\sigma'_s(\sigma/\sigma'_s + 1)D}{E} \leqslant [\delta'] = \frac{\delta'_{1fc}}{n} \qquad (1-60)$$

这个强度准则通常适用于在疲劳载荷下如压力容器用 16Mn 钢和 16MnR 那样的弹塑性材料。

计算实例

有一种弹塑性材料 16Mn 钢[7]，它的性能数据列于表 1 – 15 中。如果使用它制成压力容器，最大工作应力 $\sigma_{max} = 320\text{MPa}$，最小工作应力 $\sigma_{min} = 0\text{MPa}$；使用一定时间后，发现某一部位出现裂纹。经查阅 16Mn 钢的裂尖张开位移的临界值 $\delta_c = 0.113\text{mm}$ 相当于损伤临界值 $\delta'_c = 0.113\text{damage} - \text{units}$。试用上文中相关损伤强度计算准则，分别计算此容器用钢在低周疲劳下的循环强度系数 K' 的数据，并分别计算其损伤强度的"σ'_t 因子"与"δ'_t 因子"数值的大小，校核它的安全性。

表 1 – 15　钢 16Mn 的性能数据

参数	E	σ'_s	K'	n'	σ'_f	b'	D_{1fc}
数值	200741	356	1165	0.1871	947	– 0.0943	3.272

计算步骤与方法如下：

（1）按各应力大小计算各损伤值。取表 1 – 15 相关性能数据和表 1 – 16 中逐渐增加的应力 σ_i 数值（例如工作应力为 320MPa 的数据），分别代入下式，从而计算出对应的损伤值 D_i，再将计算后的各损伤值，填入表 1 – 16 中。

$$\begin{aligned}
D_i &= \left(\sigma_i^{(1-n')/n'} \frac{E\pi^{1/(2n')}}{K'^{1/n'}}\right)^{-\frac{2m'n'}{2n'-m'}} \\
&= \left(\sigma_i^{(1-0.1871)/0.1871} \times \frac{200741 \times \pi^{1/2 \times 0.1871}}{1164.8^{1/0.1871}}\right)^{-\frac{2 \times 10.6 \times 0.1871}{2 \times 0.1871 - 10.6}} \\
&= \left(320^{4.345} \times \frac{200741 \times \pi^{2.672}}{1164.8^{5.345}}\right)^{0.3879} = 2.735(\text{damage} - \text{unit})
\end{aligned}$$

即等效于 2.735mm。

表 1 – 16　按各应力和各损伤值计算的循环强度系数值

σ_i/MPa	350	356(σ'_{1fc})	450	550	650	750	850	947.1(σ'_f)
$D_i/(\text{damage} - \text{unit})$	3.182	3.276	4.86	6.816	9.03	11.50	14.2	17.03
K'/MPa	1166	1166	1166	1166	1166	1165.6	1165.6	1166

(2) 对循环强度系数 K' 的计算。根据上文中的计算式,取表 1-15 相关性能数据和表 1-16 中每一应力 σ_i' 和 D_i 数值代入下式,从而计算出对应的各个循环强度系数 K',再将计算后的各损伤值列入表 1-16 中。

$$K' = \frac{\sigma_i'^{(1-n')} E^{n'} \pi^{1/2}}{D_i^{(2n'b'+1)/2}} = \frac{\sigma_i'^{(1-0.1871)} \times 200741^{0.1871} \times \pi^{1/2}}{D_i^{[2 \times 0.1871 \times (-0.0943)+1]/2}}$$

$$= \frac{\sigma_i^{0.813} \times 200741^{0.1871} \times \pi^{1/2}}{D_i^{0.4823}} (MPa)$$

由此可见,在逐渐增加的任一疲劳应力下,循环强度系数 K' 都是一个不变的、又可计算的常数。

(3) 按 σ_I' 因子法计算损伤强度。

① 计算对应于屈服应力下的临界损伤值。按文中的计算式,计算如下:

$$D_{1fc} = \left(\sigma_s'^{(1-n')/n'} \frac{E \pi^{1/(2n')}}{K'^{1/n'}} \right)^{-\frac{2m'n'}{2n'-m'}}$$

$$= \left(\sigma_s'^{(1-0.1871)/0.1871} \times \frac{200741 \times \pi^{1/(2 \times 0.1871)}}{1164.8^{1/0.1871}} \right)^{-\frac{2 \times 10.6 \times 0.1871}{2 \times 0.1871 - 10.6}}$$

$$= \left(356^{4.345} \times \frac{200741 \times \pi^{2.672}}{1164.8^{5.345}} \right)^{0.3879} = 3.276 (damage - unit)$$

② 计算临界损伤强度因子 σ_{Ifc}' 和许用因子 $[\sigma_I']$。假如取安全系数 $n=1.6$,按照它的屈服应力 356MPa 与临界损伤值 3.276damage - unit,计算临界损伤强度因子 σ_{Ifc}' 和许用因子 $[\sigma_I']$,计算如下:

$$\sigma_{Ifc}' = \left(\frac{K' D_{1fc}^{(2n'b'+1)/2}}{E^{n'} \pi^{1/2}} \right)^{\frac{1}{1-n'}} = \left(\frac{1165 \times 3.276^{[2 \times 0.1871 \times (-0.0943)+1]/2}}{200741^{0.1871} \times \pi^{1/2}} \right)^{\frac{1}{1-0.1871}}$$

$$= \left(\frac{1165 \times 3.276^{0.4824}}{200741^{0.1871} \times \pi^{1/2}} \right)^{1.23} = 356(MPa) > [\sigma_I'] = \frac{\sigma_s'}{1.6} = \frac{356}{1.6} = 225(MPa)$$

计算结果为临界损伤强度因子 $\sigma_{Ifc}' = 356(MPa)$,许用因子 $[\sigma_I'] = 356/1.6 = 222.5(MPa)$。

这个计算结果也证明,临界损伤强度因子 σ_{Ifc}' 的单位和数值与它的屈服极限的单位和数值是一致的。

③ 计算 σ_I' 损伤强度因子,并校核它的安全性。按正文中的 σ_I' 因子计算准则,它应该如下式所示:

$$\sigma_I' = \left(\frac{K' D_{1fc}^{(2n'b'+1)/2}}{E^{n'} \pi^{1/2}} \right)^{\frac{1}{1-n'}} = \left(\frac{1165 \times 2.735^{[2 \times 0.1871 \times (-0.0943)+1]/2}}{200741^{0.1871} \times \pi^{1/2}} \right)^{\frac{1}{1-0.1871}}$$

$$= \left(\frac{1165 \times 2.735^{0.4824}}{200741^{0.1871} \times \pi^{1/2}} \right)^{1.23} = 320(MPa) > [\sigma_I'] = \frac{\sigma_s'}{1.6} = \frac{356}{1.6} = 225(MPa)$$

计算结果表明,工作的损伤强度因子小于临界值 σ'_{Ifc},但是大于许用值 $[\sigma'_{\text{I}}] = 225\text{MPa}$。这说明还是不太安全的。

(4) 按 δ'_{t} 损伤强度因子校核其安全性,根据正文中的计算准则,应该是

$$\delta'_{\text{t}} = \frac{\pi\sigma'_{\text{s}}\,(\sigma'/\sigma'_{\text{s}})^2 D}{E} = \frac{\pi 356.1\,(320/356.1)^2 \times 2.735}{200741}$$

$$= 0.0123 \leqslant \frac{0.113}{3}$$

$$= 0.037667\,(\sigma < \sigma'_{\text{s}})\,(0.037667\text{damage} - \text{unit},\text{即}\,0.037667\text{mm})$$

按照这个损伤强度准则的计算结果,这个容器的工作应力还在安全范围之内。

两种方法的计算结果还是相近的。但是,这是材料的理想状态,还没有考虑结构方面的应力集中、尺寸大小、加工状态等因素的影响。

2. 机械结构件的损伤强度计算

由于机械零件的形状、尺寸、表面加工对它自身的强度有着明显的影响,特别在疲劳载荷下,这些因素的效应就更加敏感,因此对损伤强度计算的计算模型必须要进行修正;而且,也要建立起它们强度计算的准则。

当在疲劳载荷下,$R = -1$、$\sigma_{\text{m}} = 0$,它的损伤强度准则应该为

$$\sigma'_{\text{I}} = \left(\frac{K_\sigma}{\varepsilon_\sigma \beta_\sigma} \cdot \frac{K' D^{(2n'b'+1)/2}}{E^{n'} \pi^{1/2}}\right)^{\frac{1}{1-n'}} \leqslant [\sigma'_{\text{I}}] = \frac{\sigma'_{\text{Ifc}}}{n}(\text{MPa}) \qquad (1-61)$$

式中:K_σ 为零件的应力集中系数;β_σ 为零件表面影响的修正系数;ε_σ 为零件尺寸大小的修正系数。

对于 $R \neq -1$、$\sigma_{\text{m}} \neq 0$,修正后的损伤强度准则为

$$\sigma'_{\text{I}} = \left(\frac{K_\sigma}{\varepsilon_\sigma \beta_\sigma}(1-R)\frac{K' D^{(2n'b'+1)/2}}{E^{n'} \pi^{1/2}}\right)^{\frac{1}{1-n'}} \leqslant [\sigma'_{\text{I}}] = \frac{\sigma'_{\text{Ifc}}}{n}(\text{MPa}) \qquad (1-62)$$

式中:R 为应力比,$R = \sigma_{\min}/\sigma_{\max}$。

3. 材料在多轴疲劳下的损伤强度计算

结构件在复杂应力且在疲劳载荷条件下运行时,通常都处于两向或三向应力的疲劳状态下,因此本书将复杂应力和疲劳载荷状态下所出现的损伤问题,与结构件在复杂应力状态和多轴疲劳下所出现的损伤问题,作为共性的问题,结合在一起论述。

在实际的机械工程领域中,绝大部分工程机械和结构都在复杂应力状况下运行,也都涉及在多轴疲劳状况下运行。因此,下文就这一主题进行论述并介绍

损伤强度计算问题。

在单轴疲劳载荷下的损伤和引起的裂纹与在多轴疲劳载荷下的损伤和引起的裂纹,显然有着明显的不同。在单向拉伸应力作用下出现的损伤和裂纹,与同时存在横向剪切应力、扭转剪切应力和弯曲应力作用下所出现的损伤和裂纹,显然有着明显的区别。解决如此复杂问题的损伤强度计算,是一个十分复杂的过程。因为这是一个混合型损伤所引起的混合型损伤强度计算问题和混合型裂纹强度的计算问题。这是一个新主题,也是一个新难题。作者仍然基于在力学和工程领域中存在着基因原理的思路,根据材料力学中传统的强度理论,研究和推导混合型损伤所引起的混合型裂纹的强度计算问题,因此,实际上就解决了多轴疲劳下的损伤强度的计算问题。

众所周知,工程中许多机械结构发生的事故都是在复杂应力状况下发生的。在图 1-8 所示的结构复杂的多气缸往复压缩机,它的绝大部分机件都在两向和三向应力状况下运行,例如,图 1-9 和图 1-10 所示的部件通常都是在力 p_1、p_2 和 p_3 的作用下引起损伤。再如图 1-11 所示,是压缩机中的活塞杆与十字头以螺纹形式相连接的部件在拉伸应力、压缩应力和扭转剪应力组合作用下引起的损伤和断裂[10-13]。

举例 1:对于用 40 钢制成的压缩机中的连杆[12],当它在经受拉应力 σ_p、弯曲应力 σ_b、横向剪应力 τ 组合的复杂应力状况下,所产生的组合应力可以用当量应力来计算,此当量应力的计算式为[4]

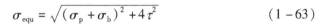

$$\sigma_{equ} = \sqrt{(\sigma_p + \sigma_b)^2 + 4\tau^2} \qquad (1-63)$$

图 1-8　多气缸往复压缩机

图 1-9　往复压缩机气缸体组合部件

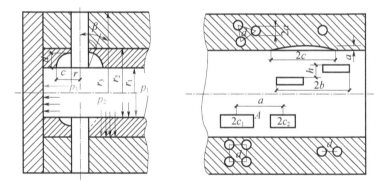

图 1-10　往复压缩机气缸体组合部件内的三向应力状况[10]

图 1-11　活塞杆与十字头连接部件在组合作用下引发的断裂[11]

举例2:图1-11所示的部件在拉伸、压缩应力和扭转剪应力组合状况下运行时,产生的当量应力的计算式为

$$\sigma_{equ} = \sqrt{\sigma^2 + 3\tau^2} \qquad (1-64)$$

举例3:对于压缩机曲轴[13]内所产生的弯曲正应力 σ、扭转剪应力 τ_p、横向剪应力所组成的复杂应力,其当量应力 σ_{equ} 的计算式为

$$\sigma_{equ} = \sqrt{\sigma_{max}^2 + 4\tau_t^2 + 4\tau_p^2} \qquad (1-65)$$

现代断裂力学因为构件受拉伸应力、纵向剪切应力和横向剪切应力的不同,提出了三种不同形式的裂纹,即拉伸型裂纹(Ⅰ型裂纹)、面内剪切型裂纹(Ⅱ型裂纹)、面外剪切型裂纹(Ⅲ型裂纹),如图1-12所示。而且,将两向或三向应力状态下同时出现的Ⅰ型裂纹、Ⅱ型裂纹或Ⅲ型裂纹称为混合型裂纹。本书将同时出现的Ⅰ型、Ⅱ型或Ⅲ型裂纹的混合型裂纹定义为"混合型损伤"。

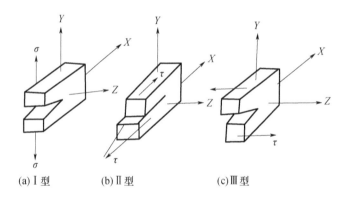

(a)Ⅰ型　　　　(b)Ⅱ型　　　　(c)Ⅲ型

图1-12　三种断裂形式

Irwin[15]过去也曾经提出了如图1-12所示的Ⅰ型、Ⅱ型、Ⅲ型裂纹的混合型应力强度因子的计算方法。

文献[16]中,就Ⅰ型、Ⅱ型、Ⅲ型混合型裂纹的应力强度因子之间的关系提出了处理和计算方法。

(1) 对于情况:$K_{Ⅰ}^{max} \geqslant K_{Ⅰc}$、$K_{Ⅱ}^{max} < K_{Ⅱc}$、$K_{Ⅲ}^{max} < K_{Ⅲc}$,作为Ⅰ型断裂计算;

(2) 对于情况:$K_{Ⅰ}^{max} < K_{Ⅰc}$、$K_{Ⅱ}^{max} \geqslant K_{Ⅱc}$、$K_{Ⅲ}^{max} < K_{Ⅲc}$,作为Ⅱ型断裂计算;

(3) 对于情况:$K_{Ⅰ}^{max} < K_{Ⅰc}$、$K_{Ⅱ}^{max} < K_{Ⅱc}$、$K_{Ⅲ}^{max} \geqslant K_{Ⅲc}$,作为Ⅲ型断裂计算。

上述科学家提出的断裂理论和计算方法,为现代力学做出了宝贵贡献。

作者认为,现代力学中的一些强度理论似乎存在类似的"基因原理"和"基因关系"。基于此理念,在复杂应力状态下,在微观、细观至宏观损伤演化过程

中,提出了损伤力学新的驱动力模型及强度计算问题的计算模型。

1) 用第一种损伤强度理论建立当量损伤应力强度因子

三向应力状况下,如果三个主应力的关系是 $\sigma_1 > \sigma_2 > \sigma_3$,第一种损伤强度理论认为最大拉伸应力是引起材料损伤而导致破坏的主要因素[17-18]。对此, σ_1 是最大的拉伸应力,认为当量应力 σ_{equ} 与最大主应力的关系是 $\sigma_{equ} = \sigma_1 = \sigma_{max}$。

按照这个逻辑推理,本书定义第一种损伤理论建立的"当量损伤应力强度因子 H'_{1equ}"等效于"最大的 H-I 型损伤应力强度因子 H'_{1-max}",即 $H'_{1equ} = H'_{1-max}$,其表达式如下:

$$H'_{1equ} = H'_{1-max} = \sigma'_{1equ}\sqrt[m']{D} \, (\text{MPa} \sqrt[m']{\text{damage} - \text{unit}}) \qquad (1-66)$$

同样地,按此强度理论,建立"H 型和 I 型的当量损伤应力强度因子"(即 H'_{1equ})的强度准则如下:

$$H'_{1equ} = \sigma'_{1equ-1}\sqrt[m']{D} \leqslant [H'_1] = H'_{Ic}(\text{或} \, H'_{Ifc})/n \, (\text{MPa} \sqrt[m']{\text{damage} - \text{unit}})$$

$$(1-67)$$

式中: H'_{1equ} 为用第一种损伤理论所建立的 H 型和 I 型的当量损伤应力强度因子; H'_{Ic} 和 H'_{Ifc} 为其临界损伤应力强度因子。

如果在单调载荷下,其临界损伤应力因子 H'_{Ic} 为如下形式:

$$H'_{Ic} = \sigma'_s \sqrt[m']{D_{1c}} \, (\text{MPa} \sqrt[m']{\text{damage} - \text{unit}}) \qquad (1-68)$$

但如果在疲劳载荷下,其临界损伤应力因子 H'_{Ifc} 应该为

$$H'_{Ifc} = \sigma'_s \sqrt[m']{D_{1fc}} \, (\text{MPa} \sqrt[m']{\text{damage} - \text{unit}}) \qquad (1-69)$$

因为第一种损伤理论没有考虑 σ_2 和 σ_3 的影响,在纯剪切的条件下最大的拉应力等于剪应力 $\sigma'_1 = \tau$,得出 $\sigma'_1 = \tau \leqslant [\sigma']$。因此能得出"Ⅱ 型的 H 型的损伤应力强度因子 $H'_{\text{Ⅱ}}$"的强度准则:

$$H'_{\text{Ⅱ}} = \tau \sqrt[m']{D} \leqslant [H'_1] = H'_{\text{Ⅱ}c}/n \, (\text{MPa} \sqrt[m']{\text{damage} - \text{unit}}) \qquad (1-70)$$

$$H'_{\text{Ⅱ}c} = \tau_s \sqrt[m']{D_{1c}} \qquad (1-71)$$

也因为上述的逻辑关系,使得当量 I 型损伤因子等于 Ⅱ 型损伤因子,即 $H'_{1equ} = H'_{\text{Ⅱ}}$。如此一来,它们两者之间的临界因子也必然是相等关系,即 $H'_{Ic} = H'_{\text{Ⅱ}c}$。

2) 用第二种损伤强度理论建立当量裂纹应力强度因子

第二种思路是假定最大拉伸引起的线应变 ε 是材料引发损伤而导致破坏的主要因素。根据这一观点,考虑三个主应力 σ_1、σ_2 和 σ_3 对损伤强度的影响,所建立的当量应力 σ'_{2equ} 表示为

$$\sigma'_{2\text{equ}} = \sigma_1 - \mu(\sigma_2 + \sigma_3) = (0.7 \sim 0.8)\sigma_1 \leq [\sigma'] = \sigma'_s/n \quad (1-72)$$

式中:μ 为泊松比(Poisson's ratio),$\mu = 0.25 \sim 0.42$。

所以,第一种损伤强度理论的当量应力 $\sigma'_{1\text{equ}}$ 与第二种损伤强度理论的当量应力 $\sigma'_{2\text{equ}}$ 之间的关系是

$$\sigma'_{2\text{equ}} = (0.7 \sim 0.8)\sigma'_{1\text{equ}} = (0.7 \sim 0.8)\sigma_{1\max} \quad (1-73)$$

由此推导建立当量损伤应力强度因子 $H'_{2\text{equ}}$ 的强度准则为

$$H'_{2\text{equ}} = \sigma'_{2\text{equ}}\sqrt[m']{D} = (0.7 \sim 0.8)H'_1 \leq [H'_1] \quad (1-74)$$

由于剪应力 τ 与拉应力 σ_1 之间存在如此关系,即 $\tau \leq [\tau] = \dfrac{[\sigma']}{1+\mu}$,$[\tau] = (0.7 \sim 0.8)[\sigma']$。其结果就存在下述关系:

$$\tau = \frac{\sigma'_{1\text{equ}}}{1+\mu} = \frac{\sigma_1}{1+\mu} \leq \frac{[\sigma']}{1+\mu} = [\tau] \quad (1-75)$$

因此,按此强度理论所建立的强度准则如下:

$$H'_{2\text{equ}} = \frac{\sigma'_{1\text{equ}}\sqrt[m']{D}}{1+\mu} \leq (0.7 \sim 0.8)H'_{1c}\text{或}(H'_{1fc}/n) \quad (1-76)$$

式中:$H'_{2\text{equ}}$ 为用第二种损伤强度理论所建立的 H 型当量损伤应力因子。

在此,要提示一下,第二种损伤强度理论建立的因子 $H'_{2\text{equ}}$ 与用第一种损伤理念建立的因子 $H'_{1\text{equ}}$,它们之间的量值关系是

$$H'_{2\text{equ}} = \frac{\sigma'_{1\text{equ}}\sqrt[m']{D}}{1+\mu} = (0.7 \sim 0.8)H'_{1\text{equ}} \quad (1-77)$$

$$H'_{2\text{equ}} = (0.7 \sim 0.8)H'_{1\text{equ}} = (0.7 \sim 0.8)H'_1 \quad (1-78)$$

还必须指出,式(1-78)中符号在物理概念上的区别:$H'_{1\text{equ}}$ 是按第一强度建立的当量损伤强度应力因子,它含有复杂应力下的组合应力的概念;而 H'_1 是 I 型损伤因子,它是复杂应力下最大拉应力 σ'_1 对应的因子。

3)基于第三种损伤强度理论建立的损伤应力强度因子

第三种损伤强度理论认为最大剪应力是引起材料损伤而导致破坏的主要因素。

按照这一理念,它考虑主应力 σ_1 和 σ_3 对损伤强度的影响是主要的因素。因此,它建立的当量应力 $\sigma'_{3\text{equ}}$ 为

$$\sigma'_{3\text{equ}} = \sigma_1 - \sigma_3 \leq [\sigma'] = \sigma'_s/n \quad (1-79)$$

由于在纯剪切条件下

$$\tau \leq \frac{[\sigma']}{2} = [\tau] \quad (1-80)$$

从而得出此强度理论的强度准则的表达式为

$$H'_{3equ} = \frac{\sigma'^{m'}_{1equ}\sqrt{D}}{2} \leq [H'_{3equ}] (MPa \sqrt[m']{damage-unit}) \qquad (1-81)$$

或者

$$H'_{3equ} = 0.5\sigma'_{1equ}\sqrt[m']{D} \leq 0.5[H'_1] = 0.5(H'_{1c}/n)$$

$$或 0.5(H'_{1fc}/n)(MPa \sqrt[m']{damage-unit}) \qquad (1-82)$$

式中: H'_{3equ} 为用第三种损伤强度理论所建立的 H 型当量损伤应力因子。

4）用第四种损伤强度理论建立的损伤应力强度因子

第四种损伤强度理论认为形状改变比能是引起材料流动损伤而导致破坏的主要原因[17-18]。

根据这一理论,考虑主应力 σ_1、σ_2 和 σ_3 对强度的影响,所建立的当量应力 σ'_{4equ} 表示为[34-35]

$$\sigma'_{4equ} = \frac{\sigma'_{1equ}}{\sqrt{3}} \leq [\sigma'] = \frac{\sigma'_{1fc-equ}}{n\sqrt{3}} (MPa) \qquad (1-83)$$

例如,

$$\sigma'_{4equ} = \sqrt{0.5[(\sigma_1-\sigma_2)^2 + (\sigma_2-\sigma_3)^2 + (\sigma_3-\sigma_1)^2]}$$

$$= \sqrt{0.5[(\tau-0)^2 + \tau^2 + (-\tau-\tau)^2]}$$

$$= \sqrt{3}\tau = (\sigma/\sqrt{3}) \leq [\sigma'](MPa) \qquad (1-84)$$

按照上述关系,也可以按此理论推导并建立其损伤应力强度因子的计算准则为

$$H'_{4equ} = \sigma'^{m'}_{4equ}\sqrt{D} \leq (H'_1/\sqrt{3}) = \frac{H'_{1c}(或 H'_{1fc})}{\sqrt{3}n}(MPa \sqrt{damage-unit})$$

$$(1-85)$$

式中: H'_{4equ} 为用第四种损伤强度理论所建立的 H 型当量损伤应力因子。

此外,上述几个准则中[24,34-35],必须考虑安全系数 n 对临界值的修正。

一般说来,在静载荷下和复杂应力条件下,第一和第二种损伤应力强度因子的计算理论、准则和计算方法,可适用于某些像铸铁、石料、混凝土、玻璃等容易破坏的脆性材料;而第三和第四种损伤应力强度因子的计算理论、准则和计算方法,可适用于某些碳钢、铜、铝等容易发生塑性变形的材料[18]。应该说明,不同材料会发生不同形式的破坏,但是,有时即使是同样一材料,在不同应力状况下,也可能会出现不同形式的破坏。碳钢是典型的塑性材料,在单向应力作用下,会出现塑性流动从而导致破坏;但它在三向应力作用下,会产生断裂。由碳钢制成的螺杆连接件,在螺纹根部由于应力集中引起三向拉伸应力,这一部位的

材料很容易发生断裂。反之,作为典型的脆性材料铸铁,在单向拉伸应力作用下,以断裂形式破坏,如果制成两个铸铁球和铸铁板,在单向压力作用下,受压强度较高;但在三向压应力状态下,随着压力的增大,铸铁板会出现明显的凹痕。因此,无论是塑性材料还是脆性材料,在三向拉应力状况下,都要采用第一种损伤应力强度计算准则;而在三向压应力状况下,都要采用第三或第四种损伤应力强度计算准则。可见,每一种损伤强度计算式和强度准则,都有其应用范围,要依据实际和具体的情况,与实验结合,谨慎应用。特别是在疲劳载荷下,上述计算模型是否还能适用,更有待于实验检验。

计算实例

假定有一个由 16Mn 钢制成的压力容器,它的壁厚 $t = 10\text{mm}$,直径 $D = 1000\text{mm}$;材料的强度极限 $\sigma'_b = 572.5\text{MPa}$,屈服极限 $\sigma'_s = 360.7\text{MPa}$;弹性模量 $E = 200741\text{MPa}$;循环强度系数 $K' = 1164.8\text{MPa}$;应变硬化指数 $n' = 0.1871$;疲劳强度系数 $\sigma'_f = 947.1\text{MPa}$,疲劳强指数 $b' = -0.0943$,$m' = 10.6$;疲劳延性系数 $\varepsilon'_f = 0.4644$,疲劳延性指数 $c' = -0.5395$,$\lambda' = 1.854$。假如工作压力 $p = 3\text{MPa}$,若暂不考虑结构因素的影响(如尺寸、加工、应力集中等),试按第三和第四种损伤应力强度计算理论,分别计算此容器材料在三向拉应力作用下的工作应力以及其损伤应力强度因子。

计算过程和方法如下:

1)相关参数的计算(三向应力的计算)

(1)容器纵向应力按下式计算:

$$\sigma_1 = \frac{pD}{2t} = \frac{3 \times 1000}{2 \times 10} = 150(\text{MPa})$$

(2)容器横向应力按下式计算:

$$\sigma_c = \frac{pD}{4t} = \frac{3 \times 1000}{4 \times 10} = 75(\text{MPa})$$

因为此容器是薄壁容器,其径向应力 $\sigma_r = 0\text{MPa}$,所以只有两向应力。此时 $\sigma_1 > \sigma_2 > \sigma_3$,其数值应该是

$$\sigma_1 = 150\text{MPa}, \sigma_2 = 75\text{MPa}, \sigma_3 = 0\text{MPa}$$

2)按第三种损伤应力强度理论计算它的当量应力和当量应力强度因子

(1)其当量应力 σ'_{3equ} 为

$$\sigma'_{3equ} = \sigma_1 - \sigma_3 = 150 - 0 = 150(\text{MPa})$$

（2）计算对应当量工作应力 $\sigma_{3equ}=150\text{MPa}$ 的损伤值为

$$D_{3equ}=\left(\sigma'^{(1-n')/n'}_{3equ}\frac{E\pi^{1/(2n')}}{K'^{1/n'}}\right)^{-\frac{2m'n'}{2n'-m'}}$$

$$=\left(150^{(1-0.1871)/0.1871}\times\frac{E\pi^{1/(2\times0.1871)}}{K'^{1/0.1871}}\right)^{-\frac{2\times10.6\times0.1871}{2\times0.1871-10.6}}$$

$$=\left(150^{4.3447}\times\frac{200741\times\pi^{2.6724}}{1164.8^{5.3447}}\right)^{0.38789}$$

$$=0.763(\text{damage}-\text{unit})$$

（3）计算其当量损伤应力强度因子 H_{3equ}：

$$H_{3equ}=\sigma'_{3equ}\times\sqrt[m']{D_{3equ}}=150\times\sqrt[10.6]{0.763\times10^{-3}}$$

$$=76.2(\text{MPa}\sqrt[m']{1000\text{damage}-\text{unit}})$$

3）按第四种损伤应力强度理论计算它的当量应力和当量应力强度因子

（1）其当量应力 σ'_{4equ} 是

$$\sigma'_{4equ}=\sqrt{0.5\left[(\sigma_1-\sigma_2)^2+(\sigma_2-\sigma_3)^2\times(\sigma_3-\sigma_1)^2\right]}$$

$$=\sqrt{0.5\times\left[(150-75)^2+(75-0)^2\times(0-150)^2\right]}=130(\text{MPa})$$

（2）计算对应当量工作应力 $\sigma_{4equ}=130\text{MPa}$ 的损伤值：

$$D_{4equ}=\left(\sigma'^{(1-n')/n'}_{4equ}\frac{E\pi^{1/(2n')}}{K'^{1/n'}}\right)^{-\frac{2m'n'}{2n'-m'}}$$

$$=\left(130^{(1-0.1871)/0.1871}\times\frac{E\pi^{1/(2\times0.1871)}}{K'^{1/0.1871}}\right)^{-\frac{2\times10.6\times0.1871}{2\times0.1871-10.6}}$$

$$=\left(130^{4.3447}\times\frac{200741\times\pi^{2.6724}}{1164.8^{5.3447}}\right)^{0.38789}=0.6(\text{damage}-\text{unit})$$

（3）计算其当量损伤应力强度因子 H_{4equ}：

$$H_{4equ}=\sigma'_{4equ}\times\sqrt[m']{D_{4equ}}=130\times\sqrt[10.6]{0.6\times10^{-3}}$$

$$=64.6(\text{MPa}\sqrt[m']{1000\text{damage}-\text{unit}})$$

由此实例计算可见，按第三损伤强度计算理论和方法与按第四损伤强度计算理论和方法得出的计算结果还是比较接近的。

参考文献

［1］YU Y G(Yangui Yu). Calculations on Damages of Metallic Materials and Structures［M］. Moscow：KNORUS, 2019：313-376.

[2] YU Y G(Yangui Yu). Calculations on Fracture Mechanics of Materials and Structures[M]. Moscow：KNORUS, 2019：352 – 393.

[3] YU Y G(Yangui Yu). Damage Growth Rate Calculations Realized in Whole Process with Two Kinks of Methods[J]. American Journal of Science and Technology, 2015,2(4)：146 – 164

[4] YU Y G(Yangui Yu). The Calculations of Evolving Rates Realized with Two of Type Variables in Whole Process for Elastic – Plastic Materials Behaviors under Unsymmetrical Cycle[J]. Mechanical Engineering Research. Canadian Center of Science and Education,2012,2(2)：77 – 87.

[5] YU Y G(Yangui Yu). Strength Calculations on Damage in Whole Process to Elastic – Plastic Materials——The Genetic Elements and Clone Technology in Mechanics and Engineering Fields [J]. American Journal of Science and Technology,2016,3(5)：140 – 151.

[6] YU Y G(Yangui Yu). The Predicting Calculations for Lifetime in Whole Process Realized with Two Kinks of Methods for Elastic – Plastic Materials Contained Crack[J]. Journal of Materials Sciences and Applications,2015,1(2)：15 – 32.

[7] 赵少汴,王忠保. 抗疲劳设计——方法与数据[M]. 北京:机械工业出版社,1997: 89 – 99.

[8] 机械设计手册编委会. 机械设计手册:第5卷,[M]. 3版. 北京:机械工业出版社,2004: 31 – 37.

[9] 吴学仁. 飞机结构金属材料力学性能手册:第1卷[M]. 北京:航天工业出版社, 1996:465 – 491.

[10] YU Y G(Yangui Yu). Fracture Mechanics Calculations of Combinatory Cylinder[C]. Advances in Fracture Research, ICF7, Houston, USA. 1989:4029 – 4037.

[11] 赵娥君,虞岩贵. 活塞杆的破坏的疲劳 – 损伤 – 断裂的计算和分析[J]. 机电工程, 2000,17(85):61 – 64.

[12] YU Y G(Yangui Yu). Fracture Mechanics Calculations on Link[C]. Advances in Fracture Research, ICF7, Houston, USA. 1989:4039 – 4046.

[13] YU Y G(Yangui Yu). Calculations To Its Fatigue Damage Fracture And Total Life Under Many – Stage Loading For A Crankshaft[J]. Chinese Journal of Mechanical Engineering, 1994, 7(4)： 281 – 288.

[14] YU Y G(Yangui Yu), JIANG X L, CHEN J Y, et al. The Fatigue Damage Calculated with Method of the Multiplication $\Delta\varepsilon_e\Delta\varepsilon_p$[J]. Proceedings of the Eighth International fatigue Congress, 2002,5(5)： 2815 – 2822.

[15] IRWIN G R. The Crack Extension Farce for a Fart – through Crack in a Plate[J]. Journal of Applied Mechanics, 1962,29(4)： 651 – 654.

[16] DRAGAN V E, YASNY P V. Growth Mechanism of A Small Crack Under the Torsion[J]. Strength Problem. Kiev, 1983, 1(1):38 – 42.

[17] 皮萨连科,亚科符列夫,马特维也夫. 材料力学手册[M]. 范钦珊,朱祖成,译. 北京:中

国建筑工业出版社,1981:209 – 213.

[18] 刘鸿文. 材料力学:(上册)[M]. 北京:人民教育出版社,1979: 232 – 238.

1.2 疲劳载荷下损伤速率计算

疲劳载荷下全过程损伤速率计算分如下几个主题:

单轴疲劳下损伤速率计算:

* 低周疲劳下损伤速率计算;

* 高周疲劳下损伤速率计算;

* 超高周疲劳损伤速率计算;

* 多轴疲劳(复杂应力)下损伤速率计算。

低周疲劳下损伤速率计算在图 1 – 13 中用曲线 CC_1C_2 加以描述;高周疲劳下损伤速率计算在图 1 – 13 中用曲线 AA_1A_2 和 DD_1D_2 加以描述;超高周疲劳下损伤速率计算在图 1 – 13 中用曲线 $A'AA_1A_2$ 和 $D'DD_1D_2$ 加以描述;多轴疲劳下损伤速率计算仍分低周、高周和超高周,相应的曲线在图 1 – 13 中加以描述。

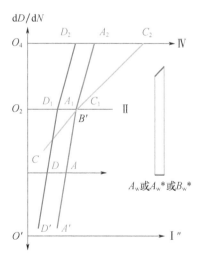

图 1 – 13 损伤速率简化曲线

1.2.1 低周疲劳下损伤速率计算

在前文的综合图 1 – 1 和本节的简化曲线图 1 – 13 中,对于实际工程中在低周疲劳下弹塑性材行为,用曲线 CC_1C_2 相应的计算模型以及弹塑性损伤力学来描述;对于线弹塑性材行为,用曲线 A_1A_2 和 D_1D_2 相应的计算模型以及线弹性损伤力学来描述。

材料的种类很多,性能差异也很大,不能用单一的计算模型去描述。下文提供若干种计算式和计算方法,供读者按不同材料和实际情况选择计算。

1. 模型和方法 1 ——双参数乘积法

第一种计算低周疲劳下损伤速率的模型,本书称其为双参数乘积法计算方程,它的表达形式如下[1-4]:

$$dD/dN = B_w^* \left(\Delta Q'\right)^{\frac{m'\lambda'}{m'+\lambda'}} (\text{damage} - \text{unit/cycle}) \qquad (1-86)$$

式中:指数 $m'\lambda'/(m'+\lambda')$ 中,$m' = -1/b'$,$\lambda' = -1/c'$,其物理意义体现了材料弹塑性特性的大小和程度,其几何意义是代表弹塑阶段梯形的斜边的斜率;B_w^* 为全过程综合材料常数,其物理含义是一个功率的概念,是一个循环中能量的最大增量值,也是材料在失效之前一个循环内释放出的最大能量,其几何含义是图 1-1 和图 1-2 中最大的微梯形面积,综合材料常数 B_w^* 是可计算的, 它可以用下式表达:

$$B_w^* = 2\left(4\varepsilon_f'\sigma_f'^{-\frac{m'\lambda'}{m'+\lambda'}}\sqrt{D_{1fc}}\right)^{-\frac{m'\lambda'}{m'+\lambda'}} \qquad (1-87)$$

式中:D_{1fc} 为材料对应于屈服应力 σ_s' 的临界损伤值。

式(1-86)中的 $\Delta Q'$ 是损伤应力-应变因子,它是损伤扩展的驱动力,可以由下式计算:

$$\Delta Q' = \left(\Delta\sigma\Delta\varepsilon_p\right)D^{1/[m'\lambda'/(m'+\lambda')]}\left[\text{MPa} \cdot (\text{damage} - \text{unit})^{1/[m'\lambda'/(m'+\lambda')]}\right]$$

$$(1-88)$$

式中:$\Delta\sigma = \sigma_{max} - \sigma_{min}$;$\Delta\varepsilon_p = \varepsilon_{pmax} - \varepsilon_{pmin}$。

因此整个损伤速率的完整表达式为

$$dD/dN = 2\left(4\varepsilon_f'\sigma_f'^{-\frac{m'\lambda'}{m'+\lambda'}}\sqrt{D_{1fc}}\right)^{\frac{m'\lambda'}{m'+\lambda'}}\left(\Delta\sigma\Delta\varepsilon_p\right)^{\frac{m'\lambda'}{m'+\lambda'}}D(\text{damage} - \text{unit/cycle})$$

$$(1-89)$$

2. 模型和方法 2——双参数比值法

第二种计算低周疲劳下损伤速率的模型,本书称其为双参数比值法计算方程,它的表达形式如下[5-7]:

$$dD/dN = A_w'^* \Delta L^{\frac{1}{b'-c'}}(\text{damage} - \text{unit/cycle}) \qquad (1-90)$$

式中:相关常数的物理意义和几何意义与上述模型和方法 1 相同。

$A_w'^*$ 也是综合材料常数,是可计算的,计算式如下:

$$A'^{*}_{w} = 2\left(2\frac{\sigma'_{f}}{E\varepsilon'_{f}}\sqrt[{\frac{1}{c'-b'}}]{D_{2fc}}\right)^{\frac{1}{b'-c'}} \tag{1-91}$$

式中：D_{2fc} 为对应于断裂应力 σ'_{fc} 的临界值。

式（1-90）中，ΔL 的物理意义是损伤扩展的推动力，它可以用下式表达：

$$\Delta L = \left(\frac{\Delta\sigma'}{\Delta\varepsilon'_{a}}\right)D^{b'-c'} \tag{1-92}$$

式中：$\Delta\varepsilon'_{a}$ 为一个塑性应变幅，$\Delta\varepsilon'_{a} = \Delta\varepsilon_{p}/2$。

因此，其整个损伤速率的完整表达式为

$$dD/dN = 2\left(2\frac{\sigma'_{f}}{E\varepsilon'_{f}}\sqrt[{\frac{1}{c'-b'}}]{D_{2fc}}\right)^{\frac{1}{b'-c'}}\left(\frac{\Delta\sigma'_{i}}{E\varepsilon'_{a}}\right)^{-\frac{1}{b'-c'}}D(\text{damage}-\text{units/cycle}) \tag{1-93}$$

3. 模型和方法 3——单参数法

第三种损伤速率的模型称为单参数（ε_{p}）法，它的表达形式为[3-4]

$$dD/dN = B'(\Delta I')^{\lambda'}(\text{damage}-\text{unit/cycle}) \tag{1-94}$$

式中：$\Delta I'$ 被定义为损伤扩展的应变因子，形式是

$$\Delta I' = \Delta\varepsilon_{p}D^{1/\lambda'}(\text{damage}-\text{units})^{1/\lambda} \tag{1-95}$$

B' 也为综合材料常数，它也是可计算的，即

$$B' = 2\left(2\varepsilon'^{-\lambda'}_{f}\sqrt{D_{1fc}}\right)^{-\lambda'}\left[(\text{damage}-\text{units})^{-\lambda}\text{mm/cycle}\right] \tag{1-96}$$

因此，其完整的速率计算方程为

$$dD/dN = 2\left(2\varepsilon'^{-\lambda'}_{f}\sqrt{D_{1fc}}\right)^{-\lambda'}\Delta\varepsilon'^{\lambda'}_{p}D(\text{damage}-\text{unit/cycle}) \tag{1-97}$$

4. 模型和方法 4——H 因子法

第四种损伤速率模型为 H 因子法，用 H 因子描述[3-4]，它的计算式如下：

$$dD/dN = A'(\Delta H')^{m'}(\text{damage}-\text{unit/cycle}) \tag{1-98}$$

式中：$\Delta H'$ 为损伤应力因子，它的模型为

$$\Delta H' = \Delta\sigma\varphi D^{1/m'}\left[\text{MPa}(\text{damage}-\text{unit})^{1/m}\right] \tag{1-99}$$

式（1-98）中的综合材料常数 A' 可以用两种方式计算：

$$A' = 2\left(2\sigma'_{f}\alpha_{1}\sqrt[{-m'}]{D_{1fc}}\right)^{-m'}\left[\text{MPa}(\text{damage}-\text{unit})^{-m'}\text{damage}-\text{unit/cycle}\right] \tag{1-100}$$

$$A' = 2\left(2\sigma'_{f}\alpha_{2}\sqrt[{-m'}]{D_{2fc}}\right)^{-m'}\left[\text{MPa}(\text{damage}-\text{unit})^{-m'}\text{damage}-\text{unit/cycle}\right] \tag{1-101}$$

所以，完整的计算式是

$$dD/dN = 2(2\sigma_f'\alpha_1 \sqrt[-m']{D_{1fc}})^{-m'}\Delta\sigma^{m'}D(\text{damage} - \text{unit/cycle}) \quad (1-102)$$

$$dD/dN = 2(2\sigma_f'\alpha_2 \sqrt[-m']{D_{2fc}})^{-m'}\Delta\sigma^{m'}D(\text{damage} - \text{unit/cycle}) \quad (1-103)$$

此外，再提供两个经验计算式，它试图被用于压力容器的设计、计算中。

1. 计算式1——δ_t'式

此公式是作者依照裂纹尖端实验中的相关计算式研究推导得出的，具体的损伤速率计算式表示为

$$dD/dN = A'(\Delta\delta_t')^{\lambda'}(\text{damage} - \text{unit/cycle}) \quad (1-104)$$

式中：$\Delta\delta_t'$被定义为损伤裂尖张开位移范围，可用下式计算：

$$\Delta\delta_t' = \frac{0.5\pi\sigma_s'y_2(\Delta\sigma/2\sigma_s' + 1)D}{E}(\text{damage} - \text{unit}) \quad (1-105)$$

A'被定义为裂尖张开位移综合材料常数，可用下式表达：

$$A' = 2\left[(\pi\sigma_s'(\sigma_f'/\sigma_s' + 1)D_{1fc}/E)\right]^{-\lambda'}v_{pv} \quad (1-106)$$

式中：v_{pv}为计算量纲和单位的转换系数，$v_{pv} = 2\times 10^{-4}$。

因此，损伤速率计算式的完整表达式为

$$dD/dN = 2\left[(\pi\sigma_s'(\sigma_f'/\sigma_s' + 1)D_{1fc}/E)\right]^{-\lambda'}v_{pv} \cdot$$
$$\left[\frac{0.5\pi\sigma_s'y_2(\Delta\sigma/2\sigma_s' + 1)D}{E}\right]^{\lambda'}(\text{damage} - \text{unit/cycle})$$

$$(1-107)$$

式中：y_2为对裂纹形状的修正系数，可以从一些压力容器的手册中查阅取得。

2. 计算式2——β_t'式

这个式子也是根据裂纹尖端实验中的相关计算式经作者研究推导得出的，形式如下：

$$dD/dN = B_2'(\Delta\beta_t')^{\frac{m'\lambda'}{m'+\lambda'}}(\text{damage} - \text{unit/cycle}) \quad (1-108)$$

式中：$\Delta\beta_t'$也被定义为损伤裂尖张开位移范围，可用另一形式表达：

$$\Delta\beta_t' = \frac{0.5(\Delta\sigma/2)\sigma_s'(\Delta\sigma/2\sigma_s' + 1)(\sqrt{\pi D})^3}{E}(\text{damage} - \text{unit})$$

$$(1-109)$$

B_2'是综合材料常数，以另一形式表达：

$$B_2' = 2 \left[\frac{\sigma_f \sigma_s' (\sigma_f / \sigma_s' + 1)}{E} (\sqrt{\pi D_{1fc}})^3 \right]^{-\frac{m'\lambda'}{m'+\lambda'}} v_{pv} \qquad (1-110)$$

因此,损伤速率计算式的完整表达式应该是

$$dD/dN = B_2' \left[0.5 (\Delta\sigma/2) \sigma_s' (\Delta\sigma/2\sigma_s' + 1) (\sqrt{\pi D})^3 / E \right]^{\frac{m'\lambda'}{m'+\lambda'}} (damage - unit/cycle)$$

$$(1-111)$$

前文中的式(1-89)、式(1-93)、式(1-97)和式(1-103)都是对综合图 1-1 中的曲线 $CC_1B'C_2$ 和图 1-13 中的曲线 CC_1C_2 的数学描述和表达。式(1-103) 通常被用于如 LY12 那样的塑性材料。

必须指出,式(1-100)~式(1-103)中的修正系数 α_1、α_2,对于各种各样的材料,其修正值是不同的。临界损伤值 D_{1fc} 或 D_{2fc},当被用于应用设计计算时,必须要用有效值 D_{eff} 取代计算:$D_{1eff} = n_1 D_{1fc} \approx 0.6 \sim 0.65 D_{1fc}$,$D_{2eff} = n_2 D_{2fc} \approx 0.25 \sim 0.3 D_{2fc}$,$n_1$ 和 n_2 是安全系数,所有这些理论上的安全系数,必须再用实验验证后确定。

作者曾经针对材料 30CrMnSiNi2A、40CrMnSiMoVA（GC-4）、30CrMnSiA 和 LY12CZ 的实验数据,用式(1-103)做了对比计算,两者数据的比较结果能较好符合。还用材料 30CrMnSiA 在低周疲劳下的实验数据,采用式(1-97)在 $\alpha = 1$ 时做了对比计算,计算结果和实验数据的比较被列在表 1-17 中。根据表 1-17 中的数据绘制的曲线如图 1-14 所示。

表 1-17　材料 30CrMnSiNi2A 计算和实验数据之间的比较

$\Delta\sigma_{test-data}$	2426	2426	2252	2128	2118	1810	1726	1642	实验数据
$(\Delta\varepsilon_p)_{test-data}$	0.1371	0.09584	0.05538	0.03496	0.0226	0.01168	0.00802	0.0042	实验数据
D_{th}/D_{1fc}	0.251/ 3.227	0.251/ 3.227	0.251/ 3.227	0.251/ 3.227	0.251/ 3.227	0.251/ 3.227	0.251/ 3.227	0.251/ 3.227	式(1-1)/ 式(1-7)
dD_{th}/dN_{cal}	0.0178	0.01123	0.0056	0.0031	0.00175	0.000746	0.000459	0.000199	式(1-97)
$1/N_{test}$	0.02	0.0105	0.0046	0.0022	0.0011	0.00099	0.00046	0.000203	实验数据

作者对表 1-18 中的 12 种材料的数据,用式(1-102)与对应的损伤扩展过渡值 D_{tr}' 和临界值 D_{1fc}' 做了损伤扩展速率的计算,并将计算结果的数据也列在此表中。经计算和研究发现,在这 12 种材料中,虽然它们的性能都不一样,但当它们都被加载到屈服应力 σ_s' 条件下时,它们的损伤扩展速率都在 $(1.0 \sim 8.7) \times 10^{-4}$ damage - unit/cycle,或者是在 $1.0 \times 10^{-3} \sim 1.4 \times 10^{-4}$ damage - unit/cycle 的范围内,参见表 1-18 中计算速率 dD/dN 的数据。

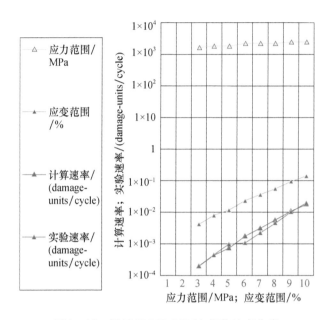

图 1 - 14   材料 30CrMnSiNi2A 损伤速率曲线

表 1 - 18   12 种材料损伤扩展速率的计算数据

材料[7-9]	σ'_s	b'/m'	D'_{tr}	D'_{1fc}	A'_1	dD/dN
SAE 1137	459	$-0.0809/12.361$	0.3088	3.238	1.54×10^{-36}	3.8×10^{-4}
铝合金 LY12CZ	453	$-0.0882/11.338$	0.311	3.216	1.807×10^{-33}	1.0×10^{-3}
30CrMnSiA	889	$-0.086/11.628$	0.31	3.23	1.0472×10^{-37}	8.7×10^{-4}
30CrMnSiNi2A	1280	$0.1026/9.747$	0.31	3.229	3.89×10^{-33}	3.2×10^{-3}
40CrMnSiMoVA	1757	$-0.1054/9.488$	0.3074	3.25	1.48×10^{-33}	3.8×10^{-3}
轧态 Q235A	296	$-0.071/14.085$	0.308	3.244	5.807×10^{-39}	1.5×10^{-4}
轧态 16Mn	356	$-0.0943/10.604$	0.3056	3.272	3.7×10^{-30}	1.8×10^{-3}
QT800 - 2	638	$-0.083/12.048$	0.3092	3.234	2.43×10^{-37}	6.7×10^{-4}
铸态 QT450 - 10	499	$-0.1027/9.737$	0.3075	3.252	4.08×10^{-29}	2.3×10^{-3}
调质 Steel 45	566	$-0.0704/14.205$	0.3127	3.197	2.666×10^{-43}	1.5×10^{-4}
调质 40Cr	740	$-0.0789/12.674$	0.313	3.194	4.22×10^{-40}	4.2×10^{-4}
TC4（Ti - 6I - 4V）	1024	$-0.07/14.286$	0.315	3.177	3.143×10^{-47}	1.4×10^{-4}

计算实例

1. 实例 1

有一种合金钢 30CrMnSiNi2A[9]，它的性能数据列于表 1 - 19 和表 1 - 20 中，假定它被加载在对称循环疲劳下（$R = -1, \alpha = 1$），按照逐渐增加的应力 $\Delta\sigma$ 和应变 $\Delta\varepsilon_p$，用计算式（1 -93）计算相应的损伤扩展速率，并按计算数据绘制损伤扩展速率曲线。

表 1 - 19　30CrMnSiNi2A 在单调载荷下的性能数据

材料	σ_b/MPa	$\sigma_{0.2}$/MPa	E	K	n
30CrMnSiNi2A	1655	1308	200063	1355	0. 0901

表 1 - 20　30CrMnSiNi2A 在低周疲劳下的性能数据

材料	σ_s'	K'	n'	σ_f'	b'	ε_f'	c'
30CrMnSiNi2A	1280	2468	0. 13	2974	- 0. 1026	2. 075	- 0. 7816

计算步骤与方法如下：

1）相关参数的计算

（1）指数计算：

$m' = -1/b' = -1/-0.1026 \approx 9.747$；$\lambda' = -1/c' = -1/-0.7816 \approx 1.28$

（2）应力范围和应力幅的计算式为

$$\Delta\sigma = (\sigma_{max} - \sigma_{min})(MPa)；\sigma_a = \Delta\sigma/2(MPa)$$

计算数据被列在表 1 - 21 中。

（3）对损伤值和临界损伤值的计算：

根据正文中的相关计算式，计算出与屈服应力相关的损伤临界值 D_{1fc} 和各个应力下的损伤值 D_i，其计算式如下：

$$D_{1fc} \text{或} D_i = \left(\sigma_s'^{(1-n')/n'} \frac{E\pi^{1/(2n')}}{K'^{1/n'}}\right)^{-\frac{2m' \times n'}{2n' - m'}}$$

$$= \left(1280^{(1-0.13)/0.13} \times \frac{200063 \times \pi^{1/(2 \times 0.13)}}{2468^{1/0.13}}\right)^{-\frac{2 \times 9.747 \times 0.13}{2 \times 0.13 - 9.747}}$$

$$= 3.241(damage - unit)$$

用疲劳载荷下的屈服应力 $\sigma_s' = 1280MPa$ 代入上式，计算得出损伤临界值 $D_{1fc} = 3.241(damage - unit)$；并按类似方法计算出各应力幅 σ_{ia} 相对应的损伤值 D_i。计算得出的所有数据列在表 1 - 21 中。

2）选用计算式(1-89)计算损伤扩展速率

(1) 计算综合材料常数，计算如下：

$$
\begin{aligned}
B_{w}^{*} &= 2\left(4\varepsilon_{f}'\sigma_{f}'\alpha^{-\frac{m'\lambda'}{m'+\lambda'}}\sqrt{D_{1fc}}\right)^{-\frac{m'\lambda'}{m'+\lambda'}} \\
&= 2\times\left(4\times2.075\times2974\times1\right)^{-\frac{9.747\times1.28}{9.747+1.28}}\sqrt{3.241})^{-\frac{9.747\times1.28}{9.747+1.28}} \\
&= 2\times\left(4\times2.075\times2974\times1^{-1.1314}\sqrt{3.241}\right)^{-1.1314} \\
&= 6.952\times10^{-5}
\end{aligned}
$$

(2) 根据 $\Delta\sigma\Delta\varepsilon_{p}$ 和已计算出的损伤值 D_i 计算相应的损伤扩展速率：

$$
\begin{aligned}
(dD/dN)_{cal} &= B_{w}^{*}\left(\Delta\sigma\Delta\varepsilon_{p}\right)^{\frac{m'\lambda'}{m'+\lambda'}}D \\
&= 2\left(4\varepsilon_{f}'\sigma_{f}'\alpha^{-\frac{m'\lambda'}{m'+\lambda'}}\sqrt{D_{1fc}}\right)^{-\frac{m'\lambda'}{m'+\lambda'}}\left(\Delta\sigma\Delta\varepsilon_{p}\right)^{\frac{m'\lambda'}{m'+\lambda'}}D \\
&= 6.952\times10^{-5}\times\left(\Delta\sigma\Delta\varepsilon_{p}\right)^{1.1314}D(\text{damage}-\text{unit/cycle})
\end{aligned}
$$

根据表 1-21 中的 $\Delta\sigma$、$\Delta\varepsilon_p$ 和 D_i 按照上式计算出各个速率值 $(dD/dN)_i$，再将计算结果列入表 1-21 中。

表 1-21　30CrMnSiNi2A 合金钢计算结果数据

$\sigma_{ia}/\Delta\sigma_i$	812/ 1624	1085/ 2170	1214/ 2428	1297/ 2594	1404/ 2808	1489/ 2978	1599/ 3198	1670/ 3340	1779/ 3358
$\varepsilon_{ap}/\Delta\varepsilon_p$	0.0001933/ 0.0003866	0.00079/ 0.00158	0.00211/ 0.00422	0.00371/ 0.00742	0.0067/ 0.0134	0.01023/ 0.02046	0.01614/ 0.03228	0.02553/ 0.05106	0.04605/ 0.0921
D_i	1.4326	2.4056	2.941	3.31	3.814	4.23678	4.8127	5.2015	5.824
$(dD/dN)_{cal}$	5.882×10^{-5}	6.741×10^{-4}	2.844×10^{-3}	6.53×10^{-3}	0.0161	0.0308	0.0635	0.12115	0.266

3）按表中的数据绘制曲线

对材料 30CrMnSiNi2A 在低周疲劳下绘制在逐增应力下的损伤扩展速率曲线。绘制结果如图 1-15 所示。

2. 实例 2

铝合金 LY12CZ 的性能数据列于表 1-22 和表 1-23 中。假定它被加载在低周对称循环的疲劳载荷下($R=-1$，$\alpha=1$)，试用式(1-93)计算在逐增的应力 $\Delta\sigma$ 和应变 $\Delta\varepsilon_p$ 条件下的损伤扩展速率，并将计算得出的数据绘制成损伤扩展速率曲线。

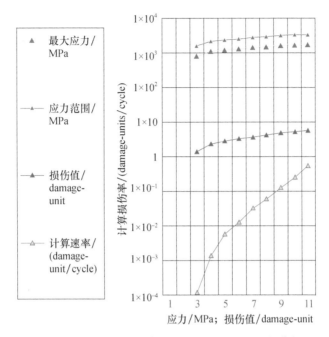

图 1-15　材料 30CrMnSiNi2A 在低周疲劳和逐增应力下的损伤扩展速率曲线

表 1-22　铝合金 LY12CZ 在单调载荷下的性能数据[9]

材料	σ_b	σ_s	E	$\delta_{0.2}$	φ
LY12CZ	455	289	71000	0.235	0.321

表 1-23　铝合金 LY12CZ 在低周疲劳载荷下的性能数据

材料	σ'_{1fc}	K'	n'	σ'_f	b'	ε'_f	c'
LY12CZ	453	802	0.113	768.2	-0.0882	0.361	-0.6393

计算步骤与方法如下：

（1）速率方程指数计算。

$m' = -1/b' = -1/-0.0882 = 11.338;\lambda' = -1/c' = -1/-0.6393 = 1.564$

（2）应力范围和应力幅计算。

$$\Delta\sigma_i = (\sigma_{max} - \sigma_{min})(MPa);\sigma_{ia} = \Delta\sigma/2(MPa)$$

计算结果数据列入表 1-24 中。

（3）损伤值计算。

根据正文中的计算式，计算其屈服应力和断裂应力下临界损伤值 D_{1fc}、D_{2fc} 和不同应力 σ'_i 下的损伤值 D_i，其计算如下：

$$D_{1\mathrm{fc}}(\text{或} D_{2\mathrm{fc}}, D_i) = \left(\sigma'_{1\mathrm{fc}}{}^{(1-n')/n'} \frac{E\pi^{1/(2n')}}{K'^{1/n'}} \right)^{-\frac{2m'n'}{2n'-m'}}$$

$$= \left(453^{(1-0.113)/0.113} \times \frac{71000 \times \pi^{1/(2 \times 0.113)}}{802^{1/0.113}} \right)^{-\frac{2 \times 11.338 \times 0.113}{2 \times 0.113 - 11.338}}$$

$$= 3.2055 \approx 3.21 (\text{damage} - \text{unit})$$

计算得出临界损伤值 $D_{1\mathrm{fc}} = 3.21\text{damage} - \text{unit}$，$D_{2\mathrm{fc}} = 8.318\text{damage} - \text{unit}$；其他的损伤值 D_i 数据都列入表 1-24 中。

下面用两种方法做对比计算：

1）选择式（1-89）（模型和方法 1）计算其损伤扩展速率

（1）计算综合材料常数，根据式（1-87）计算：

$$B_{\mathrm{w}}^* = 2(4 \times \varepsilon'_{\mathrm{f}} \sigma'_{\mathrm{f}}{}^{-\frac{m'\lambda'}{m'+\lambda'}} \sqrt[m'+\lambda']{D_{1\mathrm{fc}}})^{-\frac{m'\lambda'}{m'+\lambda'}}$$

$$= 2 \times (4 \times 0.361 \times 768.2^{-\frac{11.338 \times 1.564}{11.338+1.564}} \sqrt[11.338+1.564]{3.21})^{-\frac{11.338 \times 1.564}{11.338+1.564}}$$

$$= 4.171 \times 10^{-4} (\text{MPadamage} - \text{unit}^{-1/\frac{m'\lambda'}{m'+\lambda'}} \cdot \text{damage} - \text{unit/cycle})$$

（2）计算各参数 $\Delta\sigma$、$\Delta\varepsilon_{\mathrm{p}}$ 和 D_i 对应的损伤扩展速率，用下式计算：

$$\mathrm{d}D/\mathrm{d}N = 2(4\varepsilon'_{\mathrm{f}} \sigma'_{\mathrm{f}}{}^{-\frac{m'\lambda'}{m'+\lambda'}} \sqrt[m'+\lambda']{D_{1\mathrm{fc}}})^{-\frac{m'\lambda'}{m'+\lambda'}} (\Delta\sigma\Delta\varepsilon_{\mathrm{p}})^{\frac{m'\lambda'}{m'+\lambda'}} D_i$$

$$= 4.171 \times 10^{-4} (\Delta\sigma\Delta\varepsilon_{\mathrm{p}})^{1.375} D_i (\text{damage} - \text{unit/cycle})$$

根据表 1-24 中的相关数据 $\Delta\sigma$、$\Delta\varepsilon_{\mathrm{p}}$ 和 D_i，按上式计算出各相应的损伤速率 $(\mathrm{d}D/\mathrm{d}N)_i$。

2）选用式（1-93）（模型和方法 2）计算损伤速率

（1）综合材料常数计算，根据式（1-91）计算如下：

$$A_{\mathrm{w}}^{*}{}' = 2 \times \left(2 \frac{\sigma'_{\mathrm{f}} \alpha}{E\varepsilon'_{\mathrm{f}}} \sqrt[b'-c']{D_{2\mathrm{fc}}} \right)^{\frac{1}{b'-c'}}$$

$$= 2 \times \left(2 \frac{768 \times 1}{71000 \times 0.361} \times \sqrt[-0.0882-(-0.6393)]{8.318} \right)^{\frac{1}{-0.0882-(-0.6393)}}$$

$$= 0.1006$$

（2）计算损伤速率，取表 1-24 中各应力 $\Delta\sigma'_i$ 和应变 $\varepsilon_{\mathrm{ap}}$ 代入式（1-93），计算如下：

$$\mathrm{d}D/\mathrm{d}N = 2 \times \left(2 \frac{\sigma'_{\mathrm{f}} \alpha}{E\varepsilon'_{\mathrm{f}}} \sqrt[b'-c']{D_{2\mathrm{fc}}} \right)^{\frac{1}{b'-c'}} \left(\frac{\Delta\sigma'_i}{E\varepsilon'_{\mathrm{a}}} \right)^{-\frac{1}{b'-c'}} D$$

$$= 2 \times \left(2 \times \frac{768 \times 1}{71000 \times 0.361} \times \sqrt[-0.0882-(-0.6393)]{8.318} \right)^{\frac{1}{-0.0882-(-0.6393)}} \times$$

$$\left(\frac{\Delta\sigma'_i}{71000\times\varepsilon'_a}\right)^{-\frac{1}{b'-c'}}\times D(\text{damage}-\text{unit/cycle})$$

将计算得出的各相应的速率$(dD/dN)_i$列入表 1－24 中。

然后按表中的各相关数据,绘制出两种计算结果的对比曲线,如图 1－16 所示。

表 1－24　铝合金板在低周疲劳载荷下用两种方法计算结果数据的比较

$(\Delta\sigma'_i/\sigma_{ia})$/MPa	726/363	776/388	960/480	986/493	1124/562	1126/563	1124/562	1126/563
D_i/damage－unit	2.053	2.316	3.405	3.574	4.53	4.544	4.53	4.544
$\Delta\varepsilon_p/\varepsilon_a$	0.00176/0.00088	0.0051/0.00255	0.0118/0.00676	0.03154/0.01577	0.0706/0.0353	0.111/0.05547	0.0706/0.0353	0.111/0.05547
$(dD/dN)_i$（式(1－89)）（模型和方法1）	0.0012	0.0064	0.04	0.168	0.773	1.448	0.773	1.448
$\Delta\sigma'_i/E\cdot\varepsilon'_a$	11.62	4.286	2.2917	0.8806	0.4485	0.286	0.4485	0.286
$(dD/dN)_i$（式(1－93)）（模型和方法2）	0.00241	0.0167	0.0764	0.454	1.955	4.436	1.955	4.436

注:速率的单位是 damage－unit/cycle,等效于 mm/cycle。

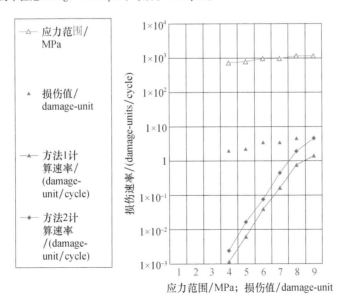

图 1－16　铝合金板用两种计算方法计算损伤速率曲线的比较

3. 实例 3

某一压力容器由弹塑性材料 16Mn 钢制成,它的强度极限 $\sigma_b = 573\text{MPa}$,屈服极限 $\sigma_s = 361\text{MPa}$,疲劳极限 $\sigma_{-1} = 267.2\text{MPa}$,弹性模量 $E = 200741$。在低周疲劳下的循环强度系数 $K' = 1165\text{MPa}$,应变硬化指数 $n' = 0.1871$;疲劳强度系数 $\sigma'_f = 947.1\text{MPa}$,疲劳强度指数 $b' = -0.0943$,$m' = 10.6$;疲劳延性系数 $\varepsilon'_f = 0.4644$,疲劳延性指数 $c' = -0.5395$,$\lambda' = 1.8536$;门槛值 $\Delta K_{th} = 8.67$($\text{MPa}\sqrt{\text{m}}$)。假定容器受压产生的工作应力 $\sigma_{max} = 450\text{MPa}$,$\sigma_{min} = 0$。经查阅 16Mn 钢的裂纹扩展实验数据:$C = 1.06 \times 10^{-13}$,$c = 0.663$。

(1)试按式(1-111)计算当此容器在确定应力 $\sigma_{max} = 450\text{MPa}$ 下,从微观损伤 $D_1 = 0.02$(damage-unit)至断裂值 D_{2fc} 全过程的损伤扩展速率数据,并绘制全过程速率曲线。

(2)在宏观损伤扩展阶段,试用 Paris 方程做对比计算,并绘制曲线。用式(1-111)计算的后阶段损伤扩展速率与按 Paris 方程计算的裂纹扩展速率做曲线对比。

具体计算步骤与方法如下:

1)相关参数的计算

(1)应力范围:$\Delta\sigma = \sigma_{max} - \sigma_{min} = 450 - 0 = 450(\text{MPa})$

应力幅:$\sigma_a = (\sigma_{max} - \sigma_{min})/2 = (450 - 0)/2 = 225(\text{MPa})$

(2)疲劳载荷下的屈服应力 σ'_s 的计算:

$$\sigma'_s = \left(\frac{E}{K'^{1/n'}}\right)^{\frac{n'}{n'-1}} = \left(\frac{200741}{1165^{1/0.187}}\right)^{\frac{0.1871}{0.1871-1}} = 356.1(\text{MPa})$$

(3)计算与屈服应力相关的损伤临界值:

$$D_{1fc} = \left(\sigma'^{(1-n')/n'}_s \frac{E\pi^{1/(2n')}}{K'^{1/n'}}\right)^{-\frac{2m'n'}{2n'-m'}}$$

$$= \left(\sigma'^{(1-0.1871)/0.1871}_s \times \frac{200741 \times \pi^{1/(2\times0.1871)}}{1164.8^{1/0.1871}}\right)^{-\frac{2\times10.6\times0.1871}{2\times0.1871-10.6}}$$

$$= \left(356.1^{4.345} \times \frac{200741 \times \pi^{2.672}}{1164.8^{5.345}}\right)^{0.3879}$$

$$= 3.276(\text{damage-unit})$$

(4)计算与断裂应力相对应的损伤临界值:

$$D_{2fc} = \left(\sigma'^{(1-n')/n'}_f \frac{E\pi^{1/(2n')}}{K'^{1/n'}}\right)^{-\frac{2m'n'}{2n'-m'}}$$

$$= \left(947.1^{(1-0.1871)/0.1871} \times \frac{200741 \times \pi^{1/(2 \times 0.1871)}}{1164.8^{1/0.1871}} \right)^{-\frac{2 \times 10.6 \times 0.1871}{2 \times 0.1871 - 10.6}}$$

$$= \left(947.1^{4.345} \times \frac{200741 \times \pi^{2.672}}{1164.8^{5.345}} \right)^{0.3879}$$

$$= 17.03 \, (\text{damage} - \text{unit})$$

2）按照逐渐增长的损伤值计算损伤扩展速率

（1）综合材料常数计算：

$$B'_2 = 2 \left[\frac{\sigma'_f \sigma'_s (\sigma'_f/\sigma'_s + 1)}{E} (\sqrt{\pi D_{1fc}})^3 \right]^{-\frac{m'\lambda'}{m'+\lambda'}} v_{pv}$$

$$= 2 \times \left[\frac{947.1 \times 356.1 \times (947.1/356.1 + 1)}{200741} (\sqrt{\pi \times 3.276})^3 \right]^{-\frac{10.6 \times 1.854}{10.6 + 1.854}} \times 2 \times 10^{-4}$$

$$= 9.137 \times 10^{-8}$$

（2）按不同的损伤值计算各对应的损伤扩展速率：

$$\mathrm{d}D/\mathrm{d}N = B'_2 [0.5(\Delta\sigma/2)\sigma_s (\Delta\sigma/2\sigma_s + 1)(\sqrt{\pi D})^3/E]^{\frac{m\lambda}{m+\lambda}}$$

$$= 9.137 \times 10^{-8} \times [0.5(450/2) \times$$

$$356 \times (450/2 \times 356.1 + 1)(\sqrt{\pi D})^3/200741]^{1.578}$$

$$= 9.137 \times 10^{-8} \times [0.32561 \times \pi^{1.5} \times D^{1.5}]^{1.578}$$

$$= 9.137 \times 10^{-8} \times (0.32561 \times \pi^{1.5})^{1.578} \times (D^{1.5})^{1.578}$$

$$= 2.337 \times 10^{-7} \times D^{2.367}$$

将按此方程计算的各速率数据列入表 1 - 25 中。

（3）在宏观损伤阶段，用相对应的损伤值与裂纹尺寸，用 Paris 方程计算宏观裂纹的扩展速率：

$$\mathrm{d}a/\mathrm{d}N = C\Delta K^n = 1.06 \times 10^{-13} \times (450 \times \sqrt{\pi \times a \times 1 \times 10^{-3}})^{4.663} \, (\text{mm/cycle})$$

按此方程计算得出的数据，列入表 1 - 25 中。

表 1 - 25　损伤扩展速率计算数据

$\Delta\sigma$/MPa	450						
D/damage - unit	0.02	0.0475	0.1	0.2	0.3	0.45	0.6
$(\mathrm{d}D/\mathrm{d}N)$/(damage - unit/cycle)	2.22×10^{-11}	1.72×10^{-10}	1.0×10^{-9}	5.2×10^{-9}	1.35×10^{-8}	3.5×10^{-8}	7.0×10^{-8}
ΔK/MPa $\sqrt{m}$				11.3	13.8	16.92	19.54
$(\mathrm{d}a/\mathrm{d}N)_{paris}$/(mm/cycle)			1.7×10^{-9}	8.6×10^{-9}	2.2×10^{-8}	5.7×10^{-8}	1.1×10^{-7}

续表

$\Delta\sigma/\mathrm{MPa}$	450						
$D/\mathrm{damage-unit}$	0.7	0.8	1.0	1.5	2.0	3.0	5
$(\mathrm{d}D/\mathrm{d}N)/(\mathrm{damage-unit/cycle})$	1.0×10^{-7}	1.4×10^{-7}	1.83×10^{-7}	6.1×10^{-7}	1.2×10^{-6}	3.1×10^{-6}	1.0×10^{-5}
$\Delta K/\mathrm{MPa}\sqrt{\mathrm{m}}$	21.1	22.6	25.2	30.9	35.7	43.7	56.4
$(\mathrm{d}a/\mathrm{d}N)_{\mathrm{paris}}/(\mathrm{mm/cycle})$	1.6×10^{-6}	2.2×10^{-7}	3.6×10^{-7}	9.4×10^{-7}	1.8×10^{-6}	4.73×10^{-6}	1.55×10^{-5}

$\Delta\sigma/\mathrm{MPa}$	450						
$D/\mathrm{damage-unit}$	7	9	11	13	15	17.03	
$(\mathrm{d}D/\mathrm{d}N)/(\mathrm{damage-unit/cycle})$	2.3×10^{-5}	4.2×10^{-5}	6.8×10^{-5}	3.2×10^{-4}	1.4×10^{-4}	1.9×10^{-4}	
$\Delta K/\mathrm{MPa}\sqrt{\mathrm{m}}$	66.7	75.7	83.7	90.9	97.7	104.1	
$(\mathrm{d}a/\mathrm{d}N)_{\mathrm{paris}}/(\mathrm{mm/cycle})$	3.4×10^{-5}	6.1×10^{-5}	9.8×10^{-5}	1.44×10^{-4}	2.0×10^{-4}	2.7×10^{-4}	

3）绘制损伤扩展速率曲线

按照计算数据,绘制全过程损伤扩展速率曲线;并绘制宏观损伤扩展阶段与Paris方程计算速率的比较曲线,如图1-17所示。

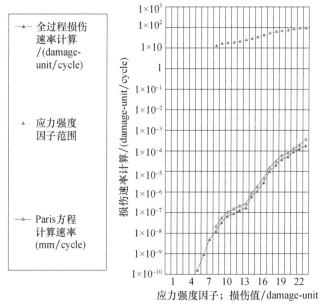

图1-17　全过程损伤扩展速率曲线及宏观损伤扩展阶段损伤
扩展速率与Paris方程计算速率的比较曲线

1.2.2　高周疲劳下损伤速率计算

研究发现,对于高周疲劳载荷下的损伤扩展速率的计算,对某些材料来说,可以采用低周疲劳载荷下的某些参数和材料常数,提供一些新的计算模型;另外,也可以对低周疲劳下的计算模型,进行必要的改造和修正,从而用于计算高周疲劳下的损伤扩展速率。怎样遵循其中的某些规律,本书中提供如下高周疲劳下的计算式,以供参考和选择。

在本节中,在应力逐渐增加的条件下,针对材料行为演化的全过程,根据材料行为综合图 1-6 中的曲线 $A'A_1BA_2$ 和曲线 $D'D_1B'_1D_2$ 全长进行的描述,建议并提出在高周疲劳载荷下若干全过程材料损伤扩展速率 dD/dN 的计算表达式。

1. 计算式 1

第一个损伤扩展速率的方程被称"L 因子"计算式:

$$dD/dN = C'_w \Delta L'^m_i (\text{damage} - \text{unit/cycle}) \tag{1-112}$$

式中:C'_w 是全过程综合材料常数,物理含义是一个功率的概念,几何含义是微梯形的最大面积。但不同的是,它分别是在图 1-6 中对曲线 $A'A_1BA_2$ 和曲线 $D'D_1B'_1D_2$ 下的最大微梯形面积。

对于 $R=-1$、$\sigma_m=0$,全过程综合材料常数 C'_w 可以用如下形式表达:

$$C'_w = 2\,(2K'\alpha)^{-m'}(2\varepsilon'_f{}^{-\lambda'}\sqrt{D_{2fc}})^{-\lambda'}(\text{MPa}^{-m'}(\text{damage} - \text{unit})/\text{cycle}) \tag{1-113}$$

式中:指数 $m'=-1/b'$ 和 $\lambda'=-1/c'$ 实际上是低周疲劳载荷下的材料常数;D_{2fc} 为对应于断裂应力的损伤临界值;K' 为一个循环强度系数;α 为有效值修正系数,它要根据不同的材料、机械加工情况、不同的加载条件去选择。例如,对于 30CrMnSi2A,当 $R=-1$,$\sigma_m=0$,应力集中系数 $K_t=1$ 时,$\alpha=1$。因此,α 必须用实验确定。

对于 $R\neq-1$、$\sigma_m\neq0$,综合材料常数 C'_w 表示为

$$C'_w = 2[2K'(1-R)\alpha]^{-m'}(2\varepsilon'_f{}^{-\lambda'}\sqrt{D_{2fc}})^{-\lambda'}(\text{MPa}^{-m'}\cdot(\text{damage} - \text{unit})/\text{cycle}) \tag{1-114}$$

式中:R 为应力比,$R=\sigma_{min}/\sigma_{max}$。

此外,式(1-112)中的 $\Delta L'_i$ 是损伤应力强度因子范围,也是损伤扩展的驱动力,可以用下式求出:

$$\Delta L'_i = [y(a/b)\Delta\sigma\sqrt[m']{D}]^{m'}(\text{MPa}\cdot\sqrt[m']{\text{damage} - \text{unit}}) \tag{1-115}$$

式中:$y(a/b)$ 为对小裂纹形状修正系数,$y(a/b)\approx0.5\sim0.65$。

因此，对于 $R=-1$、$\sigma_\mathrm{m}=0$，完整的损伤扩展速率计算表达式应该是

$$\mathrm{d}D/\mathrm{d}N=2(2K')^{-m}(2\varepsilon_\mathrm{f}'^{-\lambda}\sqrt[\lambda]{D_\mathrm{2fc}})^{-\lambda}[y(a/b)\Delta\sigma_i]^{m'}D\ (\mathrm{damage-unit/cycle})$$

$$(1-116)$$

这时，此方程也正是对图 1-6 中的曲线 $A'A_1BA_2$ 的数学描述。

而对于 $R\neq-1$、$\sigma_\mathrm{m}\neq0$，完整的损伤扩展速率计算表达式为

$$\mathrm{d}D/\mathrm{d}N=2[2K'(1-R)\alpha]^{-m'}(2\varepsilon_\mathrm{f}'^{-\lambda'}\sqrt[\lambda]{D_\mathrm{2fc}})^{-\lambda'}[y(a/b)\Delta\sigma_i]^{m'}D\ (\mathrm{damage-unit/cycle})$$

$$(1-117)$$

此时，此方程是对图 1-6 中曲线 $D'D_1B_1'D_2$ 的数学描述。

2. 计算式 2

第二个方程是"H 因子"计算式[18-20]，可表示为

$$\mathrm{d}D/\mathrm{d}N=A_\mathrm{w}\Delta H_i^{m'}\ (\mathrm{damage-unit/cycle})\qquad(1-118)$$

式中：A_w 也是全过程综合材料常数，它的物理意义和几何意义与上述的 A_w^* 相同，但是模型的参数和表达方法不同。

对于 $\sigma_\mathrm{m}=0$，综合材料常数 A_w 表示为

$$A_\mathrm{w}=2(2\sigma_\mathrm{f}'\alpha_2^{-m'}\sqrt[m']{D_\mathrm{2fc}})^{-m'}\qquad(1-119)$$

但对于 $\sigma_\mathrm{m}\neq0$，要参照 Morrow[21] 对平均应力的影响进行修正：

$$A_\mathrm{w}=2[2\sigma_\mathrm{f}'(1-\sigma_\mathrm{m}/\sigma_\mathrm{f}')\alpha_2^{-m'}\sqrt[m']{D_\mathrm{2fc}}]^{-m'}\qquad(1-120)$$

另外，式（1-118）中的 ΔH_i 也是应力因子范围值，是材料损伤扩展的推动力，可以用下式计算求出：

$$\Delta H_i=[y(a/b)\Delta\sigma\sqrt[m']{D}]^{m'}\ (\mathrm{MPa}\sqrt[m']{\mathrm{damage-unit}})\qquad(1-121)$$

对于 $\sigma_\mathrm{m}=0$，损伤扩展速率的计算表达式应该是

$$\mathrm{d}D/\mathrm{d}N=2(2\sigma_\mathrm{f}'\alpha_2^{-m'}\sqrt[m']{D_\mathrm{2fc}})^{-m'}[y(a/b)\Delta\sigma_i]^{m'}D\ (\mathrm{damage-unit/cycle})$$

$$(1-122)$$

这时，方程（1-122）也正是对图 1-6 中的曲线 $A'A_1BA_2$ 的数学描述。

对于 $\sigma_\mathrm{m}\neq0$，损伤扩展速率计算表达式为

$$\mathrm{d}D/\mathrm{d}N=2\left[2\sigma_\mathrm{f}'\left(1-\frac{\sigma_\mathrm{m}}{\sigma_\mathrm{f}'}\right)\alpha_2^{-m'}\sqrt[m']{D_\mathrm{2fc}}\right]^{-m'}[y(a/b)\Delta\sigma_i]^{m'}D\ (\mathrm{damage-unit/cycle})$$

$$(1-123)$$

此时，方程（1-123）是对图 1-6 中曲线 $D'D_1B_1'D_2$ 的数学描述。

3. 计算式 3

第三个方程是损伤速率同损伤值呈非线性关系的计算式。

对于 $\sigma_m = 0$，表示为

$$dD/dN = 2(2\sigma_f'\alpha \sqrt{\pi D_{2fc}})^{m'_2}(\varphi\Delta\sigma_i \sqrt{\pi D})^{m'_2}(\text{damage} - \text{unit/cycle})$$

$$(1 - 124)$$

对于 $\sigma_m \neq 0$，表示为

$$dD/dN = 2[2 \times \sigma_f'(1 - R)\alpha \sqrt{\pi D_{2fc}}]^{-m'_2}[y(a/b)\Delta\sigma_i \sqrt{\pi D}]^{m'_2}(\text{damage} - \text{unit/cycle})$$

$$(1 - 125)$$

式中：D_{2fc} 为对应于断裂应力 σ_f' 的临界损伤值；m'_2 用 m'_1 转换，用下式计算求出：

$$m'_2 = \frac{m'\lg\sigma_s' + \lg(D_{tr} \times 10^{11})}{\lg\sigma_s' + \frac{1}{2}\lg(\pi D_{tr} \times 10^{11})}$$

$$(1 - 126)$$

式中：$m' = 1/b'$；D_{tr} 为损伤过渡值。

计算实例

1. 实例1

合金钢 30CrMnSiNi2A 在单调载荷下的性能数据和低周疲劳载荷下的材料性能数据分别列于表 1 – 26 与表 1 – 27 中。

表 1 – 26 合金钢 30CrMnSiNi2A 在单调载荷下的性能数据[9]

材料	σ_b/MPa	$\sigma_{0.2}$/MPa	E/MPa	$\delta_{0.2}$	φ
30CrMnSiNi2A	1655	1308	200000	0.132	0.523

表 1 – 27 合金钢 30CrMnSiNi2A 在低周疲劳载荷下的材料性能数据

材料	σ_s'	K'	n'	σ_f'	b'	ε_f'	c'
30CrMnSiNi2A	1280	2468	0.13	2974	– 0.1026	2.075	– 0.7816

首先要说明，对于同样一种材料 30CrMnsSiNi2A，当它被加载在不同条件下、不同的应力水平和不同的应力比、有效值修正系数 α_1 或 α_2 的选值大小等对损伤速率和寿命计算结果影响很大，这里的计算是理论上的假设，实际应用计算要取决于实验值 α_1 和 α_2。

如果某一零件在对称循环的疲劳载荷下，而且是在逐渐增加的应力下，$R = -1$，假定 $K_t = 1$，试计算对应于各个逐增应力下与各损伤值相对应的损伤扩展速率。计算方法和步骤如下。

1）相关参数和数据的计算

（1）指数的计算：

$m' = -1/b' = 1/-(-0.1026) = 9.747; \lambda' = -1/c' = -1/-0.7816 = 1.28$

（2）应力幅计算：$\sigma_a = (\sigma_{max} - \sigma_{min})/2$

2）计算各损伤临界值和各逐增应力下的各损伤值

（1）对于各逐增应力 σ'_{ia} 下的各损伤值 D_i，它的计算式如下：

$$D_i = \left(\sigma_a^{(1-n')/n'} \frac{E \times \pi^{1/(2n')}}{K'^{1/0.259'}} \right)^{-\frac{2m'n}{2n'-m'}}$$

$$= \left(\sigma_a^{(1-0.13)/0.13} \times \frac{200000 \times \pi^{1/(2\times0.13)}}{2468^{1/0.13}} \right)^{-\frac{2\times9.747\times0.13}{2\times0.13-9.747}}$$

$$= \left(\sigma_a^{6.69} \times \frac{200000 \times \pi^{3.846}}{2468^{7.692}} \right)^{0.2673} \quad (damage - unit)$$

将各损伤值计算结果列在表 1 - 28 中。

（2）对临界 D_{2fc} 的计算，采用下面的计算式：

$$D_{2fc} = \left(2974^{6.69} \times \frac{200000 \times \pi^{3.846}}{2468^{7.692}} \right)^{0.2673} = 14.6 (damage - unit)$$

3）用两种不同的计算式和计算方法计算各逐增应力 σ_{ia} 下的损伤扩展速率

方法 1—— 采用式(1 - 116)。

（1）计算综合材料常数 C'_w，假定 $\alpha_1 = 1$，如此一来，C'_w 计算如下：

$$C'_w = 2(2K'\alpha)^{-m'}(2\varepsilon'_f {}^{-\lambda'}\sqrt{D_{2fc}})^{-\lambda'}$$

$$= 2 \times (2 \times 2468 \times 1)^{-9.747}(2 \times 2.075 \times {}^{-1.28}\sqrt{14.6})^{-1.28}$$

$$= 4.731 \times 10^{-36} (MPa^{-m'} \cdot damage - unit/cycle)$$

（2）计算不同应力水平下的损伤扩展速率：

$$dD/dN = 2(2K'\alpha)^{-m'}(2\varepsilon'_f {}^{-\lambda'}\sqrt{D_{2fc}})^{-\lambda'}[\Delta\sigma_i]^{m'} D$$

$$= 4.731 \times 10^{-36} \times \Delta\sigma_i^{9.747} D (damage - unit/cycle)$$

将表 1 - 28 中的各相关参数 $\Delta\sigma_i$ 和 D_i 代入上述方程，计算得出的各损伤速率$(dD/dN)_{cal}$数据再列入表 1 - 28 的（A）行中。

方法 2——采用式(1 - 122)。

（1）计算综合材料常数，$\alpha_2 = 1$，则 A_w 计算如下：

$$A_w = 2(2\sigma'_f\alpha_2 {}^{-m'}\sqrt{D_{2fc}})^{-m'}$$

$$= 2(2 \times 2974 \times 1 \times {}^{-9.747}\sqrt{14.62})^{-9.747}$$

$$= 4.755 \times 10^{-36} (MPa \cdot (damage - unit)^{1/m'} \cdot damage - unit/cycle))$$

（2）计算不同应力水平下损伤扩展速率：

$$\mathrm{d}D/\mathrm{d}N = A_{\mathrm{w}}\Delta\sigma_i^{\ m}D_i = 4.755\times10^{-36}\times(\Delta\sigma_i)^{9.747}D_i(\mathrm{damage-unit/cycle})$$

再将表 1-28 中的各相关参数 $\Delta\sigma_i$ 和 D_i 代入上述方程,计算得出的各损伤速率 $(\mathrm{d}D/\mathrm{d}N)_{\mathrm{cal}}$ 数据再列入表 1-28 的(B)行中。

表 1-28　合金钢 30CrMnSiNi2A 的计算数据

$\sigma_{\max}$/MPa	145	200	300	400	522	661	737	812	900	1016	1085
$\Delta\sigma_i$/MPa	290	400	600	800	1044	1322	1474	1624	1800	2032	2170
D_i/mm	0.066	0.117	0.242	0.404	0.6501	0.9916	1.2046	1.4326	1.72	2.1389	2.40556
$(\mathrm{d}D/\mathrm{d}N)_{\mathrm{cal}}$ (A)	3.13×10^{-13}	1.27×10^{-11}	1.37×10^{-9}	3.78×10^{-8}	8.15×10^{-7}	1.24×10^{-5}	4.357×10^{-5}	1.332×10^{-4}	4.36×10^{-4}	1.768×10^{-3}	3.77×10^{-3}
$(\mathrm{d}D/\mathrm{d}N)_{\mathrm{cal}}$ (B)	3.14×10^{-13}	1.28×10^{-11}	1.38×10^{-9}	3.8×10^{-8}	8.19×10^{-7}	1.25×10^{-5}	4.379×10^{-5}	1.34×10^{-4}	4.38×10^{-4}	1.778×10^{-3}	3.782×10^{-3}

注：$\mathrm{d}D/\mathrm{d}N$ 的单位为 damage-unit/cycle。

根据表 1-28 中的各类数据,用两种计算式计算得出的各种数据以及由它们绘制成相应的包含各种损伤扩展速率曲线在内的各类曲线图如图 1-18 所示。从图中可以看出,由式(1-116)计算得出的数据所绘制的浅蓝色的速率曲线与由式(1-122)计算得出的数据所绘制的黄色速率曲线,由于计算数据很一致,两类曲线重叠在一起。

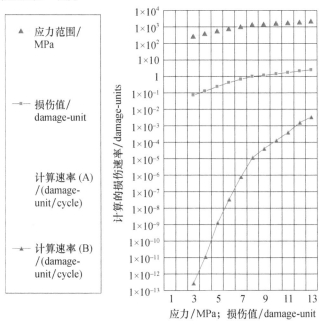

图 1-18　高周疲劳下根据表 1-28 数据而绘制的损伤扩展速率曲线的比较

2. 实例 2

假如零件材料加载应力比 $R = 0.1$，零件集中应力系数 $K_t = 1$；假如选用 $\alpha = 0.68$，试计算各损伤值和对应的损伤扩展速率。

此实例也采用两种方法做比较计算。

方法 1——采用式(1-117)计算。

(1) 综合材料常数的计算如下：

$$C'_w = 2\left[2K'(1-R)\alpha\right]^{-m'}\left(2\varepsilon'^{-\lambda'}_f\sqrt{D_{2fc}}\right)^{-\lambda'}$$

$$= 2 \times \left[2 \times 2468 \times (1-0.1) \times 0.68\right]^{-9.747}\left(2 \times 2.075 \times \sqrt[-1.28]{14.6}\right)^{-1.28}$$

$$= 5.669 \times 10^{-34}(\text{MPa}^{-m'}\,\text{damage-units/cycle})$$

(2) 采用如下方程计算各应力 $\Delta\sigma_i$ 下的损伤扩展速率 $(dD/dN)_i$。

$$(dD/dN)_i = C'_w\Delta L'^{m'} = A^*_w\Delta\sigma^{m'}_iD_i$$

$$= 5.669 \times 10^{-34} \times \Delta\sigma^{9.747}_i \times D_i(\text{damage-units/cycle})$$

将表 1-29 中的 $\Delta\sigma_i$ 和 D_i 相关数据代入计算式计算，将计算得出的各损伤速率数据再列入此表中。

方法 2——选用式(1-123)计算。

(1) 综合材料常数的计算采用另一公式：

$$A_w = 2\left[2\sigma'_f\alpha(1-R)^{-m'}\sqrt{D_{2fc}}\right]^{-m'}$$

$$= 2 \times \left[2 \times 2974 \times 0.68 \times (1-0.1) \times \sqrt[-9.74]{14.62}\right]^{-9.747} = 5.697 \times 10^{-34}$$

(2) 用同样方法和数据代入下式，计算出各损伤扩展速率 $(dD/dN)_i$。

$$(dD/dN)_i = A_w(\Delta H')^{m'} = A_w\Delta\sigma^{m'}_iD_i$$

$$= 5.697 \times 10^{-34} \times \Delta\sigma^{9.747}_i \times D_i(\text{damage-units/cycle})$$

同样将计算得出的数据列入表 1-29 中。然后根据表中的数据绘制出各相应的曲线，如图 1-19 所示。

表 1-29　用两种计算式计算损伤扩展速率 $(dD/dN)_i$ 数据的比较

σ_{max}/MPa	616	838	991	1093	1220
$\Delta\sigma_i/\text{MPa}$	554.4	754	892	984	1098
$\sigma_a = \Delta\sigma_i/2$	277.2	377	446	492	549
D_i	0.21	0.363	0.491	0.585	0.711
$(dD/dN)_i(A)/$ (damage-unit/cycle)	6.6×10^{-8}	2.286×10^{-6}	1.59×10^{-5}	4.936×10^{-5}	1.746×10^{-4}
$(dD/dN)_i(B)/$ (damage-unit/cycle)	6.64×10^{-8}	2.298×10^{-6}	1.599×10^{-5}	4.96×10^{-5}	1.755×10^{-4}

由表1-29的计算结果可以看出,两种计算式计算结果是很接近的。

从绘制图中的曲线可以看出,由式(1-117)计算的是红色的曲线(A);由式(1-123)计算的是绿色的曲线(B),两者的曲线重叠在一起。可见,不同的计算式的计算结果是一致的。

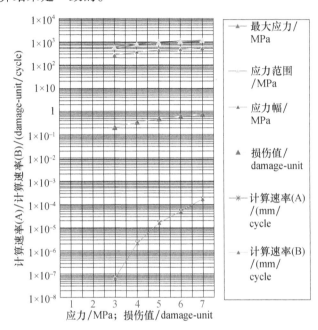

图1-19 高周疲劳载荷下用两种计算式计算损伤扩展速率曲线的比较

3. 高强度钢40CrMnSiMoVA(GC-4)的计算

有一种高强度钢40CrMnSiMoVA(GC-4)[9],它的性能数据被列在表1-30和表1-31中。

表1-30 40CrMnSiMoVA(GC-4)在单调载荷下的性能数据

材料	σ_b/MPa	$\sigma_{0.2}$/MPa	E/MPa	$\delta_{0.2}$	φ
40CrMnSiMoVA(GC-4)	1875	1513	201000	0.12	0.437

表1-31 40CrMnSiMoVA(GC-4)在低周疲劳载荷下的性能数据

材料[9]	K'/MPa	n'	σ_f'	b'	ε_f'	c'
40CrMnSiMoVA(GC-4)	3411	0.14	3501	-0.1054	2.884	-0.8732

假定此零件的材料被加载在逐增的对称循环疲劳载荷下,$R=-1$、$K_t=1$,且假设取 $\alpha=1$。试计算此零件的各损伤值以及对应的损伤扩展速率。

计算的方法和步骤与上述例题相类似,已得出的相关数据如下:

$$m' = -1/b' = -1/(-0.1054) = 9.488; D_{fc} = 13 \text{ damage - unit}$$

(1)综合材料常数的计算如下:

$$A_w = 2\left(2\sigma'_f \alpha^{-m'}\sqrt{D_{fc}}\right)^{-m'} = 2 \times \left[2 \times 3501 \times 1 \times {}^{-9.488}\sqrt{13}\right]^{-9.488} = 8.541 \times 10^{-36}$$

(2)采用下式计算其各应力 $\Delta\sigma_i$ 对应的损伤扩展速率 $(dD/dN)_i$。

$$
\begin{aligned}
dD/dN &= A_w(\Delta H')^{m'} = 2\left[2\sigma'_f \alpha^{-m'}\sqrt{D_{fc}}\right]^{-m'}(\Delta\sigma_i)^m D_i \\
&= 2 \times \left[2 \times 3501 \times 1 \times {}^{-9.488}\sqrt{13}\right]^{-9.488} \times (\Delta\sigma_i)^m D_i \\
&= 8.541 \times 10^{-36} \times (\Delta\sigma_i)^{9.488} D_i
\end{aligned}
$$

取相关的 $\Delta\sigma_i$ 和 D_i 代入以上的速率计算式,计算出各速率值 $(dD/dN)_i$,列入表 1-32 中,然后绘制其速率曲线,如图 1-20 所示。

表 1-32 损伤值和损伤扩展速率计算数据

$\sigma_{\max}$/MPa	718	804	883	981	1097
$\Delta\sigma_i$/MPa	1436	1608	1766	1962	2158
$\Delta\sigma_i/2$	718	804	883	981	1097
D_i	0.785	0.96	1.132	1.365	1.663
$(dD/dN)_i$/ (damage - unit/cycle)	6.06×10^{-6}	2.16×10^{-5}	6.21×10^{-5}	2.03×10^{-4}	6.11×10^{-4}

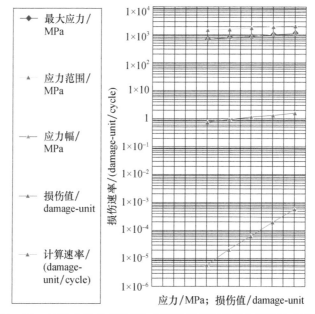

图 1-20 材料 40CrMnSiMoVA 在高周疲劳下的损伤扩展速率曲线

1.2.3　超高周疲劳下损伤速率计算

如果工作应力小于疲劳极限($\sigma \leqslant \sigma_{li}$)，那么对于描述材料行为的综合图 1-6 （或简化曲线图 1-13）中的曲线 $A'A_1BA_2(\sigma_m = 0)$ 和 $D'D_1B_1D_2(\sigma_m = 0)$，那些适用于高周疲劳载荷下的数学模型（例如上述正文中的式(1-112)~式(1-123) 等计算式），仍然适用于超高周疲劳下的损伤扩展速率计算。但是这时从微观至细观萌生的"鱼眼形"微缺陷往往发生在材料内部的次表面层内。这时，要想描述材料损伤的连续行为，式(1-122)和式(1-123)对于超高周疲劳下的计算，可能更合适。

例如下述连续方程：

$$\mathrm{d}D/\mathrm{d}N = 2\left[2\sigma'_f\alpha(1-R)\sqrt[m']{D_{2fc}}\right]^{-m'}(\Delta\sigma\sqrt[m']{D})^{m'} \qquad (1-127)$$

但是，必须说明，某些材料由于性能不同，有时它们的行为是不连续的，如图 1-6 所示，在全过程的曲线 $eaA_1BA_2(R = -1, \sigma_m = 0)$ 和 $dbDB_1D_2(R \neq -1, \sigma_m \neq 0)$ 中，可能会出现一个平台(aA_1 和 σ_1)。这种情况，或许是某些材料内部发生循环软化行为时导致的现象；或许可以认为这是材料从细观损伤行为到宏观损伤演化行为损伤速率过渡的过程。这样一来，描述材料全过程行为的计算式必然也是不连续的。在这种情况下，全过程的计算模型可以采用如下的速率连接方程来计算。

$$\left\{(\mathrm{d}D/\mathrm{d}N)_{oi=01\to\mathrm{th}}\right\}_{meso-rates} \leqslant \left\{(\mathrm{d}D/\mathrm{d}N)_{tr}\right\}_{transition-rates} \leqslant \left\{(\mathrm{d}D/\mathrm{d}N)_{i=02\to end}\right\}_{macro-rates}$$
$$(1-128)$$

式中：$(\mathrm{d}D/\mathrm{d}N)_{oi=01\to\mathrm{th}}$ 为在逐渐增加的应力下微-细观损伤阶段的速率；$(\mathrm{d}D/\mathrm{d}N)_{tr}$ 为对应于平台(aA_1 和 bD_1)上的过渡速率，它也是一个细观阶段的速率；$(\mathrm{d}D/\mathrm{d}N)_{i=02\to end}$ 为宏观损伤阶段的损伤扩展速率。

解决此类问题计算的连接方程，建议用如下两种形式的计算表达式。

连接方程 1

第一种连接方程的计算式的表达形式如下：

$$(\mathrm{d}D/\mathrm{d}N)_{oi=01\to\mathrm{th}} = \left\{C'_w\left(\Delta\sigma/2 \cdot \sqrt[m']{D}\right)^{m'}\right\}_{meso-rates}$$

$$\leqslant (\mathrm{d}D/\mathrm{d}N)_{tr} = \left\{C'_w\left(\Delta\sigma/2 \cdot \sqrt[m']{D}\right)^{m'}\right\}_{transition-rates}$$

$$\leqslant (\mathrm{d}D/\mathrm{d}N)_{oi=tr\to end} = \left\{C'_w\left(\Delta\sigma/2 \cdot \sqrt[m']{D}\right)^{m'}\right\}_{macro-rates}$$
$$(1-129)$$

式中：$m' = -1/b'$，为超高周疲劳下的方程指数；$\Delta\sigma/2$ 为不同应力水平下的应力幅；C'_w 为综合材料常数，它的物理意义和几何意义同前文中综合材料常数的相同。

对于 $R = -1$、$\sigma_m = 0$

$$C'_w = 2(K'\alpha)^{-m'}(2\varepsilon'_f\sqrt[-\lambda']{D_{2fc}})^{-\lambda'}\ (\mathrm{MPa}^{-m'}\cdot\mathrm{damage-unit/cycle}) \qquad (1-130)$$

而对于 $R \neq -1$、$\sigma_m \neq 0$

$$C'_w = 2[K'(1-R)\alpha]^{-m'}(2\varepsilon'_f\sqrt[-\lambda']{D_{2fc}})^{-\lambda'}\ (\mathrm{MPa}^{-m'}\cdot\mathrm{damage-unit/cycle}) \qquad (1-131)$$

连接方程 2

第二种连接方程的计算式的表达形式如下：

$$(\mathrm{d}D/\mathrm{d}N)_{i=01\to\mathrm{tr}} = \{A_w \times (\Delta\sigma_i\sqrt[m']{D_i})^{m'}\}_{\mathrm{micro-damage-rates}}$$
$$\leqslant (\mathrm{d}D/\mathrm{d}N)_{i=\mathrm{tr}} = \{A_w \times (\Delta\sigma_i\sqrt[m']{D_i})^{m'}\}_{\mathrm{trasition-rates}}$$
$$\leqslant (\mathrm{d}D/\mathrm{d}N)_{i=\mathrm{tr}\to\mathrm{end}} = \{A_w \times (\Delta\sigma_i\sqrt[m']{D_i})^{m'}\}_{\mathrm{macro-damage-rates}} \qquad (1-132)$$

对于 $R = -1$、$\sigma_m = 0$，综合材料常数 A_w 的计算式是

$$A_w = 2(2\sigma_f\alpha^{-m'}\sqrt{D_{2fc}})^{-m'} \qquad (1-133)$$

而对于 $R = -1$、$\sigma_m = 0$，要用 Morrow 的方法对平均应力的影响进行修正[21]，此时材料常数应该是

$$A_w = 2[2\sigma'_f(1-\sigma_m/\sigma'_f)\alpha^{-m'}\sqrt{D_{2fc}}]^{-m'} \qquad (1-134)$$

计算实例

实例 1

合金钢 40CrMnSiMoVA 的材料性能数据列于表 1-33、表 1-34 中。如果它被加载在对称循环疲劳下（$R = -1$），而且加载应力 $\Delta\sigma$ 是在逐渐增加的条件下，试分别用式（1-125）和式（1-122）计算其损伤扩展速率。

表 1-33　合金钢 40CrMnSiMoVA 单调载荷下的性能数据

材料[9]	σ_b	$\sigma_{0.2}$	E	K	n	σ_f	ε_f
40CrMnSiMoVA	1874	1513	210000	3150	0.1468	3512	0.633

表 1 - 34　合金钢 40CrMnSiMoVA 低周疲劳载荷下的性能数据

材料	K'	n'	σ'_f	b'	ε'_f	c'
40CrMnSiMoVA	3411	0.14	3501	-0.1054	2.884	-0.8732

计算步骤与方法如下：

1）相关参数的计算

（1）指数计算：

$$m' = -1/b' = -1/-0.1054 = 9.488；\lambda' = -1/c' = -1/-0.8732 = 1.145$$

（2）应力范围和应力幅用下式计算：

$$\Delta\sigma = (\sigma_{\max} - \sigma_{\min})(\mathrm{MPa})；\sigma_\mathrm{a} = \Delta\sigma/2(\mathrm{MPa})$$

（3）损伤值计算：根据相关计算式，计算出不同应力下的损伤值 D_i 和对应于断裂应力下的损伤值 $D_{2\mathrm{fc}}$，计算式如下。

① 对于逐增应力 σ_i 下损伤值 D_i 的计算：

$$\begin{aligned}
D_i &= \left(\sigma_i^{(1-n')/n'}\frac{E\pi^{1/(2n')}}{K'^{1/n'}}\right)^{-\frac{2m'n'}{2n'-m'}} \\
&= \left(\sigma_i^{(1-0.14)/0.14} \times \frac{200455 \times \pi^{1/(2\times0.14)}}{K'^{1/0.14}}\right)^{-\frac{2\times9.488\times0.14}{2\times0.14-9.488}} \\
&= \left(\sigma_i^{6.143} \times \frac{201000 \times \pi^{3.571}}{3411^{7.143}}\right)^{0.2885}(\mathrm{damage-unit})
\end{aligned}$$

取表 1 - 35 中每一应力，计算出各应力下的损伤值 D_i，再列入表 1 - 35 中。

② 用简化了的计算式，计算断裂应力 σ'_fc 下的临界损伤 $D_{2\mathrm{fc}}$：

$$D_{2\mathrm{fc}} = \left(3501^{6.143} \times \frac{201000 \times \pi^{3.571}}{3411^{7.143}}\right)^{0.2885} = 11.04(\mathrm{damage-unit})$$

2）计算超高周疲劳下的损伤速率

方法 1——选择如下方程计算。

（1）综合材料常数计算 C'_w，取 $\alpha = 1$，则 C'_w 计算如下：

$$\begin{aligned}
C'_\mathrm{w} &= 2(2K'\alpha)^{-m'}(2\varepsilon'^{-\lambda'}_\mathrm{f}\sqrt[\lambda']{D_{2\mathrm{fc}}})^{-\lambda'} \\
&= 2 \times (2 \times 3411 \times 1)^{-9.488} \times (2 \times 2.884 \times \sqrt[-1.145]{11.04})^{-1.145} \\
&= 9.753 \times 10^{-37}(\mathrm{MPa}^{-m'} \cdot \mathrm{damage-unit/cycle})
\end{aligned}$$

（2）损伤速率计算：

$$\mathrm{d}D/\mathrm{d}N = 2(2K')^{-m'}(2\varepsilon_\mathrm{f}'^{-\lambda'}\sqrt{D_{2\mathrm{fc}}})^{-\lambda'}\Delta\sigma_i^{m'}\cdot D$$
$$= 9.753\times10^{-37}\times\Delta\sigma_i^{9.488}\cdot D(\mathrm{damage}-\mathrm{unit}/\mathrm{cycle})$$

取表 1-35 中的每一应力和相应的损伤值代入计算式,从而计算出各对应参数下的损伤扩展速率,再将这些速率数据列入表 1-35 的(A)行中。

方法 2——采用式(1-122)计算。

（1）综合材料常数计算：

$$A_\mathrm{w}^* = 2(2\sigma_\mathrm{f}'\alpha^{-m'}\sqrt{D_{2\mathrm{fc}}})^{-m'} = 2\times(2\times3501\times1\times^{-9.488}\sqrt{11.04})^{-9.488} = 7.253\times10^{-36}$$

（2）损伤速率计算：

$$(\mathrm{d}D/\mathrm{d}N)_\mathrm{cal} = 2(2\sigma_\mathrm{f}'\alpha^{-m'}\sqrt{D_{2\mathrm{fc}}})^{-m'}\Delta\sigma^{m'}D_i$$
$$= 2\times(2\times3501\times1\times^{-9.488}\sqrt{11.04})^{-9.488}(\Delta\sigma_i)^{9.488}\times D_i$$
$$= 7.253\times10^{-36}\times(\Delta\sigma_i)^{9.488}D_i(\mathrm{damage}-\mathrm{unit}/\mathrm{cycle})$$

取表 1-35 中的 $\Delta\sigma_i$ 和 D_i 代入以上方程从而计算出各相应的损伤扩展速率值,再列入表 1-35 的(B)行中。

用表 1-35 中的数据绘制出两类方程计算结果的数据曲线,如图 1-21 所示,红色的曲线是用方法 1 计算的损伤扩展速率曲线;绿色的曲线是用方法 2 计算的损伤扩展速率曲线。由此数据曲线可以看出,两者有着 7 倍左右的差异。

表 1-35　两类计算式计算损伤速率的比较

$\Delta\sigma_i/2$	145	200	300	400	500	600	700	800	900	1000
$\Delta\sigma_i$	290	400	600	800	1000	1200	1400	1600	1800	2000
D_i/damage-unit	0.0391	0.0691	0.1419	0.2362	0.351	0.4846	0.6368	0.8068	0.9941	1.198
$(\mathrm{d}D/\mathrm{d}N)_\mathrm{cal}$(A)	8.8×10^{-15}	2.88×10^{-13}	3.164×10^{-11}	8.07×10^{-10}	9.964×10^{-9}	7.759×10^{-8}	4.402×10^{-7}	1.98×10^{-6}	7.458×10^{-6}	2.44×10^{-5}
$(\mathrm{d}D/\mathrm{d}N)_\mathrm{cal}$(B)	6.545×10^{-14}	2.445×10^{-12}	2.353×10^{-10}	6.0×10^{-9}	7.41×10^{-8}	5.77×10^{-7}	3.273×10^{-6}	1.472×10^{-5}	5.456×10^{-5}	1.816×10^{-4}

注:dD/dN 的单位为 damage-unit/cycle。

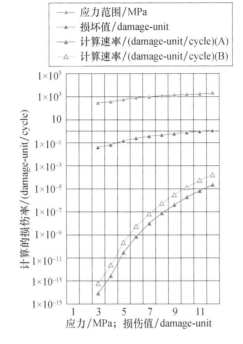

图 1 – 21　合金钢 40CrMnSiMoVA 从应力低于疲劳极限开始,
在应力逐增至超高周疲劳下,两方法计算的损伤速率曲线的比较

实例 2

球墨铸铁的性能数据被列在表 1 – 36 中,假定它在疲劳载荷下的循环强度系的数值等于它的应力强度因子的临界值 $K' = K_c = 1437.7$ MPa $\sqrt{\text{mm}}$;且 $m' = 12.048$;应力比 $R = 0.1$;有效修正系数取 $\alpha = 0.52$。

试用以下方程计算其全过程裂纹扩展速率:

$$\text{d}D/\text{d}N = 2 \left[2\sigma'_f \alpha (1-R) \sqrt[m']{D_{2\text{fe}}} \right]^{-m'} (\Delta\sigma \sqrt[m']{D})^{m'} \ (\text{damage – units/cycle})$$

已计算得出的各损伤值与相应的损伤扩展速率的数据被列在表 1 – 37 中。

表 1 – 36　球墨铸铁 QT800 – 2 的性能数据[8]

材料	σ_b	K'/MPa	n'	σ'_f/MPa	b'/m'	E/MPa	ε'_f	c'
QT800 – 2	913	1437.7	0.147	1067.2	– 0.0830/12.05	160500	0.1684	– 0.5792

表 1 – 37　各应力、损伤值和相应的损伤扩展速率数据

应力/MPa	150	250	352	450	550 (σ'_s)	650	750	850	950	1067
D/damage-unit	0.26	0.63	1.14	1.76	2.49	3.34	4.28	5.33	6.47	7.93

73

续表

应力/MPa	150	250	352	450	550 (σ'_s)	650	750	850	950	1067
(dD/dN)/(damage-unit/cycle)	1.27×10^{-11}	1.44×10^{-8}	1.61×10^{-6}	4.80×10^{-5}	7.62×10^{-4}	7.65×10^{-3}	0.055	0.31	1.43	7.13

根据表 1-37 中的各个数据绘制的损伤速率曲线如图 1-22 所示。

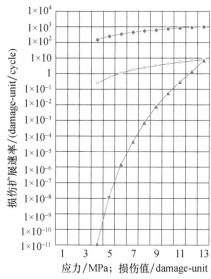

图 1-22　球墨铸铁各应力、损伤值与损伤扩展速率之间的关系曲线

实例 3

40Cr 钢在单调载荷下的性能数据和低周疲劳下的性能数据如表 1-38 和表 1-39 所示。

表 1-38　40Cr 钢在单调载荷下的性能数据[8]

材料	σ_b/MPa	$\sigma_{0.2}$/MPa	E	b	c
40Cr	1084.9	1020	202860	-0.0789	-0.5765

表 1-39　40Cr 钢在低周疲劳下的性能数据

材料	K'/MPa	n'	σ'_f/MPa	ε'_f	σ_{-1}/MPa
40Cr	1228.9	0.0903	1385.1	0.3809	422

假定它在超高周疲劳载荷下 $R = -1$、$K_t = 1$、$\alpha = 0.5$，试计算对应于各应力下的损伤值和损伤扩展速率，并绘制它们之间的关系曲线。计算步骤与方法如下。

1）相关参数的计算

（1）损伤值计算式指数计算如下：

$$m' = 1/-b' = 1/(-0.0789) = 12.674$$

（2）在逐增应力下的损伤值和损伤临界值的计算：

$$D_i(D_{fc}) = \left(\sigma'^{(1-n')/n'}_f \frac{E\pi^{1/(2n')}}{K'^{1/n'}} \right)^{-\frac{2m'n'}{2n'-m'}}$$

$$= \left(1385.1^{(1-0.0903)/0.0903} \times \frac{202860 \times \pi^{1/(2 \times 0.0903)}}{1228.9^{1/0.0903}} \right)^{-\frac{2 \times 12.674 \times 0.0903}{2 \times 0.0903 - 12.674}}$$

$$= \left(1385.1^{9.753} \times \frac{202860 \times \pi^{5.376}}{1228.9^{10.753}} \right)^{0.1832} = 9.745 \, (\text{damage} - \text{unit})$$

2）综合材料常数的计算

综合材料常数 A_2^* 计算如下：

$$A_2^* = 2[2\sigma'_f\alpha(1-R)^{-m'}\sqrt{D_{fc}}]^{-m'}$$

$$= 2 \times \{2 \times 1385.1 \times 0.5 \times [1-(-1)] \times ^{-12.674}\sqrt{9.745}\}^{-12.674}$$

$$= 4.565^{-43}$$

3）损伤扩展速率的计算

这里采用 H 型因子速率计算式计算其对应于各应力 $\Delta\sigma_i$ 和损伤值 D_i 及损伤扩展速率 $(dD/dN)_i$，如

$$dD/dN = A_2^* \Delta H^m = 2[2\sigma'_f\alpha(1-R)^{-m'}\sqrt{D_{fc}}]^{-m'}\Delta\sigma_i^{m'}D_i$$

$$= 2 \times [2 \times 1385.1 \times 0.5 \times 2 \times ^{-12.674}\sqrt{9.745}]^{-12.674}\Delta\sigma_i^{m'}D_i$$

$$= 4.565^{-43}\Delta\sigma_i^{12.674}D_i$$

取表 1-40 中对应于各应力 $\Delta\sigma_i$ 和损伤值 D_i，代入上述方程，计算出各相应的损伤扩展速率 $(dD/dN)_i$ 大小。

表 1-40　钢 40Cr 对应于各应力范围下损伤值和损伤扩展速率的计算数据

$\Delta\sigma_i/2$	230	270	300	360	400	422
$\Delta\sigma_i$	460	540	600	720	800	844
D_i	0.394	0.523	0.63	0.877	1.06	1.165
$(dD/dN)_i$ /(damage/cycle)	1.0×10^{-9}	1.02×10^{-8}	4.67×10^{-8}	6.55×10^{-7}	3.01×10^{-6}	6.52×10^{-6}

续表

$\Delta\sigma_i/2$	480	550	650	741(σ_s)	860	930	1100	1385(σ_f)
$\Delta\sigma_i$	960	1100	1300	1482	1720	1860	2200	2770
D_i	1.467	1.87	2.52	3.187	4.16	4.78	6.455	9.74
$(dD/dN)_i$ /(damage-unit/cycle)	4.2×10^{-5}	3.0×10^{-4}	3.36×10^{-3}	0.0224	0.193	0.598	6.78	189

根据表 1-40 中的各个数据绘制损伤扩展速率曲线如图 1-23 所示。

从表 1-40 和图 1-23 中可以看出,即使是某些应力值小于门槛应力 $\sigma_{-1}=$ 422MPa 的情况下,此材料萌生的损伤值仍然大于门槛损伤值 $D_{th}=0.257$damage- unit,因此材料必然会产生某些微观或细观小裂纹。

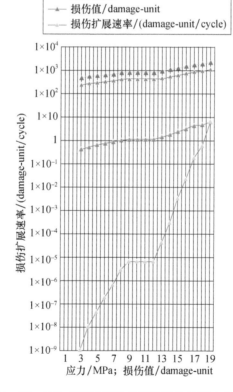

图 1-23 40Cr 钢超高周疲劳下的损伤扩展速率曲线

从图 1-23 中可以看出,损伤速率连接方程式(1-128)正好描述了此材料 在不同应力下的材料行为。图中的曲线变化趋向与反向的 $\sigma-N$ 或 $S-N$ 曲线一致。对于损伤扩展速率曲线中在几何意义上所表现出来的直线平台,在物理意义上的行为正是材料在加载于疲劳极限 $\sigma'_{-1} = 422\text{MPa}$ 下和出现损伤值 $D_i = 1.165$ 时出现滑移带阶段的行为。

具体地说,全过程曲线中的下段的曲线,与连接方程左边的计算式相对应,表达形式如下:

$$(\text{d}D/\text{d}N)_{i=01\rightarrow\text{th}} = \left\{ A_{\text{w}} \left(\Delta\sigma_i \sqrt[m']{D_i} \right)^{m'} \right\}_{\text{meso-rates}}$$

式中:$(\text{d}D/\text{d}N)_{i=01\rightarrow\text{th}}$ 为对应于从微观损伤(微裂纹)萌生至门槛损伤值过程中的速率,是与疲劳极限 σ'_{-1} 和门槛损伤值 D_{th} 相对应的速率。物理意义是材料出现滑移线至滑移带的过渡。

全过程曲线中的上段曲线与连接方程右边的计算式相对应,表达形式如下:

$$(\text{d}D/\text{d}N)_{i=\text{tr}\rightarrow\text{end}} = \left\{ A_{\text{w}} \left(\Delta\sigma_i \sqrt[m']{D_i} \right)^{m'} \right\}_{\text{macro-rates}}$$

式中:$(\text{d}D/\text{d}N)_{i=\text{tr}\rightarrow\text{end}}$ 为对应于从宏观损伤(宏观裂纹)至断裂过程的速率。

全过程曲线中的间直线段平台,是连接方程中间段的计算式,表达形式如下:

$$(\text{d}D/\text{d}N)_{\text{tr}} = \left\{ A_{\text{w}} \left(\Delta\sigma_i \sqrt[m']{D_i} \right)^{m'} \right\}_{\text{tr-rates}}$$

式中:$(\text{d}D/\text{d}N)_{\text{tr}}$ 为对应于从细观损伤(细观裂纹)至宏观损伤(宏观裂纹)过渡的速率,几何意义是体现在全过程曲线中间段的一条直线或斜线。物理意义可能是一些具有应变软化性能的材料在发生应变软化行为演化过程中的表现。

1.2.4　多轴疲劳(复杂应力)下损伤速率计算

首先必须要说明,本节涉及的疲劳载荷和复杂应力下损伤速率的计算式,是基于材料力学中的 4 个强度理论推导和建立的;但是材料力学中的 4 个强度理论实质上是基于静载荷和复杂应力条件才成立的。因此,两者是不同的。但是,材料力学中的 4 个强度理论和方法是可以借鉴和学习的,作为一个假设,在损伤力学中应用,在疲劳载荷和复杂应力下,推导出损伤速率计算式,然后回过头来再用实验来检查和修正。或许,这也是一种研究思路和研究方法,能减少实验周期,节约人力和资金上的投入。

二向或三向复杂应力条件下混合型损伤的损伤速率的计算问题,实际上也是多轴疲劳下混合型裂纹的损伤速率的计算问题,这是一个新的而且难以破解的难题。首先应该说明,对于用某一强度理论推导出的计算式,如果某一构件被加载在单向或三向应力的不同条件下,它们发生断裂的形式也是不同的。所以,本书中从理论上推导而提出的有关复杂应力下损伤速率的计算式,更有待于用大量的实验来验证和修正。

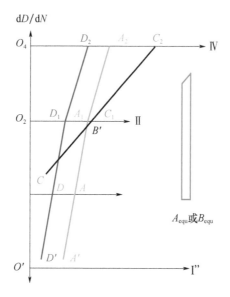

图 1-24　损伤扩展速率和寿命计算的简化曲线

1. 用第一种损伤理念推导而建立的损伤速率计算式

1）低周疲劳下的损伤速率计算

（1）当量 Ⅰ 型式[24]。在简化曲线图 1-24 中,描述低周疲劳下正向曲线 CC_1C_2 的损伤扩展速率计算式有两种模型:

模型 1

$$\mathrm{d}D/\mathrm{d}N = B'_{1\mathrm{equ}-1}(\Delta H'_{1\mathrm{equ}}/2)^{m'} \ (\mathrm{damage-unit/cycle}) \qquad (1-135)$$

模型 2

$$\mathrm{d}D/\mathrm{d}N = B'_{1\mathrm{equ}-2}\Delta H'^{\,m'}_{1\mathrm{equ}} \ (\mathrm{damage-unit/cycle}) \qquad (1-136)$$

式中:$\Delta H'_{1\mathrm{equ}}$ 为当量 Ⅰ 型因子的范围值,$\Delta H'_{1\mathrm{equ}-1} = H'^{\,\max}_{1\mathrm{equ}-1} - H'^{\,\min}_{1\mathrm{equ}-1}$,它是混合型损伤扩展的驱动力,可以由下式计算:

$$\Delta H'_{1\mathrm{equ}-1} = \Delta \sigma_{1\mathrm{equ}} \varphi \sqrt[m']{D} \qquad (1-137)$$

$B'_{1\mathrm{equ}-1}$ 和 $B'_{1\mathrm{equ}-2}$ 都是当量 Ⅰ 型的综合材料常数,$B'_{1\mathrm{equ}-1}$ 是对应于屈服应力 σ'_s 的综合材料常数,而 $B'_{1\mathrm{equ}-2}$ 是对应于断裂应力 σ'_f 的综合材料常数。它们可以用不同形式表达:

$$B'_{1\mathrm{equ}-1} = 2(2H'_{1\mathrm{fc-equ}}\alpha_1)^{-m'} \qquad (1-138)$$

$$B'_{1\mathrm{equ}-2} = 2(2H'_{2\mathrm{fc-equ}}\alpha_2)^{-m'} \qquad (1-139)$$

式(1-138)、式(1-139)中:α_1、α_2 为有效值修正系数,例如 $\alpha_1 = 0.65$,但必须

取决于实验;$H'_{1fc-equ}$、$H'_{2fc-equ}$是损伤临界应力因子。

B'_{1equ-1}可以由下式计算:

$$B'_{1equ-1} = 2\,(2\sigma'_f\alpha_1{}^{-m'}\sqrt{D_{1fc}})^{-m'} \qquad (1-140)$$

B'_{1equ-2}可用另一式求出:

$$B'_{1equ-2} = 2\,(2\sigma'_f\alpha_2{}^{-m'}\sqrt{D_{2fc}})^{-m'} \qquad (1-141)$$

式(1 – 40)、式(1 – 41)中:D_{1fc},D_{2fc}都是与断裂应力 σ'_f有关的损伤临界值。因此它们的损伤扩展速率计算式可以有若干种形式:

$$dD/dN = 2\,(2H'_{1fc-equ}\alpha)^{-m'}\Delta H'_{1equ-1}{}^{m'}\ (\text{damage}-\text{unit/cycle}) \qquad (1-142)$$

$$dD/dN = 2(2\sigma'_f\alpha{}^{-m'}\sqrt{D_{1fc}})^{-m'}\,(\Delta\sigma_{1equ}\varphi{}^{m'}\sqrt{D})^{m'}\ (\text{damage}-\text{unit/cycle})$$
$$(1-143)$$

以及

$$dD/dN = 2\,(2H'_{1fc-equ}\alpha)^{-m'}\Delta H'_{1equ-1}{}^{m'}\ (\text{damage}-\text{unit/cycle}) \qquad (1-144)$$

$$dD/dN = 2(2\sigma'_f\alpha{}^{-m'}\sqrt{D_{2fc}})^{-m'}\,(\Delta\sigma_{1equ}\varphi{}^{m'}\sqrt{D})^{m'}\ (\text{damage}-\text{unit/cycle})$$
$$(1-145)$$

(2) 当量Ⅱ型式。如果是按当量Ⅱ型式裂纹的损伤速率形式,应该是如下形式的计算式:

$$dD/dN = B'_{equ-Ⅱ-\tau_1}\Delta H'_{Ⅱ}{}^{m'}\ (\text{damage}-\text{unit/cycle}) \qquad (1-146)$$

$$dD/dN = B'_{equ-Ⅱ-\tau_2}\Delta H'_{Ⅱ}{}^{m'}\ (\text{damage}-\text{unit/cycle}) \qquad (1-147)$$

式中:$\Delta H'_{Ⅱ}$为当量Ⅱ型式裂纹损伤应力因子范围值,它用下式计算:

$$\Delta H'_{Ⅱ} = \Delta\tau\varphi{}^{m'}\sqrt{D} \qquad (1-148)$$

$$\Delta\tau = \tau_{\max} - \tau_{\min} \qquad (1-149)$$

这里要指出,根据第一种损伤理念,$\Delta H'_{1equ-1} = \Delta H'_{1\tau}$。在这种情况下,当量Ⅱ型与当量Ⅰ型综合材料常数是相等的,即 $B'_{1equ-Ⅰ} = B'_{equ-Ⅱ-\tau}$。因此当量Ⅱ型的综合材料常数的计算式也有两种:

$$B'_{equ-Ⅱ-1} = 2\,(2\tau'_f\alpha_1{}^{-m'}\sqrt{D_{1fc}})^{-m'} \qquad (1-150)$$

$$B'_{equ-Ⅱ-2} = 2\,(2\tau'_f\alpha_2{}^{-m'}\sqrt{D_{2fc}})^{-m'} \qquad (1-151)$$

式中:τ'_f为疲劳载荷下切型的断裂应力。当量Ⅱ型综合材料常数的物理意义、几何意义与上述正文中的功率概念是一样的[14-16]。

因此其完整的损伤扩展速率方程是

$$dD/dN = 2\,(2\tau'_f\alpha_1{}^{-m'}\sqrt{D_{1fc}})^{-m'}\,(\Delta\tau\varphi{}^{m'}\sqrt{D})^{m'}\ (\text{damage}-\text{unit/cycle})$$
$$(1-152)$$

$$\mathrm{d}D/\mathrm{d}N = 2\left(2\tau_{\mathrm{f}}'\alpha_2^{-m'}\sqrt[m']{D_{2\mathrm{fc}}}\right)^{-m'}\left(\Delta\tau\varphi\sqrt[m']{D}\right)^{m'}(\,\mathrm{damage-unit/cycle})$$

$$(1-153)$$

上述速率方程,从理论上说,可适用于在低周疲劳下像铸铁发生脆性应变的材料,或者像碳钢发生塑性应变的材料在三向应力状况下的速率计算[24],但必须用实验验证。

2) 高周疲劳下的损伤速率计算

(1) 当量 I 型式。在简化曲线图 1-24 中,描述高周疲劳下正向曲线 AA_1A_2 ($R=-1,\sigma_{\mathrm{m}}=0$) 和 DD_1D_2 ($R\neq-1,\sigma_{\mathrm{m}}\neq0$) 的损伤扩展速率计算式,对于当量 I 型式,它是

$$\mathrm{d}D/\mathrm{d}N = A'_{1\mathrm{equ}-1}\Delta H'^{m'}_{1\mathrm{equ}-1}(\,\mathrm{damage-unit/cycle})\qquad(1-154)$$

式中: $A'_{1\mathrm{equ}-1}$ 为当量 I 型的综合材料常数,是对应于断裂应力 σ_{f}' 的综合材料常数。

对于 $R=-1$、$\sigma_{\mathrm{m}}=0$, $A'_{1\mathrm{equ}-1}$ 可以用下式表达:

$$A'_{1\mathrm{equ}-1} = 2\left(2H'_{1\mathrm{fc}-\mathrm{equ}}\alpha\right)^{-m'}\qquad(1-155)$$

式中: $H_{1\mathrm{fc}-\mathrm{equ}}$ 为裂纹临界应力因子。

$A'_{1\mathrm{equ}-1}$ 也可以用下式计算:

$$A'_{1\mathrm{equ}-1} = 2\left(2\sigma_{\mathrm{f}}'\alpha^{-m'}\sqrt[m']{D_{2\mathrm{fc}}}\right)^{-m'}\qquad(1-156)$$

对于 $R\neq-1$、$\sigma_{\mathrm{m}}\neq0$, 它应该是

$$A'_{1\mathrm{equ}-1} = 2\left[2H'_{1\mathrm{fc}-\mathrm{equ}}\alpha(1-H_{\mathrm{m}}/H'_{1\mathrm{fc}})\right]^{-m'}\qquad(1-157)$$

或者是

$$A'_{1\mathrm{equ}-1} = 2\left[2\sigma_{\mathrm{f}}'\alpha(1-\sigma_{\mathrm{m}}/\sigma_{\mathrm{f}}')^{-m'}\sqrt[m']{D_{2\mathrm{fc}}}\right]^{-m'}\qquad(1-158)$$

因此它们的损伤速率方程有如下两种形式。

① H 型因子式:

对于 $R=-1$、$\sigma_{\mathrm{m}}=0$, I 型损伤速率计算式如下:

$$\mathrm{d}D/\mathrm{d}N = 2\left(2H'_{1\mathrm{fc}-\mathrm{equ}}\alpha\right)^{-m'}\left(\Delta H'_{1\mathrm{equ}-1}\right)^{m'}(\,\mathrm{damage-unit/cycle})\quad(1-159)$$

对于 $R\neq-1$, $\sigma_{\mathrm{m}}\neq0$, I 型损伤速率计算式应该是

$$\mathrm{d}D/\mathrm{d}N = 2\left[2H'_{1\mathrm{fc}-\mathrm{equ}}(1-H'_{1\mathrm{m}}/H'_{1\mathrm{fc}})\alpha\right]^{-m'}\left(\Delta H'_{1\mathrm{equ}-1}\right)^{m'}(\,\mathrm{damage-units/cycle})$$

$$(1-160)$$

式中: $H'_{1\mathrm{fc}}$ 为对应于断裂应力的临界应力因子; $H'_{1\mathrm{m}}$ 为平均值应力因子。

② 应力型计算式:

对于 $R=-1$、$\sigma_{\mathrm{m}}=0$, I 型损伤速率计算式如下:

$$\mathrm{d}D/\mathrm{d}N = 2\left(2\sigma_{\mathrm{f}}'\alpha^{-m'}\sqrt{D_{2\mathrm{fc}}}\right)^{-m'}(\varphi\Delta\sigma_{\mathrm{equ}})^{m'}D\,(\mathrm{damage-unit/cycle})$$

$$(1-161)$$

对于 $R \neq -1$、$\sigma_{\mathrm{m}} \neq 0$，要考虑平均应力的影响，用 $(1-\sigma_{\mathrm{m}}/\sigma_{\mathrm{f}}')$ 进行修正[24]，应该是如下形式：

$$\mathrm{d}D/\mathrm{d}N = 2\left[2\sigma_{\mathrm{f}}'(1-\sigma_{\mathrm{m}}/\sigma_{\mathrm{f}}')\alpha^{-m'}\sqrt{D_{2\mathrm{fc}}}\right]^{-m'}(\varphi\Delta\sigma_{\mathrm{equ}})^{m'}D\,(\mathrm{damage-unit/cycle})$$

$$(1-162)$$

（2）当量 II 型式。如果按当量 II 型式损伤速率形式，应该是如下形式的计算式：

$$\mathrm{d}D/\mathrm{d}N = A_{1\tau}'(\Delta H_{\mathrm{II}}')^{m'}\,(\mathrm{damage-unit/cycle}) \qquad (1-163)$$

式中：$\Delta H_{\mathrm{II}}'$ 是当量 II 型损伤应力强度因子范围值，用下式计算：

$$\Delta H_{\mathrm{II}}' = \Delta\tau\varphi^{m'}\sqrt{D} \qquad (1-164)$$

$$\Delta\tau = \tau_{\max} - \tau_{\min} \qquad (1-165)$$

这里还应该说明，根据第一种损伤理念推导 $\Delta H_{1\mathrm{equ}-1} = \Delta H_{1\tau}$。这种情况下，当量 I 型与当量 II 型（剪切型）综合材料常数也是相等的，即 $A_{1\mathrm{equ}-1}' = A_{1\tau}'$。

$$A_{1\mathrm{equ}-1}' = 2\left(2\sigma_{\mathrm{f}}'\alpha_2^{-m'}\sqrt{D_{2\mathrm{fc}}}\right)^{-m'} \qquad (1-166)$$

$$A_{1\tau}' = 2\left(2\tau_{\mathrm{f}}'\alpha_2^{-m'}\sqrt{D_{2\mathrm{fc}}}\right)^{-m'} \qquad (1-167)$$

$$A_{1\mathrm{equ}-1}' = 2\left[2\sigma_{\mathrm{f}}'\alpha_2(1-\sigma_{\mathrm{m}}/\sigma_{\mathrm{f}}')^{-m'}\sqrt{D_{2\mathrm{fc}}}\right]^{-m'} \qquad (1-168)$$

$$A_{1\tau}' = 2\left[2\tau_{\mathrm{f}}'(1-\tau_{\mathrm{m}}/\tau_{\mathrm{f}}')\alpha_2^{-m'}\sqrt{D_{2\mathrm{fc}}}\right]^{-m'} \qquad (1-169)$$

式中：$A_{1\mathrm{equ}-1}'$ 为对应于拉伸应力的综合材料常数；$A_{1\tau}'$ 为对应于剪切应力的综合材料常数。它们的物理意义和几何意义与上述正文中的功率概念相同。

所以 II 型（剪切型）损伤速率计算式应该是如下两种形式。

① II 型因子式：

对于 $R = -1$、$\sigma_{\mathrm{m}} = 0$，损伤速率计算式为

$$\mathrm{d}D/\mathrm{d}N = 2\left(2H_{1\mathrm{fc-equ-II}}'\alpha\right)^{-m'}(\Delta H_{\mathrm{II}}')^{m'}\,(\mathrm{damage-unit/cycle}) \qquad (1-170)$$

对于 $R \neq -1$、$\sigma_{\mathrm{m}} \neq 0$，损伤速率计算式为

$$\mathrm{d}D/\mathrm{d}N = 2\left[2H_{1\mathrm{fc-equ-II}}'\alpha(1-H_{\mathrm{m}}/H_{\mathrm{fc}}')\right]^{-m'}(\Delta H_{\mathrm{II}}')^{m'}\,(\mathrm{damage-unit/cycle})$$

$$(1-171)$$

② 剪应力式：

对于 $R = -1$、$\sigma_{\mathrm{m}} = 0$，损伤速率计算式为

$$\mathrm{d}D/\mathrm{d}N = 2\left(2\tau_{\mathrm{f}}'\alpha^{m'}\sqrt{D_{2\mathrm{fc}}}\right)^{-m'}(\varphi\Delta\tau)^{m'}D\,(\mathrm{damage-unit/cycle}) \qquad (1-172)$$

对于 $R \neq -1$、$\sigma_{\mathrm{m}} \neq 0$，要用平均应力修正的速率计算式：

$$dD/dN = 2\left[2\tau'_f(1 - \tau_m/\tau'_f)\alpha^{-m'}\sqrt{D_{2fc}}\right]^{-m'}(\varphi\Delta\tau)^m D \text{ (damage - unit/cycle)}$$

$$(1-173)$$

上述速率方程,从理论上说,可适用于高周疲劳载荷下以及在单向拉伸应力状况下某些(如铸铁那样)发生脆性应变材料的计算;而且还可以适用于在三向拉伸发生脆性应变或者像碳钢那样发生塑性应变材料的计算[24],但必须用实验验证。

3) 超高周疲劳下的损伤速率计算

(1) 当量Ⅰ型式。在简化曲线图 1-24 中,描述超高周疲劳下正向曲线 $A'AA_1A_2(R = -1, \sigma_m = 0)$ 和 $D'DD_1D_2(R \neq -1, \sigma_m \neq 0)$ 的损伤扩展速率计算式,对于当量Ⅰ型式,可表示为

$$dD/dN = A'_{1equ-v}(\Delta H'_{1equ-1})^m \text{ (damage - unit/cycle)} \quad (1-174)$$

式中:A'_{1equ-v} 为当量Ⅰ型的综合材料常数,它是超高周疲劳下对应于断裂应力 σ'_f 的综合材料常数。

对于 $R = -1$、$\sigma_m = 0$,A'_{1equ-v} 可以用下式表达:

$$A'_{1equ-v} = 2\left(2H'_{2fc-equ}\alpha\right)^{-m'} \quad (1-175)$$

式中:A'_{1equ-v} 也是可计算的综合材料常数,它是

$$A'_{1equ-v} = 2\left(2\sigma'_f\alpha^{-m'}\sqrt{D_{2fc}}\right)^{-m'} \quad (1-176)$$

对于 $R \neq -1$、$\sigma_m \neq 0$,可以用平均应力因子的形式来修正:

$$A'_{1equ-v} = 2\left[2H'_{1fc-equ-v}\alpha(1 - H_m/H'_{2fc})\right]^{-m'} \quad (1-177)$$

或者用平均应力来考虑它的影响,如下式:

$$A'_{1equ-v} = 2\left[2\sigma'_f\alpha(1 - \sigma_m/\sigma'_f)^{-m'}\sqrt{D_{2fc}}\right]^{-m'} \quad (1-178)$$

因此,它的损伤速率的完整的方程有如下几种。

① H 型因子式:

对于 $R = -1$、$\sigma_m = 0$,Ⅰ型损伤速率式计算如下:

$$dD/dN = 2(2H'_{1fc-equ-v}\alpha)^{-m'}(\Delta H'_{1equ})^m \text{ (damage - unit/cycle)}$$

$$(1-179)$$

对于 $R \neq -1$、$\sigma_m \neq 0$,Ⅰ型损伤速率式计算应该为

$$dD/dN = 2\left[2H'_{1fc-equ-v}(1 - H_{1m}/H'_{2fc})\alpha\right]^{-m'}(\Delta H'_{1equ})^m \text{ (damage - unit/cycle)}$$

$$(1-180)$$

式中:H'_{fc} 为对应于断裂应力的损伤临界应力因子;H_m 为平均应力因子。

② 应力型算式:

对于 $R = -1$、$\sigma_m = 0$,Ⅰ型损伤速率式计算为

$$\mathrm{d}D/\mathrm{d}N = 2\left(2\sigma'_{\mathrm{f}}\alpha^{-m'}\sqrt{D_{2\mathrm{fc}}}\right)^{-m'}\left(\varphi\Delta\sigma_{\mathrm{equ}}\right)^{m'}D\,(\,\mathrm{damage}-\mathrm{unit}/\mathrm{cycle}\,)$$

$$(1-181)$$

但对于 $R\neq -1$、$\sigma_{\mathrm{m}}\neq 0$，也要考虑平均应力的影响，用 $(1-\sigma_{\mathrm{m}}/\sigma'_{\mathrm{f}})$ 对它进行修正[24]，应该是如下形式：

$$\mathrm{d}D/\mathrm{d}N = 2\left[2\sigma'_{\mathrm{f}}(1-\sigma_{\mathrm{m}}/\sigma'_{\mathrm{f}})\alpha^{-m'}\sqrt{D_{2\mathrm{fc}}}\right]^{-m'}\left(\varphi\Delta\sigma_{\mathrm{equ}}\right)^{m'}D\,(\,\mathrm{damage}-\mathrm{unit}/\mathrm{cycle}\,)$$

$$(1-182)$$

（2）当量 II 型式。如果要用当量 II 型的损伤速率，应该是如下形式的计算式：

$$\mathrm{d}D/\mathrm{d}N = A'_{1\tau-\mathrm{v}}\left(\Delta H'_{\mathrm{II}}\right)^{m'}\,(\,\mathrm{damage}-\mathrm{unit}/\mathrm{cycle}\,) \qquad (1-183)$$

$$A'_{1\tau-\mathrm{v}} = 2\left(2\tau'_{\mathrm{f}}\alpha^{-m'}\sqrt{D_{2\mathrm{fc}}}\right)^{-m'} \qquad (1-184)$$

$$A'_{1\tau} = 2\left[2\tau'_{\mathrm{f}}(1-\tau_{\mathrm{m}}/\tau'_{\mathrm{f}})\alpha^{-m'}\sqrt{D_{2\mathrm{fc}}}\right]^{-m'} \qquad (1-185)$$

式中：τ'_{f} 为对应于断裂剪应力的临界应力；$A'_{1\tau}$ 为对应于断裂剪应力的综合材料常数。

所以，II 型（剪切型）损伤完整的损伤速率计算式应该有如下两种形式。

① II 型因子式：

对于 $R=-1$、$\sigma_{\mathrm{m}}=0$，它的损伤速率计算式为

$$\mathrm{d}D/\mathrm{d}N = 2\left(2H'_{1\mathrm{fc-equ-v}}\alpha\right)^{-m'}\left(\Delta H'_{\mathrm{II}}\right)^{m'}\,(\,\mathrm{damage}-\mathrm{unit}/\mathrm{cycle}\,)$$

$$(1-186)$$

对于 $R\neq -1$、$\sigma_{\mathrm{m}}\neq 0$，它是

$$\mathrm{d}D/\mathrm{d}N = 2\left[2H'_{1\mathrm{fc-equ-v}}\alpha(1-H_{\mathrm{m}}/H'_{2\mathrm{fc}})\right]^{-m'}\left(\Delta H'_{\mathrm{II}}\right)^{m'}\,(\,\mathrm{damage}-\mathrm{unit}/\mathrm{cycle}\,)$$

$$(1-187)$$

② 剪应力形式：

对于 $R=-1$、$\sigma_{\mathrm{m}}=0$，它的损伤速率按下式计算：

$$\mathrm{d}D/\mathrm{d}N = 2\left[2\tau'_{\mathrm{f}}\alpha^{m'}\sqrt{D_{2\mathrm{fc}}}\right]^{-m'}\left(\varphi\Delta\tau\right)^{m'}D\,(\,\mathrm{damage}-\mathrm{unit}/\mathrm{cycle}\,)$$

$$(1-188)$$

对于 $R\neq -1$、$\sigma_{\mathrm{m}}\neq 0$，它是

$$\mathrm{d}D/\mathrm{d}N = 2\left[2\tau'_{\mathrm{f}}(1-\tau_{\mathrm{m}}/\tau'_{\mathrm{f}})\alpha^{-m'}\sqrt{D_{2\mathrm{fc}}}\right]^{-m'}\left(\varphi\Delta\tau\right)^{m'}D\,(\,\mathrm{damage}-\mathrm{unit}/\mathrm{cycle}\,)$$

$$(1-189)$$

上述速率方程，从理论上说，可适用于超高周疲劳载荷下，在单向拉伸应力状况下某些如铸铁那样易发生脆性应变的材料计算；还可以适用于在三向拉伸发生脆性应变或者像碳钢那样发生塑性应变材料的计算[24]，但必须以实验验证。

2. 用第二种损伤强度理论推导而建立的损伤速率计算式

1）低周疲劳下的损伤速率计算

在简化曲线图 1 – 24 中，描述低周疲劳下正向曲线 CC_1C_2 的损伤扩展速率计算式，其当量 I 型式有两种模型：

模型 1

$$\mathrm{d}D/\mathrm{d}N = B'_{2\mathrm{equ}-1}\left[\frac{\Delta H'_{1\mathrm{equ}-1}}{2(1+\mu)}\right]^{m'} \quad (\text{damage} - \text{unit/cycle}) \qquad (1-190)$$

模型 2

$$\mathrm{d}D/\mathrm{d}N = B'_{2\mathrm{equ}-2}\left[\frac{\Delta H'_{1\mathrm{equ}-1}}{(1+\mu)}\right]^{m'} \quad (\text{damage} - \text{unit/cycle}) \qquad (1-191)$$

式中：$B'_{2\mathrm{equ}-1}$，$B'_{2\mathrm{equ}-2}$ 都是当量 II 型的综合材料常数，$B'_{1\mathrm{equ}-1}$ 为对应于屈服应力 σ'_{s} 的综合常数，而 $B'_{2\mathrm{equ}-2}$ 为对应于断裂应力 σ'_{f} 的综合材料常数。它们可以用不同形式表达：

$$B'_{2\mathrm{equ}-1} = 2\left[\frac{2\sigma'_{\mathrm{f}}}{(1+\mu)}\alpha_1{}^{-m'}\sqrt{D_{1\mathrm{fc}}}\right]^{-m'} \qquad (1-192)$$

$$B'_{2\mathrm{equ}-2} = 2\left[\frac{2\sigma'_{\mathrm{f}}}{(1+\mu)}\alpha_2{}^{-m'}\sqrt{D_{2\mathrm{fc}}}\right]^{-m'} \qquad (1-193)$$

因此完整的损伤扩展速率计算式也可以有两种形式的表达式：

$$\mathrm{d}D/\mathrm{d}N = 2\left[\frac{2\sigma'_{\mathrm{f}}}{(1+\mu)}\alpha_1{}^{-m'}\sqrt{D_{1\mathrm{fc}}}\right]^{-m'}\left[\frac{\varphi\Delta\sigma_{1\mathrm{equ}}{}^{m'}\sqrt{D}}{2(1+\mu)}\right]^{m'} \quad (\text{damage} - \text{unit/cycle})$$

$$(1-194)$$

$$\mathrm{d}D/\mathrm{d}N = 2\left[\frac{2\sigma'_{\mathrm{f}}}{(1+\mu)}\alpha_2{}^{-m'}\sqrt{D_{2\mathrm{fc}}}\right]^{-m'}\left[\frac{\varphi\Delta\sigma_{1\mathrm{equ}}{}^{m'}\sqrt{D}}{(1+\mu)}\right]^{m'} \quad (\text{damage} - \text{unit/cycle})$$

$$(1-195)$$

上述速率方程，从理论上说，可适用于在低周疲劳下，为那些像碳钢那样发生塑性应变的材料在三向应力状况下的计算[24]，但还必须用实验验证。

2）高周疲劳下的损伤速率计算

在简化曲线图 1 – 24 中，描述高周疲劳下正向曲线 $AA_1A_2 (R = -1, \sigma_{\mathrm{m}} = 0)$ 和 $DD_1D_2 (R \neq -1, \sigma_{\mathrm{m}} \neq 0)$ 的损伤扩展速率计算式如下：

$$\mathrm{d}D/\mathrm{d}N = A'_{2\mathrm{equ}}\left[\frac{\Delta H'_{1\mathrm{equ}-I}}{(1+\mu)}\right]^{m'} \quad (\text{damage} - \text{unit/cycle}) \qquad (1-196)$$

式中：$A'_{2\mathrm{equ}}$ 为用第二种损伤强度理论建立的当量 I 型的综合材料常数，也是对应于断裂应力 σ'_{f} 的综合材料常数。

对于 $R = -1$、$\sigma_{\mathrm{m}} = 0$，它可以用下式表达：

$$A'_{2\mathrm{equ}} = 2 \left[\frac{2\sigma'_{\mathrm{f}}}{(1+\mu)} \alpha_2 \sqrt[-m]{D_{2\mathrm{fc}}} \right]^{-m'} \tag{1-197}$$

对于 $R \neq -1$、$\sigma_{\mathrm{m}} \neq 0$，它应该是

$$A'_{2\mathrm{equ}} = 2 \left[\frac{2\sigma'_{\mathrm{f}}}{(1+\mu)} (1 - \sigma_{\mathrm{m}}/\sigma'_{\mathrm{f}}) \alpha_2 \sqrt[-m']{D_{2\mathrm{fc}}} \right]^{-m'} \tag{1-198}$$

因此其完整的损伤速率方程为

对于 $R = -1$、$\sigma_{\mathrm{m}} = 0$，它是

$$\mathrm{d}D/\mathrm{d}N = 2 \left[\frac{2\sigma'_{\mathrm{f}}}{(1+\mu)} \alpha \sqrt[-m']{D_{2\mathrm{fc}}} \right]^{-m'} \left[\frac{\varphi \Delta \sigma_{2\mathrm{equ}}}{(1+\mu)} \right]^{m'} D \,(\mathrm{damage-unit/cycle}) \tag{1-199}$$

对于 $R \neq -1$，$\sigma_{\mathrm{m}} \neq 0$，应该是

$$\mathrm{d}D/\mathrm{d}N = 2 \left[\frac{2\sigma'_{\mathrm{f}}}{(1+\mu)} \alpha (1 - \sigma_{\mathrm{m}}/\sigma'_{\mathrm{f}}) \times \sqrt[-m']{D_{2\mathrm{fc}}} \right]^{-m'} \left[\frac{\varphi \Delta \sigma_{2\mathrm{equ}}}{(1+\mu)} \right]^{m'} D \,(\mathrm{damage-unit/cycle}) \tag{1-200}$$

上述速率方程，从理论上说，可适用于高周疲劳下，在单向拉伸应力状况下某些如铸铁那样发生脆性应变的材料；还可适用于在三向拉伸状况下发生脆性应变的材料或者像碳钢那样的塑性的材料的计算[24]，但必须用实验验证。

3）超高周疲劳下的损伤速率计算

在简化曲线图 1-24 中，描述超高周疲劳下正向曲线 $A'AA_1A_2$（$R = -1, \sigma_{\mathrm{m}} = 0$）和 $A'DD_1D_2$（$R \neq -1, \sigma_{\mathrm{m}} \neq 0$）的损伤扩展速率计算式，对于当量 I 型式，如下所示：[2-5]

$$\mathrm{d}D/\mathrm{d}N = A'_{2\mathrm{equ-v}} \left[\frac{\Delta H'_{1\mathrm{equ-I}}}{(1+\mu)} \right]^{m'} (\mathrm{damage-unit/cycle}) \tag{1-201}$$

式中：$A'_{2\mathrm{equ-v}}$ 为用第二种损伤强度理论建立的当量 I 型的综合材料常数，也是超高周疲劳下对应于断裂应力 σ'_{f} 的常数。

对于 $R = -1$、$\sigma_{\mathrm{m}} = 0$，它可以用下式表达：

$$A'_{2\mathrm{equ-v}} = 2 \left[\frac{2\sigma'_{\mathrm{f}}}{(1+\mu)} \alpha \sqrt[-m']{D_{2\mathrm{fc}}} \right]^{-m'} \tag{1-202}$$

对于 $R \neq -1$、$\sigma_{\mathrm{m}} \neq 0$，它应该是

$$A'_{2\mathrm{equ-v}} = 2 \left[\frac{2\sigma'_{\mathrm{f}}}{(1+\mu)} (1 - \sigma_{\mathrm{m}}/\sigma'_{\mathrm{f}}) \sqrt[-m']{D_{2\mathrm{fc}}} \right]^{-m'} \tag{1-203}$$

这样一来，其完整的损伤速率方程形式为

对于 $R = -1$、$\sigma_m = 0$，它是

$$dD/dN = 2\left[\frac{2\sigma'_f}{(1+\mu)}\alpha^{-m'}\sqrt{D_{2fc}}\right]^{-m'}\left[\frac{\varphi\Delta\sigma_{2equ}}{(1+\mu)}\right]^{m'}D\ (\text{damage}-\text{unit}/\text{cycle})$$

$$(1-204)$$

对于 $R \neq -1$、$\sigma_m \neq 0$，应该是

$$dD/dN = 2\left[\frac{2\sigma'_f}{(1+\mu)}\alpha(1-\sigma_m/\sigma'_f)^{-m'}\sqrt{D_{2fc}}\right]^{-m'}\left[\frac{\varphi\Delta\sigma_{2equ}}{(1+\mu)}\right]^{m'}D\ (\text{damage}-\text{unit}/\text{cycle})$$

$$(1-205)$$

上述速率方程的加载条件和应用材料与高周疲劳相似。

3. 用第三种损伤强度理论推导而建立的损伤速率计算式

1）低周疲劳下的损伤速率计算

在简化曲线图 1-24 中，描述低周疲劳下正向曲线 CC_1C_2 的损伤扩展速率计算式，其当量 I 型式有两种模型：

模型 1

$$dD/dN = B'_{3equ-1}(0.5\Delta H'_{1equ-1}/2)^m\ (\text{damage}-\text{nuit}/\text{cycle})\quad(1-206)$$

模型 2

$$dD/dN = B'_{3equ-2}(0.5\Delta H'_{1equ-1})^m\ (\text{damage}-\text{nuit}/\text{cycle})\quad(1-207)$$

式中：B'_{3equ-1}，B'_{3equ-2} 都是当量综合材料常数，B'_{3equ-1} 为对应于屈服应力 σ'_s 的综合材料常数，而 B'_{3equ-2} 为对应于断裂应力 σ'_f 的综合材料常数。它们可以用不同形式表达：

$$B'_{3equ-1} = 2\left[\sigma'_f\alpha_1{}^{-m'}\sqrt{D_{1fc}}\right]^{-m'}\ (\text{MPa}\ ^{m'}\sqrt{\text{damage}-\text{unit}}/\text{cycle})\quad(1-208)$$

$$B'_{3equ-1} = 2\left[\sigma'_f\alpha_2{}^{-m'}\sqrt{D_{2fc}}\right]^{-m'}\ (\text{MPa}\ ^{m'}\sqrt{\text{damage}-\text{unit}}/\text{cycle})\quad(1-209)$$

因此，其完整的损伤扩展速率计算式也可以有两种形式的表达式：

$$dD/dN = 2\left[\sigma'_f\alpha_1{}^{-m'}\sqrt{D_{1fc}}\right]^{-m'}(0.5\Delta\sigma_{3equ}\varphi/2)^m D\ (\text{damage}-\text{unit}/\text{cycle})$$

$$(1-210)$$

$$dD/dN = 2\left[\sigma'_f\alpha_2{}^{-m'}\sqrt{D_{2fc}}\right]^{-m'}(0.5\Delta\sigma_{3equ}\varphi)^m D\ (\text{damage}-\text{unit}/\text{cycle})$$

$$(1-211)$$

以上速率方程，理论上可适用在低周疲劳下，某些像碳钢那样弹塑性材料产生三向拉伸应力的计算；还可以适用于三向压缩应力下如铸铁那样的脆性材料的计算[24]，但必须用实验验证。

2）高周疲劳下的损伤速率计算

在简化曲线图 1 - 24 中，描述高周疲劳下正向曲线 AA_1A_2（$R = -1, \sigma_m = 0$）和 DD_1D_2（$R \neq -1, \sigma_m \neq 0$）的损伤扩展速率计算式为[2-5]

$$\mathrm{d}D/\mathrm{d}N = A'_{3\mathrm{equ}}(0.5\varphi\Delta\sigma_{3\mathrm{equ}})^{m}(\text{damage} - \text{unit/cycle}) \quad (1 - 212)$$

对于 $R = -1$、$\sigma_m = 0$，综合材料常数是

$$A'_{3\mathrm{equ}} = 2\left[\sigma'_f\alpha_2 \sqrt[-m']{D_{2\mathrm{fc}}}\right]^{-m'}(\text{MPa}\sqrt[m']{\text{damage} - \text{unit}}/\text{cycle}) \quad (1 - 213)$$

对于 $R \neq -1$、$\sigma_m \neq 0$，应该是

$$A'_{3\mathrm{equ}} = 2\left[\sigma'_f(1 - \sigma_m/\sigma'_f)\alpha_2 \sqrt[-m']{D_{2\mathrm{fc}}}\right]^{m'}(\text{MPa}\sqrt[m']{\text{damage} - \text{unit}}/\text{cycle})$$
$$(1 - 214)$$

因此其完整的损伤速率方程为

对于 $R = -1$、$\sigma_m = 0$，它是

$$\mathrm{d}D/\mathrm{d}N = 2\left[\sigma'_f\alpha_2 \sqrt[-m']{D_{2\mathrm{fc}}}\right]^{-m'}(0.5\Delta\sigma_{3\mathrm{equ}}\varphi)^{m'}D(\text{damage} - \text{unit/cycle})$$
$$(1 - 215)$$

对于 $R \neq -1$、$\sigma_m \neq 0$，要考虑平均应力的影响，它应该是

$$\mathrm{d}D/\mathrm{d}N = 2\left[\sigma'_f(1 - \sigma_m/\sigma'_f)\alpha_2 \sqrt[-m']{D_{2\mathrm{fc}}}\right]^{-m'}(0.5\varphi\Delta\sigma_{3\mathrm{equ}})^{m'}D(\text{damage} - \text{unit/cycle})$$
$$(1 - 216)$$

以上速率方程，理论上可适用于在高周疲劳下，某些像碳钢那样弹塑性材料产生三向拉伸应力情况下的计算。

3）超高周疲劳下的损伤速率计算

在简化曲线图 1 - 24 中，描述超高周疲劳下正向曲线 $A'AA_1A_2$（$R = -1, \sigma_m = 0$）和 $A'DD_1D_2$（$R \neq -1, \sigma_m \neq 0$）的损伤扩展速率计算式如下[2-5]。

对于 $R = -1$、$\sigma_m = 0$，它的当量综合材料常数是

$$A'_{3\mathrm{equ} - \mathrm{v}} = 2\left[\sigma'_f\alpha_2 \sqrt[-m']{D_{2\mathrm{fc}}}\right]^{-m'}(\text{MPa} \cdot \sqrt[m']{\text{damage} - \text{unit}}/\text{cycle}) \quad (1 - 217)$$

对于 $R \neq -1$、$\sigma_m \neq 0$，其当量综合材料常数应该是

$$A'_{3\mathrm{equ} - \mathrm{v}} = 2\left[\sigma'_f(1 - \sigma_m/\sigma'_f)\alpha \sqrt[-m']{D_{2\mathrm{fc}}}\right]^{m'}(\text{MPa} \cdot \sqrt[m']{\text{damage} - \text{unit}}/\text{cycle})$$
$$(1 - 218)$$

因此，其完整的损伤速率方程形式为

对于 $R = -1$、$\sigma_m = 0$，它是

$$\mathrm{d}D/\mathrm{d}N = 2\left[\sigma'_f\alpha \sqrt[-m']{D_{2\mathrm{fc}}}\right]^{-m'}(0.5\Delta\sigma_{3\mathrm{equ}}\varphi)^{m'}D(\text{damage} - \text{unit/cycle})$$
$$(1 - 219)$$

对于 $R \neq -1$、$\sigma_m \neq 0$，它应该是

$$dD/dN = 2\left[\sigma_f'(1-\sigma_m/\sigma_f')\alpha^{-m'}\sqrt{D_{2fc}}\right]^{-m'}(\varphi 0.5\Delta\sigma_{3equ})^{m'}D \ (damage - unit/cycle)$$

$$(1-220)$$

上述速率方程的加载条件与高周疲劳相类似。

4. 用第四种损伤强度理论推导而建立的损伤速率计算式

1）低周疲劳下的损伤速率计算

在简化曲线图 $1-24$ 中，描述低周疲劳下正向曲线 CC_1C_2 的损伤扩展速率当量 I 型计算式也有两种形式：

$$dD/dN = B_{4equ-1}'(\Delta H_{1equ-1}'/\sqrt{3})^{m'} \ (damage - unit/cycle) \quad (1-221)$$

$$dD/dN = B_{4equ-2}'(\Delta H_{1equ-1}'/\sqrt{3})^{m'} \ (damage - unit/cycle) \quad (1-222)$$

式中：B_{4equ-1}'，B_{4equ-2}' 是用第四种损伤强度理论建立的当量综合材料常数，计算如下：

$$B_{4equ-1}' = 2\left(\frac{2\sigma_f'}{\sqrt{3}}\alpha_1^{-m'}\sqrt{D_{1fc}}\right)^{-m'} \quad (1-223)$$

$$B_{4equ-2}' = 2\left(\frac{2\sigma_f'}{\sqrt{3}}\alpha_2^{-m'}\sqrt{D_{2fc}}\right)^{-m'} \quad (1-224)$$

所以，其完整的损伤速率方程为如下形式：

$$dD/dN = 2\left(\frac{2\sigma_f'}{\sqrt{3}}\alpha_1^{-m'}\sqrt{D_{1fc}}\right)^{-m'}\left(\frac{\varphi\Delta\sigma_{4equ}}{2\sqrt{3}}\right)^{m'}D \ (damage - unit/cycle)$$

$$(1-225)$$

$$dD/dN = 2\left(\frac{2\sigma_f'}{\sqrt{3}}\alpha_2^{-m'}\sqrt{D_{2fc}}\right)^{-m'}\left(\frac{\varphi\Delta\sigma_{4equ}}{\sqrt{3}}\right)^{m'}D \ (damage - unit/cycle)$$

$$(1-226)$$

上述速率方程，从理论上说，可适用于在低周疲劳下，像碳钢那样的弹塑性材料在三向拉伸应力状况下的计算；也适用于某些如铸铁那样的脆性材料在三向压缩应力下的计算[24]，但必须用实验验证。

2）高周疲劳下的损伤速率计算

在简化曲线图 $1-24$ 中，描述高周疲劳下正向曲线 $AA_1A_2(R=-1,\sigma_m=0)$ 和 $DD_1D_2(R \neq -1,\sigma_m \neq 0)$ 的损伤扩展速率计算如下。

对于 $R=-1,\sigma_m=0$，它的当量综合材料常数是[2-5]

$$A_{4equ}' = 2\left(\frac{2\sigma_f'}{\sqrt{3}}\alpha_2^{-m'}\sqrt{D_{2fc}}\right)^{-m'} \quad (1-227)$$

它的速率方程应该是如下形式：

$$dD/dN = 2\left(\frac{2\sigma'_f}{\sqrt{3}}\alpha_2\sqrt[-m']{D_{2fc}}\right)^{-m'}\left(\frac{\varphi\Delta\sigma_{4equ}}{\sqrt{3}}\right)^{m'}D\,(\,damage - unit/cycle\,)$$

$$(1-228)$$

但是，对于 $R \neq -1$、$\sigma_m \neq 0$，当量综合材料常数应该是

$$A'_{4equ} = 2\left[\frac{2\sigma'_f}{\sqrt{3}}\alpha_2(1 - \sigma_m/\sigma'_f)\alpha\sqrt[-m']{D_{2fc}}\right]^{-m'}$$

$$(1-229)$$

这时它的速率方程应该是如下形式：

$$dD/dN = 2\left[\frac{2\sigma'_f}{\sqrt{3}}\alpha_2(1 - \sigma_m/\sigma'_f)\alpha\sqrt[-m']{D_{2fc}}\right]^{-m'}\left(\frac{\varphi\Delta\sigma_{4equ}}{\sqrt{3}}\right)^{m'}D\,(\,damage - unit/cycle\,)$$

$$(1-230)$$

上述速率方程，从理论上说，可适用于在高周疲劳下，像碳钢那样的弹塑性材料在三向拉伸应力下的计算[24]，但必须用实验验证。

3）超高周疲劳下的损伤速率计算

在简化曲线图 1-24 中，描述超高周疲劳下正向曲线 $A'AA_1A_2(R = -1,\sigma_m = 0)$ 和 $A'DD_1D_2(R \neq -1,\sigma_m \neq 0)$ 的损伤扩展速率计算，对于当量 I 型式，它用如下的式子表示[2-5]。

对于 $R = -1$、$\sigma_m = 0$，用第四种损伤强度理论建立的综合材料常数是

$$A'_{4equ-v} = 2\left(\frac{2\sigma'_f}{\sqrt{3}}\alpha\sqrt[-m']{D_{2fc}}\right)^{-m'}$$

$$(1-231)$$

所以，它的整个损伤速率方程应该是如下计算式：

$$dD/dN = 2\left(\frac{2\sigma'_f}{\sqrt{3}}\alpha\sqrt[-m']{D_{2fc}}\right)^{-m'}\left(\frac{\varphi\Delta\sigma_{4equ}}{\sqrt{3}}\right)^{m'}D\,(\,damage - unit/cycle\,)$$

$$(1-232)$$

而对于 $R \neq -1$、$\sigma_m \neq 0$，它的综合材料常数是

$$A'_{4equ-v} = 2\left[\frac{2\sigma'_f}{\sqrt{3}}\alpha(1 - \sigma_m/\sigma'_f)\alpha\sqrt[-m']{D_{2fc}}\right]^{-m'}$$

$$(1-233)$$

这时，整个损伤速率方程是

$$dD/dN = 2\left[\frac{2\sigma'_f}{\sqrt{3}}\alpha(1 - \sigma_m/\sigma'_f)\alpha\sqrt[-m']{D_{2fc}}\right]^{-m'}\left(\frac{\varphi\Delta\sigma_{4equ}}{\sqrt{3}}\right)^{m'}D\,(\,damage - unit/cycle\,)$$

$$(1-234)$$

上述速率方程的加载条件也与高周疲劳相类似。

计算实例

往复压缩机中的曲轴是压缩机中的主要零件,它通常用45中碳钢制造。假定它与曲轴的形状、尺寸、应力集中系数有关的三个修正系数关系为$\dfrac{K_\sigma}{\varepsilon_\sigma \beta_\sigma}$,它们分别为$K_\sigma = 3.6$,$\varepsilon_\sigma = 0.81$和$\beta_\sigma = 1.0$。压缩机的主要运动方式是往复旋转运动,如图1 – 25所示。

假定它产生的应力状态:Ⅰ型拉应力为$\sigma_{max} = 32.4\text{MPa}$,$\sigma_{min} = 6.48\text{MPa}$,$\Delta\sigma = 25.9\text{MPa}$;Ⅱ型剪应力为$\tau_{tmax} = 3.18\text{MPa}$,$\tau_{tmin} = 0.023\text{MPa}$,$\Delta\tau_t = 3.157\text{MPa}$;Ⅲ型剪应力为$\tau_{pmax} = 8\text{MPa}$,$\tau_{pmin} = 2.98\text{MPa}$。其他数据列在表1 – 41中。

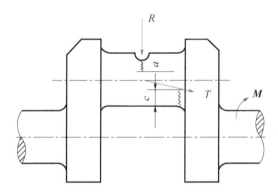

图1 – 25　往复压缩机在扭矩**M**驱动力下曲轴内部产生的应力状态[4]

表1 – 41　45中碳钢的相关性能数据

σ_s/MPa	σ_s'/MPa	σ_b/MPa	E/MPa	K'	n'	b'/m'	σ_f'/MPa
456	456(替代品)	539	200000	1153	0.179	– 0.123 / 8.13	1115

这里应该说明,由45中碳钢制造的曲轴,在超高周疲劳载荷下,处在弯曲拉应力、横向剪应力、扭转剪应力的复杂应力状态下运转,且由于应力集中,通常在曲轴内部会引发三向应力状态。

根据上述数据,试用第三种损伤强度理论和第四种损伤强度理论建立的计算式,分别计算在应力集中部位的当量应力σ_{1equ-1}对应的损伤值D;并计算此损伤值D相对应的损伤速率以及门槛损伤值$D_{th} = 0.219$相对应的损伤速率。

计算步骤与方法如下:

1）相关参数的计算

（1）根据正文中的计算式，计算当量应力。

最大当量应力应该是

$$\sigma_{1equ-1}^{max} = \sqrt{\sigma_{max}^2 + 4\tau_{tmax}^2 + 4\tau_{pmax}^2} = \sqrt{32.4^2 + 4 \times 3.18^2 + 4 \times 8^2} = 36.7(MPa)$$

最小当量应力是

$$\sigma_{1equ-1}^{min} = \sqrt{\sigma_{min}^2 + 4\tau_{tmin}^2 + 4\tau_{pmin}^2} = \sqrt{6.48^2 + 4 \times 0.023^2 + 4 \times 2.98^2} = 8.8(MPa)$$

（2）计算当量应力范围 $\Delta\sigma_{1equ-I}$ 和计算当量应力幅 $\sigma_{1equ-a} = \Delta\sigma_{1equ-I}/2$。

当量应力范围是

$$\Delta\sigma_{1equ-I} = \sigma_{1equ-I}^{max} - \sigma_{1equ-I}^{min} = 36.7 - 8.8 = 27.9(MPa)$$

当量应力幅是

$$\Delta\sigma_{1equ-a} = (\sigma_{1equ-1}^{max} - \sigma_{1equ-1}^{min})/2 = (36.7 - 8.8)/2 = 14(MPa)$$

（3）计算当量平均应力 σ_{1equ-1}^m：

$$\sigma_m = (\sigma_{1equ-1}^{max} + \sigma_{1equ-1}^{min})/2 = (36.7 + 8.8)/2 = 22.75(MPa)$$

（4）计算损伤门槛值：

$$D_{th} = \left(\frac{1}{\pi^{0.5}}\right)^{\frac{1}{0.5+b'}} c = 0.564^{\frac{1}{0.5-0.123}} = 0.219(damage - units)$$

（5）计算对应于断裂应力的临界损伤值 D_{2fc}：

$$D_{2fc} = \left(\sigma_f'^{(1-n')/n'} \frac{E\pi^{1/(2n')}}{K'^{1/n'}}\right)^{-\frac{2m'n'}{2n'-m'}}$$

$$= \left(1115^{(1-0.179)/0.179} \times \frac{200000 \times \pi^{1/(2 \times 0.179)}}{1153^{1/0.179}}\right)^{-\frac{2 \times 8.13 \times 0.179}{2 \times 0.179 - 8.13}}$$

$$= \left(1115^{4.5866} \times \frac{200000 \times \pi^{2.793}}{1153^{5.5866}}\right)^{0.3745}$$

$$= 21.56(damage - unit)$$

（6）计算当量应力 $\sigma_{1equ-1} = 14MPa$ 集中部位损伤值 D：

$$D = \left(\sigma_{1equ-I}^{(1-n')/n'} \frac{E\pi^{1/(2n')}}{K'^{1/n'}}\right)^{-\frac{2m'n'}{2n'-m'}}$$

$$= \left(14.0^{(1-0.179)/0.179} \times \frac{200000 \times \pi^{1/2 \times 0.179}}{1153^{1/0.179}}\right)^{-\frac{2 \times 8.13 \times 0.179}{2 \times 0.179 - 8.13}}$$

$$= \left(14.0^{4.5866} \times \frac{200000 \times \pi^{2.793}}{1153^{5.5866}}\right)^{0.3745}$$

$$= 0.0117 (\text{damage} - \text{unit})$$

2）试用第三种损伤强度理论建立的损伤速率方程计算其损伤速率

（1）当量综合材料常数 $A'_{1\text{equ}-1}$ 的计算：

$$A'_{1\text{equ}-1} = 2 \left[2\sigma'_f (1 - \sigma_m/\sigma'_f) \alpha^{-m'} \sqrt{D_{2fc}} \right]^{-m'}$$

$$= 2 \times \left[2 \times 1115 (1 - 22.75/1115) \times {}^{-8.13}\sqrt{21.561} \right]^{-8.13}$$

$$= 3.06 \times 10^{-26} (\text{MPa}^{m'} \cdot \text{damage} - \text{unit/cycle})$$

（2）假定系数 $\varphi = 1$，针对损伤值为 0.0117damage – units 的损伤速率的计算如下：

$$dD_1/dN_1 = A'_{1\text{equ}-1} \left(\frac{K_\sigma}{\varepsilon_\sigma \beta_\sigma} \varphi \Delta\sigma_{1\text{equ}-I} \right)^{m'} D$$

$$= 3.06 \times 10^{-26} \times \left(\frac{3.6}{0.81 \times 1} \times 27.9 \right)^{8.13} \times 0.0117$$

$$= 3.74 \times 10^{-11} (\text{damage} - \text{unit/cycle})$$

（3）对应于门槛损伤值为 0.219damage – unit 的损伤速率的计算采用应力法，即

$$(dD/dN)_{\text{th}} = A'_{1\text{equ}-1} \left(\frac{K_\sigma}{\varepsilon_\sigma \beta_\sigma} \varphi \Delta\sigma_{1\text{equ}-1} \right)^{m'} D_{\text{th}}$$

$$= 3.06 \times 10^{-26} \times \left(\frac{3.6}{0.81 \times 1} \times 27.9 \right)^{8.13} \times 0.219$$

$$= 7.01 \times 10^{-10} (\text{damage} - \text{unit/cycle})$$

3）试用第四种损伤强度理论建立的损伤速率方程计算其损伤速率

（1）当量综合材料常数 $A'_{4\text{equ}-1}$ 的计算：

$$A'_{4\text{equ}-1} = 2 \left[\frac{2\sigma'_f}{\sqrt{3}} (1 - \sigma_m/\sigma'_f) \alpha^{-m'} \sqrt{D_{2fc}} \right]^{-m'}$$

$$= 2 \times \left[\frac{2 \times 1115}{\sqrt{3}} \times (1 - 22.75/1115) \alpha \times {}^{-8.13}\sqrt{21.56} \right]^{-8.13}$$

$$= 2.66 \times 10^{-24} (\text{MPa}^{m'} \cdot \text{damage} - \text{unit/cycle})$$

（2）针对损伤值为 0.0117damage – unit 的损伤速率的计算：

$$dD_1/dN_1 = A'_{4\text{equ}-1} \left(\frac{K_\sigma}{\varepsilon_\sigma \beta_\sigma} \times \frac{\varphi \Delta\sigma_{4\text{equ}}}{\sqrt{3}} \right)^{m'} D$$

$$= 2.66 \times 10^{-24} \times \left(\frac{3.6}{0.81 \times 1} \times \frac{27.9}{\sqrt{3}} \right)^{8.13} \times 0.0117$$

$$= 3.74 \times 10^{-11} (\text{damage} - \text{unit/cycle})$$

（3）对应于门槛损伤值为 0.219damage – unit 的损伤速率的计算：

$$(\mathrm{d}D/\mathrm{d}N)_{th} = A'_{4equ-1}\left(\frac{K_\sigma}{\varepsilon_\sigma\beta_\sigma} \times \frac{\Delta\sigma_{4equ}}{\sqrt{3}}\right)^m D_{th}$$

$$= 2.66 \times 10^{-24} \times \left(\frac{3.6}{0.81 \times 1} \times \frac{27.9}{\sqrt{3}}\right)^{8.13} \times 0.219$$

$$= 7.0 \times 10^{-10}(\mathrm{damage} – \mathrm{unit/cycle})$$

在三向拉应力状态下，对于同样的材料 45 中碳钢而言，从上述两种强度理论建立损伤速率计算式计算的数据看出，它们的计算结果数据是非常接近的。

1.3　疲劳载荷下损伤体寿命预测计算

全过程疲劳损伤体寿命预测计算分如下几个主题：

＊低周疲劳下寿命预测计算；

＊高周疲劳下寿命预测计算；

＊超高周疲劳下寿命预测计算；

＊高低周载荷下一式多载荷损伤速率和寿命预测计算；

＊多轴疲劳（复杂应力）下损伤寿命预测计算。

疲劳损伤寿命简化曲线如图 1 – 26 所示。

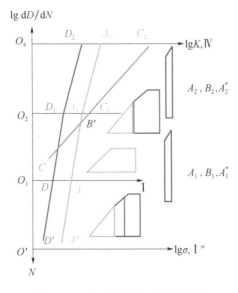

图 1 – 26　疲劳损伤寿命简化曲线

1.3.1 低周疲劳下损伤体寿命预测计算

众所周知 Coffin – Manson 早年研究了材料在低周疲劳下行为的演变规律，并提出了如下方程[25]：

$$\Delta\varepsilon_p N_f^c = C_2 \qquad (1-235)$$

此外，SWT[26-27]也曾经用参数 σ_{max} 或 $\Delta\varepsilon\sigma_{max}$ 为疲劳寿命的预测计算提出了如下计算式。

用最大拉应力参数 σ_{max} 计算式来计算寿命：

$$\sigma_{max} = \sigma_a = \sigma_f'(2N_f)^b \qquad (1-236)$$

或者用两个参数 $\Delta\varepsilon\sigma_{max}$ 来计算，譬如下式：

$$\Delta\varepsilon\sigma_{max} = \frac{2\sigma_f'^2}{E}(2N_f)^{2b} + 2\sigma_f'\varepsilon_f'(2N)^{b+c} \qquad (1-237)$$

还有 Morrow 就平均应力的影响，提出了以下寿命计算式：

$$\varepsilon_a = \frac{\sigma_f' - \sigma_m'}{E}(2N_f)^b + \varepsilon_f'(2N)^c \qquad (1-238)$$

上述作者都为疲劳寿命的研究和预测做出了宝贵贡献。应该说，疲劳、损伤学科，至今为止，主要都还依赖于实验研究。

作者基于疲劳损伤研究和寿命预测计算，分析了材料在低周疲劳下全过程的损伤演化行为的规律，对图 1 – 26 中简化曲线 C_2C_1C 损伤值的计算问题（或者是图 1 – 6 中的反向曲线 C_2C_1C）提出了如下计算式：

$$D = \left(\frac{\dfrac{\sigma_f'^2 D_{2fc}^{-2b'}}{E}(2N_f)^{2b'} + \sigma_f'\varepsilon_f'D_f^{-b'-c'}(2N_f)^{b'+c'}}{\sigma_{max}\varepsilon_a}\right)^{\frac{1}{-b'-c'}} (\text{damage} - \text{unit}), \sigma > 0$$

$$(1-239)$$

如果材料被加载至屈服应力下，此时对应于屈服应力 σ_s' 下的损伤临界值 $D_{1fc} = D_s$ 可用下式计算：

$$D_{1fc} = D_s = \left(\frac{\dfrac{\sigma_f'^2 \times D_f^{-2b'}}{E}(2N_f)^{2b'} + \sigma_f'\varepsilon_f'D_f^{-b'-c'}(2N_f)^{b'+c'}}{\sigma_s'\varepsilon_s'}\right)^{\frac{1}{-b'-c'}} (\text{damage} - \text{unit}), \sigma > 0$$

$$(1-240)$$

式中：$D_{1fc} = D_{2fc}$ 是对应于断裂应力 σ_f' 的临界损伤值，它可以由下式计算：

$$D_{1fc} = D_{2fc} = \frac{K'^2}{\sigma_f'^2 \pi \varepsilon_f'^{-2n'}}(\text{damage} - \text{unit}) \qquad (1-241)$$

对于某些材料损伤寿命的预测计算,下文提出了若干种计算式和计算方法。

1. 计算式 1:应变参数法

对于某些弹塑性和塑性材料,可以用应变量参数建立损伤寿命预测计算方程,其形式如下:

$$N = \int_{D_i 或 D_{th}}^{D_{eff}} \frac{dD}{2\left(2\varepsilon_f'^{-\lambda'}\sqrt{D_{1fc}}\right)^{-\lambda'}(\Delta\varepsilon_p)^{\lambda'}D}(\text{cycle}) \quad (1-242)$$

式中:D_{eff} 为损伤值有效值,$D_{eff} = \beta D_{2fc}$,β 是有效值修正系数,$\beta \approx (0.5 \sim 0.7)$,应由实验确定。当 $\ln D_{eff} - \ln D_i = 1$,式(1-242)就变成下面的形式:

$$N = \frac{1}{2\left(2\varepsilon_f'^{-\lambda'}\sqrt{D_{1fc}}\right)^{-\lambda'}(\Delta\varepsilon_p)^{\lambda'}D}(\text{cycle}) \quad (1-243)$$

2. 计算式 2:L 因子法(双参数比值法)

另一适合于某些弹塑性和塑性材料的计算式,采用 L 因子参数建立其寿命预测计算方程,即

$$N = \int_{D_{th}}^{D_{oj}} \frac{dD}{A_w^* \Delta L^{-\frac{1}{b'-c'}}}(\text{cycle}) \quad (1-244)$$

式中:A_w^* 为综合材料常数,但是应该指出,寿命计算式中的 A_w^* 表达式不同于前文损伤速率方程中的表达式,它应该是如下形式:

$$A_w^* = \frac{\ln D_{oj} - \ln D_{th}}{(\Delta L)^{1/[m'\lambda'/(m'-\lambda')]}(N_{oj} - N_{th})}$$

所以,它的完整表达式是

$$N = \int_{D_i 或 D_{th}}^{D_{2fc} 或 D_{eff}} \frac{dD}{2\left(2\frac{\sigma_f'\alpha}{E\varepsilon_f'}\sqrt[\frac{1}{b'-c'}]{D_{2fc}}\right)^{\frac{1}{b'-c'}}\left(\frac{\Delta\sigma_i}{E\varepsilon_a'}\right)^{-\frac{1}{b'-c'}}D}(\text{cycle}) \quad (1-245)$$

式中:D_{oj} 为损伤量的中间值,这里还应该说明,上述计算式与 Morrow 提出的计算式(式(1-238))[27-28]计算结果是一致的。

3. 计算式 3:Q 因子法(双参数乘积法)

Q 因子法又称双参数乘积法,是采用 $\sigma\varepsilon_p$ 两个参数的乘积建立寿命预测计算方程,其表达式为

$$N_i = \int_{D_i 或 D_{th}}^{D_{1fc} 或 D_{eff}} \frac{dD}{B_w^* \Delta Q'^{\frac{m'\lambda'}{m'+\lambda'}}}(\text{cycle}) \quad (1-246)$$

式中：B_w^* 为综合材料常数，它可以用下式表达：

$$B_w^* = \frac{\ln D_{2\mathrm{fc}} - \ln D_i}{(\Delta\sigma_i \Delta\varepsilon_{\mathrm{pi}})^{\frac{m'\lambda'}{m'+\lambda'}}(N_{2\mathrm{fc}} - N_i)} (\mathrm{cycle}) \qquad (1-247)$$

因此，这种计算方法的完整表达式应该是

$$N_f = \int_{D_i}^{D_{1\mathrm{fc}}} \frac{\mathrm{d}D}{2\left(4\varepsilon'_f \sigma'_f \alpha^{\frac{m'\lambda'}{m'+\lambda'}}\sqrt{D_{1\mathrm{fc}}}\right)^{-\frac{m'\lambda'}{m'+\lambda'}}(\Delta\sigma \Delta\varepsilon_p)^{\frac{m'\lambda'}{m'+\lambda'}}D} \qquad (1-248)$$

式（1-242）~式（1-248）都是对简化曲线图 1-26 中曲线 C_2C_1C 的数学描述，或者是对材料行为综合图 1-6 中全过程曲线 C_2C_1C 的数学描述。

此外，还应该说明，上述计算式中的 A_w^* 和 B_w^* 的物理意义和几何含义不同于前面正文中损伤速率方程中 A_w^* 和 B_w^* 的物理含义和几何含义。寿命方程中的 A_w^* 和 B_w^*，其物理意义是在损伤扩展整个过程中所做的全部功，或者说付出的全部能量。整个过程中的历程时间是"$N_{1\mathrm{fc}} - N_0$"；其中每一循环所做功的大小为 $(\Delta\sigma_i \Delta\varepsilon_i)^{m\lambda/(m+\lambda)}$。

在两个综合材料常数 A_w^* 和 B_w^* 中，以 A_w^* 为例解释其几何含义：

A_w^* 的几何含义是综合图 1-6 中黄绿色梯形前面部分的面积 $A_{1w}(JEHJ)$；或黄绿色梯形后面部分的面积 $A_{2w}(EE'KGH)$；或者是黄绿色梯形的全部面积 $A_{1w} + A_{2w}(JEE'KGHJ)$。黄绿色梯形前面部分的面积 $A_{1w}(JEHJ)$ 是指相对于工作应力至屈服点历程中所做前阶段的功；$A_{2w}(EE'KGH)$ 是指对应于工作应力至断裂点历程中所做后阶段的功。黄绿色梯形的全部面积 $A_{1w} + A_{2w}(JEE'KGHJ)$ 是对应于至断裂点整个历程中所做的全部功。

4. 计算式 4

这里还有一个简单的寿命预测计算式，它使用门槛损伤值 D_{th} 和断裂应力 σ'_f 直接计算全过程寿命 N_f，即

$$N_f = \left[\frac{\sigma'_f(1-R)\alpha}{E\varepsilon'_f}\right]^{-\frac{1}{b'-c'}} D_{\mathrm{th}}/2(\mathrm{cycle}) \qquad (1-249)$$

5. 计算式 5：应力参数法

这个方法提出用应力参数计算过程寿命 N，它的计算式如下：

$$N = \int_{D_{\mathrm{tr}}}^{D_{1\mathrm{fc}}} \frac{\mathrm{d}D}{2\left(2\sigma'_s \alpha_1^{-m'}\sqrt{D_{1\mathrm{fc}}}\right)^{-m'}(0.5\Delta\sigma)^{m'}D}(\mathrm{cycle}) \qquad (1-250)$$

$$N = \int_{D_i \text{或} D_{\mathrm{tr}}}^{D_{2\mathrm{fc}}} \frac{\mathrm{d}D}{2\left(2\sigma'_f \alpha_2^{-m'}\sqrt{D_{2\mathrm{fc}}}\right)^{-m'}\Delta\sigma^{m'}D}(\mathrm{cycle}) \qquad (1-251)$$

式中：D_{1fc}为对应于屈服应力σ'_s下的临界损伤值；D_{tr}为对应于屈服应力σ'_s下的过渡损伤值。要注意，两者虽然是用同一计算式，同是用对应于σ'_s计算出来的两个参数，但是，结果数值是不同的。其原因是计算式的指数符号是相反的。

作者曾就表1-42中的12种材料，用式(1-250)计算了它们在低周疲劳下各自的损伤过渡值D_{tr}和损伤临界值D_{1fc}，计算结果也都列入表1-42中。

表1-42　12种材料用式(1-250)计算损伤过渡值D'_{tr}和损伤临界值D_{1fc}的数据

材料[7-9]	σ'_s	b'/m'	$D_{tr}/$ damage-unit	$D_{1fc}/$ mm	A_1	$N_{1fc}/$ cycle
SAE 1137	459	-0.0809/12.361	0.3088	3.238	1.54×10^{-36}	2632
铝合金 LY12CZ	453	-0.0882/11.338	0.311	3.216	1.807×10^{-33}	992
合金钢 30CrMnSiA	889	-0.086/11.628	0.31	3.23	1.0472×10^{-37}	1148
30CrMnSiNi2A	1280	0.1026/9.747	0.31	3.229	3.89×10^{-33}	312
40CrMnSiMoVA	1757	-0.1054/9.488	0.3074	3.25	1.48×10^{-33}	261
Q235A 轧钢	296	-0.071/14.085	0.308	3.244	5.807×10^{-39}	6307
16Mn 轧钢	356	-0.0943/10.604	0.3056	3.272	3.7×10^{-30}	564
QT800-2	638	-0.083/12.048	0.3092	3.234	2.43×10^{-37}	1483
铸态 QT450-10	499	-0.1027/9.737	0.3075	3.252	4.08×10^{-29}	309
合金调质钢 45	566	-0.0704/14.205	0.3127	3.197	2.666×10^{-43}	6867
调质 40Cr	740	-0.0789/12.674	0.313	3.194	4.22×10^{-40}	2377
TC4(Ti-6I-4V)	1024	-0.07/14.286	0.315	3.177	3.143×10^{-47}	7267

从表1-42中的数据可知，这12种材料虽然性能是各种各样的，在低周疲劳下，其中有呈现马辛特性的材料；有发生应变硬化特性的材料；也有发生应变软化性能的材料。但当它们的应力水平达到屈服应力时，它们的损伤过渡值都在0.305~0.31damage-unit范围内；它们的临界损伤值都是在3.1~3.3mm；它们的寿命都在$1.0 \times 10^3 \sim 1.0 \times 10^4$cycle的范围内。

此外，还对表1-42中的合金钢30CrMnSiA用式(1-242)对它的寿命做了预测计算，并与它在低周疲劳下的实验寿命数据做了对比。将计算数据和实验数据都列在表1-43中；并且，绘制了它们之间的对比曲线，如图1-27所示。从表中的计算和实验数据以及图1-27中的曲线比较看出，此计算式计算的结果与实验结果的数据有较好符合。

表 1 – 43　合金钢 30CrMnSiA 计算寿命同实验寿命数据的比较

$\Delta\sigma_{test-data}$	2426	2426	2252	2128	2118	1810	1726	1642	公式号
$\Delta\varepsilon_{p-test-data}$	0.1371	0.09584	0.05538	0.03496	0.0226	0.01168	0.00802	0.0042	实验数据
D_{th}/D_{1fc}	0.251/ 3.227	0.251/ 3.227	0.251/ 3.227	0.251/ 3.227	0.251/ 3.227	0.251/ 3.227	0.251/ 3.227	0.251/ 3.227	式(1 – 25)/ 式(1 – 29)
N_{cal}	56	89	179	325	571	1341	2181	5033	式(1 – 242)
N_{test}	49	95	217	459	911	1002	2172	4928	实验数据

注:30CrMnSiA 的 $\varepsilon'_f = 2.788$;N_{cal} 为计算寿命;N_{test} 为实验寿命。

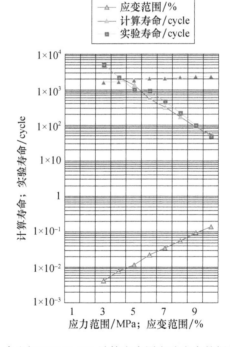

图 1 – 27　合金钢 30CrMnSiA 计算寿命同实验寿命数据曲线的比较

计算实例

实例 1

1.2.1 节的计算实例的实例 1 中,有一个用合金钢 30CrMnSiNi2A[9] 制成的
试件,它的材料性能数据列于表 1 – 19 中。如果这一试件被加载于对称循环疲

劳载荷下($R = -1$),试计算此试件材料从损伤门槛值 D_{th} 至材料屈服时损伤临界值 D_{1fc} 的寿命。

相关材料常数和已计算数据如下:$E = 200063\text{MPa}$,$b' = -0.1026$,$m' = 9.747$,$\varepsilon'_f = 2.075$,$c' = -0.7816$,$\lambda' = 1.28$,$D_{1fc} = 3.241\text{damage} - \text{units}$。

计算步骤与方法如下:

1) 首先计算损伤门槛值 D_{th}

损伤门槛值计算如下:

$$D_{th} = \left(\frac{1}{\pi^{0.5}}\right)^{\frac{1}{0.5+b'}} = 0.564^{\frac{1}{0.5+b'}} = 0.564^{\frac{1}{0.5-0.1026}} = 0.2367\,(\text{damage} - \text{unit})$$

2) 计算从门槛损伤值 D_{th} 到临界损伤值 D_{1fc} 的寿命

根据以下寿命方程,代入相关材料常数和已计算数据,取表 1 – 44 中的各应力和应变的实验数据 σ_{max}、$\Delta\sigma$ 和 $\Delta\sigma\Delta\varepsilon_p$,代入寿命计算式,从而计算出各相应的计算寿命 N_{1fc},然后列入此表中。

$$N_i = \int_{D_{th}}^{D_{1fc}} \frac{\mathrm{d}D}{2\left(4\varepsilon'_f\sigma'_f \sqrt[-\frac{m'\lambda'}{m'+\lambda'}]{D_{1fc}}\right)^{-\frac{m'\lambda'}{m'+\lambda'}} (\Delta\sigma\Delta\varepsilon_p)^{\frac{m'\lambda'}{m'+\lambda'}}D}$$

$$= \int_{0.2367}^{3.241} \frac{\mathrm{d}D}{2\times\left(4\times2.075\times2974\times\sqrt[-\frac{9.747\times1.28}{9.747+1.28}]{3.241}\right)^{-\frac{9.747\times1.28}{9.747+1.28}} \times (\Delta\sigma\Delta\varepsilon_p)^{\frac{9.747\times1.28}{9.747+1.28}}D}$$

$$= \int_{0.2367}^{3.241} \frac{\mathrm{d}D}{6.952^{-5}\times(\Delta\sigma\Delta\varepsilon_p)^{1.1314}D}\,(\text{cycle})$$

表 1 – 44　合金钢 30CrMnSiNi2A 计算寿命 N_{cal} 与实验寿命 N_{test} 数据的比较

$\sigma_{max}/\Delta\sigma$	1679/3358	1670/3340	1599/3198	1489/2978	1404/2808	1297/2594	1214/2428	1085/2170
$\varepsilon_p/\Delta\varepsilon_p$	0.04605/ 0.0921	0.02553/ 0.05106	0.01614/ 0.03228	0.01023/ 0.02046	0.0067/ 0.0134	0.00371/ 0.00742	0.00211/ 0.00422	0.00079/ 0.00158
D_{th}/D_{1fc}	0.2367/ 3.241	0.2367/ 3.241	0.2367/ 3.241	0.2367/ 3.241	0.2367/ 3.241	0.2367/ 3.241	0.2367/ 3.241	0.2367/ 3.241
N_{cal}	57	122	198	360	621	1326	2706	9333
N_{test}	48	156	292	540	948	1228	2935	11698

根据表中的各种数据绘制出相应的计算寿命和实验寿命的比较曲线以及其他数据的曲线。绘制结果如图 1 – 28 所示。其中蓝色曲线是计算寿命;红色曲线是实验寿命。

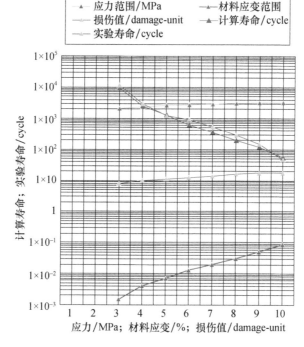

图例：
- ▲ 应力范围/MPa
- ✦ 损伤值/damage-unit
- ✦ 实验寿命/cycle
- ▲ 材料应变范围
- ▲ 计算寿命/cycle

图 1-28　合金钢 30CrMnSiNi2A 在低周疲劳载荷下计算寿命数据与
实验数据的比较

实例 2

1.2.1 节的计算实例的实例 2,有一个用铝合金 LY12CZ[9] 制成的试件,它的材料性能数据和实验数据在表 1-22 中。此试件被加载于对称循环疲劳载荷下($R = -1$),试计算此试件材料从门槛损伤值 D_{th} 至材料屈服损伤临界值 D_{1fc} 对应的寿命。

相关材料常数和已计算数据如下:$E = 71000\text{MPa}$, $b' = -0.0882$, $m' = 11.338$, $\varepsilon'_f = 0.361$, $c' = -0.6393$, $\lambda' = 1.564$, $D_{1fc} = 3.24\text{damage-unit}$。

计算步骤与方法如下:

1) 损伤门槛值 D_{th} 的计算

$$D_{th} = \left(\frac{1}{\pi^{0.5}}\right)^{\frac{1}{0.5+b'}} = 0.564^{\frac{1}{0.5+b'}} = 0.564^{\frac{1}{0.5-0.0882}} = 0.249(\text{damage-unit})$$

2) 计算从门槛损伤值 D_{th} 到损伤值 D_i 的寿命

下面使用式(1-242)和式(1-245)计算其全过程寿命。

(1) 采用式(1-242)计算:

$$N = \int_{D_{\mathrm{th}}}^{D_{1\mathrm{fc}}} \frac{\mathrm{d}D}{2\left(2\varepsilon'_{\mathrm{f}}{}^{-\lambda'}\sqrt[\lambda']{D_{1\mathrm{fc}}}\right)^{-\lambda'}\Delta\varepsilon_{\mathrm{p}}{}^{\lambda'}D}$$

$$= \int_{0.249}^{3.24} \frac{\mathrm{d}D}{2\left(2\times0.361\times\sqrt[-1.564]{3.24}\right)^{-1.564}\times(\Delta\varepsilon_{\mathrm{ip}})^{1.564}D_i}(\mathrm{cycle})$$

将上述材料性能数据和已计算过的数据代入此式中，再取表 1 – 45 中的 $\Delta\varepsilon_{\mathrm{ip}}$ 代入计算式中，然后计算出各相对应的寿命 N_{cal}，列入此表中。

（2）采用式（1 – 245）计算：

$$N = \int_{D_{\mathrm{th}}}^{D_{1\mathrm{fc}}} \frac{\mathrm{d}D}{2\left(2\,\dfrac{\sigma'_{\mathrm{f}}\alpha}{E\varepsilon'_{\mathrm{f}}}\sqrt[\frac{1}{b'-c'}]{D_{\mathrm{fc}}}\right)^{\frac{1}{b'-c'}}\left(\dfrac{\Delta\sigma'_i}{E\varepsilon'_{\mathrm{a}}}\right)^{-\frac{1}{b'-c'}}D}$$

$$= \int_{0.249}^{3.24} \frac{\mathrm{d}D}{2\times\left(2\times\dfrac{768\times1}{71000\times0.361}\times\sqrt[\frac{1}{-0.0882+0.6393}]{3.24}\right)^{\frac{1}{-0.0882+0.6393}}}\times$$

$$\frac{1}{\left(\dfrac{\Delta\sigma'_i}{71000\times\varepsilon'_{\mathrm{a}}}\right)^{-\frac{1}{-0.0882+0.6393}}\times D_i}(\mathrm{cycle})$$

以类似的方法将上述材料性能数据和已计算过的数据输入此式中，再取表 1 –45 中的 $\dfrac{\Delta\sigma'_i}{E\varepsilon'_{\mathrm{a}}}$ 代入计算式中，然后计算出各相对应的寿命 N_{cal}，并列入此表中。

表 1 –45　铝合金 LY12CZ 在低周疲劳载荷下计算
寿命 N_{cal} 与实验寿命 N_{test} 数据的比较

$\Delta\sigma/\mathrm{MPa}$	1126	1124	986	960	776	726
$D_{\mathrm{th}}/D_{1\mathrm{fc}}$	0.249/3.24	0.249/3.24	0.249/3.24	0.249/3.24	0.249/3.24	0.249/3.24
$\Delta\varepsilon_{\mathrm{ip}}/\varepsilon_{\mathrm{ai}}^{\mathrm{p}}$	0.111 /0.0555	0.0706 0.0353	0.03154 0.01577	0.0118 0.0059	0.0051 0.00255	0.00176 0.00088
N_{cal}（式（1 –242））	7	15	53	247	916	4835
$\Delta\sigma'_i/E\varepsilon'_{\mathrm{a}}$	0.286	0.4485	0.8806	2.2917	4.286	11.62
N_{cal}（式（1 –245））	7	15	52	294	915	5495
N_{test}（计算寿命）[9]	8	18	75	419	1306	4477

　　根据表中的各种数据绘制出两种计算模型所计算的寿命曲线以及同实验寿命相比较的曲线,绘制结果如图 1 – 29 所示。由曲线图可以看出,绿色的曲线是用应变参数($\Delta \varepsilon_{\mathrm{pi}}$)法(式(1 – 242))所计算的曲线;而红色的曲线是用双参数比值法($\Delta \sigma_{\mathrm{i}}'/E\varepsilon_{\mathrm{a}}'$)(式(1 – 245))所计算的曲线。两者几乎重叠在一起,而且两种方法计算的结果的寿命数据与蓝色的实验寿命的数据也比较接近。

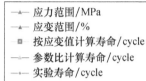

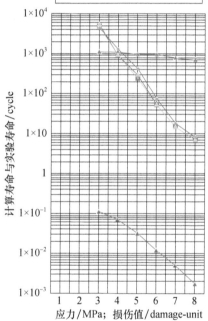

图 1 – 29　铝合金 LY12CZ 在低周疲劳载荷下
用两种方法计算寿命 N_{cal} 与实验寿命 N_{test} 曲线的比较

1.3.2　高周疲劳下损伤体寿命预测计算

　　众所周知,Basauin 早年基于实验,研究了某些材料在高周疲劳下行为的演变规律,提出了如下的方程[25]:

$$\Delta \sigma N_{\mathrm{f}}^{a} = C_1 \qquad (1 – 252)$$

　　作者以往曾研究了文献[29 – 33]中的某些计算式,在这里提出了在应力逐增的条件下,为描述图 1 – 30 所示简化曲线的反向曲线 $A_2 A_1 A$ 和 $D_2 D_1 D$,就若干材料提出了损伤寿命预测数学表达式。

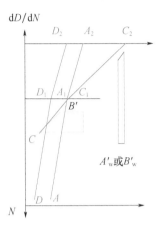

图 1 - 30　双对数坐标系中的全过程疲劳损伤寿命简化曲线

1. 计算式 1

第一类适合于高周疲劳下寿命预测的计算式如下：

$$N_i = \int_{D_i \text{或} D_{01}}^{D_{\text{eff}} \text{或} D_{2\text{fc}}} \frac{\mathrm{d}D}{A'_{\text{w}}(\Delta H)^{m'}} (\text{cycle}) \tag{1-253}$$

或

$$N_i = \int_{D_{\text{th}} \text{或} D_i}^{D_{2\text{fc}}} \frac{\mathrm{d}D}{A'_{\text{w}}(\varphi \Delta \sigma_i)^{m'} D} (\text{cycle}) \tag{1-254}$$

式中：D_{th} 可以用 D_{01} 取代，D_{01} 是初始损伤值，相当于初始裂纹尺寸，可以取某一材料晶粒的平均尺寸；N_i 为对应于在逐增的不同应力 σ_i 下的各个寿命。

式(1 - 254)所描述的图 1 - 30 中的反向曲线 $A_2 A_1 A$ 和 $D_2 D_1 D$，同 $\sigma - N$ 曲线是一致的。此方程中的综合材料常数 A'_{w} 的物理意义，与前面正文中所阐述的概念是一样的，也是全过程中所做功的总和。A'_{w} 的几何意义，也是图 1 - 6 所示材料行为综合图中的黄绿色梯形的全部面积。此综合材料常数是可计算的，它的表达式如下：

$$A'_{\text{w}} = \frac{\ln D_{2\text{fc}} - \ln D_i}{(\varphi \Delta \sigma_i)^{m'} D(N_{2\text{fc}} - N_{\text{th}})} (\text{MPa}^{-m'} \cdot \text{damage} - \text{unit/cycle}) \tag{1-255}$$

因此对于 $R = -1, \sigma_{\text{m}} = 0$，整个全过程完整的寿命预测方程应该是

$$N_i = \int_{D_i \text{或} D_{01}}^{D_{\text{eff}}} \frac{\mathrm{d}D}{2(2\sigma'_{\text{f}} \alpha_2^{-m'} \sqrt{D_{2\text{fc}}})^{-m'} [(a/b)\Delta \sigma_i]^{m'} D} (\text{cycle}) \tag{1-256}$$

式中:$D_{2\text{fc}}$ 为对应于断裂应力 $\sigma'_{2\text{fc}}$ 的损伤临界值;D_{eff} 为有效损伤值;α 为有效值修正系数,在不同阶段,对于各种各样的材料,α 的取值是不同的,因此它必须用实验确定。这里还要说明,式(1 – 256)是对图 1 – 30 中反向曲线 A_2A_1A 的描述。

而对于 $R \neq -1$、$\sigma_\text{m} \neq 0$,它的全过程寿命预测计算式是

$$N_i = \int_{D_i \text{或} D_{01}}^{D_{\text{eff}}} \frac{\mathrm{d}D}{2\left[2\sigma'_\text{f}\alpha(1-R)^{-m'}\sqrt[-m']{D_{2\text{fc}}}\right](\varphi\Delta\sigma_i)^{m'}D} (\text{cycle}) \quad (1-257)$$

此时,式(1 – 257)是对图 1 – 30 中的反向曲线 D_2D_1D 的描述。

2. 计算式 2

第二类适合于高周疲劳下寿命预测的计算式如下:

$$N_i = \int_{D_i \text{或} D_{01}}^{D_{\text{eff}} \text{或} D_{2\text{fc}}} \frac{\mathrm{d}D}{C'_\text{w}(\varphi\Delta\sigma_i)^{m'}D} \quad (1-258)$$

式中:C'_w 为综合材料常数。

对于 $R = -1$、$\sigma_\text{m} = 0$,综合材料常数是

$$C'_\text{w} = 2(2K'\alpha)^{-m'}(2\varepsilon'_\text{f}{}^{-\lambda'}\sqrt{D_{2\text{fc}}})^{-\lambda'} \quad (1-259)$$

对于 $R \neq -1$、$\sigma_\text{m} \neq 0$,综合材料常数是

$$C'_\text{w} = 2[2K'K_\text{t}\alpha(1-R)]^{-m'}(2\varepsilon'_\text{f}{}^{-\lambda'}\sqrt{D_{2\text{fc}}})^{-\lambda'} \quad (1-260)$$

但是,C'_w 在全过程寿命方程中应该是如下形式:

$$C'_\text{w} = \frac{\ln D_{2\text{fc}} - \ln D_{\text{th}}}{\Delta\sigma_i^{m'}(N_{2\text{fc}} - N_{\text{th}})} \quad (1-261)$$

对于 $R = -1$、$\sigma_\text{m} = 0$,整个全过程完整的寿命预测方程应该是

$$N_i = \int_{D_i \text{或} D_{01}}^{D_{2\text{fc}}} \frac{\mathrm{d}D}{2(2K'\alpha)^{-m'}(2\varepsilon'_\text{f}{}^{-\lambda'}\sqrt{a_{2\text{fc}}})^{-\lambda'}[y(a/b)\Delta\sigma_i]^{m'}D}(\text{cycle})$$

$$(1-262)$$

式中:N_i 为对应于每一应力 $\Delta\sigma_i$ 下的寿命。

此时,式(1 – 262)是对图 1 – 30 中反向曲线 A_2A_1A 的描述。

而对于 $R \neq -1$、$\sigma_\text{m} \neq 0$,它的全过程寿命预测计算式是

$$N_i = \int_{D_i \text{或} D_{01}}^{D_{2\text{fc}}} \frac{\mathrm{d}D}{2[2K'\alpha(1-R)]^{-m'}(2\varepsilon'_\text{f}{}^{-\lambda'}\sqrt{D_{2\text{fc}}})^{-\lambda'}(\varphi\Delta\sigma_i)^{m'}D}(\text{cycle})$$

$$(1-263)$$

此时,式(1 – 263)是对图 1 – 30 中反向曲线 D_2D_1D 的描述。

3. 计算式 3

对于某些弹塑性材料,还可建议另一形式的损伤寿命计算式,对于 $R = -1$、$\sigma_m = 0$,用下式做预测计算:

$$N = \int_{D_i \text{或} D_{01}}^{D_{2fc}} \frac{\mathrm{d}D}{B'_w \left(\varphi \Delta \sigma_i \sqrt{\pi D} \right)^{m'_2}} (\text{cycle}) \qquad (1-264)$$

$$B'_w = 2 \left(2\sigma'_f \sqrt{\pi D_{2fc}} \right)^{-m'_2}$$

而对于 $R \neq -1$、$\sigma_m \neq 0$,应用下式计算:

$$B'_w = 2 \left[2\sigma'_f (1 - R) \alpha \sqrt{\pi D_{2fc}} \right]^{-m'_2}$$

因此,式(1 – 264)的展开式为

$$N = \int_{D_i \text{或} D_{01}}^{D_{2fc}} \frac{\mathrm{d}D}{2 \left[2\sigma'_f (1 - R) \alpha \sqrt{\pi D_{2fc}} \right]^{m'_2} \left(\varphi \Delta \sigma_i \sqrt{\pi D} \right)^{m'_2}} (\text{cycle})$$

$$(1-265)$$

式(1 – 256)与式(1 – 257)、式(1 – 262)与式(1 – 263)、式(1 – 264)与式(1 – 265),它们所描述的曲线与 $S - N$ 曲线是一致的。不同的是损伤寿命曲线含有损伤值的变量参数。

还要注意,上述寿命计算式中的综合材料常数 A'_w 和 C'_w,同前面正文中损伤速率方程中的综合材料常数的符号是相同的,但是它们在寿命方程中的物理含义和几何含义与速率方程中的含义是不同的。它们在寿命方程的物理含义是整个寿命历程中做功的总和;几何含义是综合图 1 – 6 中黄绿色梯形的部分或全部面积。

总体说来,在做全过程寿命预测估算时,要针对不同的材料、不同的加载方式,选择合适的计算式。

计算实例

有一个用合金钢 30CrMnSiNi2A 制成的试件,有关它的材料性能和相关参数的计算数据已在损伤速率计算实例的表 1 – 26 和表 1 – 27 中列出。如果此试件被加载在高周疲劳下 ,假定应力集中系数 $K_t = 1$、$R = 0.1$,有效值修正系数 $\alpha = 0.68$。试用三种计算式和计算方法做对比,计算其在高周疲劳和应力 σ_i 逐增条件下,从损伤门槛值至损伤断裂临界值 D_{2fc} 全过程的寿命。

已有的相关参数包括:

$E = 200000\text{MPa}, K' = 2468\text{MPa}, n = 0.13, \sigma'_f = 2974\text{MPa}, b' = -0.1026, m' = 9.747,$
$m'_2 = 4.74, \varepsilon'_f = 2.075, c' = -0.7816, \lambda' = -1/c' = 1.28, D_{2fc} = 14.62\text{damage} - \text{unit}$

计算方法和步骤如下:

方法 1

1）综合材料常数的计算

假定修正系数 $\alpha = 0.68$，第一种损伤强度理论的综合材料常数是

$$
\begin{aligned}
A'_w &= 2\left[2\sigma'_f\alpha(1-R)\sqrt[-m']{D_{2fc}}\right]^{-m'} \\
&= 2\times\left[2\times2974\times0.68(1-0.1)\times\sqrt[-9.747]{14.62}\right]^{-9.747} \\
&= 5.697\times10^{-34}
\end{aligned}
$$

2）损伤体寿命预测计算

第一种损伤强度理论的寿命计算式如下：

$$
\begin{aligned}
N &= \int_{D_i}^{D_{2fc}}\frac{\mathrm{d}D}{A'_w(\Delta H')^{m'}} = \int_{D_i}^{14.62}\frac{\mathrm{d}D}{2\left[2\sigma'_f\alpha(1-R)\sqrt[-m']{D_{2fc}}\right]^{-m'}\left(\varphi\Delta\sigma_i\sqrt[m']{D_i}\right)^{m'}} \\
&= \int_{D_i}^{14.62}\frac{\mathrm{d}D}{2\left[2\times2974\times0.68\times(1-0.1)\times\sqrt[-9.747]{14.6}\right]^{-9.747}\times\left(\varphi\Delta\sigma_i\times\sqrt[9.747]{D_i}\right)^{9.747}} \\
&= \int_{D_i}^{14.62}\frac{\mathrm{d}D}{5.697\times10^{-34}\times\Delta\sigma_i^{9.747}\times D_i}(\text{cycle})
\end{aligned}
$$

取表 1－46 中的各相关 $\Delta\sigma_i$ 和 D_i 代入上述寿命计算式中，计算出相应的寿命 N_{cal}。计算得出的寿命数据再列入表 1－46 的"方法 1"行中。

方法 2

1）综合材料常数的计算

假定修正系数 $\alpha = 0.68$，综合材料常数为

$$
\begin{aligned}
C'_w &= 2\left[2K'(1-R)\alpha\right]^{-m'}\left(2\varepsilon'_f\sqrt[-\lambda']{D_{2fc}}\right)^{-\lambda'} \\
&= 2\times\left[2\times2468\times(1-0.1)\times0.68\right]^{-9.747}\times\left(2\times2.075\times\sqrt[-1.28]{14.62}\right)^{-1.28} \\
&= 5.669\times10^{-34}
\end{aligned}
$$

2）第一种损伤理论的寿命预测计算式为

$$
N = \int_{D_{01}\text{或}D_i}^{D_{2fc}}\frac{\mathrm{d}D}{C'_w(\Delta L')^{m'}} = \int_{D_i}^{14.62}\frac{\mathrm{d}D}{5.669\times10^{-34}\times\Delta\sigma_i^{9.747}\times D}(\text{cycle})
$$

相类似地，取表 1－46 中的各相关 $\Delta\sigma_i$ 和 D_i 代入上述寿命计算式中，计算出相应的寿命 N_{cal}。计算得出的寿命数据再列入表 1－46 的"方法 2"行中。

方法 3

1）方程指数 m'_2 的转换计算：

$$
m'_2 = \frac{m'\lg\sigma'_s + \lg(D_{tr}\times10^{11})}{\lg\sigma'_s + \frac{1}{2}\lg(\pi D_{tr}\times10^{11})} = \frac{9.747\times\lg1280 + \lg(0.356\times10^{11})}{\lg1280 + \frac{1}{2}\lg(\pi0.356\times10^{11})} = 4.74
$$

2）综合材料常数的计算

假定修正系数 $\alpha = 0.5$，按正文中第三种方法计算损伤综合材料常数是

$$B'_w = 2\left[2\sigma'_f\alpha(1-R)\sqrt{\pi D_{2fc}}\right]^{-m'_2}$$

$$= 2 \times \left[2 \times 2974 \times (1-0.1) \times 0.5\sqrt{\pi 14.62}\right]^{-4.74}$$

$$= 1.304 \times 10^{-20}$$

3）损伤体寿命预测计算

假定 $\varphi = 1.0$，寿命计算如下：

$$N = \int_{D_i}^{D_{2fc}} \frac{\mathrm{d}D}{1.304 \times 10^{-20} \times \left(\varphi\Delta\sigma_i\sqrt{\pi D}\right)^{m'_2}}(\text{cycle})$$

同样，取表 1-46 中的各相关 $\Delta\sigma_i$ 和 D_i 代入上述寿命计算式中，计算出相应的寿命 N_{cal}。计算得出的寿命数据再列入表 1-46 的"方法3"行中。

表 1-46 合金钢 30CrMnSiNi2A[9] 在高周疲劳下用

三种方法得出的损伤计算寿命与实验寿命数据的比较

$\sigma_{\max}$/MPa	1220	1093	991	838	616
$\Delta\sigma_i$	1098	984	892	754	554.4
$(\Delta\sigma_i/2)$/MPa	549	492	446	377	277.2
D_i/damage-unit	0.711	0.585	0.491	0.363	0.21
计算寿命 N_{cal}/cycle（方法1）	12150	37681	103498	580558	13369323
计算寿命 N_{cal}/cycle（方法2）	12244	37941	104149	583654	13422878
计算寿命 N_{cal}/cycle（方法3）	21387	47176	95834	323426	2962312
实验寿命[9] N_{test}/cycle	26160	59600	113640	331660	10000000

注：1. 表中的有关 $\sigma_{\max}$ 和 N_{test} 的数据都是文献[23]的实验数据；

2. 表中的方法1、方法2和方法3各行中的数据都是本书计算式所计算的数据。

从表 1-46 的计算数据可以看出，前两种方法的计算结果数据之间是比较符合的；第三种方法的计算结果，最后一个数据与实验结果相差 3～4 倍。对此情况，如果将积分下限的初始损伤值取材料晶粒尺寸，则计算结果与实验就接近。根据表 1-46 中的各类数据，绘制出相应曲线，如图 1-31 所示。

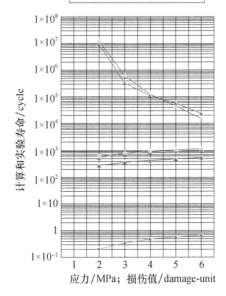

图 1-31 合金钢 30CrMnSiNi2A 在高周疲劳下损伤寿命预测计算数据与实验数据曲线的比较

1.3.3 超高周疲劳下损伤体寿命预测计算

在超高周疲劳载荷下,描述图 1-32 中反向曲线 $A_2A_1AA'(R = -1, \sigma_{\mathrm{m}} = 0)$ 或 $(R \neq -1, \sigma_{\mathrm{m}} \neq 0)$ 的损伤寿命预测计算式,有些与在高周疲劳下的计算式是相似或相同的,例如下文介绍的连接方程。

对于材料行为表现是连续的,如图 1-32 中的曲线 $A_2A_1AA'(R = -1, \sigma_{\mathrm{m}} = 0)$ 或 $D_2D_1DD'(R \neq -1, \sigma_{\mathrm{m}} \neq 0)$,表达损伤扩展行为的数学表达式也是连续的,这种情况下,可以采用如下计算式:

$$N = \int_{D_{\mathrm{th}}或D_{01}}^{D_{2\mathrm{fc}}} \frac{\mathrm{d}D}{A'_{\mathrm{w}} \Delta H'^{m'}_i} = \int_{D_{\mathrm{th}}或D_{01}}^{D_{2\mathrm{fc}}} \frac{\mathrm{d}D}{A'_{\mathrm{w}} (\varphi \Delta \sigma_i{}^{m'} \sqrt{D_i})^{m'}} (\text{cycle}) \quad (1-266)$$

$$A'_{\mathrm{w}} = 2 \left(2\sigma'_{\mathrm{f}} \alpha^{-m'} \sqrt{D_{2\mathrm{fc}}}\right)^{-m'} \quad (\sigma_{\mathrm{m}} = 0) \quad (1-267)$$

$$A'_{\mathrm{w}} = 2 \left[2\sigma'_{\mathrm{f}} (1-R)^{-m'} \sqrt{D_{2\mathrm{fc}}}\right]^{-m'} \quad (\sigma_{\mathrm{m}} \neq 0) \quad (1-268)$$

式中:D_{01} 为初始损伤值,可以取晶粒的平均尺寸(例如 0.02mm, 0.02damage-

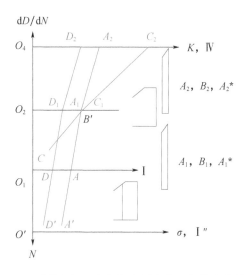

图 1 – 32 双对数坐标系中的超高周疲劳下损伤寿命简化曲线

unit）；A'_w 为综合材料常数，其物理含义是全过程中所做功的总和，也是整个过程中材料从初始损伤至断裂释放出的全部能量，A'_w 的几何含义是图 1 – 32 中的由一个黄绿色三角形面积和两个棕色梯形面积相加而成的大梯形面积。而 A'_w 在数学上可以由下式表达：

$$A'_w = \frac{\ln D_{fc} - \ln D_{01}}{(N_{2fc} - N_{01})(\varphi \Delta \sigma_i \sqrt[m']{D_i})^{m'}}$$

但这里应该指出，有时由于材料行为表现出是不连续的，有的会出现一个平台（如材料行为综合图 1 –6 中的线段 aA_1 和 bD_1）；在全过程曲线中，会有一段直线或斜线［$eaA_1BA_2(\sigma_m = 0)$ 和 $dbDB_1D_2(\sigma_m \neq 0)$］。这样一来，在数学上描述它们全过程行为的模型，应该采用连接方程的形式。而连接方程的模式，可以有诸多类型，譬如，可以按低周疲劳、高周疲劳、多轴疲劳等加载形式的不同提出连接模型；可以按材料性能不同和行为的持续时间长短提供 2～3 个阶段的连接模型；也可以按材料行为全过程中出现连续和转折的表现提供数学模型；也可以按方程的结构形式不同提供连接模型，如此等等。下面就某些材料的性能和行为表现不同提出若干种表达式。

1. 连接方程 1

如果由合金钢 40Cr 那样的线弹性材料制成的试件被加载于超高周疲劳下，当要求计算它的预测寿命时，建议采用如下全过程寿命表达式：

$$\sum N = \int_{D_{01}}^{D_{th}} \frac{dD}{A'_w \Delta H'^{m'}_{1i-micro}} + \int_{D_{th}}^{D_{tr}} \frac{dD}{A'_w \Delta H'^{m'}_{2i}} + \int_{D_{tr}}^{D_{fc}} \frac{dD}{A'_w \Delta H'^{m'}_{3i-macro}} (\text{cycle})$$

$$(1-269)$$

用完整式子表达时,可以改写为

$$\sum N = N_1 + N_2 + N_3 = \int_{D_{01}}^{D_{th}} \frac{dD}{A'_w (\varphi \Delta \sigma_i \sqrt[m']{D_i})^{m'}} +$$

$$\int_{D_{th}}^{D_{tr}} \frac{dD}{A'_w (\varphi \Delta \sigma_i \sqrt[m']{D_i})^{m'}_2} + \int_{D_{tr}}^{D_{fc}} \frac{dD}{A'_w (\varphi \Delta \sigma_i \sqrt[m']{D_i})^{m'}_3} (\text{cycle}) \quad (1-270)$$

上述这个连接方程是全过程的总寿命,它由三个阶段的寿命相加组成。如果用相关的数据绘制成全过程曲线,其中 N_1 是初始损伤值至门槛损伤值的寿命,由于积分下限 D_{01} 和上限 D_{th} 的量值相差 1 个数量级,在几何上会变成一条斜线;中间的 N_2 是损伤门槛值 D_{th} 至损伤过渡值的寿命,由于这段寿命积分下限 D_{th}(大约 0.25)和上限 D_{tr}(大约 0.3)的量值相差很少,在几何上会几乎变成一条直线,相当于材料行为在演变中出现的一个平台,从物理上意义上解释,这可能是因为材料 40Cr 在发生应变软化过程中,或者是材料在应力增加下,但应变量几乎不变或不增加过程中出现的现象;N_3 是过渡损伤值 D_{tr} 至损伤断裂临界值 D_{fc} 的寿命,由于积分下限 D_{tr} 和上限 D_{fc} 的量值相差 1~2 个数量级,在几何上明显地会变成一条斜线。

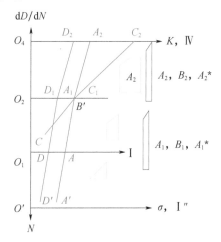

图 1-33 双对数坐标系中的超高周疲劳下损伤寿命简化曲线

式(1-270)中的综合材料常数 A'_w 的物理含义是全过程中三个阶段所做功的总和;A'_w 的几何含义是全过程三个阶段由一个三角形面积和两个梯形面积相

加而成的大梯形面积(如图 1-33 中黄绿色三角形和两个棕色梯形叠加的全部面积)。A'_w 在数学上可以由下式表达：

$$A'_w = A'_{w1} + A'_{w2} + A'_{w3} = \frac{\ln D_{2fc} - \ln D_{01}}{\sum N \left(\varphi \Delta \sigma_i \sqrt[m']{D_i} \right)^{m'}} \qquad (1-271)$$

在图 1-33 所示简化图中有 3 块面积,其中对于三角形的表达式为

$$A'_{w1} = \frac{\ln D_{th} - \ln D_{01}}{N_1 \left(\varphi \Delta \sigma_i \sqrt[m']{D_i} \right)_1^{m'}} \qquad (1-272)$$

对于第一个梯形的表达式为

$$A'_{w2} = \frac{\ln D_{tr} - \ln D_{th}}{N_1 \left(\varphi \Delta \sigma_i \sqrt[m']{D_i} \right)_2^{m'}} \qquad (1-273)$$

对于第二个梯形的表达式为

$$A'_{w3} = \frac{\ln D_{2fc} - \ln D_{tr}}{N_3 \left(\varphi \Delta \sigma_i \sqrt[m']{D_i} \right)_3^{m'}} \qquad (1-274)$$

式中:$\Delta \sigma_i$ 为不同应力水平下的应力范围值。

因此,全过程寿命计算式也可以用如下形式表达：

$$\sum N = \frac{1}{A'_w \left(\varphi \Delta \sigma_i \sqrt[m']{D_i} \right)^{m'}} \qquad (1-275)$$

2. 连接方程 2

另外一种连接方程的形式如下：

$$\sum N = \frac{\ln D_{tr} - \ln D_{01}}{C'_w (\varphi \Delta \sigma)^{m'}} + \frac{\ln D_{1fc} - \ln D_{tr}}{C'_w (\varphi \Delta \sigma)^{m'}} + \frac{\ln D_{2fc} - \ln D_{1fc}}{C'_w (\varphi \Delta \sigma)^{m'}} (\text{cycle})$$

$$(1-276)$$

但式(1-276)中对应 3 块面积的表达式与上述不同,其中对于三角形的表达式为

$$C'_{w1} = \frac{\ln D_{tr} - \ln D_{01}}{N_1 \left(\varphi \Delta \sigma_i \sqrt[m']{D_i} \right)^{m'}} \qquad (1-277)$$

式中:C'_{w1} 的物理意义是从损伤初始值 D_{01} 至损伤过渡值 D_{tr} 过程中(阶段)所做的功。

对于第一个梯形的表达式为

$$C'_{w2} = \frac{\ln D_{1fc} - \ln D_{tr}}{N_2 \left(\varphi \Delta \sigma_i \sqrt[m']{D_i} \right)_2^{m'}} \qquad (1-278)$$

式中:C'_{w2}的物理意义是从损伤过渡值 D_{tr} 至损伤临界值 D_{1fc} 过程中(阶段)所做的功;D_{1fc} 为对应于屈服极限 σ'_s 的损伤临界值。

而对于第二个梯形的表达式为

$$C'_{w3} = \frac{\ln D_{2fc} - \ln D_{1fc}}{N_3 \left(\varphi \Delta \sigma_i \sqrt[m']{D_i} \right)_3^{m'}} \qquad (1-279)$$

式中:C'_{w3} 的物理意义是从损伤临界值 D_{1fc} 至断裂临界值 D_{2fc} 过程中(阶段)所做的功;D_{2fc} 为对应于断裂应力 σ'_f 的损伤临界值。

此处的综合材料常数 C'_w 虽然在符号上与在损伤速率方程中的 C'_w 是相同的。但是要注意,在此寿命方程中,它的物理意义和几何意义不同于速率方程中 C'_w 的物理意义和几何意义。它与式(1-270)中的 A'_w 是相类似的。此外,D_{tr} 是对应于屈服应力 σ'_s 下的过渡值,计算时要注意方程中指数的正负号,计算结果是 0.31~0.32,D_{tr} 计算式为

$$D_{tr} = \left(\sigma'^{(1-n')/n'}_s \frac{E\pi^{1/(2n')}}{K'^{1/n'}} \right)^{-\frac{2m'n'}{2n'-m'}} \qquad (1-280)$$

还应该指出,连接方程 2(式(1-276))适用于弹塑性材料,对于如 40CrMnSiMoVA 的高强度钢是不适用的。

计算实例

1. 实例 1

有关球墨铸铁的性能数据[8]已被列在表 1-36 中,已知 $m = -1/b' = 12.048$,门槛损伤值 $D_{th} = 0.26\text{damage} - \text{unit}$,损伤临界值 $D_{2fc} = 7.93\text{damage} - \text{unit}$。用寿命计算式(1-266)在逐增应力下计算各对应应力下的预测寿命数据,计算数据列入表 1-47 中,根据表中的数据绘制相关曲线,如图 1-34 所示。

计算方法如下:

1)综合材料常数计算

$$\begin{aligned} A'_w &= 2 \left[2\sigma'_f \alpha (1-R) \sqrt[m']{D_{2fc}} \right]^{-m'} \\ &= 2 \times \left[2 \times 1067 \times 0.5 \times \sqrt[12.048]{7.93} \right]^{-12.048} \\ &= 2.95 \times 10^{-37} \end{aligned}$$

2)在逐增应力下计算全过程预测寿命

假定 $\varphi = 1$,依表 1-47 中的各逐增应力,按下式计算相应的寿命:

$$N = \int_{D_{th}}^{D_{2fc}} \frac{\mathrm{d}D}{A'_w (\Delta H)^{m'}} = \int_{0.26}^{7.93} \frac{\mathrm{d}D}{2.95 \times 10^{-37} \times \varphi \Delta \sigma^{m'} D} (\text{cycle})$$

计算得出的寿命数据再列入表 1 - 47 中。

表 1 - 47 在逐增应力下损伤值和预测寿命数据

应力/MPa	150	250	352(σ'_{-1})	450	550	650	750	850	950	1067(σ'_f)
损伤值 D/ damage - unit	0.26	0.63	1.14	1.76	2.49	3.34	4.28	5.33	6.47	7.93
寿命 N/cycle	7.02×10^{10}	110504137	2416403	55196	3786	378	48	7	1	0

根据表 1 - 47 中的各类数据,绘制出相应的曲线如图 1 - 34 所示。

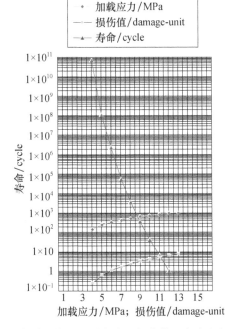

图 1 - 34 超高周疲劳和逐增应力下损伤值和寿命之间的关系曲线

从曲线图可以看出,如果将此双对数坐标曲线顺时针旋转 90°,则图中曲线与 S - N 曲线很相似。但是,这是按书中计算模型计算得出的应力、损伤量与寿命的数据而绘制的,且能表达三者关系的曲线。

2. 实例 2

40Cr 低合金钢的材料性能和相关参数已列在表 1 - 38 和表 1 - 39 中。如果它被加载在超高周疲劳下,在损伤演变过程中出现一个小平台,假定 $\alpha = 0.5$,$K_t = 1$,$R = -1$。

(1)试计算 40Cr 低合金钢在超高周疲劳和应力 σ_i 逐增条件下,从损伤初始值至损伤门槛值,直至损伤断裂临界值 D_{2fc}(damage - unit)全过程的寿命,并绘制其寿命与逐增应力 σ_i 之间关系的曲线。已知相关参数数据如下：

$m = 12.674$，$D_{tr} = 0.31 \text{damage} - \text{units}$，$D_{1fc} = 3.14 \text{damage} - \text{unit}$，$D_{2fc} = 9.745 \text{damage} - \text{unit}$，$A'_w = 4.565 \times 10^{-43}$，$D_{th} = 0.257 \text{damage} - \text{unit}$

计算方法和步骤与实例 1 相类似。

首先，选用前文中的连接方程 1；其次，在高周疲劳和逐增应力下计算出门槛损伤值 D_{th} 和对应于断裂应力的损伤临界值 D_{fc}；再次，将各相关参数和各逐增应力 σ_i 代入此连接方程，从而计算出各段的寿命数据和全过程寿命数据，并列在表 1-48 中；最后，用各类数据绘制相应曲线，如图 1-35 所示。

表 1-48　40Cr 合金钢在高周疲劳和逐增应力下损伤预测寿命计算数据

应力幅 σ_a/MPa	230	270	300	330	360	400	422(σ'_{-1})
应力范围 $\Delta\sigma_i$/MPa	460	540	600	660	720	800	844
D_i/damage-unit	0.394	0.523	0.63	0.751	0.877	1.06	1.165
N_i/cycle	1.0×10^9	9.804×10^7	2.14×10^7	5.376×10^6	1.527×10^6	3.32×10^5	1.534×10^5
应力幅 σ_a/MPa	480	550	650	741(σ'_s)	860	930	1100	1385(σ'_f)
应力范围 $\Delta\sigma_i$/MPa	960	1100	1300	1482	1720	1860	2200	2770
D_i/damage-unit	1.467	1.87	2.52	3.187	4.16	4.78	6.455	9.74
N_i/cycle	2.38×10^4	3.33×10^3	298	45	7	2	0.2	0

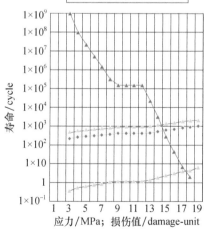

图 1-35　超高周疲劳和逐增应力下全过程损伤寿命预测计算数据与若干实验寿命数据曲线

从图 1 - 35 可以看出,它对应的反向损伤速率曲线 $\lg\sigma - dD/dN$ 如图 1 - 23 所示。

全过程寿命由三个阶段的寿命相加组成。全过程曲线中间段平台左边的曲线对应于 N_i,是初始损伤值至门槛损伤值的寿命,它的表达式是

$$N_i = \int_{D_{01}}^{D_{th}} \frac{dD}{A'_w(\varphi\Delta\sigma_i \sqrt[m']{D_i})^{m'}}$$

曲线平台右边的曲线对应于 N_3,是宏观损伤过渡值 D_{tr} 至断裂临界值 D_{2fc} 的寿命 N_{2fc},它的表达式是

$$N_{2fc} = \int_{D_{tr}}^{D_{2fc}} \frac{dD}{A'_w(\varphi\Delta\sigma_i \sqrt[m']{D_i})^{m'}}$$

对于 40Cr 钢而言,全过程寿命曲线的平台(直线段),经计算对应于疲劳极限 $\sigma'_{-1} = 422\text{MPa}$ 下的等效损伤门槛值 $D_i = 1.165$,其损伤演化过程的变化着的损伤值有 D_{-1},D_{th},$\cdots$,D_{tr},$\cdots$。它是一种循环软化材料,从物理意义上解释,正处于出现滑移带阶段,其数学表达式是

$$N_i = \int_{D_{-1}或D_{th}}^{D_{tr}} \frac{dD}{A'_w(\varphi\Delta\sigma_i \sqrt[m']{D_i})^{m'}}$$

(2)假定 40Cr 钢被加载在某一确定的最大应力 $\sigma_{max} = 300\text{MPa}$、最小应力 $\sigma_{min} = 30\text{MPa}(R = -1)$ 以及它出现行为连续的条件下,$\alpha = 0.5$,$K_t = 1$,试计算各逐增损伤值下对应的全过程寿命,并绘制对应于各损伤值下的全过程寿命曲线。

从表 1 - 48 可见,由于此材料在低于疲劳极限($\sigma'_{-1} = 422\text{MPa}$)下,对应的损伤值为 1.165damage - unit(等效于 1.165mm),高于门槛损伤值($D_{th} = 0.257$damage - unit)。这说明,损伤(或裂纹)仍然在扩展。

假定 $\varphi = 1$,用以下计算式计算全过程寿命:

$$N_i = \int_{D_i}^{D_{fc}} \frac{dD}{A'_w(\Delta H)^{m'}} = \int_{D_i}^{9.745} \frac{dD}{2[2\sigma'_f\alpha(1-R)^{-m'}\sqrt[m']{D_{fc}}]^{-m'}(\varphi\Delta\sigma \sqrt[m']{D_i})^{m'}}$$

$$= \int_{D_i}^{9.745} \frac{dD}{4.565^{-43} \times 600^{12.674} \times D_i}(\text{cycle})$$

各 $\Delta\sigma_i$ 对应的损伤值 D_i 列于表 1 - 48 中,这里只计算在确定应力 300MPa 下各损伤值 D_i 对应的寿命 N_i,计算得出的寿命数据被列入表 1 - 49 中。

表 1 - 49　在确定应力下损伤计算寿命与各损伤值的计算数据

应力幅 σ_a/MPa	300	300	300	300	300	300
$\Delta\sigma_i$/MPa	600	600	600	600	600	600
D_i/damage - unit	0.3	0.7	1.2	2.0	3.0	4.0
N_i/cycle	46982947	35546098	28270709	21375571	15902592	12019452
应力幅 σ_a/MPa	300	300	300	300	300	300	300
$\Delta\sigma_i$/MPa	600	600	600	600	600	600	600
D_i/damage - unit	5.5	7.0	9	9.5	9.7	9.74	9.743
N_i/cycle	7720955	4465744	1073494	343694	62475	6927	0

基于表 1 - 49 中的数据,绘制在确定应力下损伤计算寿命与各损伤值之间的关系曲线,如图 1 - 36 所示。

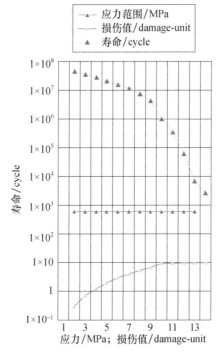

图 1 - 36　在确定应力下损伤计算寿命与各损伤值之间的关系曲线($\sigma_{max}=300$MPa,$R=-1$)

这个实例从理论上告诉我们,在超高周疲劳下,某些材料即使被加载在应力水平低于疲劳极限水平的条件下,材料内的损伤扩展仍然在进行。

1.3.4　高低周载荷下一式计算多种载荷损伤速率和预测寿命

同一速率计算式既适用于某一材料试件在低周疲劳载荷下的速率计算,又适用于同一材料在高周疲劳载荷下的速率计算;或者同一寿命计算式既适用于某一材料在低周疲劳载荷下的寿命预测计算,又适用于同一材料在高周疲劳载荷下的寿命预测计算,这在一般情况下,是难能完成的工作。

但是,作者对 3 种材料的实验数据做了初步研究发现,对某些材料而言,还是有某些可能的,现提出了作为尝试的计算模型。

1. 高低周载荷下一式计算多种载荷损伤速率

高低周载荷下用一式计算多种载荷下的损伤速率的数学表达式为

$$\mathrm{d}D/\mathrm{d}N = A \times 2\,(\varphi\Delta\sigma_i\,\sqrt{\pi D_i}\,)^{m'} \quad (\text{damage} - \text{unit/cycle}) \qquad (1-281)$$

式中:D_i 为对应于应力幅 $\sigma_{ia} = \Delta\sigma_i/2$ 下的损伤值;$\Delta\sigma_i$ 为从高周低应力到低周高应力各级应力范围值;指数 m 由前文中指数转换计算式求得;A 为综合材料常数,在对称循环加载下 $(R = -1)$,A 的表达式如下:

$$A = (2\sigma'_f\,\sqrt{\beta\pi D_{2fc}}\,)^{-m'}(\text{MPa} \cdot \sqrt{\text{damage} - \text{unit}}^{-m'} \cdot \text{damage} - \text{unit/cycle}) \tag{1-282}$$

式中:β 为有效值修正系数;D_{2fc} 为对应于断裂应力 σ'_f(即疲劳强度系数)下的损伤临界值。

在非对称循环加载下 $(R \neq -1)$,其速率展开计算式为

$$\mathrm{d}D/\mathrm{d}N = [2\sigma'_f(1-R)\alpha\,\sqrt{\beta\pi D_{2fc}}\,]^{-m'} \times 2\,(\varphi\Delta\sigma_i\,\sqrt{\pi D_i}\,)^{m'} \quad (\text{damage} - \text{unit/cycle})$$

$$(1-283)$$

式中:对于高强度钢材,在非对称循环载荷下,$\alpha \leqslant (0.5 \sim 0.6)$,但必须由实验确定。

2. 高低周载荷下一式计算多种载荷损伤体寿命预测

适用于高低周载荷下用一式计算和预测多种载荷下损伤寿命的数学方程,用应力参数表达如下:

$$N = \beta \int_{D_i}^{D_{2fc}} \frac{\mathrm{d}D}{A \times 2\,(\varphi\Delta\sigma\,\sqrt{\pi D}\,)^{m'_2}} \quad (\text{cycle}) \tag{1-284}$$

式中:β 为有效值修正系数,由实验确定;A 为综合材料常数,在对称循环加载下 $(R = -1)$,其计算式为

$$A = (2\sigma'_\mathrm{f} \sqrt{\pi D_{2\mathrm{fc}}})^{-m'2} (\mathrm{MPa} \cdot \sqrt{\mathrm{damage} - \mathrm{unit}} \cdot \mathrm{damage} - \mathrm{unit}/\mathrm{cycle})$$

$$(1 - 285)$$

在非对称循环加载下$(R \neq -1)$,其计算式为

$$A = [2\sigma'_\mathrm{f}(1 - R)\alpha \sqrt{\pi D_{2\mathrm{fc}}}]^{-m'2} (\mathrm{MPa} \cdot \sqrt{\mathrm{damage} - \mathrm{unit}} \cdot \mathrm{damage} - \mathrm{unit}/\mathrm{cycle})$$

$$(1 - 286)$$

式中:α 为不同材料与不同加载条件下的修正系数。

计算实例

1. 实例 1

高强度钢 30CrMnSiNi2A[11] 在低周疲劳下的性能数据以及前文已计算得出的数据如下:

弹性模量 $E = 200063\mathrm{MPa}$;疲劳载荷下屈服应力 $\sigma'_\mathrm{s} = 1280\mathrm{MPa}$;循环强度系数 $K' = 2468$,应变硬化指数 $n' = 0.13$;疲劳强度系数 $\sigma'_\mathrm{f} = 2974\mathrm{MPa}$,疲劳强度指数 $b' = -0.1026, m' = 9.747$;疲劳延性系数 $\varepsilon'_\mathrm{f} = 2.075$,疲劳延性指数 $c' = -0.7816$,$\lambda' = 1.28$。

假设在对称循环加载下,$R = -1$,试按表 1 - 50 中载荷逐渐增加的情况下各级应力的数据,用上文适用于高周低应力和低周高应力的速率计算式,计算各级对应应力下的损伤值,并同时计算相对应的各级损伤速率,绘制其全过程速率曲线。

计算方法和步骤如下:

1) 相关参数计算

(1) 门槛损伤值计算:

$$D_\mathrm{th} = 0.564^{\frac{1}{0.5 + b'}} = 0.564^{\frac{1}{0.5 - 0.1026}} = 0.237(\mathrm{damage} - \mathrm{unit})$$

(2) 过渡值计算:

$$D_\mathrm{tr} = \left(\sigma'^{(1 - n')/n'}_\mathrm{s} \frac{E\pi^{1/(2n')}}{K'^{1/n'}} \right)^{\frac{2m'n'}{2n' - m'}}$$

$$= \left(1280^{(1 - 0.13)/0.13} \times \frac{200063 \times \pi^{1/(2 \times 0.13)}}{K'^{1/0.13}} \right)^{\frac{2 \times 9.747 \times 0.13}{2 \times 0.13 - 9.747}}$$

$$= \left(1280^{6.69} \times \frac{200063 \times \pi^{3.846}}{2468^{7.69}} \right)^{-0.267} = 0.3084(\mathrm{damage} - \mathrm{unit})$$

(3) 断裂临界值与各对应应力下的损伤值仍用上式计算,但将方程指数变成相反的符号,将疲劳强度系数 $\sigma'_\mathrm{f} = 2974\mathrm{MPa}$ 代入,求得 $D_{2\mathrm{fc}} = 14.62\mathrm{damage} -$

unit;用同样方法,也可以计算各级对应应力幅 $\sigma_{ia} = \Delta\sigma_i/2$ 下的损伤值 D_i。

（4）方程指数转换计算:

$$m'_2 = \frac{m'\lg\sigma'_s + \lg(D_{tr} \times 10^{11})}{\lg\sigma'_s + \frac{1}{2}\lg(\pi D_{tr} \times 10^{11})} = \frac{9.747 \times \lg 1280 + \lg(0.3084 \times 10^{11})}{\lg 1280 + \frac{1}{2}\lg(\pi \times 0.3084 \times 10^{11})} = 4.74$$

2）各级应力下损伤速率的计算

（1）综合材料常数计算。假定此材料有效值为 $\beta = 1.0$,计算如下:

$$A = 2[2\sigma'_f\sqrt{\beta\pi D_{1fe}}]^{-m'_2} = 2 \times [2 \times 2974\sqrt{\pi 14.62}]^{-4.74}$$
$$= 2.96 \times 10^{-22}$$

（2）各级应力下损伤速率的计算。假定 $\varphi = 1$,将各级应力范围值 $\Delta\sigma_i$ 和对应的损伤值 D_i 代入下述速率方程,从而计算出各对应的速率。

$$dD/dN = A(\varphi\Delta\sigma_i\sqrt{\pi D})^{m'2} = 2.96 \times 10^{-22} \times (1 \times \Delta\sigma_i\sqrt{\pi D_i})^{4.74}(damage-unit/cycle)$$

将速率计算结果列入表1-50中。

表1-50　各级应力下的损伤值和损伤速率

$\Delta\sigma_i$/MPa	592	686	1044	1322	1474	1624	2032	2170
D_i/damage-unit	0.237	0.3084	0.653	0.996	1.209	1.4373	2.147	2.4124
(dD/dN)/(damage-unit/cycle)	2.0×10^{-9}	7.61×10^{-9}	3.31×10^{-7}	2.75×10^{-6}	7.3×10^{-6}	1.74×10^{-5}	1.30×10^{-4}	2.34×10^{-4}
$\Delta\sigma_i$/MPa	2428	2594	2808	2978	3198	3340	3390	3558
D_i/damage-unit	2.95	3.32	3.83	4.248	4.824	5.213	5.353	5.836
(dD/dN)/(damage-unit/cycle)	6.4×10^{-4}	1.17×10^{-3}	2.38×10^{-3}	4.44×10^{-3}	7.63×10^{-3}	2.55×10^{-2}	11.26×10^{-3}	19.86×10^{-3}

3）绘制高低周各级应力下的损伤速率曲线

按表1-50数据绘制随应力逐渐增加下的各级速率曲线,如图1-37所示。

2. 实例2

高强度钢 30CrMnSiNi2A[11] 在低周疲劳下的相关数据以及已计算得出数据已在实例1中给出。

假定在对称循环加载下,$R = -1$,试按表1-51中载荷逐渐增加情况下的各级应力的数据,用上文适用于高周低应力和低周高应力的寿命计算式,计算各对应应力下的损伤预测寿命,并绘制其高低周应力下的寿命曲线,并与对应应力下

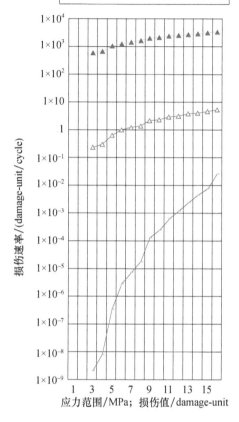

图 1 - 37　高低周各级应力下的损伤速率曲线

的实验寿命进行比较。

1）综合材料常数的计算

实例 1 中已计算的损伤门槛值和过渡值分别为

$$D_{th} = 0.237 \, damage - unit; D_{tr} = 0.3084 \, damage - unit$$

综合材料常数为

$$A_2 = 2(2\sigma'_f \sqrt{\pi D_{2fc}})^{-m'2} = 2 \times [2 \times 2974 \sqrt{\pi 14.62}]^{-4.74}$$
$$= 2.96 \times 10^{-22}$$

2）对各级应力水平下对应寿命的预测计算

对此材料，假定取 $\beta = 0.7, \varphi = 1$。

将各级应力范围值 $\Delta\sigma_i$ 和对应的损伤值 D_i 代入下述寿命方程,从而计算出各对应的寿命,计算如下:

$$N_i = \beta \int_{D_i}^{D_{2fc}} \frac{\mathrm{d}D}{A\left(\varphi\Delta\sigma_i \sqrt{\pi D}\right)^{m'2}}$$

$$= 0.7 \times \int_{D_i}^{14.64} \frac{\mathrm{d}D}{2.96 \times 10^{-22}\left(\varphi\Delta\sigma_i \sqrt{\pi D}\right)^{4.74}}(\text{cycle})$$

将在高低周各级应力下计算得出的损伤值、计算寿命和实验寿命数据,均列入表 1-51 中。

表 1-51　各级应力下的损伤值和损伤体寿命

$\Delta\sigma_i$/MPa	592	686	1044	1322	1474	1624	2032	2170
D_i/damage-unit	0.237	0.3084	0.653	0.996	1.209	1.4373	2.145	2.4124
计算寿命/cycle	59305626	20529325	994453	180093	81820	40400	7812	4804
实验寿命/cycle	无	无	10000000	183360	83150	126014	11550	11698
试件数	无	无	21	11	9	3	6	3
$\Delta\sigma_i$/MPa	2428	2594	2808	2978	3198	3340	3390	3558
D_i/damage-unit	2.9486	3.318	3.832	4.248	4.824	5.213	5.353	5.836
计算寿命/cycle	2080	1265	692	440	252	179	159	107
实验寿命/cycle	3936	1228	948	540	292	156	118	48
试件数	3	4	3	3	3	3	3	3

注意,表 1-51 中 $D_i = 0.237$damage-unit 实际上是此材料的门槛值 $D_{th} = 0.237$damade-unit,作者定义它为超高周门槛值;而过渡值 $D_i = 0.3084$damage-unit,定义为高周门槛值。从表面上看,两者损伤量相差很小,对此材料而言,只差 0.071damage-unit,相当于 0.071mm,但寿命相差极大。可见在超高周疲劳下,材料或构件的寿命占了总寿命的绝大部分。

3) 绘制高低周各级应力下的计算寿命数据和实验寿命数据[11]的对比曲线

按表 1-51 中的计算数据与实验数据绘制随应力逐渐增加下的各级寿命曲线,如图 1-38 所示。由表 1-51 和图 1-38 可知,计算数据与实验数据较接近。

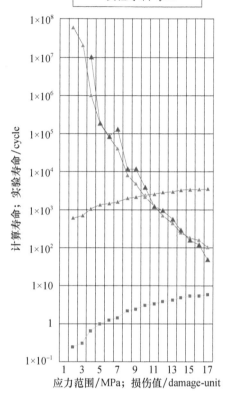

图1-38 高低周各级应力下的寿命曲线

1.3.5 多轴疲劳（复杂应力）下损伤体寿命预测计算

本节所涉及的疲劳载荷和复杂应力下全过程寿命预测计算式,是基于材料力学中的4个强度理论推导和建立的,但是材料力学中的4个强度理论实质上是基于静载荷和复杂应力条件才成立的。因此,两者是不同的。本节作为一个假设,在损伤力学中应用,在疲劳载荷和复杂应力下推导出全过程寿命预测计算的数学模型,然后再用实验来检查和修正。

再说明几个问题:

（1）单向应力状态下与两向、三向应力状态下材料行为和损伤演化过程必然会有所不同;

（2）结构在复杂应力和疲劳载荷条件下,通常都处于两向或三向应力状态下运转,因此本节将疲劳加载和复杂应力状态下所出现的损伤行为,与结构件在多轴疲劳和复杂应力状态下出现的损伤行为问题,结合在一起进行论述和计算;

（3）应该说,即使对于同一材料、同一强度理论推导和建立的计算式,如果加载在两向或三向应力状态条件下,它的断裂形式与单向应力状态下的断裂形式也是不同的。

由此可想而知,在多轴疲劳（复杂应力）下的混合型损伤全过程寿命预测计算是一个全新的课题,而且是一个很复杂的难题。所以,下面只能从理论上推导和建立若干有关损伤全过程寿命预测计算的表达式（图1-39）,这些式子还必须用实验验证是否正确和可靠。

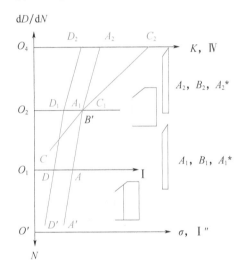

图1-39　双对数坐标系中的材料损伤扩展速率和寿命预测计算简化曲线

1. 用第一种损伤理论建立全过程寿命预测计算方程[34-35]

1) 低周疲劳下的寿命计算

（1）当量Ⅰ型计算法。在简化曲线图1-39中,建立低周疲劳下反向曲线 C_2C_1C 损伤寿命计算的数学模型,当采用第一种损伤理论建立Ⅰ型当量应力 $\Delta\sigma_{1equ}$ 进行计算时,建议采用以下两种计算式。

计算式1:

$$N = \int_{D_i \text{或} D_{th}}^{D_{eff} \text{或} D_{1fc}} \frac{\mathrm{d}D}{B'_{1equ-1}(\Delta\sigma_{1equ}\varphi \sqrt[m']{D})^{m'}} (\text{cycle}) \qquad (1-287)$$

这里首先应说明,式（1-287）中的积分上限与下限的选值,理论上要按工程实际要求选择和取值。下面的式子也是如此。为避免计算式的烦琐,下面的式子只用单一的上、下限取值。

计算式 2：

$$N = \int_{D_{th}}^{D_{1fc}} \frac{\mathrm{d}D}{B'_{1equ-2}\left(\Delta\sigma_{1equ}\sqrt[m']{D}\right)^{m'}} (\text{cycle}) \qquad (1-288)$$

式（1-287）与式（1-288）中：D_{th} 为门槛损伤值；B'_{1equ-1}，B'_{1equ-2} 为当量 Ⅰ 型综合材料常数，它们在寿命方程中的表达式也不同于在速率方程中的表达形式：

$$B'_{1equ-1} = \frac{\ln D_{1fc} - \ln D_{th}}{N\left(\Delta\sigma_{1equ}\right)^{m'}} \qquad (1-289)$$

$$B'_{1equ-2} = \frac{\ln D_{2fc} - \ln D_{th}}{N\left(\Delta\sigma_{1equ}\right)^{m'}} \qquad (1-290)$$

B'_{1equ-1} 或 B'_{1equ-2} 的物理含义，是在当量应力 $\Delta\sigma_{1equ}$ 作用下整个过程中材料从门槛损伤值 D_{th} 至屈服应力损伤临界值 D_{1fc} 所释放出的全部能量；B'_{1equ-1} 或 B'_{1equ-2} 的几何含义是图 1-39 中黄绿色三角形和棕色梯形相加的整个梯形的总面积。

因此整个完整的寿命预测计算式为

计算式 1：

$$N = \int_{D_{th}}^{D_{1fc}} \frac{\mathrm{d}D}{2\left(2\sigma'_f\alpha_1^{-m'}\sqrt[m']{D_{1fc}}\right)^{-m'}\left(\varphi\Delta\sigma_{1equ}\sqrt[m']{D}\right)^{m'}} (\text{cycle}) \qquad (1-291)$$

计算式 2：

$$N = \int_{D_{th}}^{D_{1fc}} \frac{\mathrm{d}D}{2\left(2\sigma'_f\alpha_2^{-m'}\sqrt[m']{D_{2fc}}\right)^{-m'}\left(\Delta\sigma_{1equ}\sqrt[m']{D}\right)^{m'}} (\text{cycle}) \qquad (1-292)$$

（2）当量 Ⅱ 型计算法。如果用当量 Ⅱ 型应力 $\Delta\tau_{2equ-Ⅱ}$ 计算全过程寿命，也可以有两种计算式。

计算式 1：

$$N = \int_{D_{th}}^{D_{eff}} \frac{\mathrm{d}D}{B'_{1equⅡ-1}\left(\Delta\tau_{2equ-Ⅱ} \times \sqrt[m']{D}\right)^{m'}} (\text{cycle}) \qquad (1-293)$$

计算式 2：

$$N = \int_{D_{th}}^{D_{1fc}} \frac{\mathrm{d}D}{B'_{1equⅡ-2}\left(\Delta\tau_{2equ-Ⅱ} \times \sqrt[m']{D}\right)^{m'}} (\text{cycle}) \qquad (1-294)$$

寿命计算式中的当量 Ⅱ 型综合材料常数 $B'_{1equⅡ-1}$ 和 $B'_{1equⅡ-2}$ 的表达式是

$$B'_{1equⅡ-1} = \frac{\ln D_{1fc} - \ln D_{th}}{N\left(\Delta\tau_{2equ-Ⅱ}\right)^{m'}} \qquad (1-295)$$

$$B'_{1\mathrm{equ}\,\mathrm{II}-2} = \frac{\ln D_{2\mathrm{fc}} - \ln D_{\mathrm{th}}}{N\,(\Delta \tau_{2\mathrm{equ}-\mathrm{II}})^{m'}} \qquad (1-296)$$

其完整的损伤寿命计算式为

计算式 1：

$$N = \int_{D_{\mathrm{th}}}^{D_{1\mathrm{fc}}} \frac{\mathrm{d}D}{2\,(2\,\tau'_{\mathrm{f}}\alpha_1^{-m'}\sqrt{D_{1\mathrm{fc}}})^{-m'}\,(\Delta \tau_{2\mathrm{equ}-\mathrm{II}}\sqrt[m']{D})^{m'}}\,(\mathrm{cycle}) \qquad (1-297)$$

计算式 2：

$$N = \int_{D_{\mathrm{th}}}^{D_{1\mathrm{fc}}} \frac{\mathrm{d}D}{2\,(2\,\tau'_{\mathrm{f}}\alpha_2^{-m'}\sqrt{D_{2\mathrm{fc}}})^{-m'}\,(\Delta \tau_{2\mathrm{equ}-\mathrm{II}}\sqrt[m']{D})^{m'}}\,(\mathrm{cycle}) \qquad (1-298)$$

上述方程，从理论上说，可适用于像铸铁那样发生脆性应变的材料，或者像碳钢那样发生塑性应变的材料在三向应力状况下的寿命预测计算[24]，但在低周疲劳下，必须用实验验证。

2）高周疲劳下的损伤体寿命计算

（1）当量 I 型计算法。在简化曲线图 1 – 39 中，表达高周疲劳下反向曲线 $A_2A_1A(R=-1,\sigma_{\mathrm{m}}=0)$ 和 $D_2D_1D(R\neq-1,\sigma_{\mathrm{m}}\neq0)$ 的全过程寿命计算式，对于当量 I 型式混合型损伤，它是

$$N = \int_{D_{\mathrm{th}}}^{D_{1\mathrm{fc}}} \frac{\mathrm{d}D}{A'_{1\mathrm{equ}-1}\,(\Delta\sigma_{1\mathrm{equ}}\sqrt[m']{D})^{m'}}\,(\mathrm{cycle}) \qquad (1-299)$$

式中：$A'_{1\mathrm{equ}-1}$ 是当量 I 型的综合材料常数，在寿命计算中的表达形式是

$$A'_{1\mathrm{equ}-1} = \frac{\ln D_{1\mathrm{fc}} - \ln D_{\mathrm{th}}}{N\,(\Delta\sigma_{1\mathrm{equ}})^{m'}} \qquad (1-300)$$

如此一来，完整的全过程寿命计算式也有若干种形式：

① H 因子当量综合材料常数与当量应力结合计算法。

对于 $R=-1$、$\sigma_{\mathrm{m}}=0$，I 型损伤全过程寿命计算式如下：

$$N = \int_{D_{\mathrm{th}}}^{D_{1\mathrm{fc}}} \frac{\mathrm{d}D}{2\,(2H'_{1\mathrm{fc}-\mathrm{equ}}\alpha)^{-m'}\,(\Delta\sigma_{1\mathrm{equ}}\sqrt[m']{D})^{m'}}\,(\mathrm{cycle}) \qquad (1-301)$$

对于 $R\neq-1$、$\sigma_{\mathrm{m}}\neq0$，要考虑平均因子值的影响，因此，I 型损伤全过程寿命计算式应该是

$$N = \int_{D_{\mathrm{th}}}^{D_{1\mathrm{fc}}} \frac{\mathrm{d}D}{2\,[2H'_{1\mathrm{fc}-\mathrm{equ}}(1-H_{1\mathrm{m}}/H'_{1\mathrm{fc}})\alpha]^{-m'}\,(\Delta\sigma_{1\mathrm{equ}}\sqrt[m']{D})^{m'}}\,(\mathrm{cycle})$$

$$(1-302)$$

② 应力计算法。

对于 $R = -1$、$\sigma_{\mathrm{m}} = 0$，Ⅰ型损伤全过程寿命计算式是

$$N = \int_{D_{\mathrm{th}}}^{D_{1\mathrm{fc}}} \frac{\mathrm{d}D}{2\left(2\sigma'_{\mathrm{f}}\alpha^{-m'}\sqrt{D_{2\mathrm{fc}}}\right)^{-m'}\left(\Delta\sigma_{1\mathrm{equ}}\sqrt[m']{D}\right)^{m'}} (\mathrm{cycle}) \quad (1-303)$$

对于 $R \neq -1$、$\sigma_{\mathrm{m}} \neq 0$，要考虑平均应力的影响，这里用 $(1 - \sigma_{\mathrm{m}}/\sigma'_{\mathrm{f}})$ 修正，所以应该是如下计算式：

$$N = \int_{D_{\mathrm{th}}}^{D_{1\mathrm{fc}}} \frac{\mathrm{d}D}{2\left[2\sigma'_{\mathrm{f}}(1 - \sigma_{\mathrm{m}}/\sigma'_{\mathrm{f}})\alpha^{-m'}\sqrt{D_{2\mathrm{fc}}}\right]^{-m'}\left(\Delta\sigma_{1\mathrm{equ}}\sqrt[m']{D}\right)^{m'}} (\mathrm{cycle})$$

$$(1-304)$$

（2）当量Ⅱ型损伤计算法。用当量Ⅱ型计算其损伤寿命，这里采用如下计算式：

$$N = \int_{D_{\mathrm{th}}}^{D_{1\mathrm{fc}}} \frac{\mathrm{d}D}{A'_{1\tau}\left(\Delta\tau_{\mathrm{equ-Ⅱ}}\sqrt[m']{D}\right)^{m'}} (\mathrm{cycle}) \quad (1-305)$$

式中：$A'_{1\tau}$ 是当量综合材料常数，在寿命计算式中应该是如下形式：

$$A'_{1\tau} = \frac{\ln D_{1\mathrm{fc}} - \ln D_{\mathrm{th}}}{N\left(\Delta\tau_{\mathrm{equ-Ⅱ}}\right)^{m'}} \quad (1-306)$$

这样一来，用Ⅱ型混合损伤计算全过程寿命的完整方程有如下两种形式：

① H 因子当量综合材料常数计算法。

对于 $R = -1$、$\sigma_{\mathrm{m}} = 0$，它的寿命计算式为

$$N = \int_{D_{\mathrm{th}}}^{D_{1\mathrm{fc}}} \frac{\mathrm{d}D}{2\left(2H'_{1\mathrm{fc-equ-Ⅱ}}\alpha\right)^{-m'}\left(\Delta\tau_{\mathrm{equ-Ⅱ}}\sqrt[m']{D}\right)^{m'}} (\mathrm{cycle}) \quad (1-307)$$

对于 $R \neq -1$、$\sigma_{\mathrm{m}} \neq 0$，也要考虑平均因子值的影响，所以它是

$$N = \int_{D_{\mathrm{th}}}^{D_{1\mathrm{fc}}} \frac{\mathrm{d}D}{2\left[2H'_{1\mathrm{fc-equ-Ⅱ}}\alpha(1 - H_{\mathrm{m}}/H'_{1\mathrm{fc}})^{-m'}\left(\Delta\tau_{\mathrm{equ-Ⅱ}}\sqrt[m']{D}\right)^{m'}\right]} (\mathrm{cycle})$$

$$(1-308)$$

② 应力计算法。

对于 $R = -1$、$\sigma_{\mathrm{m}} = 0$，Ⅱ型混合损伤计算全过程寿命计算式为

$$N = \int_{D_{\mathrm{th}}}^{D_{1\mathrm{fc}}} \frac{\mathrm{d}D}{2\left(2\tau'_{\mathrm{f}}\alpha^{m'}\sqrt{D_{2\mathrm{fc}}}\right)^{-m'}\Delta\tau_{\mathrm{equ-Ⅱ}}^{m'}D} (\mathrm{cycle}) \quad (1-309)$$

对于 $R \neq -1$、$\sigma_{\mathrm{m}} \neq 0$，要考虑平均剪应力对寿命的效应，寿命计算式为

$$N = \int_{D_{th}}^{D_{1fc}} \frac{\mathrm{d}D}{2\left[2\tau'_f(1 - \tau_m/\tau'_f)\alpha^{-m'}\sqrt[m']{D_{2fc}}\right]^{-m'}\Delta\tau_{equ-II}^{m'}D} \quad (\mathrm{cycle}) \quad (1-310)$$

上述寿命方程,从理论上说,可适用于在单向拉伸应力状况下像铸铁那样发生脆性应变的材料;而且还可以适用于在三向拉伸发生脆性应变或者像碳钢那样发生塑性应变材料的寿命预测计算,但在高周疲劳下,必须用实验验证。

3) 超高周疲劳下的损伤体寿命计算

(1) 当量 I 型计算法。在简化曲线图 1-39 中,描述超高周疲劳下反向曲线 $A_2A_1AA'(R = -1, \sigma_m = 0)$ 和 $D_2D_1DD'(R \neq -1, \sigma_m \neq 0)$ 的损伤寿命计算式,对于当量 I 型式[19-22],计算式如下:

$$N = \int_{D_{th}或D_{01}}^{D_{1fc}} \frac{\mathrm{d}D}{A'_{1equ-v}(\Delta\sigma_{1equ}\sqrt[m']{D})^{m'}} \quad (\mathrm{cycle}) \quad (1-311)$$

式中:D_{01} 为损伤初始值,它可以取材料晶粒的平均尺寸(如 0.04damage-units);A'_{1equ-v} 是超高周疲劳下 I 型当量综合材料常数,它在寿命式中的物理意义是从损伤初始值 D_{01} 至对应于断裂损伤临界值 D_{2fc} 全过程做功的总和,它的几何意义是图 1-39 中黄绿色三角形和两个棕色小梯形构成的大梯形的全部面积,其数学表达式如下:

$$A'_{1equ-v} = \frac{\ln D_{2fc} - \ln D_{01}}{N(\Delta\sigma_{1equ})^{m'}} \quad (1-312)$$

因此,整个完整的损伤寿命计算式有如下几种形式:

① H 因子当量综合材料常数与当量应力结合计算法。

对于 $R = -1$、$\sigma_m = 0$,I 型混合损伤寿命方程为

$$N = \int_{D_{th}或D_{01}}^{D_{2fc}} \frac{\mathrm{d}D}{2(2H'_{2fc-equ}\alpha)^{-m'}(\Delta\sigma_{1equ}\sqrt[m']{D})^{m'}} \quad (\mathrm{cycle}) \quad (1-313)$$

对于 $R \neq -1$、$\sigma_m \neq 0$,它应该是

$$N = \int_{D_{th}或D_{01}}^{D_{2fc}} \frac{\mathrm{d}D}{2\left[2H'_{2fc-equ-v}(1 - H_m/H'_{2fc})\alpha\right]^{-m'}(\Delta\sigma_{1equ}\sqrt[m']{D})^{m'}} \quad (\mathrm{cycle})$$

$$(1-314)$$

② 应力计算法。

对于 $R = -1$、$\sigma_m = 0$,I 型混合损伤寿命计算式是

$$N = \int_{D_{th}或D_{01}}^{D_{2fc}} \frac{\mathrm{d}D}{2(2\sigma'_f\alpha^{-m'}\sqrt[m']{D_{2fc}})^{-m'} \times (\Delta\sigma_{1equ}\sqrt[m']{D})^{m'}} \quad (\mathrm{cycle}) \quad (1-315)$$

对于 $R \neq -1$、$\sigma_m \neq 0$，要考虑平均应力的影响，所以它应该是

$$N = \int_{D_{th} \text{或} D_{01}}^{D_{2fc}} \frac{\mathrm{d}D}{2\left[2\sigma'_f(1 - \sigma_m/\sigma'_f)\alpha^{-m'}\sqrt[m']{D_{2fc}}\right]^{-m'}(\Delta\sigma_{1equ}\sqrt[m']{D})^{m'}} (\text{cycle})$$

$$(1 - 316)$$

（2）当量 Ⅱ 型计算法。如果采用当量 Ⅱ 型计算损伤寿命，此时要用如下计算式：

$$N = \int_{D_{th} \text{或} D_{01}}^{D_{2fc}} \frac{\mathrm{d}D}{A'_{1\tau-v}(\Delta\tau_{equ-Ⅱ}\sqrt[m']{D})^{m'}} (\text{cycle})$$

$$(1 - 317)$$

式中：$A'_{1\tau-v}$ 是当量 Ⅱ 型综合材料常数，其物理意义和几何意义与上述相同，它在寿命式中的数学表达式如下：

$$A'_{1\tau-v} = \frac{\ln D_{2fc} - \ln D_{01}}{\sum N(\Delta\tau_{equ-Ⅱ})^m}$$

$$(1 - 318)$$

如此一来，整个完整的损伤寿命计算式有如下几种形式：

① 当量 H 因子常数与当量应力 $\Delta\tau_{1equ-Ⅱ}$ 结合计算法。

对于 $R = -1$、$\sigma_m = 0$，它为

$$N = \int_{D_{th} \text{或} D_{01}}^{D_{2fc}} \frac{\mathrm{d}D}{2(2H'_{2fc-equ-v}\alpha)^{-m'}(\Delta\tau_{equ-Ⅱ}\sqrt[m']{D})^{m'}} (\text{cycle})$$

$$(1 - 319)$$

对于 $R \neq -1$、$\sigma_m \neq 0$，它应该是：

$$N = \int_{D_{th} \text{或} D_{01}}^{D_{2fc}} \frac{\mathrm{d}D}{2\left[2H'_{1fc-equ-v}\alpha(1 - H_m/H'_{1fc})\right]^{-m'}(\Delta\tau_{equ-Ⅱ}\sqrt[m']{D})^{m'}} (\text{cycle})$$

$$(1 - 320)$$

② 应力计算法。

以 Ⅱ 型混合损伤计算全过程寿命，对于 $R = -1$、$\sigma_m = 0$，它的计算方程为

$$N = \int_{D_{th}(\text{或} D_{01})}^{D_{2fc}} \frac{\mathrm{d}D}{2(2\tau'_f\alpha\sqrt[m']{D_{2fc}})^{-m'}(\Delta\tau_{equ-Ⅱ})^{m'}D} (\text{cycle})$$

$$(1 - 321)$$

对于 $R \neq -1$、$\sigma_m \neq 0$，它应该为如下计算式：

$$N = \int_{D_{th} \text{或} D_{01}}^{D_{2fc}} \frac{\mathrm{d}D}{2\left[2\tau'_f(1 - \tau_m/\tau'_f)\alpha^{-m'}\sqrt[m']{D_{2fc}}\right]^{-m'}(\Delta\tau_{equ-Ⅱ})^{m'}D} (\text{cycle})$$

$$(1 - 322)$$

上述方程,理论上可适用于在单向拉伸应力状况下像铸铁那样易发生脆性应变的材料计算;还可以适用于在三向拉伸发生脆性应变或者像碳钢那样发生塑性应变材料的计算[24],但在超高周疲劳下必须用实验验证。

2. 用第二种损伤强度理论建立全过程寿命预测计算方程[34-35]

1)低周疲劳下的寿命计算

(1)当量 I 型计算法。在简化曲线图 1 - 39 中,对反向曲线 C_2C_1C 建立低周疲劳下全过程寿命计算式,当采用第二种损伤强度理论用 I 型当量应力 $\Delta\sigma_{1equ}$[19-22]进行计算时,建议采用以下两种计算式。

计算式 1:

$$N = \int_{D_{th}}^{D_{1fc}} \frac{\mathrm{d}D}{B'_{2equ-1}\left[\dfrac{\Delta\sigma_{1equ}\sqrt[m']{D}}{(1+\mu)}\right]^{m'}}(\text{cycle}) \qquad (1-323)$$

计算式 2:

$$N = \int_{D_{th}}^{D_{1fc}} \frac{\mathrm{d}D}{B'_{2equ-2}\left[\dfrac{\Delta\sigma_{1equ}\sqrt[m']{D}}{(1+\mu)}\right]^{m'}}(\text{cycle}) \qquad (1-324)$$

式中: B'_{2equ-1}、B'_{2equ-2} 为当量 I 型的综合材料常数,是用第二种损伤强度理论建立的,是以下形式:

$$B'_{2equ-1} = \frac{\ln D_{1fc} - \ln D_{th}}{N\left[\dfrac{\Delta\sigma_{2equ}}{(1+\mu)}\right]^{m'}} \qquad (1-325)$$

$$B'_{2equ-2} = \frac{\ln D_{2fc} - \ln D_{th}}{N\left[\dfrac{\Delta\sigma_{2equ}}{(1+\mu)}\right]^{m'}} \qquad (1-326)$$

B'_{1equ-1} 或 B'_{1equ-2} 的物理和几何含义,与上述寿命方程中的其他当量综合材料常数相同。所以,其完整的损伤寿命预测计算式也有两种形式。

计算式 1:

$$N = \int_{D_{th}}^{D_{1fc}} \frac{\mathrm{d}D}{2\left[\dfrac{2\sigma'_f}{(1+\mu)}\alpha_1^{-m'}\sqrt[m']{D_{1fc}}\right]^{-m'}\left[\dfrac{\Delta\sigma_{1equ}\sqrt[m']{D}}{(1+\mu)}\right]^{m'}}(\text{cycle})$$

$$(1-327)$$

计算式 2:

$$N = \int_{D_{\mathrm{th}}}^{D_{\mathrm{1fc}}} \frac{\mathrm{d}D}{2\left[\frac{2\sigma'_{\mathrm{f}}}{(1+\mu)}\alpha_2{}^{-m'}\sqrt{D_{\mathrm{2fc}}}\right]^{-m'}\left[\frac{\Delta\sigma_{\mathrm{1equ}}{}^{m'}\sqrt{D}}{(1+\mu)}\right]^{m'}}(\mathrm{cycle}) \qquad (1-328)$$

上述式子的应用范围与用第二种损伤强度理论建立的寿命计算式理论上是相似的。

2）高周疲劳下的损伤体寿命计算

在简化曲线图 1-39 中，描述高周疲劳下反向曲线 $A_2A_1A(R=-1,\sigma_{\mathrm{m}}=0)$ 和 $D_2D_1D(R\neq-1,\sigma_{\mathrm{m}}\neq0)$ 的全过程寿命计算式，对于当量 I 型式混合型损伤[2-5]，它是

$$N = \int_{D_{\mathrm{th}}或D_{01}}^{D_{\mathrm{1fc}}} \frac{\mathrm{d}D}{A'_{\mathrm{2equ}}\left[\frac{\Delta\sigma_{\mathrm{1equ}}{}^{m'}\sqrt{D}}{(1+\mu)}\right]^{m'}}(\mathrm{cycle}) \qquad (1-329)$$

式中：A'_{2equ} 为以第二种损伤强度理论建立的当量综合材料常数，它的表达形式如下：

$$A'_{\mathrm{2equ}} = \frac{\ln D_{\mathrm{1fc}} - \ln D_{\mathrm{th或01}}}{N\left[\frac{\Delta\sigma_{\mathrm{2equ}}}{(1+\mu)}\right]^{m'}} \qquad (1-330)$$

其完整的损伤寿命预测计算式，对于 $R=-1$、$\sigma_{\mathrm{m}}=0$，它是

$$N = \int_{D_{\mathrm{th}}或D_{01}}^{D_{\mathrm{1fc}}} \frac{\mathrm{d}D}{2\left[\frac{2\sigma'_{\mathrm{f}}}{(1+\mu)}\alpha^{-m'}\sqrt{D_{\mathrm{2fc}}}\right]^{-m'}\left[\frac{\Delta\sigma_{\mathrm{2equ}}}{(1+\mu)}\right]^{m'}D}(\mathrm{cycle}) \qquad (1-331)$$

而对于 $R\neq-1,\sigma_{\mathrm{m}}\neq0$，它应该是如下计算式：

$$N = \int_{D_{\mathrm{th}}(或D_{01})}^{D_{\mathrm{1fc}}} \frac{\mathrm{d}D}{2\left[\frac{2\sigma'_{\mathrm{f}}}{(1+\mu)}(1-\sigma_{\mathrm{m}}/\sigma'_{\mathrm{f}})\alpha^{-m'}\sqrt{D_{\mathrm{2fc}}}\right]^{-m'}\left[\frac{\Delta\sigma_{\mathrm{2equ}}}{(1+\mu)}\right]^{m'}D}(\mathrm{cycle})$$

$$(1-332)$$

上述式子的适用范围，与用第一种损伤理论建立的寿命计算式相类似。

3）超高周疲劳下的损伤体寿命计算

在简化曲线图 1-39 中，描述超高周疲劳下反向曲线 $A_2A_1AA'(R=-1,\sigma_{\mathrm{m}}=0)$ 和 $D_2D_1DD'(R\neq-1,\sigma_{\mathrm{m}}\neq0)$ 的损伤寿命计算式可以表示为[2-5]

$$N = \int_{D_{\mathrm{th}}或D_{01}}^{D_{\mathrm{2fc}}} \frac{\mathrm{d}D}{A'_{\mathrm{1equ-v}}\left[\frac{\Delta\sigma_{\mathrm{1equ}}{}^{m'}\sqrt{D}}{(1+\mu)}\right]^{m'}}(\mathrm{cycle}) \qquad (1-333)$$

式中：A'_{1equ-v} 为超高周疲劳下当量损伤综合材料常数，它在寿命式中的物理意义是从初始损伤值 D_{01} 至断裂损伤临界值 D_{2fc} 全过程中材料抵抗外力做功所释放出的全部能量，它的几何意义是图 1-32 中黄绿色三角形和两个棕色小梯形构成的大梯形的全部面积，其数学表达式如下：

$$A'_{1equ-v} = \frac{\ln D_{1fc} - \ln D_{01}}{N \left[\dfrac{\Delta\sigma_{1equ}}{(1+\mu)} \right]^{m'}} \qquad (1-334)$$

因此，对于 $R = -1$、$\sigma_m = 0$，整个完整的损伤寿命计算式如下：

$$N = \int_{D_{th}或D_{01}}^{D_{1fc}} \frac{\mathrm{d}D}{2\left[\dfrac{2\sigma'_f}{(1+\mu)}\alpha^{-m'}\sqrt{D_{2fc}} \right]^{-m'} \left[\dfrac{\Delta\sigma_{2equ}}{(1+\mu)} \right]^{m'} D} (\text{cycle}) \quad (1-335)$$

当 $R \neq -1$、$\sigma_m \neq 0$ 时，它应该是

$$N = \int_{D_{th}或D_{01}}^{D_{2fc}} \frac{\mathrm{d}D}{2\left[\dfrac{2\sigma'_f}{(1+\mu)}(1-\sigma_m/\sigma'_f)\alpha^{-m'}\sqrt{D_{2fc}} \right]^{-m'} \left[\dfrac{\Delta\sigma_{2equ}}{(1+\mu)} \right]^{m'} D} (\text{cycle})$$

$$(1-336)$$

上述方程，理论上可适用于在单向拉伸应力状况下像铸铁那样易发生脆性应变的材料计算；还可以适用于在三向拉伸发生脆性应变或者像碳钢那样发生塑性应变材料的计算[24]。

3. 用第三种损伤强度理论建立的全过程寿命预测计算方程[34-35]

1）低周疲劳下的寿命计算

在简化曲线图 1-39 中，描述低周疲劳下反向曲线 C_2C_1C 的损伤寿命计算式，当采用第三种损伤强度理论建立的 I 型当量应力 $\Delta\sigma_{1equ}$[19-22] 进行计算时，建议采用如下数学计算式[2-5]。

计算式 1：

$$N = \int_{D_{th}}^{D_{1fc}} \frac{\mathrm{d}D}{B'_{3equ-1}(0.5\Delta\sigma_{1equ}\sqrt[m']{D})^{m'}} (\text{cycle}) \qquad (1-337)$$

计算式 2：

$$N = \int_{D_{th}}^{D_{1fc}} \frac{\mathrm{d}D}{B'_{3equ-2}(0.5\Delta\sigma_{1equ}\sqrt[m']{D})^{m'}} (\text{cycle}) \qquad (1-338)$$

式中：B'_{3equ-1}、B'_{3equ-2} 为当量综合材料常数，是根据第三种损伤强度理论建立的，应该是以下形式：

$$B'_{3\text{equ}-1} = \frac{\ln D_{1\text{fc}} - \ln D_{\text{th}}}{N\,(0.5\Delta\sigma_{1\text{equ}})^{m'}} \qquad (1-339)$$

$$B'_{3\text{equ}-2} = \frac{\ln D_{2\text{fc}} - \ln D_{\text{th}}}{N\,(0.5\Delta\sigma_{1\text{equ}})^{m'}} \qquad (1-340)$$

其完整的损伤寿命预测计算式也有两种形式。

计算式 1：

$$N = \int_{D_{\text{th}}}^{D_{1\text{fc}}} \frac{\mathrm{d}D}{2\,(\sigma'_f\alpha_1{}^{-m'}\!\sqrt{D_{1\text{fc}}})^{-m'}\,(0.5\Delta\sigma_{3\text{equ}})^{m'}D}(\text{cycle}) \qquad (1-341)$$

计算式 2：

$$N = \int_{D_{\text{th}}}^{D_{1\text{fc}}} \frac{\mathrm{d}D}{2\,(\sigma'_f\alpha_2{}^{-m'}\!\sqrt{D_{2\text{fc}}})^{-m'}\,(0.5\Delta\sigma_{3\text{equ}})^{m'}D}(\text{cycle}) \qquad (1-342)$$

以上寿命方程，理论上可适用于某些像碳钢那样弹塑性材料产生三向拉伸应力的计算；还可以适用于三向压缩应力下如铸铁那样的脆性材料的计算[24]，但在低周疲劳下，必须用实验来验证和修正。

2）高周疲劳下的损伤体寿命计算

在简化曲线图 1-39 中，描述高周疲劳下反向曲线 $A_2A_1A(R=-1,\sigma_m=0)$ 和 $D_2D_1D(R\neq-1,\sigma_m\neq0)$ 的全过程寿命计算式[2-5]，对于 $R=-1$、$\sigma_m=0$，它是

$$N = \int_{D_{\text{th}}}^{D_{1\text{fc}}} \frac{\mathrm{d}D}{2\,(\sigma'_f\alpha^{-m'}\!\sqrt{D_{2\text{fc}}})^{-m'}\,(0.5\Delta\sigma_{3\text{equ}})^{m'}D}(\text{cycle}) \qquad (1-343)$$

对于 $R\neq-1$、$\sigma_m\neq0$，它是

$$N = \int_{D_{\text{th}}}^{D_{1\text{fc}}} \frac{\mathrm{d}D}{2\,[\sigma'_f(1-\sigma_m/\sigma'_f)\alpha^{-m'}\!\sqrt{D_{2\text{fc}}}]^{-m'}\,(0.5\Delta\sigma_{3\text{equ}})^{m'}D}(\text{cycle})$$

$$(1-344)$$

3）超高周疲劳下的损伤体寿命计算

在简化曲线图 1-39 中，描述超高周疲劳下反向曲线 $A_2A_1AA'(R=-1,\sigma_m=0)$ 和 $D_2D_1DD'(R\neq-1,\sigma_m\neq0)$ 的损伤寿命计算式为如下形式[2-5]。

对于 $R=-$、$\sigma_m=0$，应该是如下计算式：

$$N = \int_{D_{\text{th}}\text{或}D_{01}}^{D_{1\text{fc}}} \frac{\mathrm{d}D}{2\,(\sigma'_f\alpha^{-m'}\!\sqrt{D_{2\text{fc}}})^{-m'}\,(0.5\Delta\sigma_{3\text{equ}})^{m'}D}(\text{cycle}) \qquad (1-345)$$

对于 $R\neq-1$、$\sigma_m\neq0$，应该为

$$N = \int_{D_{th}或D_{01}}^{D_{2fc}} \frac{\mathrm{d}D}{2\left[\sigma'_f(1-\sigma_m/\sigma'_f)\alpha^{-m'}\sqrt{D_{2fc}}\right]^{-m'}(0.5\Delta\sigma_{3equ})^{m'}D}(\text{cycle})$$

$$(1-346)$$

式中：D_{01} 为初始损伤值，可取晶粒平均尺寸，例如 0.04mm，相当于 $0.04\text{damage}-\text{unit}$。

以上寿命方程，理论上可适用于某些像碳钢那样的弹塑性材料产生三向拉伸应力情况下的计算，但在疲劳载荷下，要用实验确定。

4. 用第四种损伤强度理论建立全过程寿命预测计算方程[34-35]

1）低周疲劳下的寿命计算

在简化曲线图 $1-39$ 中，当采用第四种损伤强度理论建立当量应力 $\Delta\sigma_{4equ}$，描述低周疲劳下反向曲线 C_2C_1C 损伤寿命计算式，建议采用如下形式。

计算式 1：

$$N = \int_{D_{th}}^{D_{1fc}} \frac{\mathrm{d}D}{B'_{4equ-1}\left(\dfrac{\Delta\sigma_{4equ}}{\sqrt{3}}\right)^{m'}D}(\text{cycle})$$

$$(1-347)$$

计算式 2：

$$N = \int_{D_{th}}^{D_{1fc}} \frac{\mathrm{d}D}{B'_{4equ-2}\left(\dfrac{\Delta\sigma_{4equ}}{\sqrt{3}}\right)^{m'}D}(\text{cycle})$$

$$(1-348)$$

式中：B'_{4equ-1}、B'_{4equ-2} 为用第四种损伤强度理论建立的综合材料常数，表达式为

$$B'_{4equ-1} = \frac{\ln D_{1fc} - \ln D_{th}}{N\left(\dfrac{\Delta\sigma_{4equ}}{\sqrt{3}}\right)^{m'}}$$

$$(1-349)$$

$$B'_{4equ-2} = \frac{\ln D_{2fc} - \ln D_{th}}{N\left(\dfrac{\Delta\sigma_{4equ}}{\sqrt{3}}\right)^{m'}}$$

$$(1-350)$$

因此，完整的损伤寿命预测计算式也有两种形式。

计算式 1：

$$N = \int_{D_{th}}^{D_{1fc}} \frac{\mathrm{d}D}{2\left(\dfrac{2\sigma'_f}{\sqrt{3}}\alpha_1^{-m'}\sqrt{D_{1fc}}\right)^{-m'}\left(\dfrac{\Delta\sigma_{4equ}}{\sqrt{3}}\right)^{m'}D}(\text{cycle})$$

$$(1-351)$$

计算式2：

$$N = \int_{D_{\text{th}}}^{D_{\text{1fc}}} \frac{\mathrm{d}D}{2\left(\dfrac{2\sigma'_{\text{f}}}{\sqrt{3}}\alpha^{-m'}\sqrt{D_{\text{2fc}}}\right)^{-m'}\left(\dfrac{\Delta\sigma_{\text{4equ}}}{\sqrt{3}}\right)^{m'}D}\,(\text{cycle}) \qquad (1-352)$$

以上方程，理论上可适用于某些像碳钢那样的弹塑性材料产生三向拉伸应力的计算；还可以适用于三向压缩应力下如铸铁那样的脆性材料的计算[24]，但在低周疲劳下，还必须用实验来验证和修正。

2）高周疲劳下的损伤体寿命计算

在简化曲线图1-39中，表达高周疲劳下反向曲线 $A_2A_1A(R=-1,\sigma_{\text{m}}=0)$ 和 $D_2D_1D(R\neq-1,\sigma_{\text{m}}\neq0)$ 的全过程寿命计算式[2-5]，对于 $R=-1$、$\sigma_{\text{m}}=0$，它是

$$N = \int_{D_{\text{th}}}^{D_{\text{1fc}}} \frac{\mathrm{d}D}{2\left(\dfrac{2\sigma'_{\text{f}}}{\sqrt{3}}\alpha^{-m'}\sqrt{D_{\text{2fc}}}\right)^{-m'}\left(\dfrac{\Delta\sigma_{\text{4equ}}}{\sqrt{3}}\right)^{m'}D}\,(\text{cycle}) \qquad (1-353)$$

对于 $R\neq-1,\sigma_{\text{m}}\neq0$，它的寿命计算式应该是

$$N = \int_{D_{\text{th}}}^{D_{\text{1fc}}} \frac{\mathrm{d}D}{2\left[\dfrac{2\sigma'_{\text{f}}}{\sqrt{3}}\alpha(1-\sigma_{\text{m}}/\sigma'_{\text{f}})\alpha^{-m'}\sqrt{D_{\text{2fc}}}\right]^{-m'}\left(\dfrac{\Delta\sigma_{\text{4equ}}}{\sqrt{3}}\right)^{m'}D}\,(\text{cycle})$$

$$(1-354)$$

3）超高周疲劳下的损伤体寿命计算

在简化曲线图1-39中，描述超高周疲劳下反向曲线 $A_2A_1AA'(R=-1,\sigma_{\text{m}}=0)$ 和 $D_2D_1DD'(R\neq-1,\sigma_{\text{m}}\neq0)$ 的损伤寿命计算式，有如下[2-5]形式。

对于 $R=-1$、$\sigma_{\text{m}}=0$，它的损伤寿命计算式为

$$N = \int_{D_{\text{th}}或D_{01}}^{D_{\text{2fc}}} \frac{\mathrm{d}D}{2\left(\dfrac{2\sigma'_{\text{f}}}{\sqrt{3}}\alpha^{-m'}\sqrt{D_{\text{2fc}}}\right)^{-m'}\left(\dfrac{\Delta\sigma_{\text{4equ}}}{\sqrt{3}}\right)^{m'}D}\,(\text{cycle}) \qquad (1-355)$$

对于 $R\neq-1,\sigma_{\text{m}}\neq0$，它的损伤寿命计算式应该为

$$N = \int_{D_{\text{th}}或D_{01}}^{D_{\text{2fc}}} \frac{\mathrm{d}D}{2\left[\dfrac{2\sigma'_{\text{f}}}{\sqrt{3}}\alpha(1-\sigma_{\text{m}}/\sigma'_{\text{f}})\alpha^{-m'}\sqrt{D_{\text{2fc}}}\right]^{-m'}\left(\dfrac{\Delta\sigma_{\text{4equ}}}{\sqrt{3}}\right)^{m'}D}\,(\text{cycle})$$

$$(1-356)$$

以上寿命方程,理论上可适用于某些像碳钢那样的弹塑性材料产生三向拉伸应力情况下的计算,但在疲劳载荷下,还有待用实验来验证和修正。

计算实例

在1.2.4节的计算实例中,有一往复压缩机,压缩机运动方式是往复旋转运动。曲轴是压缩机的主要的运动零件,用45中碳钢制成。

假定同曲轴的形状、尺寸、应力集中系数有关的三个修正系数的关系为 $\dfrac{K_\sigma}{\varepsilon_\sigma \beta_\sigma}$,它们分别为 $K_\sigma = 3.6$, $\varepsilon_\sigma = 0.81$ 和 $\beta_\sigma = 1.0$。

假定它产生的应力状态: Ⅰ 型拉应力为 $\sigma_{max} = 32.4\text{MPa}$, $\sigma_{min} = 6.48\text{MPa}$, $\Delta\sigma = 25.9\text{MPa}$; Ⅱ 型剪应力为 $\tau_{tmax} = 3.18\text{MPa}$, $\tau_{tmin} = 0.023\text{MPa}$, $\Delta\tau_t = 3.157\text{MPa}$; Ⅲ 型剪应力为 $\tau_{pmax} = 8\text{MPa}$, $\tau_{pmin} = 2.98\text{MPa}$, $\Delta\tau_p = 5.02\text{MPa}$。其他数据列在表 1 – 41 中。

已被计算得出的数据如下:

断裂应力 $\sigma'_f = 1115\text{MPa}$, 平均应力 $\sigma_m = 22.75\text{MPa}$, 当量应力范围 $\Delta\sigma_{1equ} = 27.9(\text{MPa})$, 微观初始损伤值 $D_{01} = 0.0117\text{damage} - \text{unit}$, 损伤门槛值 $D_{th} = 0.219\text{damage} - \text{unit}$, 对应于屈服应力的损伤临界值 $D_{1fc} = 6.461\text{damage} - \text{unit}$。

用第一种损伤强度理论得出的当量综合材料常数为

$$A'_{1equ} = 2\left[2\sigma'_f(1 - \sigma_m/\sigma'_f)\alpha^{-m'}\sqrt[m']{D_{2fc}}\right]^{-m'}$$
$$= 2 \times \left[2 \times 1115(1 - 22.75/1115) \times {}^{-8.13}\sqrt{21.56}\right]^{-8.13}$$
$$= 3.06 \times 10^{-26}(\text{MPa}^{m'} \cdot \text{damage} - \text{unit/cycle})$$

用第四种损伤强度理论得出的当量综合材料常数为

$$A'_{4equ} = 2\left[\frac{2\sigma'_f}{\sqrt{3}}(1 - \sigma_m/\sigma'_f)\alpha^{-m'}\sqrt[m']{D_{2fc}}\right]^{-m'}$$
$$= 2 \times \left[\frac{2 \times 1115}{\sqrt{3}}(1 - 22.75/1115)\alpha \times {}^{-8.13}\sqrt{21.56}\right]^{-8.13}$$
$$= 2.66 \times 10^{-24}(\text{MPa}^{m'} \cdot \text{damage} - \text{unit/cycle})$$

此例题要求:

(1) 试用第一种损伤理念建立的损伤寿命方程和用第四种损伤强度理论建立的损伤寿命方程,分别计算此曲轴从微观初始损伤值 $D_{01} = 0.0117\text{damage} - \text{unit}$ 至门槛损伤值 $D_{th} = 0.219\text{damage} - \text{unit}$ 的寿命 N_1;

(2) 同样地,分别计算此曲轴从门槛损伤值 $D_{th} = 0.219\text{damage} - \text{unit}$ 至损伤临界值 $D_{1fc} = 4.641\text{damage} - \text{unit}$ 的寿命 N_2;

（3）计算全过程寿命 $\sum N = N_1 + N_2$。

计算步骤与方法如下：

1）用第一种损伤理论计算式计算全过程寿命

（1）首先计算从微观损伤的初始值 D_{01} 至损伤门槛值 D_{th} 的寿命，计算如下：

$$N_1 = \int_{D_{01}}^{D_{th}} \frac{\mathrm{d}D}{2\left[2\sigma'_f(1-\sigma_m/\sigma'_f)\alpha^{-m'}\sqrt{D_{2fc}}\right]^{-m'}\left(\frac{K_\sigma}{\varepsilon_\sigma\beta_\sigma}\Delta\sigma_{1equ}{}^{m'}\sqrt{D}\right)^{m'}}$$

$$= \int_{0.0117}^{0.219} \frac{\mathrm{d}D}{2\times\left[2\times1115(1-22.75/1115)\alpha\times{}^{-8.13}\sqrt{21.56}\right]^{-8.13}\times\left(\frac{3.6}{0.81\times1}\times27.9\times D\right)^{8.13}}$$

$$= \int_{0.0117}^{0.219} \frac{\mathrm{d}D}{3.06\times10^{-26}\times1.046\times10^{17}\times D} = 915246032(\text{cycle})$$

（2）再计算从损伤门槛值 D_{th} 至损伤临界值 D_{1fc} 的寿命 N_2：

$$N_2 = \int_{D_{th}}^{D_{1fc}} \frac{\mathrm{d}D}{2\left[2\sigma'_f(1-\sigma_m/\sigma'_f)\alpha^{-m'}\sqrt{D_{2fc}}\right]^{-m'}\left(\frac{K_\sigma}{\varepsilon_\sigma\beta_\sigma}\Delta\sigma_{1equ}{}^{m'}\sqrt{D}\right)^{m'}}$$

$$= \int_{0.219}^{4.641} \frac{\mathrm{d}D}{2\left[2\times1115(1-22.75/1115)\alpha^{-8.13}\sqrt{21.56}\right]^{-8.13}\times\left(\frac{3.6}{0.81\times1}\times27.9\times D\right)^{8.13}}$$

$$= \int_{0.219}^{4.641} \frac{\mathrm{d}D}{3.06\times10^{-26}\times1.046\times10^{17}\times D} = 954027609(\text{cycle})$$

（3）全过程寿命 $\sum N$ 用两个阶段计算式相加：

$$\sum N = N_1 + N_2 = 915246032 + 954027609 = 1869273641(\text{cycle})$$

2）用第四种损伤强度理论计算式计算全过程寿命

（1）计算从微观损伤的初始值 D_{01} 至损伤门槛值 D_{th} 的寿命：

$$N_1 = \int_{D_{01}}^{D_{th}} \frac{\mathrm{d}D}{2\left[\frac{2\sigma'_f}{\sqrt{3}}(1-\sigma_m/\sigma'_f)\alpha^{-m'}\sqrt{D_{2fc}}\right]^{-m'}\left(\frac{K_\sigma}{\varepsilon_\sigma\beta_\sigma}\times\frac{\Delta\sigma_{4equ}}{\sqrt{3}}\right)^{m'}D}$$

$$= \int_{0.0117}^{0.219} \frac{\mathrm{d}D}{2\times\left[\frac{2\times1115}{\sqrt{3}}(1-22.75/1115)\alpha\times{}^{-8.13}\sqrt{21.56}\right]^{-8.13}\times\left(\frac{3.6}{0.81\times1}\times\frac{27.9}{\sqrt{3}}\right)^{8.13}\times D}$$

$$= \int_{0.0117}^{0.219} \frac{\mathrm{d}D}{2.66 \times 10^{-24} \times \left(\dfrac{3.6}{0.81 \times 1}27.9\right)^{8.13} \times D}$$

$$= \int_{0.0117}^{0.219} \frac{\mathrm{d}D}{2.66 \times 10^{-24} \times 1.2023 \times 10^{15} \times D} = 916002126\,(\mathrm{cycle})$$

（2）再计算从损伤门槛值 D_{th} 至损伤临界值 D_{1fc} 的寿命 N_2：

$$N_2 = \int_{D_{\mathrm{th}}}^{D_{\mathrm{1fc}}} \frac{\mathrm{d}D}{2\left[\dfrac{2\sigma'_{\mathrm{f}}}{\sqrt{3}}(1 - \sigma_{\mathrm{m}}/\sigma'_{\mathrm{f}})\alpha \sqrt[-m']{D_{2\mathrm{fc}}}\right]^{-m'} \left(\dfrac{K_\sigma}{\varepsilon_\sigma \beta_\sigma} \times \dfrac{\Delta\sigma_{4\mathrm{equ}}}{\sqrt{3}}\right)^{m'} D}$$

$$= \int_{0.219}^{4.641} \frac{\mathrm{d}D}{2 \times \left[\dfrac{2 \times 1115}{\sqrt{3}}(1 - 22.75/1115)\alpha \times \sqrt[-8.13]{21.56}\right]^{-8.13} \times \left(\dfrac{3.6}{0.81 \times 1} \times \dfrac{27.9}{\sqrt{3}}\right)^{8.13} \times D}$$

$$= \int_{0.219}^{4.641} \frac{\mathrm{d}D}{2.66 \times 10^{-24} \times 1.2023 \times 10^{15} \times D} = 954815742\,(\mathrm{cycle})$$

（3）计算全过程寿命 $\sum N$：

$$\sum N = N_1 + N_2 = 916002126 + 954815742 = 1870817868\,(\mathrm{cycle})$$

由此可见，对同样 45 中碳钢制成的曲轴，在上述复杂应力状态下，用两种强度理论建立的损伤寿命计算式计算得出的数据非常接近。

1.4　疲劳载荷下全过程损伤速率和寿命预测连接计算

对于无缺陷（先前无损伤）的材料与构件，在疲劳载荷下，国内外诸多学者曾对低周、高周和超高周循环下材料的损伤行为，提出过诸多的寿命预测模型，作出了宝贵的贡献。一般来说，国内外的许多方程通常都是用一个方程描述和计算全过程材料损伤行为的表现。在本书中，前文 1.2 节和 1.3 节中所建议的计算式，也是属于这类形式。

但是，作者反复研究，对于先前无缺陷的材料，在低周、高周循环下，材料损伤演变行为在整个演化过程中实际上是不相同的；特别是在超高周疲劳载荷下，整个漫长的演变中的不同阶段，其损伤行为表现出更加明显的区别，因此有时难以用相同的数学模型去表述它在不同阶段上不同行为的表现。从这个角度看，1.2 节和 1.3 节中的数学模型在有些情况下不能表达和计算全过程的行为表现，它只能符合全过程中某一区间的材料行为和计算。因此，应该用不同的形式和方程式去描述和计算。这个新的形式，后文被称为全过程连接方程。

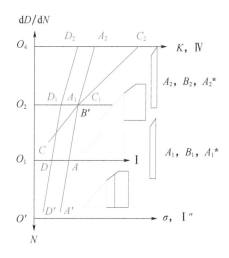

图 1－40　双对数坐标系中的全过程疲劳损伤速率和寿命简化曲线

这一节分为如下主题：

＊在低周疲劳下全过程损伤速率和寿命预测连接计算，它对应于图 1－40 中正向曲线 CC_1C_2 与反向曲线 C_2C_1C；

＊高周疲劳下全过程损伤寿命预测连接计算，它对应于图 1－40 中正向曲线 $AA_1A_2(\sigma_m=0)$ 和 $DD_1D_2(\sigma_m\neq0)$，反向曲线 $A_2A_1A(\sigma_m=0)$ 和 $DD_1D_2(\sigma_m\neq0)$；

＊超高周疲劳下全过程损伤寿命预测连接计算，它对应于图 1－40 中正向曲线 $A'AA_1A_2(\sigma_m=0)$ 和 $D'DD_1D_2(\sigma_m\neq0)$，反向曲线 $A_2A_1AA'(\sigma_m=0)$ 和 $D_2D_1DD'(\sigma_m\neq0)$。

这一部分更详细的计算参阅第 2 章相应的章节，这里仅做简略介绍。

1.4.1　低周疲劳下全过程损伤速率和寿命预测连接计算

1. 低周疲劳下全过程损伤速率连接计算

对于先前无缺陷的材料，在低周疲劳下，因为加载力产生的应力通常等于、大于屈服应力，应力与寿命之间的关系反应不敏感，应变与损伤寿命之间比较敏感，所以初始萌生损伤的寿命被忽略了。因此其应变与损伤速率、寿命之间的关系在以往的计算式中都用同一数学模型来表达。实际上，损伤演变行为在整个过程中是不相同的。从理论上说，在低周疲劳下的损伤速率，若用应力表达，应该有两个阶段速率计算式，例如：

$$\mathrm{d}D_1/\mathrm{d}N_1 \leqslant \mathrm{d}D_{tr}/\mathrm{d}N_{tr} \leqslant \mathrm{d}D_2/\mathrm{d}N_2 (\mathrm{damage-unit/cycle}) \qquad (1-357)$$

式中：$\mathrm{d}D_1/\mathrm{d}N_1$ 为第一阶段损伤速率。

对于线弹性材料，第一阶段损伤速率用下式计算：

$$\mathrm{d}D_1/\mathrm{d}N_1 = 2\,(2\sigma_{\mathrm{f}}^{\prime-m'}\sqrt{D_{1\mathrm{fc}}})^{-m'}\Delta\sigma^{m'}D_1\,(\mathrm{damage-unit/cycle})\quad(1-358)$$

对于弹塑性材料，第一阶段损伤速率应该是

$$\mathrm{d}D_1/\mathrm{d}N_1 = 2(2K')^{-m'}(2\varepsilon_{\mathrm{f}}^{\prime-\lambda'}\sqrt{D_{2\mathrm{fc}}})^{-\lambda'}(\Delta\sigma_i)^{m'}D_1\,(\mathrm{damage-unit/cycle})$$
$$(1-359)$$

式（1-357）中的 $\mathrm{d}D_2/\mathrm{d}N_2$ 是第二阶段阶段的速率，建议用以下经验计算式计算。

对于线弹性材料，建议用下式计算：

$$\mathrm{d}D_2/\mathrm{d}N_2 = B'\big[0.5(\Delta\sigma/2)\sigma'_{\mathrm{s}}(\Delta\sigma/2\sigma'_{\mathrm{s}}+1)(\sqrt{\pi D})^3/E\big]^{\frac{m'\lambda'}{m'+\lambda'}}(\mathrm{damage-unit/cycle})$$
$$(1-360)$$

对于弹塑性材料，建议用下式计算：

$$\mathrm{d}D_2/\mathrm{d}N_2 = 2\,\big[\,(\pi\sigma'_{\mathrm{s}}(\sigma'_{\mathrm{f}}/\sigma'_{\mathrm{s}}+1)D_{1\mathrm{fc}}/E)\,\big]^{-\lambda'}v_{\mathrm{pv}}$$
$$\Big[\frac{0.5\pi\sigma'_{\mathrm{s}}y_2(\Delta\sigma/2\sigma'_{\mathrm{s}}+1)D}{E}\Big]^{\lambda'}(\mathrm{damage-unit/cycle})$$
$$(1-361)$$

式（1-357）中的 $\mathrm{d}D_{\mathrm{tr}}/\mathrm{d}N_{\mathrm{tr}}$ 是两个阶段之间在过渡点上的损伤速率，它可以用第一阶段和第二阶段的速率方程联立求解。

式（1-357）～式（1-361）都是对图 1-40 中的正向曲线 CC_1C_2 在数学上的描述和表达。

2. 低周疲劳下全过程损伤体寿命预测的连接计算

对于先前无缺陷的材料，其全过程寿命的计算，对于不同性能的材料，应该用不同计算式进行预测计算。

对于线弹性材料，用应力表达时，表达如下：

$$\sum N = N_1 + N_2 = \int_{D_{01}}^{D_{\mathrm{tr}}}\frac{\mathrm{d}D}{A'_1\Delta\sigma^{m'}D} +$$

$$\int_{D_{\mathrm{tr}}}^{\alpha D_{1\mathrm{fc}}}\frac{\mathrm{d}D}{B'_2\big[0.5(\Delta\sigma/2)\sigma'_{\mathrm{s}}(\Delta\sigma/2\sigma'_{\mathrm{s}}+1)(\sqrt{\pi D})^3/E\big]^{\frac{m'\lambda'}{m'+\lambda'}}}(\mathrm{cycle})$$
$$(1-362)$$

综合材料常数计算如下：

$$A'_1 = 2(2\sigma_{\mathrm{f}}^{\prime-m'}\sqrt{D_{1\mathrm{fc}}})^{-m'}(\mathrm{MPa \cdot damage-unit}^{-m'} \cdot \mathrm{damage-unit/cycle})$$
$$(1-363)$$

$$B'_2 = 2 \left[\frac{\sigma'_f \sigma'_s (\sigma'_f / \sigma'_s + 1)}{E} \left(\sqrt{\pi D_{1fc}} \right)^3 \right]^{-\frac{m'\lambda'}{m' + \lambda'}} v_{pv} \qquad (1-364)$$

式中:$v_{pv} = 2 \times 10^{-4}$。

对于弹塑性材料,用应力 - 应变表达全过程寿命预测计算式,应该是

$$\sum N = N_1 + N_2 = \int_{D_{01}}^{D_{tr}} \frac{\mathrm{d}D}{A_1^* \, \Delta\sigma^{m'} D}$$

$$+ \int_{D_{tr}}^{\alpha D_{1fc}} \frac{\mathrm{d}D}{B_2^* \left[0.5\pi\sigma'_s (\Delta\sigma/2\sigma'_s + 1) D/E \right]^{\lambda'}} (\text{cycle}) \qquad (1-365)$$

综合材料常数计算如下:

$$A_1^* = 2 \, (2K'\alpha)^{-m'} \left(2\varepsilon'_f {}^{-\lambda'} \sqrt{D_{2fc}} \right)^{-\lambda'} \qquad (1-366)$$

$$B_2^* = 2 \left[\pi\sigma'_s (\sigma'_f / \sigma_s + 1) D_{1fc} / E \right]^{-\lambda'} v_{pv} \qquad (1-367)$$

式中:$v_{pv} = 2 \times 10^{-5}$。

式(1-362)~式(1-367)都是对图1-40中反向曲线 $C_2 C_1 C$ 在数学上的描述和表达。

1.4.2　高周疲劳下全过程损伤速率和寿命预测连接计算

对于无缺陷的线弹性材料与塑性材料,当它在低应力 $\sigma < \sigma_s(= \sigma_y)$ 或高周疲劳下发生损伤时,它们的行为在整个过程演变中的表现,在不同阶段,有明显的不同。在全过程中,有的材料要分为两个阶段计算,有的材料要分为三个阶段计算。下面提供不同材料和不同加载条件下的计算式,供参考和选用。更详细的计算参见第2章。

1. 高周疲劳下全过程损伤速率连接计算

针对材料行为综合图中的正向曲线 $A'A_1BA_2(R = -1, \sigma_m = 0)$ 和 $D'D_1B'_1D_2$ $(R \neq -1, \sigma_m \neq 0)$,为了对其全过程演化行为进行数学上的表达,在应力逐渐增加的条件下,其简化的全过程损伤速率连接方程形式为

$$(\mathrm{d}D/\mathrm{d}N)_{D_{0\to mes\to mac}} < (\mathrm{d}D/\mathrm{d}N)_{D_{mac\to grow}} < (\mathrm{d}D/\mathrm{d}N)_{D_{grow\to eff}} \qquad (1-368)$$

式中:$(\mathrm{d}D/\mathrm{d}N)_{D_{0\to mes\to mac}}$ 为从初始损伤萌生值 D_0 和细观损伤 D_{mes} 扩展至宏观损伤(D_{mac})前的阶段速率,这一过程被定义为第一阶段;$(\mathrm{d}D/\mathrm{d}N)_{D_{mac\to grow}}$ 为宏观损伤形成后至宏观损伤扩展阶段的速率,这一过程被定义为第二阶段;$(\mathrm{d}D/\mathrm{d}N)_{D_{grow\to eff}}$ 为宏观损伤扩展(grow)至最后材料失效前有效值(effective)的速率,这一过程,对于线性材料,属于第二阶段,对于弹塑性、塑性材料被定义第

三阶段。

针对上述简化连接方程,对于不同材料,提出两类计算式。

(1) 对于无损伤的线弹性材料,它通常只有两个阶段,从微观损伤萌生到宏观损伤形成阶段,其细观损伤扩展速率方程如下:

$$(\mathrm{d}D/\mathrm{d}N)_{D_0 \to D_{\mathrm{mac}}} = (A_1' \Delta H'^{m'})_{D_0 \to D_{\mathrm{mac}}} (\mathrm{damage} - \mathrm{unit}/\mathrm{cycle}) \quad (1-369)$$

损伤应力强度因子范围值为

$$\Delta H' = \Delta\sigma \sqrt[m']{D_1} \ (\mathrm{MPa} \cdot \sqrt[m']{\mathrm{damage} - \mathrm{unit}}) \quad (1-370)$$

综合材料常数计算式为

$$A_1' = 2 \ (2\sigma_{\mathrm{f}}' \alpha^{-\sqrt[m']{D_{1\mathrm{fc}}}})^{-m'} \ (\sigma_{\mathrm{m}} = 0) \quad (1-371)$$

$$A_1' = 2 \ [2\sigma_{\mathrm{f}}'(1-R) \alpha^{-\sqrt[m']{D_{1\mathrm{fc}}}}]^{-m'} \ (\sigma_{\mathrm{m}} \neq 0) \quad (1-372)$$

但是,宏观损伤形成后的行为毕竟与细观损伤行为不同,因此结构式也不一样。这时,要考虑宏观损伤值的影响和修正,这里取修正系数为 φ。φ 是对无损伤材料引发的宏观损伤修正系数,同原先已存在缺陷而引发损伤的修正系数 $y(a/b)$(将在第 2 章中叙述)有所不同,因此速率方程为

$$(\mathrm{d}D/\mathrm{d}N)_{D_{\mathrm{mac}} \to D_{\mathrm{grow}}} = (A_2' \varphi \Delta K'^{m'2})_{D_{\mathrm{mac}} \to D_{\mathrm{grow}}} \quad (1-373)$$

综合材料常数为

$$A_2' = 2(2\sigma_{\mathrm{f}}' \sqrt{\beta\pi D_{1\mathrm{fc}}})^{-m'2} \quad (1-374)$$

损伤应力强度因子由下式求出:

$$\Delta K' = \varphi\Delta\sigma \sqrt{\pi D} \quad (1-375)$$

(2) 对于原来无损伤的弹塑性材料,受损伤后全过程速率连接方程与上述不同,它通常有三个阶段,而且综合材料常数的表达式也不一样。

这类材料从初始微观损伤萌生到宏观损伤形成阶段,其细观损伤扩展速率方程如下:

$$(\mathrm{d}D/\mathrm{d}N)_{D_0 \to D_{\mathrm{mac}}} = (A_1' \Delta G'^{m'})_{D_0 \to D_{\mathrm{mac}}} (\mathrm{damage} - \mathrm{unit}) \quad (1-376)$$

之后,损伤会继续扩展,速率方程结构式也相似,即

$$(\mathrm{d}D/\mathrm{d}N)_{D_{\mathrm{mac}} \to D_{\mathrm{grow1}}} = (A_1' \Delta G'^{m'})_{D_{\mathrm{mac}} \to D_{\mathrm{grow1}}} \quad (1-377)$$

上述两式中的损伤应力强度因子范围值为

$$\Delta G' = \Delta\sigma \sqrt[m']{D_1} \ (\mathrm{MPa} \cdot \sqrt[m']{\mathrm{damage} - \mathrm{unit}}) \quad (1-378)$$

这类材料的综合材料常数计算表达式如下。

对于 $R = -1$、$\sigma_{\mathrm{m}} = 0$:

$$A_1' = 2(2K')^{m'} (2\varepsilon_{\mathrm{f}}'^{-\lambda'} \sqrt[\lambda']{D_{2\mathrm{fc}}})^{-\lambda'} \quad (1-379)$$

对于 $R \neq 1$、$\sigma_{\mathrm{m}} \neq 0$:

$$A_1' = 2\left[2K'\alpha(1-R)\right]^{m'}(2\varepsilon_f'{}^{-\lambda'}\sqrt{D_{2fc}})^{-\lambda'} \tag{1-380}$$

宏观损伤扩展行为的损伤速率计算式仍是

$$(\mathrm{d}D/\mathrm{d}N)_{D_{\mathrm{grow1}} \to D_{\mathrm{grow2}}} = (A_2'\varphi\Delta K'^{m'2})_{D_{\mathrm{grow1}} \to D_{\mathrm{grow2}}} \tag{1-381}$$

上面所述的内容,如果用应力形式详细写出它们的结构,应该是如下表达式。

(1) 对于线弹性材料,用两个方程连接计算,对于 $R = -1$、$\sigma_{\mathrm{m}} = 0$,曲线 $A_1B'A_2$ 的过渡点也是正向曲线的 A_1,此时此曲线的全过程损伤速率连接方程的表达式是

$$(\mathrm{d}D/\mathrm{d}N)_{D_0 \to D_{\mathrm{mac}}} = \left[2\left(2\sigma_f'{}^{m'}\sqrt{D_{1fc}}\right)^{-m'}\Delta\sigma^{m'}D\right]_{D_0 \to D_{\mathrm{mac}}} < \left(\frac{\mathrm{d}D}{\mathrm{d}N}\right)_{D_{\mathrm{mac}} \to D_{\mathrm{grow}}}$$

$$= \left[\frac{(\varphi\Delta\sigma_i\sqrt{\pi D})^{m'2}}{2\left(2\sigma_f'\sqrt{\beta\pi D_{1fc}}\right)^{m'2}}\right]_{D_{\mathrm{mac}} \to D_{\mathrm{grow}}} (\mathrm{damage} - \mathrm{unit/cycle})$$

$$\tag{1-382}$$

但对于 $R \neq -1$、$\sigma_{\mathrm{m}} \neq 0$,其正向曲线 DD_1D_2 的过渡点 a_{tr} 在曲线的 D_1 点,此时此曲线全过程损伤速率连接方程的表达式是

$$(\mathrm{d}D/\mathrm{d}N)_{D_0 \to D_{\mathrm{mac}}} = \left\{2\left[2\sigma_f'(1-R)\alpha^{-m'}\sqrt{D_{1fc}}\right]^{-m'}\Delta\sigma^{m'}D\right\}_{D_0 \to D_{\mathrm{mac}}} < \left(\frac{\mathrm{d}D}{\mathrm{d}N}\right)_{D_{\mathrm{mac}} \to D_{\mathrm{grow}}}$$

$$= \left\{\frac{(\varphi\Delta\sigma_i\sqrt{\pi D})^{m'2}}{2\left[2\sigma_f'(1-R)\alpha\sqrt{\beta\pi D_{1fc}}\right]^{m'2}}\right\}_{D_{\mathrm{mac}} \to D_{\mathrm{grow}}} (\mathrm{damage} - \mathrm{unit/cycle})$$

$$\tag{1-383}$$

(2) 对于弹塑性材料,全过程损伤速率连接方程用三个方程描述,对于 $R = -1, \sigma_{\mathrm{m}} = 0$:

$$(\mathrm{d}D/\mathrm{d}N)_{D_0 \to D_{\mathrm{mac}}} = \left[2(2\sigma_f')^{-m'}\alpha_1(2\varepsilon_f'{}^{-\lambda'}\sqrt{D_{2fc}})^{-\lambda'}\Delta\sigma^{m'}D\right]_{D_0 \to D_{\mathrm{mac}}} < \left(\frac{\mathrm{d}D}{\mathrm{d}N}\right)_{D_{\mathrm{mac}} \to D_{\mathrm{grow1}}}$$

$$= \left[2(2\sigma_f')^{-m'}\alpha_2(2\varepsilon_f'{}^{-\lambda'}\sqrt{D_{2fc}})^{-\lambda'}\Delta\sigma^{m'}D\right]_{D_{\mathrm{mac}} \to D_{\mathrm{grow1}}} < \left(\frac{\mathrm{d}D}{\mathrm{d}N}\right)_{D_{\mathrm{grow1}} \to D_{\mathrm{grow2}}}$$

$$= \left\{\frac{(\varphi\Delta\sigma_i\sqrt{\pi D})^{m'2}}{2\left[2\sigma_f'(1-R)\alpha_2\sqrt{\beta\pi D_{2fc}}\right]^{m'2}}\right\}_{D_{\mathrm{grow1}} \to D_{\mathrm{grow2}}} (\mathrm{damage} - \mathrm{unit/cycle})$$

$$\tag{1-384}$$

式中:α_1、α_2 为与材料性能有关的修正系数,要用实验确定;D_{2fc} 为对应于断裂应力 σ_f' 的损伤临界值;β 为有效值修正系数。

对于 $R \neq -1$、$\sigma_{\mathrm{m}} \neq 0$:

$$\left(\frac{\mathrm{d}D}{\mathrm{d}N}\right)_{D_0 \to D_{\mathrm{mac}}} = \left\{ 2\left[2\sigma_{\mathrm{f}}'(1-R)\right]^{-m'} \alpha_1 \left(2\varepsilon_{\mathrm{f}}'^{-\lambda'}\sqrt{D_{2\mathrm{fc}}}\right)^{-\lambda'} \Delta\sigma^{m'} D \right\}_{D_0 \to D_{\mathrm{mac}}}$$

$$< \left(\frac{\mathrm{d}D}{\mathrm{d}N}\right)_{D_{\mathrm{mac}} \to D_{\mathrm{grow1}}}$$

$$= \left\{ 2\left[2\sigma_{\mathrm{f}}'(1-R)\right]^{-m'} \alpha_1 \left(2\varepsilon_{\mathrm{f}}'^{-\lambda'}\sqrt{D_{2\mathrm{fc}}}\right)^{-\lambda'} \Delta\sigma^{m'} D \right\}_{D_{\mathrm{mac}} \to D_{\mathrm{grow1}}}$$

$$< \left(\frac{\mathrm{d}D}{\mathrm{d}N}\right)_{D_{\mathrm{grow1}} \to D_{\mathrm{grow2}}}$$

$$= \left\{ \frac{\left(\varphi\Delta\sigma_i \sqrt{\pi D}\right)^{m'_2}}{2\left[2\sigma_{\mathrm{f}}'\alpha_2(1-R)\sqrt{\beta\pi D_{2\mathrm{fc}}}\right]^{m'_2}} \right\}_{D_{\mathrm{grow1}} \to D_{\mathrm{grow2}}} \quad (\text{damage}-\text{unit}/\text{cycle})$$

$$(1-385)$$

式中:m'_2 为后阶段速率方程指数,可用前阶段指数 m' 转换,用下式计算:

$$m'_2 = \frac{m'\lg\sigma_{\mathrm{s}}' + \lg(D_{\mathrm{tr}} \times 10^{11})}{\lg\sigma_{\mathrm{s}}' + \dfrac{1}{2}\lg(\pi D_{\mathrm{tr}} \times 10^{11})}$$

$$(1-386)$$

式中:$m' = 1/b'$;$D_{\mathrm{tr}} \approx D_{\mathrm{mac}}$,为细观与宏观损伤之间的损伤过渡值。

计算实例

高强度钢 40CrMnSiMoVA(GC-4)[11] 的材料性能数据如下:弹性模量 $E = 200100$;疲劳极限 $\sigma'_{-1} = 718\mathrm{MPa}$;低周疲劳下的数据列于表 1-52 中。

表 1-52　40CrMnSiMoVA(GC-4)钢低周疲劳下的性能数据

K'	n'	σ_{f}'	b'	m'	$\varepsilon_{\mathrm{f}}'$	c'	λ'
3411	0.14	3501	-0.1054	9.488	2.884	-0.8732	1.1452

其他数据:应力集中系数 $K_{\mathrm{t}} = 1$;应力比 $R = 0.1$;疲劳载荷下屈服应力 $\sigma_{\mathrm{s}}' = 1757\mathrm{MPa}$。

假定此材料初始损伤 $a_0 = 0.02\mathrm{mm}$,在疲劳载荷下 $\sigma_{\max} = 1065\mathrm{MPa}$,$\sigma_{\min} = 106.5\mathrm{MPa}$,试计算如下要求的数据:

(1)假设初始萌生损伤值 $D_0 = 0.02\mathrm{damage}-\mathrm{unit}$,计算此值对应的初始速率;

(2)计算细观损伤门槛值 D_{th},计算细观损伤和宏观损伤之间过渡值 D_{tr} 对应的速率;

(3)计算临界值之前稳定扩展有效值 $D_{\mathrm{eff}} = 0.6D_{1\mathrm{fc}}$ 对应的损伤扩展速率。

计算方法和步骤如下。

1）相关参数的计算

（1）应力范围计算。

$$\Delta\sigma = 1065 - 106.5 = 958.5\text{MPa}$$

（2）损伤门槛值 D_{th} 与过渡值 D_{tr} 计算。

$$D_{\text{th}} = 0.564^{\frac{1}{0.5+b'}} = 0.564^{\frac{1}{0.5+(-0.1054)}} = 0.234(\text{damage} - \text{unit})$$

$$D_{\text{tr}} = \left(\sigma_{\text{s}}'^{(1-n')/n'} \frac{E\pi^{1/(2n')}}{K'^{1/n'}} \right)^{\frac{2m'n'}{2n'-m'}}$$

$$= \left(1757^{(1-0.14)/0.14} \times \frac{201000 \times \pi^{1/(2\times0.14)}}{K'^{1/0.14}} \right)^{\frac{2\times9.488\times0.14}{2\times0.14-9.488}}$$

$$= \left(1757^{6.143} \times \frac{201000 \times \pi^{3.571}}{3411^{7.143}} \right)^{-0.2885} = 0.3074(\text{damage} - \text{unit})$$

（3）屈服与断裂应力对应临界值的计算。

屈服应力 $\sigma_{\text{s}}' = 1757\text{MPa}$ 对应的临界值是

$$D_{\text{1fc}} = \left(\sigma_{\text{s}}'^{(1-n')/n'} \frac{E\pi^{1/(2n')}}{K'^{1/n'}} \right)^{-\frac{2m'n'}{2n'-m'}}$$

$$= \left(1757^{(1-0.14)/0.14} \times \frac{201000 \times \pi^{1/(2\times0.14)}}{K'^{1/0.14}} \right)^{-\frac{2\times9.488\times0.14}{2\times0.14-9.488}}$$

$$= \left(1757^{6.143} \times \frac{201000 \times \pi^{3.571}}{3411^{7.143}} \right)^{0.2885} = 3.25(\text{damage} - \text{unit})$$

断裂应力对应的临界值为 3501MPa，

在上式中，代入断裂应力 σ_{f}'，求得 $D_{\text{2fc}} = 11.04\text{damage} - \text{unit}$。

（4）细观损伤和宏观损伤速率方程指数的转换计算。

$$m_2' = \frac{m'\lg\sigma_{\text{s}}' + \lg(D_{\text{tr}} \times 10^{11})}{\lg\sigma_{\text{s}}' + 0.5 \times \lg(\pi D_{\text{tr}} \times 10^{11})}$$

$$= \frac{9.488 \times \lg1757 + \lg(0.3074 \times 10^{11})}{\lg1757 + 0.5 \times \lg(\pi \times 0.3074 \times 10^{11})} = 4.7$$

2）损伤扩展速率计算

（1）初始损伤速率计算。

第一阶段损伤综合材料常数计算：

$$A_1' = 2\left[2\sigma_{\text{f}}'(1-R)^{-m'}\sqrt{D_{\text{1fc}}} \right]^{m'}$$

$$= 2 \times \left[2 \times 3501 \times (1-0.1)^{-9.488}\sqrt{3.25} \right]^{-9.488}$$

144

$$= 5.8 \times 10^{-36}$$

因此,初始损伤速率为

$$dD_1/dN_1 = 2 \left[2\sigma_f'(1-R)^{-m'}\sqrt{D_{1fc}} \right]^{-m'} \Delta\sigma^{m'} D_0$$

$$= 2 \times \left[2 \times 3501 \times (1-0.1) \times {}^{-9.488}\sqrt{3.25} \right]^{-9.488} \times (958.5)^{9.488} \times 0.02$$

$$= 5.8 \times 10^{-36} \times (958.5)^{9.488} \times a$$

$$= 1.13 \times 10^{-7} \times 0.02$$

$$= 2.03 \times 10^{-9} (\text{damage} - \text{unit/cycle})$$

（2）损伤门槛速率计算。

综合材料常数计算:

$$A_1' = 2 \left[2\sigma_f'(1-R)^{-m'}\sqrt{D_{1fc}} \right]^{m'}$$

$$= 2 \times \left[2 \times 3501 \times (1-0.1)^{-9.488}\sqrt{3.25} \right]^{-9.488} = 5.8 \times 10^{-36}$$

门槛值（在 0.234 damage － unit 时）速率的计算:

$$dD_1/dN_1 = 2 \left[2\sigma_f'(1-R)^{-m'}\sqrt{D_{1fc}} \right]^{-m'} \Delta\sigma^{m'} D_{th}$$

$$= 2 \times \left[2 \times 3501 \times (1-0.1) \times 1 \times {}^{-9.488}\sqrt{3.25} \right]^{-9.488} \times (958.5)^{9.488} \times 0.234$$

$$= 5.8 \times 10^{-36} \times (958.5)^{9.488} \times 0.234$$

$$= 1.13 \times 10^{-7} \times 0.234$$

$$= 2.64 \times 10^{-8} (\text{damage} - \text{unit/cycle})$$

这个速率数据的倒数为

$$N_1 = 1/(dD_1/dN_1) = 1/2.644 \times 10^{-8} = 37821483 (\text{cycle})$$

用此材料做了 25 个试件的实验,其实验平均寿命大于 1.0×10^7 cycle。如果考虑安全系数 $n = 5 \sim 20$ 做修正,那么,其计算结果与实验数据比较接近。

（3）细观损伤与宏观损伤过渡时（在 0.307damage － unit）的速率计算:

$$dD_1/dN_1 = 2 \left[2\sigma_f'(1-R)^{-m'}\sqrt{D_{1fc}} \right]^{-m'} \Delta\sigma^{m'} D_{tr}$$

$$= 2 \times \left[2 \times 3501 \times (1-0.1) \times 1 \times {}^{-9.488}\sqrt{3.25} \right]^{-9.488} \times (958.5)^{9.488} \times 0.3074$$

$$= 5.8 \times 10^{-36} \times (958.5)^{9.488} \times 0.234 = 1.13 \times 10^{-7} \times 0.3074$$

$$= 3.47 \times 10^{-8} (\text{damage} - \text{unit/cycle})$$

（4）临界值之前损伤稳定扩展有效值 $D_{eff} = \beta D_{1fc} = 0.6 D_{1fc}$ 对应的损伤速率计算如下。

综合材料常数计算:

$$A_2 = 2 \left[2\sigma_f'(1-R)\sqrt{0.6\pi D_{1fc}} \right]^{-m'2}$$

$$= 2 \times \left[2 \times 3501 \times (1-0.1) \times 1\sqrt{0.6 \times \pi \times 3.25} \right]^{-4.7}$$

$$= 3.924 \times 10^{-20} (\text{MPa} \cdot \sqrt{\text{damage} - \text{units}} \cdot \text{damage} - \text{unit/cycle})$$

对应于 $\Delta\sigma = 1065 - 106.5 = 958.5\text{MPa}$，用第二阶段损伤速率方程计算。

此时，在 $D_{\text{eff}} = 0.6D_{1\text{fc}} = 0.6 \times 3.25$ 时的损伤扩展速率应该是

$$dD_2/dN_2 = 2[2\sigma'_f(1-R)\sqrt{0.6\pi D_{1\text{fc}}}]^{-m'2}(\Delta\sigma\sqrt{\pi D_{1\text{fc}}})^{m'2}$$

$$= 2 \times [2 \times 3501 \times (1-0.1) \times \sqrt{0.6 \times \pi \times 3.25}]^{-4.7} \times (958.5 \times \sqrt{\pi \times 3.25})^{4.7}$$

$$= 9.5 \times 10^{-4}(\text{damage} - \text{unit/cycle})$$

2. 高周疲劳下全过程损伤体寿命预测的连接计算

对于原先无缺陷材料产生的损伤，对于某些高强度钢材和线弹性材料，如果它被加载在工作应力 $\sigma < \sigma'_s (= \sigma_y)$ 下，为了描述图 1-40 中横坐标轴 $O_{1\text{I}}$ 和 $O_{4\text{IV}}$ 之间的反向曲线 $A_2A_1AA'(\sigma_m = 0)$ 和 $D_2D_1DD'(\sigma_m \neq 0)$，在数学模型上建议采用如下连接计算式。

1）计算式 1

$$\sum N_i = N_1 + N_2 = \beta_1 \int_{D_0}^{D_{\text{mac}}} \frac{dD}{A'_1 \Delta H'^{m'}} + \beta_2 \int_{D_{\text{mac}}}^{D_{\text{eff}}} \frac{dD}{A'_1 \Delta K'^{m'2}} (\text{cycle})$$

$$(1-387)$$

式中：β_1 为第一阶段修正系数；β_2 为第二阶段修正系数；系数 β_1 和 β_2 在不同阶段与材料性能有关，与损伤尖端塑性区大小有关，必须用实验确定。

细观损伤应力因子 $\Delta H'$：

$$\Delta H' = \Delta\sigma \sqrt[m']{D_1} (\text{MPa} \cdot \sqrt[m']{\text{damage} - \text{unit}}) \qquad (1-388)$$

宏观损伤应力强度因子 $\Delta K'$：

$$\Delta K' = \varphi\Delta\sigma \sqrt{\pi D} (\text{MPa} \cdot \sqrt{\text{damage} - \text{unit}}) \qquad (1-389)$$

细观损伤综合材料常数有如下形式：

$$A'_1 = 2 (2\sigma'_f \sqrt[m']{D_{1\text{fc}}})^{-m'} (\sigma_m = 0) \qquad (1-390)$$

$$A'_1 = 2[2\sigma'_f(1-R)\sqrt[m']{D_{1\text{fc}}}]^{-m'} (\sigma_m \neq 0) \qquad (1-391)$$

到宏观损伤阶段，综合材料常数同细观损伤不同，是如下形式：

$$A'_2 = 2 (2\sigma'_f \sqrt{\pi D_{1\text{fc}}})^{-m'2} \qquad (1-392)$$

2）计算式 2

对于某些中低强度的弹塑性材料，如果它被加载在工作应力 $\sigma < \sigma_s (= \sigma_y)$ 下，为描述图 1-30 中横坐标轴 $O_{1\text{I}}$ 和 $O_{4\text{IV}}$ 之间的反向曲线 $A_2A_1AA'(\sigma_m = 0)$ 和 $D_2D_1DD'(\sigma_m \neq 0)$，在数学模型上建议用如下连接计算式：

$$\sum N_i = N_1 + N_2 + N_3 = \beta_1 \int_{D_0}^{D_{mac}} \frac{dD}{A_1^* \Delta G'^{m'}} +$$

$$\beta_1 \int_{D_{mac}}^{D_{grow1}} \frac{dD}{A_1^* \Delta G'^{m'}} + \beta_2 \int_{D_{grow1}}^{D_{2eff}} \frac{dD}{A_2' \Delta K'^{m'2}} (\text{cycle}) \qquad (1-393)$$

式中:$D_{mac} \cong D_{tr}$;系数 β_1 和 β_2 与材料性能、损伤尖端塑性区大小有关,由实验确定。

细观损伤因子 $\Delta G'$:

$$\Delta G' = \Delta\sigma \sqrt[m']{D_1} (\text{MPa} \cdot \sqrt[m']{\text{damage} - \text{unit}}) \qquad (1-394)$$

宏观损伤应力强度因子 $\Delta K'$:

$$\Delta K' = \varphi \Delta\sigma \sqrt{\pi D} (\text{MPa} \cdot \sqrt{\text{damage} - \text{unit}}) \qquad (1-395)$$

前两阶段的综合材料常数是如下形式:

对于 $R = -1$、$\sigma_m = 0$,有

$$A_1^* = 2 (2K')^{m'} (2\varepsilon_f'^{-\lambda'} \sqrt[\lambda']{D_{2fc}})^{-\lambda'} \qquad (1-396)$$

对于 $R \neq 1$、$\sigma_m \neq 0$,有

$$A_1^* = 2 [2K'(1-R)]^{m'} (2\varepsilon_f'^{-\lambda'} \sqrt[\lambda']{D_{2fc}})^{-\lambda'} \qquad (1-397)$$

最后一阶段,即宏观损伤阶段,其综合材料常数同细观损伤不同,是如下形式:

$$A_2' = 2 (2\sigma_f' \sqrt{\beta\pi D_{2fc}})^{-m'2} (\sigma_m = 0) \qquad (1-398)$$

$$A_2' = 2 [2\sigma_f'(1-R) \sqrt{\beta\pi D_{2fc}}]^{-m'2} (\sigma_m \neq 0) \qquad (1-399)$$

上述寿命预测计算结果,还必须考虑安全系数 n,这要根据工程设计的实际情况确定。寿命设计的不确定因素较多,安全系数范围很大,有时 $n = 5 \sim 20$。

计算实例

高强度钢 40CrMnSiMoVA(GC-4)[11],它在低周疲劳下的数据如下:

弹性模量 $E = 200100$;疲劳载荷下屈服应力 $\sigma_s' = 1757\text{MPa}$;循环强度系数 $K' = 3411$,应变硬化指数 $n' = 0.14$;疲劳强度系数 $\sigma_f' = 3501\text{MPa}$,疲劳强度指数 $b' = -0.1054$,$m_1' = 9.488$;疲劳延性系数 $\varepsilon_f' = 2.884$,疲劳延性指数 $c' = -0.8732$,$\lambda' = 1.1452$;试件应力集中系数 $K_t = 1$;对称循环下疲劳强度极限 $\sigma_{-1}' = 718\text{MPa}$。

已被计算过的数据如下:

应力范围 $\Delta\sigma = 958.5\text{MPa}$,应力幅 $\sigma_a = 479.3\text{MPa}$;临界损伤值 $D_{1fc} =$

3.25damage – unit；损伤过渡值 D_{tr} = 0.3074damage – unit；第二阶段速率或寿命方程指数 m_2 = 4.7。

假设此材料存在一细观缺陷(0.02damage – unit)，它被加载在各级载荷(如第一级载荷 σ_{max} = 1065MPa，σ_{min} = 106.5MPa，K_t = 1，R = 0.1)下产生表 1 – 53 中的各种应力，根据下述高周疲劳下全过程寿命计算式：

$$\Sigma N = N_1 + N_2 = \alpha_1 \int_{D_0}^{D_{tr}} \frac{\mathrm{d}D}{A'_1 \Delta\sigma^{m'} D} + \alpha_2 \int_{D_{tr}}^{D_{eff}} \frac{\mathrm{d}D_i}{A'_2 (\varphi\Delta\sigma \sqrt{\pi D})^{m_2}} (\text{cycle})$$

试计算如下要求的数据：

(1) 在确定载荷相应的应力下，从初始存在细观损伤值 D_0 = 0.02damage – unit 至过渡值 D_{tr} = 0.3074damage – unit 的第一阶段损伤体寿命；

(2) 在确定载荷相应的应力下，从过渡值 D_{tr} = 0.3074damage – unit 至损伤临界值 D_{1fc} = 3.25damage – unit 的第二阶段损伤体的寿命；

(3) 在确定载荷下全过程损伤体的寿命。

计算方法和步骤如下：

(1) 计算在确定载荷相应的应力下，从初始损伤值 D_0 = 0.02damage – unit 至过渡值 D_{tr} = 0.3074damage – unit 的第一阶段损伤体寿命。

此时，确定应力是 σ_{max} = 1065MPa，σ_{min} = 106.5MPa，$\Delta\sigma$ = 958.5MPa。

① 第一阶段综合材料常数计算如下：

$$A'_1 = 2 \left[2\sigma'_f (1 - R)^{-m'} \sqrt{D_{1fc}} \right]^{-m'}$$
$$= 2 \times \left[2 \times 3501 \times (1 - 0.1)^{-9.488} \sqrt{3.25} \right]^{-9.488}$$
$$= 5.80 \times 10^{-36}$$

② 计算相应应力下第一阶段寿命 N_1。

假定有效值修正系数 α = 0.5，按第一阶段计算式计算相应载荷应力(第一级应力范围958.5MPa)下的寿命：

$$N_1 = \beta \int_{D_0}^{D_{tr}} \frac{\mathrm{d}D_1}{2 \left[2\sigma'_f (1 - R)^{-m'} \sqrt{D_{1fc}} \right]^{-m'} \Delta\sigma^{m'} D_1}$$

$$= 0.5 \times \int_{0.02}^{0.3074} \frac{\mathrm{d}D_1}{2 \times \left[2 \times 3501 \times (1 - 0.1) \times {}^{-9.488}\sqrt{3.25} \right]^{-9.488} \times (958.5)^{9.488} \times D_1}$$

$$= 0.5 \times \int_{0.02}^{0.3074} \frac{\mathrm{d}D_1}{5.8 \times 10^{-36} \times (958.5)^{9.488} \times D_1}$$

$$= 12565345 (\text{cycle})$$

然后将表 1 - 53 中相应的应力范围值 $\Delta\sigma_i$ 代入上式中,从而计算出相应载荷下的第一阶段寿命 N_1。

(2) 计算在相应的应力下从过渡值 $D_{tr} = 0.3074$damage - unit 至损伤临界值 $D_{1fc} = 3.25$damage - unit 第二阶段的寿命,此时应该用第二阶段寿命计算式计算。

① 第二阶段综合材料常数计算如下:

$$A'_2 = 2\left[2\sigma'_f(1 - R)\sqrt{\pi D_{1fc}}\right]^{-m'_2} = 2 \times \left[2 \times 3501 \times (1 - 0.1) \times \sqrt{\pi 3.25}\right]^{-4.7}$$
$$= 1.18 \times 10^{-20}$$

② 计算第二阶段寿命 N_2。

假定有效值修正系数 $\beta = 0.31$、$\varphi = 1.0$,它的寿命应该是

$$N_2 = 0.31 \times \int_{D_{tr}}^{D_{eff}} \frac{\mathrm{d}D_2}{2\left[2\sigma'_f(1 - R)\sqrt{\pi D_{1fc}}\right]^{-m'_2}\left(\varphi\Delta\sigma\sqrt{\pi D_2}\right)^{m'_2}}$$

$$= 0.31 \times \int_{0.3074}^{3.25} \frac{\mathrm{d}D_2}{2 \times \left[2 \times 3501(1 - 0.1) \times \sqrt{\pi 3.25}\right]^{-4.7}\left(1 \times 958.5 \times \sqrt{\pi D_2}\right)^{4.7}}$$

$$= 60256(\mathrm{cycle})$$

然后将表 1 - 53 中的各级应力范围值 $\Delta\sigma_i$ 代入上式中,从而计算出相应载荷下的第二阶段寿命 N_2。

(3) 计算在确定载荷下的全过程损伤体寿命。

在确定应力是 $\sigma_{max} = 1065$MPa,$\sigma_{min} = 106.5$MPa,$\Delta\sigma = 958.5$MPa 下,全过程寿命如下:

$$\sum N = N_1 + N_2$$
$$= 12566345 + 60250$$
$$= 12626595(\mathrm{cycle})$$

(4) 取表 1 - 53 中的各级应力数据代入上文相应阶段的寿命计算式,从而计算出各对应应力下的寿命。计算得出的各寿命数据再写入表中。

在表 1 - 53 中,有第一和第二阶段在各级不同载荷下计算寿命与实验寿命数据的比较。

表 1 - 53　计算寿命与实验寿命数据的比较

$(\sigma_{max}/\sigma_{min})$/MPa	1065/106.5	1177/117.7	1304/130.4	1402/140.2
$(\Delta\sigma/\sigma)_a$/MPa	958.5/479.3	1059.3/530	1173.6/587	1262/631

$(\sigma_{\max}/\sigma_{\min})/\text{MPa}$	1065/106.5	1177/117.7	1304/130.4	1402/140.2
$N_1(\beta=0.5)/\text{cycle}$	12566345			
$N_2(\beta=0.31)/\text{cycle}$	60250	37661	23166	16539
$\sum N = N_1 + N_2/\text{cycle}$	12626595			
实验寿命 N_{test}[11]	>10000000	39990	23070	18810
试件数	25	8	5	5

从表 1-53 中可见，在各级载荷下用第一和第二阶段寿命计算式计算得出的寿命数据与实验数据比较接近。

1.4.3 超高周疲劳下全过程损伤速率和寿命预测连接计算

超高周疲劳下全过程损伤速率和寿命预测连接计算同高周疲劳下全过程损伤速率和寿命预测连接计算的方程和方法相类似。但是，它的应力水平低于疲劳极限，初始萌生损伤的起源有的在表面，有的在材料内部的次表面，形状像鱼眼一样。所以其行为演化较高周疲劳长阶段多，一般说来有三个阶段。对于弹塑性材料，作者认为，甚至可以分四个阶段用不同的模型来表达。这里只做简单介绍，可效仿高周疲劳下的计算模型和方法。

1. 超高周疲劳下全过程损伤速率连接计算

超高周疲劳下全过程损伤速率连接方程如下：

$$(\mathrm{d}D/\mathrm{d}N)_{D_0 \to D_{\text{th}}} < (\mathrm{d}D/\mathrm{d}N)_{D_{\text{th}} \to D_{\text{mac}}} < (\mathrm{d}D/\mathrm{d}N)_{D_{\text{mac}} \to D_{\text{grow}}} < (\mathrm{d}D/\mathrm{d}N)_{D_{\text{grow}} \to D_{\text{eff}}}$$

$$(1-400)$$

式中：$(\mathrm{d}D/\mathrm{d}N)_{D_0 \to D_{\text{th}}}$ 为初始损伤(D_0)至门槛损伤值(D_{th})的速率；其他符号与高周疲劳速率连接方程一样。

以线弹性材料为例，对于曲线 $AA_1B'A_2(R=-1,\sigma_{\text{m}}=0)$ 而言，此时其全过程损伤速率连接方程的表达式为

$$
\begin{aligned}
(\mathrm{d}D/\mathrm{d}N)_{D_0 \to D_{\text{mac}}} &= \left[2\left(2\sigma_{\text{f}}'\sqrt[m']{D_{1\text{fc}}}\right)^{-m'} \Delta\sigma^{m'} D \right]_{D_0 \to D_{\text{mac}}} < \left(\frac{\mathrm{d}D}{\mathrm{d}N}\right)_{D_{\text{th}} \to D_{\text{grow}}} \\
&= \left[2\left(2\sigma_{\text{f}}'\sqrt[m']{D_{1\text{fc}}}\right)^{-m'} \Delta\sigma^{m'} D \right]_{D_{\text{th}} \to D_{\text{grow}}} < \left(\frac{\mathrm{d}D}{\mathrm{d}N}\right)_{D_{\text{grow}} \to D_{\text{eff}}} \\
&= \left[\frac{\left(\varphi\Delta\sigma\sqrt{\pi D}\right)^{m'2}}{2\left(2\sigma_{\text{f}}'\sqrt{\pi D_{2\text{fc}}}\right)^{m'2}} \right]_{D_{\text{grow}} \to D_{\text{eff}}} \quad (\text{damage} - \text{unit/cycle})
\end{aligned}
$$

$$(1-401)$$

式($1-401$)中的符号同高周疲劳中的符号相同,其他计算式和计算方法也与高周损伤相类似,这里省略。

2. 超高周疲劳下全过程损伤寿命预测连接计算

超高周疲劳下全过程损伤寿命连接方程为

$$\sum N_{D_0 \to D_{\mathrm{eff}}} = N_1 + N_2 + N_3 \tag{1-402}$$

也以线弹性材料为例,对于曲线 $A_2 B' A_1 A (R = -1, \sigma_{\mathrm{m}} = 0)$ 而言,其全过程损伤寿命连接方程的表达式为

$$
\begin{aligned}
\sum N_i &= N_1 + N_2 + N_3 \\
&= \alpha_1 \int_{D_0}^{D_{\mathrm{th}}} \frac{\mathrm{d}D}{A'_1 \Delta H'^{m'_1}} + \alpha_2 \int_{D_{\mathrm{th}}}^{D_{\mathrm{mac}}} \frac{\mathrm{d}D}{A'_1 \Delta H'^{m'_1}} + \alpha_3 \int_{D_{\mathrm{mac}}}^{D_{\mathrm{eff}}} \frac{\mathrm{d}D}{A'_2 \Delta K'^{m'_2}} (\mathrm{cycle})
\end{aligned}
$$

$$\tag{1-403}$$

其他计算式和计算方法与高周疲劳损伤相类似。更详细的计算参阅第 2 章相应章节。

1.4.4　多轴疲劳下全过程损伤速率和寿命预测连接计算

多轴疲劳下全过程损伤速率和寿命预测连接计算,与前文单轴的低周、高周、超高周疲劳下不同,前文是只产生单向应力,这里要考虑两向或三向复杂应力下的低周、高周、超高周疲劳计算问题。考虑了这些区别后,多轴疲劳下全过程损伤速率和寿命预测连接计算的计算方法就能解决了。

1. 多轴疲劳下全过程损伤速率连接计算

多轴疲劳下全过程损伤速率连接计算方程的一般形式与前文也是相类似的,即

$$(\mathrm{d}D/\mathrm{d}N)_{D_0 \to D_{\mathrm{tr}}} < (\mathrm{d}D/\mathrm{d}N)_{D_{\mathrm{tr}} \to D_{\mathrm{grow}}} < (\mathrm{d}D/\mathrm{d}N)_{D_{\mathrm{grow}} \to D_{\mathrm{eff}}} \tag{1-404}$$

以高周疲劳为例,如果它是线弹性材料,加载条件为 $R = -1$、$\sigma_{\mathrm{m}} = 0$,即像曲线 $AA_1 B' A_2$ 那样演化,以第一损伤强度理论计算,此时其全过程损伤速率连接方程的表达式应该是如下形式:

$$
\begin{aligned}
(\mathrm{d}D/\mathrm{d}N)_{D_0 \to D_{\mathrm{tr}}} &= \left[2 \left(2\sigma'^{m'}_{\mathrm{f}} \sqrt{D_{\mathrm{1fc}}} \right)^{-m'} \Delta\sigma_{\mathrm{equ}}{}^{m'} D \right]_{D_0 \to D_{\mathrm{tr}}} < (\mathrm{d}D/\mathrm{d}N)_{D_{\mathrm{tr}} \to D_{\mathrm{eff}}} \\
&= \left[\frac{\left(\varphi \Delta\sigma_{\mathrm{equ}} \sqrt{\pi D} \right)^{m'_2}}{2 \left(2\sigma'_{\mathrm{f}} \sqrt{\beta \pi D_{\mathrm{2fc}}} \right)^{m'_2}} \right]_{D_{\mathrm{tr}} \to D_{\mathrm{eff}}} (\mathrm{damage} - \mathrm{unit/cycle})
\end{aligned}
\tag{1-405}
$$

式($1-405$)中的符号,与在复杂应力下和在高周疲劳下的速率方程相同,例如,$\Delta\sigma_{\mathrm{equ}}$ 是复杂应力下的当量应力;其他计算式和计算方法也同高周损伤相

类似,这里省略,还与复杂应力下疲劳损伤计算相应部分相类似。更详细的计算参阅第 2 章相应章节。

2. 多轴疲劳下全过程损伤体寿命预测连接计算

多轴疲劳下全过程损伤寿命连接计算式的一般形式为

$$(\sum N)_{D_0} = N_1 + N_2 \qquad (1-406)$$

也以高周疲劳为例,如果它是线弹性材料,加载条件为 $R = -1$、$\sigma_m = 0$,即像曲线 $A_2B'A_1A$ 那样演化,以第一损伤强度理论计算为例,此时其全过程损伤寿命连接方程的表达式为

$$\sum N_i = N_1 + N_2 = \int_{D_0}^{D_{tr}} \frac{\mathrm{d}D}{2\,(2\sigma'_f{}^{-m'}\sqrt{D_{1fc}})^{-m'}\Delta\sigma_{equ}{}^{m'}D} +$$

$$\int_{D_{tr}}^{D_{eff}} \frac{\mathrm{d}D}{2\,(2\sigma'_f\sqrt{\beta\pi D_{2fc}})^{-m'_2}(\varphi\Delta\sigma_{equ}\sqrt{\pi D})^{m'_2}}(\mathrm{cycle}) \qquad (1-407)$$

式(1-407)中的符号,与在复杂应力下和在高周疲劳下的寿命方程相同;其他计算式和计算方法也与复杂应力下疲劳损伤计算相类似,此处省述。更详细的计算参阅第 2 章相应章节。

参考文献

[1] YU Y G(Yangui Yu), JIANG X L, CHEN J Y, et al. The Fatigue Damage Calculated with Method of the Multiplication $\Delta\varepsilon_e\Delta\varepsilon_p$ Fatigue:Proceedings of the Eighth International Fatigue Congress June 3-7,2002[C]. Stockholm West Midlands EMAS,2002.

[2] 虞岩贵,徐枫. 弹塑性材料小损伤扩展行为计算方法的研究和应用[J]. 机械工程学报,2007,43(12):240-245.

[3] YU Y G(Yangui Yu). Calculations on Damages of Metallic Materials and Structures[M]. Moscow:KNORUS, 2019:193-204.

[4] YU Y G(Yangui Yu). Calculations on Fracture Mechanics of Materials and Structures[M]. Moscow:KNORUS, 2019:151-182.

[5] YU Y G(Yangui Yu). The Calculations of Crack Propagation Rate in Whole Process Realized with Conventional Material Constants[J]. Engineering and Technology, 2015,2(3):146-158.

[6] YU Y G(Yangui Yu). Calculations for Crack Growth Rate in Whole Process Realized with Two Kinks of Methods for Elastic-Plastic Materials Contained Crack[J]. Journal of Materials Sciences and Applications, 2015, 1(3):100-113.

[7] YU Y G(Yangui Yu), The Life Predictions in Whole Process Realized with Different Variables and Conventional Materials Constants for Elastic-Plastic Materials Behaviors under Unsymmet-

rical Cycle Loading[J]. Journal of Mechanics Engineering and Automation, 2015 (5) 241 – 250.

[8] YU Y G(Yangui Yu). Two Kinds of Calculation Methods in Whole Process and a Best New Comprehensive Figure of Metallic Material Behaviors[J]. Journal of Machanics Engineering and Automation, 2018(8):179 – 188.

[9] YU Y G(Yangui Yu). Calculations for Crack Growth Rate in Whole Process Realized with the Single Stress – Strain – Parameter Method for Elastic – Plastic Materials Contained Crack[J]. Journal of Materials Sciences and Applications, 2015, 1(3):98 – 106.

[10] YU Y G(Yangui Yu), MA Y H. The Calculation in whole Process Rate Realized with Two of Type Variable under symmetrical cycle for Elastic – Plastic Materials Behavior[C]. 19th European Conference on Fracture Kazan, Russia, 2012:26 – 31.

[11] YU Y G(Yangui Yu). Several Kinds of Calculation Methods on the Crack Growth Rates for Elastic – Plastic Steels[C]. 13th International Conference on fracture (ICF13), Beijing, China, 2013:16 – 21.

[12] 赵少汴,王忠保. 抗疲劳设计——方法与数据[M]. 北京:机械工业出版社,1997:90 – 109, 469 – 489.

[13] 机械设计手册(新版):第5卷[M]. 北京:机械工业出版社, 2004: 31 – 135,31 – 60, 31 – 136.

[14] 吴学仁. 飞机结构金属材料力学性能手册:第1卷[M]. 北京:航空工业出版社,1996: 392 – 395.

[15] YU Y G(Yangui Yu). Calculations on Damages of Metallic Materials and Structures[M]. Moscow: KNORUS, 2019:20 – 22.

[16] YU Y G(Yangui Yu). Calculations for Damage Strength to Linear Elastic Materials – The Genetic Elementsand Clone Technology in Mechanics and Engineering Fields[J]. Journal of Materials Sciences and Applications, 2016, 2(6):39 – 50.

[17] GB/T 19624—2004. Safety assessment for in – service pressure vessels containing defects. Beijing, 2005:24 – 26.

[18] YU Y G(Yangui Yu), JIANG X L, CHEN J Y, et al. The fatigue damage Calculated with Method of the Multiplication $\Delta\varepsilon_e\Delta\varepsilon_p$Fatigue 2002[C]. Proceedings of the Eighth International fatigue Congress, 2002,5(5):2815 – 2822.

[19] YU Y G(Yangui Yu), ZHAO E J. Calculations to Damage Evolving Rate under Symmetric Cyclic Loading, FATIGUE'99. Proceedings of the Seventh International Fatigue Congress, Beijing, 1999:1137.

[20] YU Y G(Yangui Yu). Life Predictions Based on Calculable Materials Constants from Micro to Macro Fatigue Damage Processes[J]. American Journal of Materials Research, 2014, 1(4): 59 – 73.

［21］MORROW J D. Fatigue Design handbook, Section 3. 2, SAE Advances in Engineering［J］. Society for Automotive Engineers, Warrendale, PA, 1968, 4：21 – 29.

［22］DRAGAN V E, YASNY P V. Growth Mechanism of A Small Crack Under The Torsion, Strength Problem［J］. Kiev, 1983, 1：38 – 42.

［23］HELLAN K. Introduction to Fracture Mechanics［M］. New York：McGraw – Hill Book Company, 1984.

［24］YU Y G(Yangui Yu). Calculations on Damages of Metallic Materials and Structures［M］. Moscow：KNORUS, 2019：48 – 58, 90 – 102.

［25］ASHBY M F, JONES D R H. Engineering Materials, An Introduction to Their Properties and Applications［M］. Oxford：Pergamon Press, 1980：145 – 147.

［26］SMITH K N, WATSON P, TOPPER T H. A Stress – Strain Function of the Fatigue of Metals ［J］. Journal of Materials, 1970, 5(4)：767 – 778.

［27］MORROW J D. Cyclic plastic Strain Energy and Fatigue of Metals［J］. In Internal Fraction, Damping, and Cyclic Plasticity, ASTM, West Conshohocken PA, 1965, 1(1)：45 – 86.

［28］YU Y G(Yangui Yu), Xu F. Studies and Applications of Calculation Methods on Small Crack Growth Behaviors for Elastic – Plastic Materials［J］. Chinese Journal of Mechanical Engineering, 2007, 43：240 – 245.

［29］YU Y G(Yangui Yu). Studies and Applications of Three Kinds of Calculation Methods by Describing Damage Evolving Behaviors for Elastic – Plastic Materials［J］. Chinese Journal of Aeronautics, 2006, 19(1)：52 – 58.

［30］YU Y G(Yangui Yu), PAN W G, LI Z H. Correlations Among Curve Equations and Materials Parameters in the Whole Process on Fatigue – damage Fracture of Components Key Engineering Materials［J］. Trans Tech Publications, 1997, 2：145 – 149.

［31］YU Y G(Yangui Yu), Calculations To Its Fatigue Damage Fracture And Total Life Under Many – Stage Loading For A Crankshaft［J］. Chinese Journal of Mechanical Engineering, 1994, 7(4)：281 – 288.

［32］G S BISALICU, A P YANCUVLEV, TRANSLATOR 材料力学手册［M］,中国建筑工业出版社［M］. 范钦珊,朱祖成,译. 北京：1981：209 – 213.

［33］刘鸿文. 材料力学：上册［M］. 北京：人民教育出版社,1979：204 – 238.

第2章 含缺陷材料损伤 速率和寿命预测计算

本章主要论及的主题正如第 1 章中对结构材料先前存在缺陷的论述和计算问题。在铸造或焊接等工艺过程中存在的这些缺陷,断裂力学中称为裂纹,其材料行为的演变,主要与此缺陷的形状和大小有着密切的联系。在外力作用下,此缺陷尖端产生的应力 - 应变场如何描述和计算,是当今断裂力学所论述的范畴。对此缺陷,本书将在不同阶段从理论上就材料受到损伤的扩展速率和寿命预测计算问题进行讨论。

首先从具体实例说起,以一般机器中的小型零件为例,如果是脆性和线弹性材料,原先存在的缺陷大小已大于 1mm;如果是弹塑性材料,原先存在的缺陷已大于 2mm。在这种情况下,可能只有一个阶段的强度和寿命,如图 2 - 1 所示,它的行为表现相当于横坐标轴 $O'_2 Ⅱ'$ 和 $O_4 Ⅳ$ 区间的剩余强度和剩余寿命。

如果材料是脆性和线弹性材料,原先存在的缺陷尺度大于门槛损伤值 D_{th} 或损伤过渡值 $D_{tr}(0.3mm)$,那它是相当于图 2 - 1 横坐标轴 $O_2 Ⅱ$ 和 $O'_2 Ⅱ'$ 区间的行为,可能有两个阶段的剩余强度和剩寿命,而这一阶段被称为第一阶段;然后损伤行为继续扩展,往横坐标轴 $O_2 Ⅱ$ 至横坐标轴 $O_4 Ⅳ$ 区间演化,即从宏观损伤演化至材料发生断裂阶段,这一阶段定义为第二阶段。但是,材料各有不同,其性能和行为也都不同。对于横坐标轴 $O'_2 Ⅱ'$ 和 $O_2 Ⅱ$ 之间的区间,对某些材料是属于第一阶段的行为;而对于另一些材料,却属于第二阶段的行为。

另外,如果是弹塑性材料,材料原先存在的缺陷很小,其尺度小于门槛损伤值 D_{th},这种情况下,材料行为的演变过程可能有三个阶段。

2.1 第一阶段损伤速率和寿命预测计算

本节分两个主题论述:

＊第一阶段损伤速率计算;

＊第一阶段损伤体寿命预测计算。

相关曲线如图 2 - 2 所示。

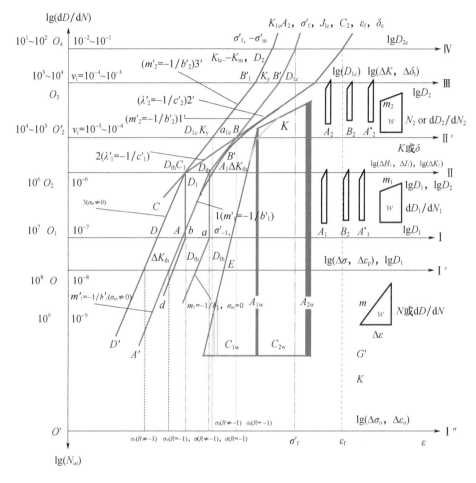

图 2-1　材料损伤行为演化各阶段与全过程曲线图[1-6]

2.1.1　第一阶段损伤速率计算

本节分如下几个主题论述：

＊低周疲劳下损伤速率计算；

＊高周疲劳下损伤速率计算；

＊超高周疲劳下损伤速率计算；

＊多轴疲劳下损伤速率计算。

1. 低周疲劳下损伤速率计算

众所周知,如果在疲劳载荷下,工作应力大于屈服应力 $\sigma > \sigma'_s$,那么,这种疲劳就称为低周疲劳。

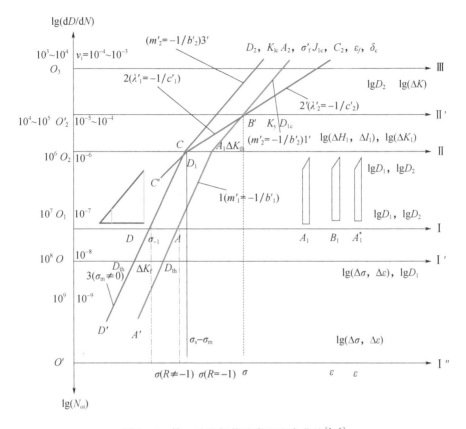

图 2-2　第一阶段损伤速率和寿命曲线[1-6]

苏联一位科学家 B. Z. Marroln[7]，曾就低周疲劳下的短裂纹的扩展速率提出了如下的计算式：

$$\mathrm{d}l/\mathrm{d}N = c\Delta\varepsilon_{\mathrm{p}}^{n}l \qquad (2-1)$$

而日本的科学家 Y. Murakami[8]也对短裂纹速率计算提出了如下方程：

$$\mathrm{d}l/\mathrm{d}N = B(\Delta\sigma/2)^{m}l \qquad (2-2)$$

上述两式中的 l 为短裂纹长度；n 和 m 为短裂纹速率扩展方程的指数；c 和 B 为材料常数，这些材料常数都是依赖于实验取得的数据，以此计算短裂纹的扩展速率。

作者发现，这些材料常数中，有的与某些具有固有特性的材料常数（如 σ_{f}'、b' 和 $\varepsilon_{\mathrm{f}}'$、$c'$）等存在着函数关系，是可以计算的。在图 2-2 中，对于某些弹塑性材料，在低周疲劳载荷下，如果要对横坐标轴 O_1 Ⅰ 和 O_2' Ⅱ′之间的区间曲线 C' CB'，针对细观损伤和宏观损伤之间的损伤值建立损伤速率方程，建议用如下几种方程计算。

1）方程1

如果在低周疲劳下想用应力 σ 和应变 ε 两参数表达在第一阶段的损伤速率，由于加载过程中应变发生的迟回环效应，应该用如下方程表达：

$$dD_1/dN_1 = A_1^* \Delta\sigma^{m'} D_1 (\text{damage} - \text{unit/cycle}) \qquad (2-3)$$

式中：A_1^* 为第一阶段的综合材料常数，它可以用下式计算：

$$A_1^* = 2K'^{-m'}(2\varepsilon_f'^{-\lambda'}\sqrt{\alpha D_{1fc}})^{-\lambda'}(\text{MPa}^{-m'} \cdot \text{damage} - \text{unit/cycle}) \qquad (2-4)$$

式中：D_{1fc} 为在疲劳载荷下与屈服应力 σ_s' 对应的损伤临界值；α 为有效值修正系数，在式（2-4）中，通常 $\alpha \approx 1$；在式（2-5）中，通常 $\alpha \approx 0.5$，但要用实验确定。

因此，第一阶段的损伤速率计算式为如下形式：

$$dD_1/dN_1 = 2K'^{-m'}(2\varepsilon_f'^{-\lambda'}\sqrt{\alpha D_{1fc}})^{-\lambda'}(\Delta\sigma/2)^{m1} D_1 (\text{damage} - \text{unit/cycle}) \qquad (2-5)$$

2）方程2

另一种损伤速率方程用应力参数计算，它的计算式是

$$dD_1/dN_1 = A_1^{\#}(\Delta\sigma/2)^{m'} D_1 \qquad (2-6)$$

这里的综合材料常数 $A_1^{\#}$ 为

$$A_1^{\#} = 2(K'\alpha)^{-m'}(2\varepsilon_f'^{-\lambda'}\sqrt{D_{2fc}})^{-\lambda'}(\text{MPa}^{-m'} \cdot \text{damage} - \text{unit/cycle}) \qquad (2-7)$$

式中：D_{2fc} 为在疲劳载荷下与断裂应力 σ_f' 对应的损伤临界值，在数值上与疲劳强度系数相等；α_1 有效值修正系数，$\alpha_1 \approx 1$。其完整的速率方程是

$$dD_1/dN_1 = 2(K'\alpha)^{-m'}(2\varepsilon_f'^{-\lambda'}\sqrt{D_{2fc}})^{-\lambda'}(\Delta\sigma/2)^{m'} D_1 \qquad (2-8)$$

3）方程3

第三种方法也是用应力参数计算，它是

$$dD_1/dN_1 = A_1'(\Delta\sigma/2)^{m'} D_1 (\text{damage} - \text{unit/cycle}) \qquad (2-9)$$

但是，这里的综合材料常数 A_1' 是另一种形式：

$$A_1' = 2(2\sigma_s'^{-m'}\sqrt{\alpha_1 D_{1fc}})^{-m'} \qquad (2-10)$$

式中：D_{1fc} 为屈服应力 σ_s' 对应的损伤临界值；α 为有效值修正系数，理论上一般是 $\alpha_1 \approx (0.5 \sim 0.55)$，当然也是取决于实验。所以其完整的速率方程应该为

$$dD_1/dN_1 = 2(2\sigma_s'^{-m'}\sqrt{\alpha_1 D_{1fc}})^{-m'}(\Delta\sigma/2)^{m'} D_1 \qquad (2-11)$$

计算实例

合金钢 30CrMnSiA 的材料性能数据列于表 2-1 中，在低周载荷下的性能数据列于表 2-2 中。如果由此材料制成的试件在低周对称循环加载下（$R = -1$），假定它在两种确定载荷下产生的应力幅为 $\sigma_a = \Delta\sigma/2 = 624\text{MPa}$ 和 $\Delta\sigma/2 = 905\text{MPa}$，试用两种速率方程分别计算对应于门槛损伤值的损伤速率。

表 2 - 1　合金钢 30CrMnSiA 在单调载荷下的性能数据[9]

材料	σ_b	$\sigma_{0.2}$	E	K	n	σ_f	ε_f
30CrMnSiA	1177	1105	203000	1476	0.063	1975	0.773

表 2 - 2　合金钢 30CrMnSiA 在低周载荷下的性能数据

材料	K'	n'	σ'_f	b'	ε'_f	c'
30CrMnSiA	1772	0.127	1864	−0.086	2.788	−0.7735

计算步骤和方法如下。

1) 相关参数计算

（1）方程指数计算：

$$m' = -1/(-0.086) = 11.64; \lambda' = -1/c' = -1/-0.7735 = 1.293$$

（2）疲劳载荷下的屈服应力 σ'_s 计算：

$$\sigma'_s = \left(\frac{E}{K'^{1/n'}}\right)^{\frac{n'}{n'-1}} = \left(\frac{203000}{1772^{1/0.127}}\right)^{\frac{0.127}{0.127-1}} = 889(\text{MPa})$$

（3）损伤门槛值计算：

$$D_{th} = 0.564^{\frac{1}{0.5+b}} = 0.564^{\frac{1}{0.5-0.086}} = 0.251(\text{damage} - \text{unit})$$

（4）对应于屈服应力下的损伤临界值 D_{1fc} 计算：

$$D_{1fc} = \left(\sigma'^{(1-n')/n'}_s \frac{E \times \pi^{1/(2n')}}{K'^{1/n'}}\right)^{-\frac{2m'n'}{2n'-m'}}$$

$$= \left(889^{(1-0.127)/0.127} \times \frac{203000 \times \pi^{1/(2 \times 0.127)}}{1772^{1/0.127}}\right)^{-\frac{2 \times 11.64 \times 0.127}{2 \times 0.127 - 11.64}}$$

$$= \left(889^{6.874} \times \frac{203000 \times \pi^{3.937}}{1772^{7.874}}\right)^{0.26} = 3.227(\text{damage} - \text{unit})$$

（5）对应于断裂应力下的损伤临界值 D_{2fc} 计算：

$$D_{2fc} = \left(1864^{6.874} \times \frac{203000 \times \pi^{3.937}}{1772^{7.874}}\right)^{0.26} = 12.12(\text{damage} - \text{unit})$$

2) 用方程 1 计算损伤速率

综合材料常数的计算（取 $\alpha_1 = 1$）：

$$A_1^* = 2(K'\alpha_1)^{-m'}(2\varepsilon'_f \times \sqrt[-\lambda']{D_{2fc}})^{-\lambda'}$$

$$= 2 \times (1772 \times 1)^{-m'} \times (2 \times 2.788 \times \sqrt[-1.293]{12.12})^{-1.293}$$

$$= 4.05 \times 10^{-38}(\text{MPa}^{-m'} \cdot \text{damage} - \text{unit/cycle})$$

（1）对应力幅为 $\sigma_a = \Delta\sigma/2 = 624\text{MPa}$ 时的速率计算为

$$
\begin{aligned}
\mathrm{d}D_1/\mathrm{d}N_1 &= 2(K'\alpha_1)^{-m'}(2\varepsilon'_f{}^{-\lambda'}\sqrt{D_{2fc}})^{-\lambda'}(\Delta\sigma/2)^{m'}D_1 \\
&= 4.05\times10^{-38}(\Delta\sigma/2)^{m'}D_{th} \\
&= 4.05\times10^{-38}\times624^{11.64}\times0.251 \\
&= 2.492\times10^{-6}(\mathrm{damage-unit/cycle})
\end{aligned}
$$

（2）对应力幅为 $\sigma_a = \Delta\sigma/2 = 905\text{MPa}$ 时的速率计算为

$$
\begin{aligned}
\mathrm{d}D_1/\mathrm{d}N_1 &= 2(K'\alpha_1)^{-m'}(2\varepsilon'_f{}^{-\lambda'}\sqrt{D_{2fc}})^{-\lambda'}(\Delta\sigma/2)^{m'}D_1 \\
&= 4.05\times10^{-38}(\Delta\sigma/2)^{m'}D_{th} \\
&= 4.05\times10^{-38}\times905^{11.64}\times0.251 \\
&= 2.65\times10^{-4}(\mathrm{damage-unit/cycle})
\end{aligned}
$$

3）选择方程 2 计算相应的损伤速率

综合材料常数的计算（取 $\alpha_1 = 1$）：

$$
\begin{aligned}
A_1 &= 2\times(2\sigma'_s\alpha^{-m'}\sqrt{D_{1fc}})^{-m'} \\
&= 2\times(2\times889\times{}^{-11.64}\sqrt{3.227})^{-11.64} \\
&= 9.5636\times10^{-38}
\end{aligned}
$$

（1）对应力幅为 $\sigma_a = \Delta\sigma/2 = 624\text{MPa}$ 时的速率计算为

$$
\begin{aligned}
\mathrm{d}D_1/\mathrm{d}N_1 &= 2(2\sigma'_s\alpha^{-m'}\sqrt{D_{1fc}})^{-m'}(\Delta\sigma/2)^{m'}D_1 \\
&= 9.5636\times10^{-38}(\Delta\sigma/2)^{m'}D_{th} \\
&= 9.5636\times10^{-38}\times604^{11.64}\times0.251 \\
&= 5.644\times10^{-6}(\mathrm{damage-unit/cycle})
\end{aligned}
$$

（2）对应力幅为 $\sigma_a = \Delta\sigma/2 = 905\text{MPa}$ 时的速率计算为

$$
\begin{aligned}
\mathrm{d}D_1/\mathrm{d}N_1 &= 2(2\sigma'_s\alpha^{-m'}\sqrt{D_{1fc}})^{-m'}(\Delta\sigma/2)^{m'}D_1 \\
&= 9.5636\times10^{-38}(\Delta\sigma/2)^{m'}D_{th} \\
&= 9.5636\times10^{-38}\times905^{11.64}\times0.251 \\
&= 6.247\times10^{-4}(\mathrm{damage-unit/cycle})
\end{aligned}
$$

由此可见，在疲劳载荷和两种应力水平下，从两种方程计算得出的数据看出，其第一阶段计算的损伤速率数据是比较接近的。

2. 高周疲劳下损伤速率计算

在疲劳载荷下，如果工作应力 $\sigma < \sigma'_s(=\sigma_y)$，为了描述图 2-3 中横坐标轴 $O_1\,\mathrm{I}$ 和 $O_2\,\mathrm{II}$ 之间的正向曲线 $AA_1(R=-1,\sigma_m=0)$ 和 $DD_1(R\neq-1,\sigma_m\neq0)$，建立在第一阶段的损伤速率方程，下文提出若干计算模型。

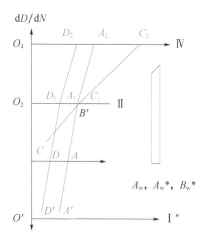

图 2 - 3　双对数坐标系中损伤扩展速率简化曲线

1）方程 1——应力 - 应变法

对于弹塑性材料,用应力 - 应变参数结合的方式建立第一阶段损伤速率计算式,即

$$\mathrm{d}D_1/\mathrm{d}N_1 = A^* (\Delta H')^{-1/b'}(\text{damage} - \text{unit/cycle}) \qquad (2 - 12)$$

式中:b' 为低周疲劳下的疲劳强度指数;$\Delta H'$ 为损伤应力强度因子范围值,它是损伤扩展的驱动力;A^* 为综合材料常数,它的物理意义是一个功率的概念[5-8],是一个增量值,具体来说是材料在断裂之前在一个循环中释放出的最大能量值,A^* 的几何意义是图 2 - 3 中的最大微梯形面积,在纵坐标 Y 轴上投影是一条直线段。微梯形的斜边的斜率与方程中的指数 b' 相对应。

应力强度因子范围值可以用下式表达:

$$\Delta H' = \Delta \sigma^{-1/b'} \sqrt{D_1} \qquad (2 - 13)$$

综合材料常数 A^*,在对称循环载荷下($R = -1, \sigma_\mathrm{m} = 0$)是

$$A^* = 2 (\alpha_2 K')^{1/b'} (2\varepsilon_\mathrm{f}' \times {}^{1/c'}\sqrt{D_\mathrm{2fc}})^{1/c'} \qquad (2 - 14)$$

式中:K' 为循环强度系数;α_2 为有效值修正系数;ε_f' 为疲劳延性系数;c' 为疲劳延性指数;D_2fc 为对应于断裂应力的损伤临界值。

对于非对称循环加载下($R \neq -1, \sigma_\mathrm{m} \neq 0$),综合材料常数 A^* 应该是

$$A^* = 2 \left[\alpha_2 K'(1 - R)\right]^{1/b'} (2\varepsilon_\mathrm{f}' \times {}^{1/c'}\sqrt{D_\mathrm{2fc}})^{1/c'} \qquad (2 - 15)$$

式中:R 为应力比,$R = \sigma_\mathrm{min}/\sigma_\mathrm{max}$。

这样一来,在对称循环加载下,其损伤速率完整的计算式为

161

$$dD_1/dN_1 = 2(\alpha_2 K')^{1/b'} (2\varepsilon_f'^{1/c'}\sqrt{D_{2fc}})^{1/c'} \Delta\sigma^{-1/b'} D_1 (damage - unit/cycle)$$

$$(2 - 16)$$

此时此速率方程正是对正向曲线 AA_1 的描述。

在非对称循环加载下,损伤速率完整的计算式是

$$dD_1/dN_1 = 2[\alpha_2 K'(1-R)]^{1/b'} (2\varepsilon_f'^{1/c'}\sqrt{D_{2fc}})^{1/c'} \Delta\sigma^{-1/b'} D_1 (damage - unit/cycle)$$

$$(2 - 17)$$

此时此速率方程是对正向曲线 DD_1 的描述。

2)方程 2——H 因子法

对于像铸铁那样的线弹性材料,它的损伤速率计算式为

$$dD_1/dN_1 = A_1' \Delta H'^{-1/b'} (damage - unit/cycle) \qquad (2 - 18)$$

式中:A_1' 为综合材料常数。

此时,综合材料常数 A_1' 如果不考虑平均应力的影响($R = -1$,$\sigma_m = 0$),而用临界应力因子 H_{fc}' 表达为

$$A_1' = 2(2H_{fc}'\alpha_1^{1/b'}) (MPa \cdot \sqrt{damage - unit}^{1/b'} \cdot damage - unit/cycle)$$

$$(2 - 19)$$

式中:

$$H_{fc}' = \sigma_s'^{-1/b'}\sqrt{D_{1fc}} \qquad (2 - 20)$$

对于 $R \neq -1$、$\sigma_m \neq 0$,此时要考虑平均应力的影响,式(2 - 19)可以用两种方式表达:

$$A_1' = 2[2H_{fc}'(1-R)\alpha_1]^{1/b'} (MPa \cdot \sqrt{1000damage - unit}^{1/b'} \cdot damage - unit/cycle)$$

$$A_1' = 2[2H_{fc}'(1-H_m/H_{fc}')\alpha_1]^{1/b'} (MPa \cdot \sqrt{1000damage - unit}^{1/b'} \cdot damage - unit/cycle)$$

$$(2 - 21)$$

式中:H_m 为平均损伤应力强度因子,表示为

$$H_m = (\sigma_{max} + \sigma_{min})/2^{-1/b'}\sqrt{D_1} \qquad (2 - 22)$$

因此,它的损伤速率完整的方程式,对于 $R = -1$、$\sigma_m = 0$,应该是

$$dD_1/dN_1 = 2(2H_{1fc}'\alpha_1)^{1/b'} \Delta H_1'^{-1/b'} (damage - unit/cycle) \qquad (2 - 23)$$

此时方程式(2 - 23)是针对曲线 AA_1 的数学描述。

对于 $R \neq -1$、$\sigma_m \neq 0$,其速率方程为

$$dD_1/dN_1 = 2[2H_{1fc}'(1-R)\alpha_1]^{1/b'} \Delta H_1'^{-1/b'} (damage - unit/cycle)$$

$$(2 - 24)$$

此时方程式(2 - 24)是针对曲线 DD_1 的数学描述。

3）方程 3——应力法

这种方法同上述方程是一致的,对于 $R = -1$、$\sigma_{\mathrm{m}} = 0$,它的完整方程为

$$\mathrm{d}D_1/\mathrm{d}N_1 = 2\left(2\sigma_{\mathrm{s}}'\alpha_1{}^{1/b'}\sqrt{D_1}\right)^{1/b'}\left(\Delta\sigma{}^{-1/b'}\sqrt{D_1}\right)^{-1/b'}\text{(damage - unit/cycle)}$$

$$(2-25)$$

对于 $R \neq -1$、$\sigma_{\mathrm{m}} \neq 0$,它是

$$\mathrm{d}D_1/\mathrm{d}N_1 = 2\left[2\sigma_{\mathrm{s}}'(1-R)\alpha_1{}^{1/b'}\sqrt{D_1}\right]^{1/b'}\left(\Delta\sigma{}^{-1/b'}\sqrt{D_1}\right)^{-1/b'}\text{(damage - unit/cycle)}$$

$$(2-26)$$

4）方程 4——K 因子法

此方法是用类似宏观裂纹的 K 因子[10-12]并仿用 Paris 方程来计算损伤演化速率:

$$\mathrm{d}D_1/\mathrm{d}N_1 = A_1'\Delta K_1'{}^{m_2'}\text{(damage - unit/cycle)} \qquad (2-27)$$

式中:$\Delta K_1'$ 为损伤应力因子范围值,它可以用下式表达:

$$\Delta K_1' = y(a/b)\Delta\sigma\sqrt{\pi(D_{\mathrm{th}} + D_{01})} \qquad (2-28)$$

式中:$y(a/b)$ 是对某一个细观尺度缺陷的损伤修正系数,对于表面损伤(表面短裂纹),通常取 $y(a/b) \approx 0.65$,对于内藏缺陷,$y(a/b) \approx 0.5$,但要实验确定。对 K 因子法,速率式中的变量 D_1 要大于等于 $D_{\mathrm{th}} + D_{01}$(damage - unit)才有效,它等效于 $a_1 \geqslant a_{\mathrm{th}} + a_{01}$(mm),$a_{01}$ 是裂纹初始尺寸,建议取晶粒的平均尺寸。

式(2-27)中的损伤综合材料常数 A_1',对于 $R \neq -1$、$\sigma_{\mathrm{m}} = 0$,它的计算式为

$$A_1' = 2(2K_{1\mathrm{fc}}'\alpha_1)^{-m_2'}\left(\mathrm{MPa} \cdot \sqrt{\text{damage - unit}}^{-m_2'} \cdot \text{damage - unit/cycle}\right)$$

$$(2-29)$$

式中:$K_{1\mathrm{fc}}'$ 为临界损伤应力强度因子,$K_{1\mathrm{fc}}' = \sigma_{\mathrm{s}}'\sqrt{\pi D_{1\mathrm{fc}}}$,$D_{1\mathrm{fc}}$ 是对应于屈服应力 σ_{s}' 下损伤临界值。

当 $\sigma_{\mathrm{m}} \neq 0$,综合材料常数 A_1' 为

$$A_1' = 2\left[2K_{1\mathrm{fc}}'(1-R)\alpha_1\right]^{-m_2'}\left(\mathrm{MPa} \cdot \sqrt{\text{damage - unit}}^{m_2'} \cdot \text{damage - unit/cycle}\right)$$

$$(2-30)$$

此时方程中的指数 m_2' 要用实验确定,但在缺乏数据的情况下,建议用下式计算:

$$m_2' = \frac{m'\lg\sigma_{\mathrm{s}}' + \lg(D_{\mathrm{tr}} \times 10^9)}{\lg\sigma_{\mathrm{s}}' + \dfrac{1}{2}\lg(\pi D_{\mathrm{tr}} \times 10^9)} \qquad (2-31)$$

式中:D_{tr} 为与屈服应力 σ_{s}' 相对应的损伤过渡值,可以根据上述正文的计算式计算。

因此这种方法的速率表达式,对于 $R = -1$、$\sigma_{\mathrm{m}} = 1.0$,它是

$$dD_1/dN_1 = 2 (2K'_{1fc}\alpha_1)^{-m'_2} \Delta K_1'^{m'_2} (\text{damage} - \text{unit/cycle}) \quad (2-32)$$

对于 $R \neq -1$、$\sigma_m \neq 0$,应该是

$$dD_1/dN_1 = 2[2K'_{1fc}(1-R)\alpha_1]^{-m'_2} \Delta K_1'^{m'_2} (\text{damage} - \text{unit/cycle}) \quad (2-33)$$

5)方程 5——K 应力法

这种方法与上一方法是一致的,它的损伤速率方程式,对于 $R = -1$、$\sigma_m = 0$ 是

$$dD_1/dN_1 = 2(2\sigma'_s\alpha_1\sqrt{\pi D_{1fc}})^{-m'_2} \cdot [y(a/b)\Delta\sigma\sqrt{\pi(D_{th}+D_{01})}]^{m'_2} (\text{damage} - \text{unit/cycle})$$
$$(2-34)$$

对于 $R \neq -1$、$\sigma_m \neq 0$,这里仿用文献[9],用 $(1-\sigma_m/\sigma'_f)$ 修正平均应力的影响,它的完整方程

$$dD_1/dN_1 = 2[2\sigma'_s(1-\sigma_m/\sigma'_f)\alpha_1\sqrt{\pi D_{1fc}}]^{-m'_2}$$
$$[y(a/b)\Delta\sigma\sqrt{\pi(D_{th}+D_{01})}]^{m'_2} (\text{damage} - \text{unit/cycle}) \quad (2-35)$$

这里必须指出,式(2-28)~式(2-35)只适用于大于 0.3 ~ 1.5 损伤值单位(damage - unit)、等效于 0.3 ~ 1.5mm 范围内的计算。

计算实例

假设某一机械零件用球墨铸铁 QT800 - 2[13] 制成,它的性能数据如下。

(1)在单调载荷下的性能数据: $\sigma_b = 913\text{MPa}$, $\sigma_s = 584.3\text{MPa}$, $E = 160500\text{MPa}$。

(2)在低周疲劳载荷下的性能参数: $\sigma'_s = 513\text{MPa}$, $K' = 1437.7\text{MPa}$, $n' = 0.147$, $\sigma'_f = 1067.2\text{MPa}$, $b' = -0.083$, $m' = 12.05$; $\varepsilon'_f = 0.1684$, $c' = -0.5792$; $\sigma_{-1} = 352\text{MPa}$。

假定它疲劳加载下产生应力 $\sigma_{max} = 352\text{MPa}$, $\sigma_{min} = 35.2\text{MPa}$, 试计算如下数据:

(1)计算高周疲劳下的损伤门槛值 D_{th};

(2)计算在应力比 $R = 0.1$ 的情况下的 H 型的门槛应力因子 ΔH_{th} 和 K 型的门槛应力强度因子 ΔK_{th};

(3)分别计算损伤临界值 D_{1fc}、H 型临界应力因子 H'_{1fc} 和 K 型的临界应力因子 K_{1fc};

(4)计算在应力比 $R = 0.1$ 时,对应于最大应力 $\sigma_{max} = 350.2\text{MPa}$ 和最小应力 $\sigma_{min} = 25\text{MPa}$ 的高周疲劳下的损伤速率;

(5)分别计算对应于门槛因子 ΔH_{th} 和 ΔK_{th} 的损伤速率;

(6)分别使用 H 因子法、σ 应力法、K 因子法、K 应力法比较计算在应力范围 $\Delta\sigma = 350\text{MPa}$ 和损伤门槛值 D_{th} 对应的损伤速率。

计算步骤和方法如下。

（1）损伤门槛值 D_{th} 的计算：

$$D_{th} = (0.564)^{\frac{1}{0.5+b'}} = 0.564^{\frac{1}{0.5-0.083}} = 0.253 \, (\text{damage} - \text{unit})$$

（2）在应力比 $R = 0.1$ 的情况下，H 型的门槛应力因子 ΔH_{th} 和 K 型的门槛应力强度因子 ΔK_{th} 的计算：

① 对 H 型的门槛应力因子 ΔH_{th} 的计算：

$$\Delta H_{th} = \sigma_{max}(1-R) \sqrt[m']{D_{th}}$$

$$= [352 - (0.1 \times 352)] \times \sqrt[12.05]{0.253}$$

$$= 282.65 \, (\text{MPa} \cdot \sqrt[m']{\text{damage} - \text{unit}})$$

② 对 K 型的门槛应力强度因子 ΔK_{th} 的计算：

$$\Delta K_{th} = \sigma_{max}(1-R) \sqrt{\pi D_{th}}$$

$$= [352 - (0.1 \times 352)] \times \sqrt{\pi \times 0.253 \times 10^{-3}}$$

$$= 8.96 \, (\text{MPa} \cdot \sqrt[m']{1000\text{damage} - \text{unit}})$$

（3）对临界损伤值 D_{1fc} 计算：

$$D_{1fc} = \left(\sigma_s'^{(1-n')/n'} \frac{E\pi^{1/(2n')}}{K'^{1/n'}} \right)^{-\frac{2m'n'}{2n'-m'}}$$

$$= \left(513^{(1-0.147)/0.147} \times \frac{160500 \times \pi^{1/2 \times 0.147}}{1437.7^{1/0.147}} \right)^{\frac{2 \times 12.05 \times 0.147}{2 \times 0.147 - 12.05}}$$

$$= \left(513^{5.8} \times \frac{160500 \times \pi^{3.4}}{1437.7^{6.8}} \right)^{0.301}$$

$$= 2.21 \, (\text{damage} - \text{unit})$$

（4）对 H 型临界应力因子 H'_{1fc} 和 K 型的临界应力因子 K_{1fc} 的计算：

① H 型临界应力因子 H'_{1fc} 计算如下：

$$H'_{1fc} = \sigma_f' \sqrt[m']{D_{1fc}}$$

$$= 1067.2 \times \sqrt[12.05]{2.2}$$

$$= 1139.36 \, (\text{MPa} \cdot \sqrt[m']{\text{damage} - \text{unit}})$$

② 对 K 型的临界应力因子 K_{1fc} 的计算：

$$K_{1fc} = \sigma_f' \sqrt{\pi D_{1fc}}$$

$$= 1067.2 \times \sqrt{\pi \times 2.2 \times 10^{-3}}$$

$$= 2805 \, (\text{MPa} \cdot \sqrt{1000\text{damage} - \text{unit}})$$

$$= 88.7 \, (\text{MPa} \cdot \sqrt{\text{m}}), R = 0.1$$

（5）对指数 m_2' 做转换计算：

由上文计算得出门槛损伤值 $D_{th} = 0.253$，

低周疲劳下材料常数 $m' = 12.05$，m_2' 的转换式和换算方法如下：

$$m_2' = \frac{m'\lg\sigma_s' + \lg(D_{th} \times 10^9)}{\lg\sigma_s' + 0.5 \times \lg(\pi D_{th} \times 10^9)} = \frac{12.05 \times \lg513 + \lg(253000000)}{\lg513 + 0.5 \times \lg(\pi \times 253000000)} = 5.7$$

（6）损伤综合材料常数的计算（取 $\alpha_1 = 0.65$）：

① H 因子型的综合材料常数，计算如下：

$$A_1 = 2[2H_{1fc}'(1-R)\alpha_1]^{1/b'}$$
$$= 2 \times [2 \times 1139.36 \times (1-0.1) \times 0.65]^{-12.05}$$
$$= 4.43 \times 10^{-38}$$

② σ 应力型的综合材料常数：

$$A_1' = 2[2\sigma_f'^{-1/b'}\sqrt{D_{1fc}}(1-R)\alpha_1]^{1/b'}$$
$$= 2 \times [2 \times 1067.2 \times \sqrt[12.05]{2.2} \times (1-0.1) \times 0.65]^{-12.05}$$
$$= 4.43 \times 10^{-38}$$

可见两者是一致的。

③ K 因子型的综合材料常数：

$$A_1' = 2[2K_{1fc}(1-0.1)\alpha_1]^{-m_2'}$$
$$= 2 \times [2 \times 88.7 \times (1-0.1) \times 1.0]^{-5.7}$$
$$= 4.75 \times 10^{-13}(\text{MPa} \cdot \sqrt{1000\text{damage} - \text{unit}} \cdot \text{damage} - \text{unit/cycle})$$

④ K 应力型的综合材料常数：

$$A_1' = 2[2\sigma_f'(1-R)\alpha\sqrt{\pi D_{1fc}}]^{-m_2'}$$
$$= 2 \times [2 \times 1067.2 \times (1-0.1) \times 1 \times \sqrt{\pi \times 2.2 \times 10^{-3}}]^{-5.7}$$
$$= 4.744 \times 10^{-13}(\text{MPa} \cdot \sqrt{\text{damage} - \text{unit}} \cdot \text{damage} - \text{unit/cycle})$$

这里两者也是一致的。

（7）以不同方法，在 $\sigma_{max} = 350\text{MPa}$、$R = 0.1$ 条件下，分别计算高周疲劳下的损伤速率。

① 使用 H 因子法计算。根据计算要求，门槛因子 ΔH_{th} 所对应的损伤速率计算如下：

$$dD_1/dN_1 = 2[2H_{1fc}'(1-R)\alpha_1]^{1/b'}\Delta H_1'^{-1/b'}$$
$$= 2 \times [2 \times 1139.36 \times (1-0.1) \times 0.65]^{-12.05} \times 282.65^{12.05}$$
$$= 1.528 \times 10^{-8}(\text{damage} - \text{unit/cycle})$$

② 使用 σ 应力法计算。

根据计算要求,使用 σ 应力法计算在疲劳极限应力为352MPa时的(应力比 $=0.1$)的损伤速率,计算如下:

$$
\begin{aligned}
\mathrm{d}D_1/\mathrm{d}N_1 &= 2\left[2\sigma_\mathrm{f}'^{-1/b'}\sqrt{D_{1\mathrm{fc}}}(1-R)\alpha_1\right]^{1/b'}\left[\Delta\sigma\right]^{-1/b'}D_\mathrm{th} \\
&= 2\times\left[2\times1067.2\times^{-12.05}\sqrt{2.2}\times(1-0.1)\times0.65\right]^{-12.05}\times \\
&\quad \left[352-(0.10\times352)\right]^{12.05}\times0.253 \\
&= 1.528\times10^{-8}(\mathrm{damage-unit/cycle})
\end{aligned}
$$

可见,计算结果也是一致的。

③ 使用 K 因子法计算。根据正文中的计算式,此处取 $\alpha=1$、$y(a/b)=0.65$,上述计算得出 $\Delta K_\mathrm{th}=8.96(\mathrm{MPa}\cdot\sqrt{\mathrm{m}})$。

所以,其损伤速率应该是

$$
\begin{aligned}
\mathrm{d}D_1/\mathrm{d}N_1 &= 2\left[2K_{1\mathrm{fc}}(1-0.1)\alpha_\mathrm{eff}\right]^{-m_2'}\left[\Delta K_1'\right]^{m_2'} \\
&= 2\times\left[2\times88.7\times(1-0.1)\times1.0\right]^{-5.7}\times(0.65\times8.9568)^{5.7} \\
&= 1.15\times10^{-8}(\mathrm{damage-unit/cycle})
\end{aligned}
$$

④ 使用 K 应力法计算。

$$
D_\mathrm{th}+D_{01}=0.253(\mathrm{damage-unit})
$$

因此,这种方式的损伤速率应该为

$$
\begin{aligned}
\mathrm{d}D_1/\mathrm{d}N_1 &= 2\left[2\sigma_\mathrm{f}'(1-R)\alpha\sqrt{\pi D_{1\mathrm{fc}}}\right]^{-m_2'}\left[y(a/b)\Delta\sigma\sqrt{\pi(D_\mathrm{th}+D_{01})'}\right]^{m_2'} \\
&= 2\times\left[2\times1067.2\times(1-0.1)\times1.0\times\sqrt{\pi\times2.2\times10^{-3}}\right]^{-5.7}\times \\
&\quad \left[0.65\times(352-0.1\times352)\sqrt{\pi\times0.253\times10^{-3}}\right]^{5.7} \\
&= 1.12\times10^{-8}(\mathrm{damage-unit/cycle})
\end{aligned}
$$

由此可见,后两种数据也很接近。

而且 H 因子法与 K 因子比较、H 应力法与 K 应力法比较,它们的计算结果也很相近。

从上述四种计算式的计算结果可知,对于在高周疲劳下的这些计算方程,虽然计算的数学模型不同,但是计算得出的数据还是能比较好地符合。

3. 超高周疲劳下损伤速率计算

如果在疲劳载荷下,工作应力小于疲劳极限应力($\sigma<\sigma_{1\mathrm{i}}$),那么,这种疲劳就称为超高周疲劳。图2−4中,在超高周疲劳载荷下,如果要用横坐标轴 $O'\mathrm{I}''$ 和 $O_2\mathrm{II}$ 的区间曲线 $A'A_1(R=-1,\sigma_\mathrm{m}=0)$ 或 $D'D_1(R\neq-1,\sigma_\mathrm{m}\neq0)$ 描述材料行为差异的表现,或者描述针对微观损伤和细观损伤之间损伤行为差异的表现,虽

然与在高周疲劳下有相似之处,材料发生损伤的位置有时也在外表面呈现,但是在超高周疲劳下,材料发生损伤变异的位置和形状,有时往往在材料内部的次表面,其形状像鱼眼形。

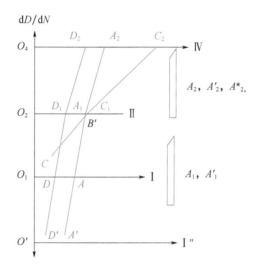

图 2-4 双对数坐标系中超高周疲劳下损伤演化速率简化曲线

下面就材料在超高周疲劳下的损伤速率方程,提出如下几种计算形式:

1)方程1

这种方法采用的是屈服应力 σ'_s 与和它对应的损伤临界值组成综合材料常数项,对于 $R=-1$、$\sigma_m=0$,它是如下形式:

$$A_1 = 2\left(2\sigma'_s\alpha_1^{1/b'}\sqrt[b']{D_{1fc}}\right)^{1/b'} \tag{2-36}$$

而对于 $R\neq1$、$\sigma_m\neq0$,此综合常数应该为

$$A_1 = 2\left[2\sigma'_s(1-\sigma_m/\sigma'_f)\alpha_1^{1/b'}\sqrt[b']{D_{1fc}}\right]^{1/b'} \tag{2-37}$$

或

$$A_1 = 2\left[2\sigma'_s(1-R)\alpha_1^{1/b'}\sqrt[b']{D_{1fc}}\right]^{1/b'} \tag{2-38}$$

这样,对于 $R=-1$、$\sigma_m=0$,其完整的损伤速率方程,即每一循环的损伤值为

$$\mathrm{d}D_1/\mathrm{d}N_1 = 2\left(2\sigma'_s\alpha_1^{1/b'}\sqrt[b']{D_{1fc}}\right)^{1/b'}\Delta\sigma^{-1/b'}D_1\,(\text{damage}-\text{unit/cycle}) \tag{2-39}$$

此时,方程(2-39)是对图2-4中正向曲线 $A'A_1$ 的数学描述。

而对于 $R\neq1$、$\sigma_m\neq0$,它的速率方程为

$$\mathrm{d}D_1/\mathrm{d}N_1 = 2\left[2\sigma'_s(1-R)\alpha_1^{1/b'}\sqrt[b']{D_{1fc}}\right]^{1/b'}\Delta\sigma^{-1/b'}D_1\,(\text{damage}-\text{unit/cycle})$$

$$\tag{2-40}$$

此时,方程(2-40)是对图 2-4 中正向曲线 $D'D_1$ 的数学描述。

2)方程 2

这种方法采用的是断裂应力 σ'_f 与和它对应的损伤临界值 D_2fc 组成综合材料常数项,对于 $R=-1$、$\sigma_\mathrm{m}=0$,它是如下形式:

$$A'_1 = 2(2\sigma'_\mathrm{f}\alpha_2{}^{1/b'}\sqrt{D_\mathrm{2fc}})^{1/b'} \qquad (2-41)$$

但对于 $R\neq1$、$\sigma_\mathrm{m}\neq0$,其综合材料常数为

$$A'_1 = 2[2\sigma'_\mathrm{f}(1-\sigma_\mathrm{m}/\sigma'_\mathrm{s})\alpha_2{}^{1/b'}\sqrt{D_\mathrm{2fc}}]^{1/b'} \qquad (2-42)$$

这样,其完整的损伤速率方程,对于 $R=-1$、$\sigma_\mathrm{m}=0$ 为

$$\mathrm{d}D_1/\mathrm{d}N_1 = 2(2\sigma'_\mathrm{f}\alpha_2{}^{1/b'}\sqrt{D_\mathrm{2fc}})^{1/b'}\Delta\sigma^{-1/b'}D_1\,(\text{damage}-\text{unit}/\text{cycle})\ (2-43)$$

此时,方程(2-43)是对图 2-4 中正向曲线 $A'A_1$ 的数学描述。

对于 $R\neq1$、$\sigma_\mathrm{m}\neq0$,损伤速率方程式就应该变成如下形式:

$$\mathrm{d}D_1/\mathrm{d}N_1 = 2[2\sigma'_\mathrm{f}(1-R)\alpha_2{}^{1/b'}\sqrt{D_\mathrm{2fc}}]^{1/b'}\Delta\sigma^{-1/b'}D_1\,(\text{damage}-\text{unit}/\text{cycle})$$

$$(2-44)$$

此时,方程(2-44)是对图 2-4 中正向曲线 $D'D_1$ 的数学描述。

3)方程 3——H 因子型-1

这种方法与上述方程相类似,采用临界因子 H'_1fc 组成常数项。

对于 $R=-1$、$\sigma_\mathrm{m}=0$,其损伤速率方程为

$$\mathrm{d}D_1/\mathrm{d}N_1 = 2(2H'_\mathrm{1c}\times\alpha_1)^{1/b'}\Delta H_1{}^{-1/b'}\,(\text{damage}-\text{unit}/\text{cycle}) \qquad (2-45)$$

此时,此方程是对图 2-4 中正向曲线 $A'A_1$ 的数学描述。

对于 $R\neq1$、$\sigma_\mathrm{m}\neq0$,损伤速率方程就应该变成:

$$\mathrm{d}D_1/\mathrm{d}N_1 = 2[2H'_\mathrm{1fc}(1-R)\alpha_1]^{1/b'}\Delta H_1{}^{-1/b'}\,(\text{damage}-\text{unit}/\text{cycle})\ (2-46)$$

式中:

$$H'_\mathrm{1fc} = \sigma'_\mathrm{s}{}^{1/b'}\sqrt{D_\mathrm{1fc}} \qquad (2-47)$$

此时,此方程是图 2-4 中对正向曲线 $D'D_1$ 的数学描述。

4)方程 4——H 因子型-2

这种方法与上述方程相类似,但是它采用临界因子 H'_2fc 组成常数项。

对于 $R=-1$、$\sigma_\mathrm{m}=0$,其损伤速率方程为

$$\mathrm{d}D_1/\mathrm{d}N_1 = 2(2H'_\mathrm{2fc}\alpha_2)^{1/b'}\Delta H_1{}^{-1/b'}\,(\text{damage}-\text{unit}/\text{cycle}) \qquad (2-48)$$

此方程是对图 2-4 中正向曲线 $A'A_1$ 的数学描述。

对于 $R\neq-1$、$\sigma_\mathrm{m}\neq0$,此时损伤速率方程应该是

$$\mathrm{d}D_1/\mathrm{d}N_1 = 2[2H'_\mathrm{2fc}(1-R)\alpha_2]^{1/b'}\Delta H_1{}^{-1/b'}\,(\text{damage}-\text{unit}/\text{cycle})\ (2-49)$$

式中:
$$H'_\mathrm{2fc} = \sigma'_\mathrm{f}{}^{1/b'}\sqrt{D_\mathrm{2fc}} \qquad (2-50)$$

上述方程是对图 2－4 中正向曲线 $D'D_1$ 的数学描述。

还应该说明,式(2－36)～式(2－50)只适用于损伤值为 0.04～1.5damage－unit,相当于裂纹尺寸 0.04～1.5mm。

计算实例

有一种用球墨铸铁 QT800－2 制成的零件,其材料的性能参数和数据如下:

(1) $\sigma'_s = 513$MPa; $K' = 1437.7$MPa, $n' = 0.147$; $\sigma'_f = 1067.2$MPa, $b' = -0.083$, $m' = 12.05$; $\varepsilon'_f = 0.1684$, $c' = -0.5792$; $\sigma_{-1} = 352$MPa。

(2)上文已被计算取得的计算数据如下:

损伤临界值 $D_{1fc} = 2.21$danage－unit;在应力比 $R = 0.1$ 情况下,H 型损伤应力强度因子临界值为

$$H'_{1fc} = \sigma'_s \sqrt[m']{D_{1fc}} = 513 \times \sqrt[12.05]{2.21} = 547.7(\text{MPa} \cdot \sqrt[m']{\text{damage} - \text{unit}}), R = 0.1$$

假定它在疲劳加载下产生应力 $\sigma_{max} = 250$MPa, $\sigma_{min} = 25$MPa,试用 3 种计算式计算其超高周疲劳下的损伤演化速率。

计算步骤和方法如下:

1) 相关参数和数据的计算

(1) 应力范围和应力幅的计算:

$$\sigma_a = \Delta\sigma/2 = 225/2 = 112.5(\text{MPa})$$

(2) 对应于断裂应力 σ'_f 下损伤临界值的计算:

$$D_{2fc} = \left(\sigma_f'^{(1-n')/n'} \frac{E\pi^{1/(2n')}}{K'^{1/n'}} \right)^{-\frac{2m'n'}{2n'-m'}}$$

$$= \left(1067.2^{(1-0.147)/0.147} \times \frac{160500 \times \pi^{1/(2\times 0.147)}}{1437.7^{1/0.147}} \right)^{-\frac{2\times 12.05\times 0.147}{2\times 0.147-12.05}}$$

$$\left(1067.2^{5.8} \times \frac{160500 \times \pi^{3.4}}{1437.7^{6.8}} \right)^{0.301} = 7.93(\text{damage} - \text{unit})$$

(3) 对应于上述应力幅 $\sigma_a = 112.5$MPa 下损伤值的计算:

$$D = \left(\sigma_a^{(1-n')/n'} \frac{E\pi^{1/(2n')}}{K'^{1/n'}} \right)^{-\frac{2m'n'}{2n'-m'}}$$

$$= \left(112.5^{(1-0.147)/0.147} \times \frac{160500 \times \pi^{1/2\times 0.147}}{1437.7^{1/0.147}} \right)^{-\frac{2\times 12.05\times 0.147}{2\times 0.147-12.05}}$$

$$= \left(112.5^{5.8} \times \frac{160500 \times \pi^{3.4}}{1437.7^{6.8}} \right)^{0.301}$$

$$= 0.156(\text{damage} - \text{unit})$$

（4）H 型损伤应力强度因子范围的计算：

$$\Delta H' = \Delta\sigma \sqrt[-1/b']{0.156}$$

$$= 225 \times \sqrt[-1/(-0.083)]{0.156}$$

$$= 193\,(\mathrm{MPa} \cdot \sqrt[-1/b']{\mathrm{damage-unit}})$$

2）用 3 种不同的方程分别计算此材料的损伤演化速率

（1）H 型因子法。

① 综合材料常数的计算：

$$A_1 = 2[2H'_{1fc}(1-R)\alpha_1]^{1/b'}$$

$$= 2 \times [2 \times 547.7 \times (1-0.1) \times 1.0]^{-12.05}$$

$$= 1.683 \times 10^{-36}\,(\mathrm{MPa} \cdot \sqrt[1/b']{1000\mathrm{damage-unit}} \cdot \mathrm{damage/cycle})$$

② 用此方法计算其损伤演化速率如下：

$$\mathrm{d}D_1/\mathrm{d}N_1 = 2[2H'_{1fc}(1-R)\alpha_1]^{1/b'}\Delta H_1'^{-1/b'}$$

$$= 2 \times [2 \times 547.7 \times (1-0.1) \times 1.0]^{-12.05} \times 193^{12.05}$$

$$= 1.68 \times 10^{-36} \times 193^{12.05}$$

$$= 5.84 \times 10^{-9}\,(\mathrm{damage-unit/cycle})$$

（2）应力法 1（以屈服应力 σ'_s 与其对应的损伤临界值 D_{1fc} 为常数项）：

① 综合材料常数的计算：

$$A'_1 = 2[2(\sigma'_s\sqrt[-1/b']{D_{1fc}})(1-R)\alpha_1]^{1/b'}$$

$$= 2 \times [2 \times (513 \times \sqrt[12.05]{2.21}) \times (1-0.1) \times 1.0]^{-12.05} = 1.68 \times 10^{-36}$$

② 此方法的损伤演化速率为

$$\mathrm{d}D_1/\mathrm{d}N_1 = 2[2(\sigma'_s\sqrt[-1/b']{D_{1fc}})(1-R)\alpha_1]^{1/b}\Delta\sigma^{-1/b'}D$$

$$= 2 \times [2 \times (513 \times \sqrt[12.05]{2.21}) \times (1-0.1) \times 1.0]^{-12.05} \times 225^{12.05} \times 0.156$$

$$= 1.68 \times 10^{-36} \times 225^{12.05} \times 0.156$$

$$= 5.784 \times 10^{-9}\,(\mathrm{damage-unit/cycle})$$

（3）应力法 2（以断裂应力 σ'_f 与其对应的损伤临界值 D_{2fc} 为常数项）：

① 综合材料常数的计算（这里取 $\alpha_2 = 0.6$）：

$$A'_1 = 2[2\sigma'_f(1-R)\alpha_2\sqrt[-1/b']{D_{2fc}}]^{1/b'} = 2[2\sigma'_f(1-R)\alpha_2\sqrt[-1/b']{D_{2fc}}]^{1/b'}$$

$$= 2 \times [2 \times 1067.2 \times (1-0.1) \times 0.6 \times \sqrt[12.05]{7.93}]^{-12.05}$$

$$= 2.03 \times 10^{-36}$$

② 此方法的损伤演化速率应该是

$$\mathrm{d}D_1/\mathrm{d}N_1 = 2[2\sigma'_f(1-R)\alpha_1\sqrt[-1/b']{D_{1fc}}]^{1/b'}\Delta\sigma^{-1/b'}D$$

$$= 2 \times [\, 2 \times 1067.2 \times \sqrt[12.05]{2.21} \times (1 - 0.1) \times 0.6\,]^{-12.05} \times 225^{12.05} \times 0.156$$

$$= 2.03. \times 10^{-36} \times 225^{12.05} \times 0.156$$

$$= 6.984 \times 10^{-9} (\,damage - unit/cycle\,)$$

从上述 3 种不同计算方程得出的结果可知,3 种不同的计算模型计算的数据是比较接近的。

4. 多轴疲劳下损伤速率计算

对于那些在复杂应力下运行的机械零件,当它在多轴疲劳载荷下处于从微观、细观至宏观损伤演变阶段(第一阶段),它的行为演化过程(图 2 - 5)中的损伤速率的计算问题,仍按照以上正文中的假设,用材料力学的强度理论推导和建立混合型细观损伤(等效于混合型短裂纹)的速率计算模型。

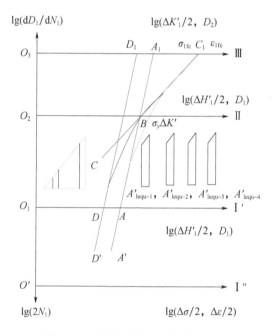

图 2 - 5 材料损伤演化行为简化曲线

1)用第一种损伤强度理论建立的损伤速率计算模型

(1)低周疲劳载荷下的损伤速率计算。

在图 2 - 5 中,为描述第一阶段正向曲线 CC_1 的损伤演化行为,用第一种损伤强度理论建立它的损伤演化速率计算式,下面提出两种数学模型和计算方法。

① 方法 1。

第一种方法是 I 型当量因子法,它的损伤演化速率计算式如下:

$$\mathrm{d}D_1/\mathrm{d}N_1 = A'_{1\mathrm{equ}-2}\Delta H'^{m'}_{1\mathrm{equ}-\mathrm{I}} \ (\mathrm{damage-unit/cycle}) \qquad (2-51)$$

式中:$\Delta H'_{1\mathrm{equ}-\mathrm{I}}$ 是 I 型当量因子范围值,是第一阶段在复杂应力下损伤扩展的驱动力,可由下式计算表示:

$$\Delta H'_{1\mathrm{equ}-\mathrm{I}} = \Delta\sigma_{1\mathrm{equ}}\sqrt[m']{D_1} \qquad (2-52)$$

$A'_{1\mathrm{equ}-\mathrm{I}}$ 是对应于拉伸断裂应力 σ'_f 下的 I 型当量综合材料常数,它可由下式计算:

$$A'_{1\mathrm{equ}-2} = 2\,(2H'_{\mathrm{fc-equ}})^{-m'} = 2\,(2\sigma'_\mathrm{f}\alpha^{-m'}\sqrt{D_{2\mathrm{fc}}})^{-m'} \qquad (2-53)$$

式中:其他参数符号的物理含义与上文相同。

因此它的损伤扩展的速率方程为

$$\mathrm{d}D_1/\mathrm{d}N_1 = 2(2H'_{\mathrm{fc-equ}}\alpha)^{-m'}\Delta H'^{m'}_{1\mathrm{equ}-\mathrm{I}} \ (\mathrm{damage-unit/cycle}) \qquad (2-54)$$

② 方法 2。

I 型当量因子的另一种方法是用应力计算,它的损伤演化速率计算式为

$$\mathrm{d}D_1/\mathrm{d}N_1 = A'_{1\mathrm{equ}-\mathrm{I}}\Delta\sigma^{m'}_{1\mathrm{equ}}D_1 \ (\mathrm{damage-unit/cycle}) \qquad (2-55)$$

式中:$A'_{1\mathrm{equ}-\mathrm{I}}$ 是当量 I 型综合材料常数,借助于拉伸断裂应力 σ'_f 与其临界值 $D_{1\mathrm{fc}}$ 求出:

$$A'_{1\mathrm{equ}-\mathrm{I}} = 2\,(2\sigma'_\mathrm{f}\alpha_1^{-m'}\sqrt{D_{1\mathrm{fc}}})^{-m'} \qquad (2-56)$$

因此完整的第一阶段损伤扩展速率方程为

$$\mathrm{d}D_1/\mathrm{d}N_1 = 2(2\sigma'_\mathrm{f}\alpha_1^{-m'}\sqrt{D_{1\mathrm{fc}}})^{-m'}\Delta\sigma^{m'}_{1\mathrm{equ}}D_1 \ (\mathrm{damage-unit/cycle})$$
$$(2-57)$$

式中:其他参数符号的物理含义与上文相同。

（2）高周疲劳载荷下的损伤速率计算。

在图 2－5 中,为描述第一阶段正向曲线 $AA_1(R=-1,\sigma_\mathrm{m}=0)$ 和 $DD_1(R\neq-1,\sigma_\mathrm{m}\neq0)$ 的损伤演化行为,建立它的损伤演化速率计算式,下面也有两种数学模型和计算方法。

① 方法 1:I 型当量因子法。

如果按当量 I 型因子表达,其损伤速率方程仍是

$$\mathrm{d}D_1/\mathrm{d}N_1 = A'_{1\mathrm{equ}-\mathrm{I}}\Delta H'^{m'}_{1\mathrm{equ}-\mathrm{I}} \ (\mathrm{damage-unit/cycle}) \qquad (2-58)$$

但这里的当量综合材料常数 $A'_{1\mathrm{equ}-\mathrm{I}}$ 是与屈服应力以及它对应的损伤临界值 $D_{1\mathrm{fc}}$ 组成的常数项表达式,即

$$A'_{1\mathrm{equ}-\mathrm{I}} = 2(2H'_{1\mathrm{fc-equ}}\alpha)^{-m'} = 2\,(2\sigma'_\mathrm{f}\alpha^{-m'}\sqrt{D_{1\mathrm{fc}}})^{-m'} \qquad (2-59)$$

对于 $R=-1$、$\sigma_\mathrm{m}=0$,它的速率是

$$\mathrm{d}D_1/\mathrm{d}N_1 = A'_{1\mathrm{equ}-\mathrm{I}}\Delta H'^{m'}_{1\mathrm{equ}-\mathrm{I}} \ (\mathrm{damage-unit/cycle}) \qquad (2-60)$$

它的因子型完整速率方程式为

$$\mathrm{d}D_1/\mathrm{d}N_1 = 2(2H'_{1\mathrm{fc-equ}}\alpha)^{-m'}\Delta H'^{m'}_{1\mathrm{equ-1}} \ (\mathrm{damage-unit/cycle}) \quad (2-61)$$

对于 $R \neq -1$、$\sigma_\mathrm{m} \neq 0$，它的因子型完整速率方程式为

$$\mathrm{d}D_1/\mathrm{d}N_1 = 2\left[2H'_{1\mathrm{fc-equ}}(1-H_{1\mathrm{m}}/H'_{1\mathrm{fc}})\alpha\right]^{-m'}\Delta H'^{m'}_{1\mathrm{equ-1}} \ (\mathrm{damage-unit/cycle})$$

$$(2-62)$$

② 应力法。

它的损伤速率表达式为

$$\mathrm{d}D_1/\mathrm{d}N_1 = A'_{1\mathrm{equ-1}}\Delta\sigma_{1\mathrm{equ}}^{m'}D_1 \ (\mathrm{damage-unit/cycle}) \quad (2-63)$$

对于 $R = -1$、$\sigma_\mathrm{m} = 0$，当量 I 型综合材料常数是

$$A'_{1\mathrm{equ-1}} = 2\left(2\sigma'_\mathrm{f}\alpha^{-m'}\sqrt{D_{1\mathrm{fc}}}\right)^{-m'} \quad (2-64)$$

此时它的损伤速率演化计算式为

$$\mathrm{d}D_1/\mathrm{d}N_1 = 2\left(2\sigma'_\mathrm{f}\alpha^{-m'}\sqrt{D_{1\mathrm{fc}}}\right)^{-m'}(\Delta\sigma_\mathrm{equ})^{m'}D_1 \ (\mathrm{damage-unit/cycle})$$

$$(2-65)$$

而对于 $R \neq -1$、$\sigma_\mathrm{m} \neq 0$，仍然要考虑平均应力的影响，要用 $(1-\sigma_\mathrm{m}/\sigma'_\mathrm{f})$ 加以修正，当量综合材料常数应该是

$$A'_{1\mathrm{equ-1}} = 2\left[2\sigma'_\mathrm{f}(1-\sigma_\mathrm{m}/\sigma'_\mathrm{f})\alpha^{-m'}\sqrt{D_{1\mathrm{fc}}}\right]^{-m'} \quad (2-66)$$

此时，它的完整的损伤速率方程是

$$\mathrm{d}D_1/\mathrm{d}N_1 = 2\left[2\sigma'_\mathrm{f}(1-\sigma_\mathrm{m}/\sigma'_\mathrm{f})\alpha^{-m'}\sqrt{D_{1\mathrm{fc}}}\right]^{-m'}\Delta\sigma_\mathrm{equ}^{m'}D_1 \ (\mathrm{damage-unit/cycle})$$

$$(2-67)$$

（3）超高周疲劳载荷下的损伤速率计算。

在图 2-5 中，为描述第一阶段正向曲线 $A'A_1(R=-1, \sigma_\mathrm{m}=0)$ 和 $D'D_1(R \neq -1, \sigma_\mathrm{m} \neq 0)$ 的损伤演化行为，建立它的损伤演化速率计算式如下：

$$\mathrm{d}D_1/\mathrm{d}N_1 = A'_{1\mathrm{equ-v}}(\Delta H'_{1\mathrm{equ-I}})^{m'} \ (\mathrm{damage-unit/cycle}) \quad (2-68)$$

式中：$A'_{1\mathrm{equ-v}}$ 为对应于断裂应力 σ'_f 下的综合材料常数。

此时，它的损伤速率方程也有两种形式。

① H 因子型。

对于 $R = -1$、$\sigma_\mathrm{m} = 0$，按当量 I 型因子表达，其损伤速率方程仍是

$$\mathrm{d}D_1/\mathrm{d}N_1 = 2(2H'_{1\mathrm{fc-equ-v}})^{-m'}(\Delta H'_{1\mathrm{equ}})^{m'} \ (\mathrm{damage-unit/cycle}) \quad (2-69)$$

对于 $R \neq -1$、$\sigma_\mathrm{m} \neq 0$，它应该是

$$\mathrm{d}D_1/\mathrm{d}N_1 = 2\left[2H'_{1\mathrm{fc-equ-v}}(1-H_{1\mathrm{m}}/H'_{2\mathrm{fc}})\alpha\right]^{-m'}(\Delta H'_{1\mathrm{equ}})^{m'} \ (\mathrm{damage-unit/cycle})$$

$$(2-70)$$

② σ 应力型。

对于 $R=-1$、$\sigma_m=0$，当量 Ⅰ 型损伤速率方程为

$$dD_1/dN_1 = 2(2\sigma_f'\alpha^{-m'}\sqrt{D_{2fc}})^{-m'}(\Delta\sigma_{equ})^{m'}D_1 \;(\text{damage}-\text{unit}/\text{cycle})$$

$$(2-71)$$

而对于 $R\neq-1$、$\sigma_m\neq0$，它应该是如下形式：

$$dD_1/dN_1 = 2[2\sigma_f'(1-\sigma_m/\sigma_f')\alpha^{-m'}\sqrt{D_{2fc}}]^{-m'}(\Delta\sigma_{equ})^{m'}D_1 \;(\text{damage}-\text{unit}/\text{cycle})$$

$$(2-72)$$

2) 用第二种损伤强度理论建立的损伤速率计算模型

(1) 低周疲劳载荷下的损伤速率计算。

在图 2-5 中，为描述第一阶段正向曲线 CC_1 的损伤演化行为，用第二种损伤强度理论建立它的损伤演化速率模型，下面就 Ⅰ 型当量因子模式提出了损伤演化速率计算式：

$$dD_1/dN_1 = B_{2equ}'\left[\frac{\Delta H_{1equ-1}'}{(1+\mu)}\right]^{m'} \;(\text{damage}-\text{unit}/\text{cycle}) \qquad (2-73)$$

式中：B_{2equ}' 为对应于拉伸断裂应力 σ_f' 下的 Ⅰ 型当量综合材料常数，它是可计算的。

于是，其完整的损伤速率方程是：

$$dD/dN = 2\left[\frac{2\sigma_f'}{(1+\mu)}\alpha^{-m'}\sqrt{D_{1fc}}\right]^{-m'}\left[\frac{\Delta\sigma_{1equ}\sqrt[m']{D_1}}{(1+\mu)}\right]^{m'} \;(\text{damage}-\text{unit}/\text{cycle})$$

$$(2-74)$$

(2) 高周疲劳载荷下的损伤速率计算。

在图 2-5 中，为描述第一阶段正向曲线 $AA_1(R=-1,\sigma_m=0)$ 和 $DD_1(R\neq-1,\sigma_m\neq0)$ 的损伤演化行为，建立它的损伤演化速率，这里采用如下的损伤速率扩展计算式：

$$dD_1/dN_1 = A_{1equ-2}'\left[\frac{\Delta H_{1equ-1}'}{(1+\mu)}\right]^{m'} \;(\text{damage}-\text{unit}/\text{cycle}) \qquad (2-75)$$

式中：A_{1equ-2}' 为借助于屈服应力 σ_s' 及其对应的损伤值 D_{1fc} 而导出的当量 Ⅰ 型综合材料常数。

因此，对于 $R=-1$、$\sigma_m=0$，其完整的第一阶段损伤扩展速率方程是

$$dD_1/dN_1 = 2\left[\frac{2\sigma_f'}{(1+\mu)}\alpha^{-m_1}\sqrt{D_{1fc}}\right]^{-m'}\left[\frac{\Delta\sigma_{2equ}}{1+\mu}\right]^{m'}D_1 \;(\text{damage}-\text{unit}/\text{cycle})$$

$$(2-76)$$

而对于 $R \neq -1, \sigma_{\mathrm{m}} \neq 0$，其速率方程应该是：

$$\mathrm{d}D_1/\mathrm{d}N_1 = 2\left[\frac{2\sigma_{\mathrm{f}}'}{(1+\mu)}\alpha(1-\sigma_{\mathrm{m}}/\sigma_{\mathrm{f}}')^{-m'}\sqrt{D_{1\mathrm{fc}}}\right]^{-m'}\left[\frac{\Delta\sigma_{2\mathrm{equ}}}{1+\mu}\right]^{m'}D_1(\,\mathrm{damage-unit/cycle})$$

（3）超高周疲劳载荷下的损伤速率计算。

在图 2 – 5 中，为描述第一阶段正向曲线 $A'A_1(R = -1, \sigma_{\mathrm{m}} = 0)$ 和 $D'D_1(R \neq -1, \sigma_{\mathrm{m}} \neq 0)$ 的损伤演化行为，建立超高周疲劳下损伤演化速率计算式：

$$\mathrm{d}D_1/\mathrm{d}N_1 = A_{1\mathrm{equ-v}}'\left[\frac{\Delta H_{1\mathrm{equ-I}}'}{(1+\mu)}\right]^{m'}(\,\mathrm{damage-unit/cycle}) \qquad (2-77)$$

式中：$A_{1\mathrm{equ-v}}'$ 为超高周疲劳载荷下对应于断裂应力 σ_{f}' 及其相应损伤临界值 $D_{2\mathrm{fc}}$ 下的综合材料常数。

此时，对于 $R = -1$、$\sigma_{\mathrm{m}} = 0$，它的损伤速率计算式为

$$\mathrm{d}D_1/\mathrm{d}N_1 = 2\left[\frac{2\sigma_{\mathrm{f}}'}{(1+\mu)}\alpha^{-m'}\sqrt{D_{2\mathrm{fc}}}\right]^{-m'}\left[\frac{\Delta\sigma_{2\mathrm{equ}}}{(1+\mu)}\right]^{m'}D_1(\,\mathrm{damage-unit/cycle})$$

$$(2-78)$$

而对于 $R \neq -1$、$\sigma_{\mathrm{m}} \neq 0$，它的速率式应该为

$$\mathrm{d}D_1/\mathrm{d}N_1 = 2\left[\frac{2\sigma_{\mathrm{f}}'}{(1+\mu)}\alpha(1-\sigma_{\mathrm{m}}/\sigma_{\mathrm{f}}')^{-m'}\sqrt{D_{2\mathrm{fc}}}\right]^{-m'} \times$$

$$\left[\frac{\Delta\sigma_{2\mathrm{equ}}}{(1+\mu)}\right]^{m'}D_1(\,\mathrm{damage-unit/cycle}) \qquad (2-79)$$

3）用第三种损伤理论建立的损伤速率计算模型

（1）低周疲劳载荷下的损伤速率计算。

在图 2 – 5 中，为描述第一阶段正向曲线 CC_1 的损伤演化行为，用第三种损伤理论建立的损伤演化速率方程，这里就 I 型当量因子形式提出了损伤演化速率计算式：

$$\mathrm{d}D_1/\mathrm{d}N_1 = B_{3\mathrm{equ}}'(0.5\Delta H_{1\mathrm{equ-I}}')^{m'}(\,\mathrm{damage-unit/cycle}) \qquad (2-80)$$

式中：$B_{3\mathrm{equ}}'$ 为对应于拉伸断裂应力 σ_{f}' 及其相应损伤临界值 $D_{2\mathrm{fc}}$ 下的 I 型当量综合材料常数，它是可计算的。

于是，其完整的损伤速率方程为

$$\mathrm{d}D_1/\mathrm{d}N_1 = 2(\sigma_{\mathrm{f}}'\alpha^{-m'}\sqrt{D_{2\mathrm{fc}}})^{-m'}(0.5\Delta\sigma_{3\mathrm{equ}})^{m'}D_1(\,\mathrm{damage-unit/cycle})$$

$$(2-81)$$

（2）高周疲劳载荷下的损伤速率计算。

在图 2 – 5 中，为描述第一阶段正向曲线 $AA_1(R = -1, \sigma_{\mathrm{m}} = 0)$ 和 $DD_1(R \neq$

$-1、\sigma_m \neq 0$）的损伤演化行为，建立它的损伤演化速率，对于 $R = -1、\sigma_m = 0$，这里采用如下损伤速率扩展计算式：

$$dD_1/dN_1 = 2(\sigma'_f \alpha^{-m'}\sqrt{D_{1fc}})^{-m'}(0.5\Delta\sigma_{3equ})^{m'}D_1 \ (\text{damage} - \text{unit}/\text{cycle})$$
$$(2-82)$$

对于 $R \neq -1、\sigma_m \neq 0$，它的完整的损伤速率方程为

$$dD/dN = 2[\sigma'_f(1 - \sigma_m/\sigma'_f)\alpha^{-m'}\sqrt{D_{1fc}}]^{-m'}(0.5\Delta\sigma_{3equ})^{m'}D \ (\text{damage} - \text{unit}/\text{cycle})$$
$$(2-83)$$

（3）超高周疲劳载荷下的损伤速率计算。

在图 2-5 中，为描述第一阶段正向曲线 $A'A_1(R = -1, \sigma_m = 0)$ 和 $D'D_1(R \neq -1, \sigma_m = 0)$ 的损伤演化行为，建立它的损伤演化速率计算式如下：

$$dD_1/dN_1 = 2[\sigma'_f \alpha^{-m'}\sqrt{D_{2fc}}]^{-m'}(0.5\Delta\sigma_{3equ})^{m'}D_1 \ (\text{damage} - \text{unit}/\text{cycle})$$
$$(2-84)$$

而对于 $R \neq -1、\sigma_m \neq 0$，它应该是

$$dD/dN = 2[\sigma'_f(1 - \sigma_m/\sigma'_f)\alpha^{-m'}\sqrt{D_{2fc}}]^{-m'}(0.5\Delta\sigma_{3equ})^{m'}D \ (\text{damage} - \text{unit}/\text{cycle})$$
$$(2-85)$$

4）按第四损伤强度理论建立的损伤速率计算模型

（1）低周疲劳载荷下的损伤速率计算。

在图 2-5 中，为描述第一阶段正向曲线 CC_1 的损伤演化行为，按第四损伤强度理论建立它的损伤演化速率模型，下面就 I 型当量因子型提出了损伤演化速率计算式：

$$dD_1/dN_1 = B'_{4equ}(\Delta H'_{1equ-I}/\sqrt{3})^{m'} \ (\text{damage} - \text{unit}/\text{cycle}) \quad (2-86)$$

式中：B'_{4equ} 为对应于拉伸断裂应力 σ'_f 及其相应的损伤临界值 D_{1fc} 下的 I 型当量综合材料常数，它也是可计算的。

因此，其完整的损伤速率方程是

$$dD_1/dN_1 = 2\left(\frac{2\sigma'_f}{\sqrt{3}}\alpha^{-m'}\sqrt{D_{1fc}}\right)^{-m'}\left(\frac{\Delta\sigma_{4equ}}{\sqrt{3}}\right)^{m'}D_1 \ (\text{damage} - \text{unit}/\text{cycle}) \quad (2-87)$$

（2）高周疲劳载荷下的损伤速率计算。

在图 2-5 中，为描述第一阶段正向曲线 $AA_1(R = -1, \sigma_m = 0)$ 和 $DD_1(R \neq -1, \sigma_m \neq 0)$ 的损伤演化行为，建立它的损伤演化速率，对于 $R = -1、\sigma_m = 0$，采用如下损伤速率计算式表达式：

$$dD_1/dN_1 = 2\left(\frac{2\sigma_f'}{\sqrt{3}}\alpha^{-m'}\sqrt{D_{1fc}}\right)^{-m'}\left(\frac{\Delta\sigma_{4equ}}{\sqrt{3}}\right)^{m'}D_1\ (\text{damage}-\text{unit/cycle})$$

$$(2-88)$$

对于 $R \neq -1$、$\sigma_m \neq 0$，它的完整速率计算式为。

$$dD_1/dN_1 = 2\left(\frac{2\sigma_f'}{\sqrt{3}}\alpha(1-\sigma_m/\sigma_f')\alpha^{-m'}\sqrt{D_{1fc}}\right)^{-m'}\left(\frac{\Delta\sigma_{4equ}}{\sqrt{3}}\right)^{m'}D_1\ (\text{damage}-\text{unit/cycle})$$

$$(2-89)$$

（3）超高周疲劳载荷下的损伤速率计算。

在图 2-5 中，为描述第一阶段正向曲线 $A'A_1(R=-1,\sigma_m=0)$ 和 $D'D_1(R\neq -1,\sigma_m\neq 0)$ 的损伤演化行为，对于 $R=-1$、$\sigma_m=0$，建立超高周疲劳下完整的损伤演化速率计算式：

$$dD_1/dN_1 = 2\left(\frac{2\sigma_f'}{\sqrt{3}}\alpha^{-m'}\sqrt{D_{2fc}}\right)^{-m'}\left(\frac{\Delta\sigma_{4equ}}{\sqrt{3}}\right)^{m'}D_1\ (\text{damage}-\text{unit/cycle})$$

$$(2-90)$$

对于 $R \neq -1$、$\sigma_m \neq 0$，此时它的方程为

$$dD_1/dN_1 = 2\left(\frac{2\sigma_f'}{\sqrt{3}}\alpha(1-\sigma_m/\sigma_f')\alpha^{-m'}\sqrt{D_{2fc}}\right)^{-m'}\left(\frac{\Delta\sigma_{4equ}}{\sqrt{3}}\right)^{m'}D_1\ (\text{damage}-\text{unit/cycle})$$

$$(2-91)$$

上述计算式，凡是用第一种损伤强度理论和第二损伤强度理论推导而建立的速率方程，从理论上说，可适用于那些像铸铁那样发生脆性应变的材料，或者像碳钢那样发生塑性应变材料在三向应力状况下的速率计算[24]；凡是用第三种损伤强度理论和第四损伤强度理论推导而建立的速率方程，理论上可适用于某些像碳钢那样的弹塑性材料产生三向拉伸应力的计算；也可以适用于三向压缩应力下如铸铁那样的脆性材料的计算。但在低周疲劳、高周疲劳和超高周疲劳下，必须用实验进行验证和修正。

计算实例

往复压缩机内的活塞杆（图 2-6）是用 45 中碳钢制成的，其材料性能数据列于表 1-41 中。它的一端制成螺纹与十字头的螺纹连接在一起。假定这些零件的应力集中系数 $K_\sigma=3.0$，形状系数 $\varepsilon_\sigma=0.85$，尺寸系数 $\beta_\sigma=1.0$，构成有关的修正系数为 $\dfrac{K_\sigma}{\varepsilon_\sigma\beta_\sigma}$。

假设往复压缩在做正常往复运动中产生的最大拉伸应力 $\sigma_{max}=277\text{MPa}$，最

图 2 - 6　压缩机活塞杆

小拉应力 $\sigma_{min} = 139\text{MPa}$；螺纹部位拧紧产生的最大扭转剪应力 $\tau_{tmax} = 50\text{MPa}$，最小扭转剪应力 $\tau_{tmin} = 30\text{MPa}$。

这里应该说明，用 45 中碳钢制成的活塞杆的螺纹一端与十字头内螺孔部位的螺纹连接，在螺纹拧紧时产生扭转剪应力 τ_p，在做往复运动时产生拉伸正应力 σ，加上加工部位和拧紧连接产生的应力集中，形成了复杂的应力状态，容易产生断裂。对于如此的受力状态，应该视为在低周疲劳下，通常用第四种损伤强度理论进行复杂应力下的强度计算和损伤扩展速率计算。

假定此材料晶粒平均尺寸为 0.04mm（$a_{min} = 0.04\text{mm}$，等效于 $0.04\text{damage} - \text{unit}$），根据上述要求、加载条件和已提供的材料性能数据，试计算此活塞杆端部螺纹连接之应力集中部位引发损伤初始值 $D_{min} = 0.04\text{damage} - \text{unit}$ 对应的速率 $(dD/dN)_{01}$；计算损伤门槛值 $D_{th} = 0.219\text{damage} - \text{unit}$ 对应的速率 $(dD/dN)_{th}$；计算损伤过渡值 D_{tr} 对应的速率 $(dD/dN)_{tr}$，计算至宏观损伤值 $D_{mac} = 1(\text{damage} - \text{unit}, 1\text{mm})$ 对应的速率 $(dD/dN)_{mac}$。

计算步骤和方法如下：

1）相关参数和数据的计算

（1）根据正文中对活塞杆螺纹连接部位的应力分析和计算式，可知最大当量应力为

$$\sigma_{1equ-1}^{max} = \sqrt{\sigma_{max}^2 + 3\tau_{tmax}^2} = \sqrt{277^2 + 3 \times 50^2} = 290(\text{MPa})$$

最小当量应力为

$$\sigma_{1equ-1}^{min} = \sqrt{\sigma_{min}^2 + 3\tau_{tmin}^2} = \sqrt{139^2 + 3 \times 30^2} = 148.4(\text{MPa})$$

（2）计算当量应力范围 $\Delta\sigma_{1equ-1}$：

$$\Delta\sigma_{1equ-1} = \sigma_{1equ-1}^{max} - \sigma_{1equ-1}^{min} = 290 - 148.4 = 141.6(\text{MPa})$$

（3）计算损伤门槛值：

$$D_{\text{th}} = \left(\frac{1}{\pi^{0.5}}\right)^{\frac{1}{0.5+b'}} = (0.564)^{\frac{1}{0.5-0.123}} = 0.219(\text{damage} - \text{unit})$$

（4）计算疲劳载荷下的屈服应力：

$$\sigma'_{\text{s}} = \left(\frac{E}{K'^{1/n}}\right)^{\frac{n'}{n'-1}} = \left(\frac{200000}{1153^{1/0.179}}\right)^{\frac{0.179}{0.179-1}} = 374.6(\text{MPa})$$

（5）计算屈服应力的损伤临界值 $D_{1\text{fc}}$：

$$D_{1\text{fc}} = \left(\sigma'^{(1-n')/n'}_{\text{s}} \frac{E\pi^{1/(2n')}}{K'^{1/n'}}\right)^{-\frac{2m'n'}{2n'-m'}}$$

$$= \left(374.6^{(1-0.179)/0.179} \times \frac{200000 \times \pi^{1/(2\times0.179)}}{1153^{1/0.179}}\right)^{-\frac{2\times8.13\times0.179}{2\times0.179-8.13}}$$

$$= \left(374.6^{4.5866} \times \frac{200000 \times \pi^{2.793}}{1153^{5.5866}}\right)^{0.3745}$$

$$= 3.32(\text{damage} - \text{unit})$$

（6）计算损伤过渡值 D_{tr}：

仍用上式，将指数变符号，计算如下：

$$D_{\text{tr}} = \left(\sigma'^{(1-n')/n'}_{\text{s}} \frac{E\pi^{1/(2n')}}{K'^{1/n'}}\right)^{\frac{2m'n'}{2n'-m'}}$$

$$= \left(374.6^{4.5866} \times \frac{200000 \times \pi^{2.793}}{1153^{5.5866}}\right)^{-0.3745}$$

$$= 0.3012(\text{damage} - \text{unit})$$

（7）计算第一阶段损伤当量综合材料常数 $A'_{1\text{equ}-1}$，假设取 $\alpha_1 = 1$，计算如下：

$$A'_{1\text{equ}-1} = 2(2\sigma'_{\text{f}}\alpha_1 \sqrt[-m']{D_{1\text{fc}}})^{-m'}$$

$$= 2 \times (2 \times 1115 \times 1 \times \sqrt[-8.13]{3.32})^{-8.13}$$

$$= 3.99 \times 10^{-27}(\text{MPa}^{m'} \cdot \text{damage} - \text{unit/cycle})$$

2）计算初始损伤值 $0.04\text{damage} - \text{unit}$ 时对应的损伤速率

$$dD_1/dN_1 = A'_{1\text{equ}-1}\left(\frac{K_\sigma}{\varepsilon_\sigma\beta_\sigma}\Delta\sigma_{1\text{equ}-1}\right)^{m'}D_{\text{min}}$$

$$= 3.99 \times 10^{-27} \times \left(\frac{3.0}{0.85 \times 1} \times 141.6\right)^{8.13} \times 0.04$$

$$= 1.393 \times 10^{-6}(\text{damage} - \text{unit/cycle})$$

3）计算损门槛值 $D_{th} = 0.219\mathrm{damage-unit}$ 对应的损伤速率

$$
\begin{aligned}
\mathrm{d}D_1/\mathrm{d}N_1 &= A'_{1equ-1}\left(\frac{K_\sigma}{\varepsilon_\sigma\beta_\sigma}\Delta\sigma_{1equ-1}\right)^{m'}D_{th}\\
&= 3.99\times10^{-27}\times\left(\frac{3.0}{0.85\times1}\times141.6\right)^{8.13}\times0.219\\
&= 7.63\times10^{-6}(\mathrm{damage-unit/cycle})
\end{aligned}
$$

4）计算损伤过渡值 $D_{tr} = 0.3012\mathrm{damage-unit}$ 对应的损伤速率

$$
\begin{aligned}
\mathrm{d}D_1/\mathrm{d}N_1 &= A'_{1equ-1}\left(\frac{K_\sigma}{\varepsilon_\sigma\beta_\sigma}\Delta\sigma_{1equ-1}\right)^{m'}D_{tr}\\
&= 3.99\times10^{-27}\times\left(\frac{3.0}{0.85\times1}141.6\right)^{8.13}\times0.3012\\
&= 1.05\times10^{-5}(\mathrm{damage-unit/cycle})
\end{aligned}
$$

5）计算至宏观损伤值 $D_{mac} = 1\mathrm{damage-unit}$ 对应的损伤速率

$$
\begin{aligned}
\mathrm{d}D_1/\mathrm{d}N_1 &= A'_{1equ-1}\left(\frac{K_\sigma}{\varepsilon_\sigma\beta_\sigma}\Delta\sigma_{1equ-1}\right)^{m'}D_{mac}\\
&= 3.99\times10^{-27}\times\left(\frac{3.0}{0.85\times1}\times141.6\right)^{8.13}\times1\\
&= 3.483\times10^{-5}(\mathrm{damage-unit/cycle})
\end{aligned}
$$

这些速率数据可以看出这些典型钢材在有代表意义的几个临界点上的速率特点,对于 45 中碳钢来说,在应力大于屈服应力的低周疲劳下,它的初始损伤速率为 $1.393\times10^{-6}\mathrm{damage-unit/cycle}$,门槛速率为 $7.63\times10^{-6}\mathrm{damage-unit/cycle}$,细观损伤与宏观损伤之间的过渡速率为 $1.05\times10^{-5}\mathrm{damage-unit/cycle}$,以及到达宏观损伤值时的速率为 $3.483\times10^{-5}\mathrm{damage-unit/cycle}$。

2.1.2　第一阶段损伤体寿命预测计算

本章节就某些线弹性材料与弹塑性材料在第一阶段的寿命预测计算问题的理论、计算模型、计算方法进行论述,分如下主题:

＊低周疲劳下损伤体寿命预测计算;

＊高周疲劳下损伤体寿命预测计算;

＊超高周疲劳下损伤体寿命预测计算;

＊多轴疲劳下损伤体寿命预测计算。

1. 低周疲劳下损伤体寿命预测计算

对于描述图 2-7 横坐标轴 $O_1\,\mathrm{I}$ 和 $O_2'\,\mathrm{II}'$ 之间棕黄色反向曲线 $B'CC'$ 的数学

描述,建立微观、细观损伤到宏观损伤阶段材料损伤体寿命的预测计算模型,下文提出若干种计算式。

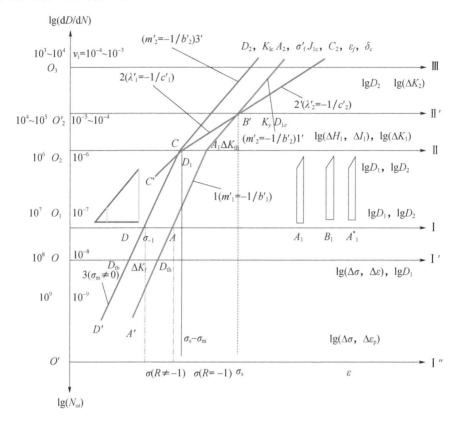

图 2-7　第一阶段损伤速率和寿命曲线

1) 计算式 1

对于某些弹塑性材料在低周疲劳下发生迟滞回环效应时,如果通过屈服应力与它对应的损伤临界值建立它的第一阶段寿命预测模型,则提出如下计算式:

$$N_1 = \int_{D_{th}或D_{01}}^{D_{tr}(或D_{1fc}, D_{oi})} \frac{\mathrm{d}D_1}{A_1^* (\Delta\sigma_1/2)^{m'} D_1} (\text{cycle}) \qquad (2-92)$$

注意,综合材料常数 A_1^* 在速率方程中的原式为

$$A_1^* = 2K'^{-m'}(2\varepsilon_f'^{-\lambda'}\sqrt{\alpha D_{1fc}})^{-\lambda'} (\text{MPa}^{-m'} \cdot \text{damage} - \text{unit/cycle}) \qquad (2-93)$$

但在寿命中,它应该为

$$A_1^* = \frac{\ln D_{1fc} - \ln D_{th}}{(\Delta\sigma/2)^{m'} (N_{1fc} - N_{th})} \qquad (2-94)$$

式(2-92)、式(2-93)以及式(2-94)中:指数 $\lambda' = -1/c'$,c' 是疲劳延性系数;D_{1fc} 是对应于屈服应力 σ'_s 下的损伤临界值;D_{2fc} 是对应于断裂应力 σ'_f 下的损伤临界值;α 是有效值修正系数;D_{th} 损伤门槛值;D_{01} 是损伤初始值;D_{tr} 是细观损伤和宏观损伤之间的过渡值;D_{oi} 是方程中的积分上限,是一个可选择的损伤中间值。

2)计算式 2

另一方法是借助损伤断裂临界值 D_{2fc} 计算其损伤寿命[14-18]:

$$N_1 = \int_{D_{th} \text{或} D_{01}}^{D_{tr}(\text{或} D_{1fc}, D_{oi})} \frac{dD_1}{A_1^\# (\Delta\sigma_1/2)^{m'} D_1} (\text{cycle}) \qquad (2-95)$$

综合材料常数 $A_1^\#$ 在速率方程中的原式如下:

$$A_1^\# = 2K'^{-m'} (2\varepsilon'_f{}^{-\lambda'} \sqrt{\alpha D_{2fc}})^{-\lambda'} (\text{MPa}^{-m'} \cdot \text{damage} - \text{unit/cycle}) \qquad (2-96)$$

但在寿命中,它应该是

$$A_1^\# = \frac{\ln D_{1fc} - \ln D_{th}}{(\Delta\sigma/2)^{m'} (N_{1fc} - N_{th})} \qquad (2-97)$$

3)计算式 3

第三种计算式也是采用应力参数计算,但要注意常数项中的参数不一样,它是

$$N_1 = \int_{D_{th} \text{或} D_{01}}^{D_{tr} \text{或} D_{oi}} \frac{dD_1}{A_1' (\Delta\sigma)^{m'} D_1} (\text{cycle}) \qquad (2-98)$$

综合材料常数在速率方程中原式为

$$A_1' = 2 (2\sigma'_f{}^{-m'} \sqrt{\alpha_2 D_{1fc}})^{-m'} \qquad (2-99)$$

但是在寿命方程中的综合材料常数的表达式是

$$A_1' = \frac{\ln D_{1fc} - \ln D_{th}}{(\Delta\sigma)^{m'} (N_{1fc} - N_{th})} \qquad (2-100)$$

式中:$A_1' \approx A_{1w}' \approx A_{1equ}'$;$N_{th}$ 为对应于损伤门槛值的寿命;N_{1fc} 为与屈服应力 σ'_s 相对应的寿命。

在速率方程中的综合材料常数 A_1'、A_1^*、$A_1^\#$ 和在寿命方程中的综合材料常数 A_1'、A_1^*、$A_1^\#$ 在数值上是相同的,但是其物理含义和几何意义略有不同。这里 A_1'、A_1^*、$A_1^\#$ 物理含义是 N_{th} 到 N_{1fc} 期间所做的全部功。A_1'、A_1^*、$A_1^\#$ 的几何含义是图 1-1 中从 $N_{01(\text{或th})}$ 到 N_{1fc} 积分的面积,是大型梯形中的前一部分面积 A_{1w}'。但

是,在同一阶段,不管是最大增量值的最大微梯形面积,或是积分而成的梯形面积,当两者都投影在纵坐标 y 轴上时,两者的长度都是同一直线段。由此看来,它们的数学表达式含义与几何图形的含义是一致的。

计算实例

有一个由合金钢 30CrMnSiA[19] 制成的试件,材料性能数据见表 2 – 1。如果此试件在低周疲劳、对称循环($R = -1$)加载下产生应力幅 $\sigma_a = \Delta\sigma/2 = 624\text{MPa}$,试用正文中的式(2 – 93)、式(2 – 95)和式(2 – 98)计算从损伤门槛值 D_{th} 至临界值 D_{1fc} 的寿命。

相关计算数据如下: $\sigma'_s = 889\text{MPa}$, $K' = 1772\text{MPa}$, $\sigma'_f = 1864\text{MPa}$, $\varepsilon'_f = 2.788$, $m' = 11.64$, $\lambda' = 1.293$; $D_{th} = 0.251\text{damage} - \text{unit}$; $D_{1fc} = 3.227\text{damage} - \text{unit}$; $D_{2fc} = 12.12\text{damage} - \text{unit}$, $A_1^{\#} = 4.05 \times 10^{-38}(\text{MPa}^{-m'} \cdot \text{damage} - \text{unit/cycle})$

计算步骤如下:

1)采用式(2 – 92)计算

(1)综合材料常数计算(取 $\alpha_1 = 1$):

$$A_1^* = 2(K'\alpha_1)^{-m'}(2\varepsilon'_f \sqrt[-\lambda']{\alpha_1 D_{1fc}})^{-\lambda'}$$
$$= 2 \times (1772 \times 1)^{-11.64} \times (2 \times 2.788 \times \sqrt[-1.293]{3.227})^{-1.293}$$
$$= 1.078 \times 10^{-38}(\text{MPa}^{-m'} \cdot \text{damage} - \text{unit/cycle})$$

(2)寿命计算(注意应力幅 $\Delta\sigma/2 = 624\text{MPa}$):

$$N_1 = \int_{D_{th}}^{D_{1fc}} \frac{\mathrm{d}D_1}{A_1^*(\Delta\sigma/2)^{m'}D_1}$$
$$= \int_{0.251}^{3.277} \frac{\mathrm{d}D_1}{1.078 \times 10^{-38} \times 624^{11.64}D_1} = 782938(\text{cycle})$$

2)采用式(2 – 95)计算

(1)综合材料常数计算(取 $\alpha_2 = 1$):

$$A_1^{\#} = 2(K'\alpha_2)^{-m'}(2\varepsilon'_f \sqrt[-\lambda']{D_{2fc}})^{-\lambda'}$$
$$= 2 \times (1772 \times 1)^{-11.64} \times (2 \times 2.788 \times \sqrt[-1.293]{12.12})^{-1.293}$$
$$= 4.05 \times 10^{-38}(\text{MPa}^{-m'} \cdot \text{damage} - \text{unit/cycle})$$

(2)寿命计算(注意应力幅 $\Delta\sigma/2 = 624\text{MPa}$):

$$N_1 = \int_{D_{th}}^{D_{1fc}} \frac{\mathrm{d}D}{2(K'\alpha_2)^{-m'}(2\varepsilon'_f \sqrt[-\lambda']{D_{2fc}})^{-\lambda'}(\Delta\sigma/2)^{m'} \times D_1}$$

$$= \int_{0.251}^{3.227} \frac{\mathrm{d}D}{4.05 \times 10^{-38} \times 624^{11.64} \times D_1} = 208383(\text{cycle})$$

3）采用式（2-98）计算

（1）综合材料常数计算（取 $\alpha_2 = 1$）：

$$A'_1 = 2(2\sigma'_f \sqrt[-m']{\alpha_2 \times D_{1fc}})^{-m'}$$

$$= 2 \times (2 \times 1864 \times 1 \times \sqrt[-11.64]{3.227})^{-11.64}$$

$$= 1.73 \times 10^{-41}$$

（2）寿命计算（注意应力幅 $\Delta\sigma = 1248\text{MPa}$）：

$$N_1 = \int_{D_{th}}^{D_{1fc}} \frac{\mathrm{d}D}{A'_1(\Delta\sigma)^m D_1}$$

$$= \int_{0.251}^{3.227} \frac{\mathrm{d}D}{1.73 \times 10^{-41} \times 1248^{11.64} \times D_1} = 134651(\text{cycle})$$

我们可以对寿命方程中的综合材料常数 A'_1 的数值进行验算：

$$A'_1 = \frac{\ln D_{1fc} - \ln D_{th}}{(\Delta\sigma)^{m'}(N_{1fc} - N_{th})} = \frac{\ln 3.227 - \ln 0.251}{1248^{11.64} \times (134651 - 0)}$$

$$= 1.73 \times 10^{-41}$$

验算结果：寿命方程中与速率方程中的 A'_1 在数值上是相等的。

采用材料 30CrMnSiA[19]，用 5 个试件在应力幅 $\Delta\sigma/2 = 624\text{MPa}$ 下进行实验，其实验结果显示平均寿命 $N_1 = 221368\text{cycle}$。可见，用三种寿命计算式计算的结果，后两种计算式计算数据与实验数据差异较少；第一种计算模型的计算数据与实验数据相差 3.5 倍。

2. 高周疲劳下损伤体寿命预测计算

如果构件材料产生的工作应力 $\sigma < \sigma'_s(=\sigma_y)$，这种情况下，要描述材料损伤演化行为，可用图 2-8 中的反向曲线 $A_1A(R=-1,\sigma_m=0)$ 或 $D_1D(R\neq-1,\sigma_m\neq0)$ 来表示，为了建立从细观损伤向宏观损伤演化过程（第一阶段）寿命的预测模型，下文将提出若干种计算式[2-5]。

1）计算式 1——应力-应变法

对于某些弹塑性材料，如果是在高周疲劳载荷下，可以采用应力-应变参数描述它的损伤演化行为，建立它的寿命预测模型。对于反向曲线 A_1A 而言，如果在对称循环载荷下（$R=-1,\sigma_m=0$），它的损伤寿命可用如下形式表达：

$$N_1 = \int_{D_{th}\text{或}D_{01}}^{D_{1fc}\text{或}D_{oi}} \frac{\mathrm{d}D_1}{2(K'\alpha_2)^{1/b'}(2\varepsilon'_f \sqrt[1/c']{D_{2fc}})^{1/c'}(\Delta\sigma)^{-1/b'}D_1}(\text{cycle}) \quad (2-101)$$

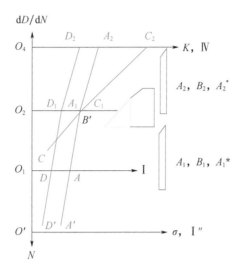

图 2 - 8　材料损伤演化寿命简化曲线

此寿命计算式正是对图 2 - 8 中曲线 A_1A 的数学描述。而对于反向曲线 $D_1D(R \neq -1, \sigma_m \neq 0)$ 来说,它的寿命计算式应该是

$$N_1 = \int_{D_{th}\text{或}D_{01}}^{D_{1fc}\text{或}D_{oi}} \frac{\mathrm{d}D_1}{2\left[K'(1-R)\alpha_2\right]^{1/b'}\left(2\varepsilon_f'\sqrt[1/c']{D_{2fc}}\right)^{1/c'}(\Delta\sigma)^{-1/b'}D_1}(\text{cycle})$$
$$(2-102)$$

此寿命计算式是对图 2 - 8 中曲线 D_1D 的数学描述。

上述两积分式中参数符号的含义与前文中参数符号的含义相同。

2）计算式 2——H 因子法

在对称循环载荷下 $(R = -1, \sigma_m = 0)$,它的第一阶段损伤寿命 N_1 计算式为

$$N_1 = \int_{D_{th}\text{或}D_{01}}^{\alpha D_{1fc}} \frac{\mathrm{d}D_1}{2(2H_{1fc}')^{1/b'}(\Delta\sigma)^{-1/b'}D_1}(\text{cycle}) \qquad (2-103)$$

式（2 - 103）是对曲线 A_1A 在数学上的描述。

对于 $R \neq -1$、$\sigma_m \neq 0$,其寿命计算式应该是如下形式:

$$N_1 = \int_{D_{th}\text{或}D_{01}}^{\alpha D_{1fc}} \frac{\mathrm{d}D_1}{2\left[2H_{1fc}'(1-\sigma_m/\sigma_f')\right]^{1/b'}(\Delta\sigma)^{-1/b'}D_1}(\text{cycle}) \quad (2-104)$$

或者

$$N_1 = \int_{D_{th}\text{或}D_{01}}^{\alpha D_{1fc}} \frac{\mathrm{d}D_1}{2\left[2H_{1fc}'(1-R)\right]^{1/b'}(\Delta\sigma)^{-1/b'}D_1}(\text{cycle}) \qquad (2-105)$$

以上两积分式都是对曲线 D_1D 在数学上的描述。

3）计算式 3[20-22]

这种方法与上述 H 因子法计算结果一致，对于 $R = -1$、$\sigma_m = 0$，其完整的表达式为

$$N_1 = \int_{D_{th}或D_{01}}^{\alpha D_{1fc}} \frac{dD_1}{2\left(2\sigma_f'^{1/b'}\sqrt{D_1}\right)^{1/b'}(\Delta\sigma)^{-1/b'}D_1}(\text{cycle}) \qquad (2-106)$$

而对于 $R \neq -1$、$\sigma_m \neq 0$，它的完整表达式为

$$N_1 = \int_{D_{th}或D_{01}}^{\alpha D_{1fc}} \frac{dD_1}{2\left[2\sigma_f'(1-R)^{1/b'}\sqrt{D_1}\right]^{1/b'}(\Delta\sigma)^{-1/b'}D_1}(\text{cycle}) \quad (2-107)$$

4）计算式 4——K 因子法

对于 $R = -1$、$\sigma_m = 0$，它的寿命计算式为

$$N_1 = \int_{D_{th}+D_{01}}^{\alpha D_{1fc}} \frac{dD_1}{2\left(2K_{1fc}'\right)^{-m_2'}\left[y(a/b)\Delta\sigma\sqrt{\pi D_1}\right]^{m_2'}}(\text{cycle}) \qquad (2-108)$$

而对于 $R \neq -1$、$\sigma_m \neq 0$，它应该是

$$N_1 = \int_{D_{th}+D_{01}}^{\alpha D_{1fc}} \frac{dD_1}{2\left[2K_{1fc}'(1-R)\right]^{-m_2'}\left[y(a/b)\Delta\sigma\sqrt{\pi D_1}\right]^{m_2'}}(\text{cycle})$$

$$(2-109)$$

5）计算式 5——非线性应力法

对于 $R = -1$、$\sigma_m = 0$，采用这种方法寿命计算式表现为如下计算式：

$$N_1 = \int_{D_{th}+D_{01}}^{\alpha_2 D_{1fc}} \frac{dD_1}{2\left(2\sigma_f'\sqrt{\alpha_2\pi D_{1fc}}\right)^{-m_2'}\left[y(a/b)\Delta\sigma\sqrt{\pi D_1}\right]^{m_2'}}(\text{cycle})$$

$$(2-110)$$

但对于 $R \neq -1$，$\sigma_m \neq 0$，它的完整的计算式是：

$$N_1 = \int_{D_{th}+D_{01}}^{\alpha_2 D_{1fc}} \frac{dD_1}{2\left[2\sigma_f'(1-R)\sqrt{\pi\alpha_2 D_{1fc}}\right]^{-m_2'}\left[y(a/b)\Delta\sigma\sqrt{\pi D_1}\right]^{m_2'}}(\text{cycle})$$

$$(2-111)$$

不过这种非线性第一阶段的寿命计算式，其损伤值只适用于 $D_1 \leqslant (D_{th} + D_{01}) \leqslant 0.3\text{damage} - \text{unit}$（相当于 0.3mm）、$y(a/b) \approx (0.5 \sim 0.65)$ 的计算。

6）计算式 6——多项式法

这种方法还可以有以下两种类型。

（1）H 因子型。

从理论上说，多项式方程是可以成立的，对于 $R = -1$、$\sigma_m = 0$，第一阶段的寿命 N_{1fc} 与损伤应力强度因子范围值 $\Delta H_1'$ 应该是如下关系：

$$\Delta H_1'^{m'}(N_{1fc} - N_{01}) = A_1^{\#} \qquad (2-112)$$

对于 $R \neq -1$、$\sigma_m \neq 0$，应该是如下关系：

$$\frac{\Delta H_1'}{2} = H_{1fc}'\left(1 - \frac{H_m}{H_{1fc}}\right)(2N_{1fc})^{b'} \qquad (2-113)$$

式（2-112）中：$A_1^{\#}$ 为综合材料常数，它的物理意义是第一阶段从 N_{01} 至 N_{1fc} 所做的功；几何意义是图 2-8 中整个梯形中前面黄绿色三角形的面积。

（2）应力法。

对于 $R = -1$、$\sigma_m = 0$，采用此方法，第一阶段的寿命 N_{1fc} 与应力关系为

$$\left(\Delta\sigma \sqrt[m']{D_1}\right)^{m'}(N_{1fc} - N_{01}) = A_1^{\#} \qquad (2-114)$$

或者是

$$\frac{\Delta\sigma \sqrt[m']{D_1}}{2} = \sigma_f' \sqrt[m']{D_{1fc}}(2N_{1fc})^{-\frac{1}{m'}} \qquad (2-115)$$

对于 $R \neq -1$、$\sigma_m \neq 0$，它就变成如下关系：

$$\frac{\Delta\sigma \sqrt[m']{D_1}}{2} = \sigma_f'(1 - \sigma_m/\sigma_f') \sqrt[m']{D_{1fc}}(2N_{2fc})^{-\frac{1}{m'}} \qquad (2-116)$$

计算实例

假定有一机械零件用球墨铸铁 QT800-2 制成，它在低周疲劳载荷下的性能数据如下：$\sigma_s' = 513\text{MPa}$，$K' = 1437.7\text{MPa}$，$n' = 0.147$，$\sigma_f' = 1067.2\text{MPa}$，$b' = -0.083$，$m' = 12.05$，$\varepsilon_f' = 0.1684$，$c' = -0.5792$，$\sigma_{-1} = 352\text{MPa}$。

在上文中已被计算出的数据有：损伤门槛值 $D_{th} = 0.253\text{damage-unit}$；与屈服应力对应的损伤临界值 $D_{1fc} = 2.21\text{damage-unit}$；应力范围 $\Delta\sigma = 352 - 35.2 = 317(\text{MPa})$；损伤应力临界因子 $H_{1fc}' = 547.7\text{MPa} \cdot \sqrt[1/b]{\text{damage-unit}}$（$R = 0.1$）。

假定此材料晶粒平均尺寸 $a_{01} = 0.04\text{mm}$（等效于 0.04damage-unit），疲劳加载产生的应力 $\sigma_{max} = 352\text{MPa}$，$\sigma_{min} = 35.2\text{MPa}$。

试用 4 种计算式计算其在高周疲劳载荷下的第一阶段的寿命 N_1。

计算步骤和方法如下：

1）H 因子法

它的损伤综合材料常数的计算如下：

$$A_1 = 2\left[2H'_{1fc}(1-R)\alpha_1\right]^{1/b'}$$
$$= 2\times\left[2\times547.7\times(1-0.1)\times1.0\right]^{1/(-0.083)}$$
$$= 1.683\times10^{-36}(\mathrm{MPa}\cdot\sqrt[1/b']{1000\mathrm{damage-unit}}\cdot\mathrm{damage-unit/cycle})$$

按照正文中的计算式,用 H 因子法计算第一阶段的寿命:

$$N_1 = \int_{D_{th}或D_{01}}^{D_{1fc}}\frac{\mathrm{d}D_1}{2\left[2H'_{1fc}(1-R)\alpha_1\right]^{1/b'}(\Delta\sigma)^{-1/b'}D_1}$$
$$= \int_{0.253}^{2.21}\frac{\mathrm{d}D_1}{2\times\left[2\times547.7\times(1-0.1)\times1.0\right]^{1/(-0.083)}\times317^{-(1/-0.083)}\times D_1}$$
$$= 937740(\mathrm{cycle})$$

2) H 应力法

采用这种方法,它的损伤综合材料常数为

$$A'_1 = 2\left[2(\sigma'_s\sqrt[-1/b']{D_{1fc}})(1-R)\alpha_1\right]^{1/b'}$$
$$= 2\times\left[2\times(513\times\sqrt[12.05]{2.21})\times(1-0.1)\times1.0\right]^{-12.05} = 1.68\times10^{-36}$$

用应力法计算第一阶段的寿命应该是

$$N_1 = \int_{D_{th}或D_{01}}^{D_{1fc}}\frac{\mathrm{d}D_1}{2\left[2(\sigma'_s\sqrt[-1/b']{D_{1fc}})(1-R)\alpha_1\right]^{1/b'}(\Delta\sigma)^{-1/b'}D_1}$$
$$= \int_{0.253}^{2.21}\frac{\mathrm{d}D_1}{2\times\left[2\times(513\times\sqrt[12.05]{2.21})\times(1-0.1)\times1.0\right]^{1/(-0.083)}\times317^{-(1/-0.083)}\times D_1}$$
$$= 949243(\mathrm{cycle})$$

可见两种方法计算得出的寿命数据是接近的。

假定计算式的积分下限取此材料平均晶粒的尺度,则它的寿命是

$$N_1 = \int_{D_{th}或D_{01}}^{D_{1fc}}\frac{\mathrm{d}D_1}{2\left[2(\sigma'_s\sqrt[-1/b']{D_{1fc}})(1-R)\alpha_1\right]^{1/b'}(\Delta\sigma)^{-1/b'}D_1}$$
$$= \int_{0.04}^{2.21}\frac{\mathrm{d}D_1}{2\times\left[2\times(513\times\sqrt[12.05]{2.21})\times(1-0.1)\times1.0\right]^{1/(-0.083)}\times317^{-(1/-0.083)}\times D_1}$$
$$= 1738895(\mathrm{cycle})$$

3) K 因子法

这里假定 $\alpha_1=1$,表面短裂纹修正系数取 $y(a/b)=0.65$,起始损伤值 $D_{th}+D_{01}=0.253+0.04=0.257(\mathrm{damage-unit})$。

采用这种方法,它的损伤综合材料常数应该是

$$A'_1 = 2\left[2K'_{1fc}(1-0.1)\alpha_1\right]^{-m'_2}$$

$$= 2 \times \left[2 \times 42.6485 \times (1 - 0.1) \times 1.0 \right]^{-5.73}$$

$$= 3.155 \times 10^{-11} (\text{MPa} \cdot \sqrt{1000 \text{damage} - \text{unit}} \cdot \text{damage} - \text{unit/cycle})$$

第一阶段的寿命是

$$N_1 = \int_{D_{\text{th}} + D_{01}}^{D_{1\text{fc}}} \frac{\mathrm{d}D_1}{2 \left[2 K'_{1\text{fc}} (1 - R) \alpha \right]^{-m'_2} \left[y(a/b) \Delta\sigma \sqrt{\pi D_1 \times 10^{-3}} \right]^{m'_2}}$$

$$= \int_{0.257}^{2.21} \frac{\mathrm{d}D_1}{2 \times \left[2 \times 42.6485 \times (1 - 0.1) \times 1.0 \right]^{-5.73} \times (0.5 \times 317 \times \sqrt{\pi D_1 \times 10^{-3}})^{5.73}}$$

$$= \int_{0.257}^{2.21} \frac{\mathrm{d}D_1}{3.155 \times 10^{-11} \times (0.65 \times 317 \times \sqrt{\pi D_1 \times 10^{-3}})^{5.73}} = 171583 (\text{cycle})$$

4）K 应力法

它的损伤综合材料常数为

$$A'_1 = 2 \left[2 \sigma'_s (1 - R) \alpha \sqrt{\pi D_{1\text{fc}}} \right]^{-m'_2}$$

$$= 2 \times \left[2 \times 513 \times (1 - 0.1) \times 1 \times \sqrt{\pi \times 2.21 \times 10^{-3}} \right]^{-5.73}$$

$$= 3.155 \times 10^{-11} (\text{MPa} \cdot \sqrt{1000 \text{damage} - \text{unit}} \cdot \text{damage} - \text{unit/cycle})$$

此时这种计算方法的寿命应该为

$$N_1 = \int_{D_{\text{th}} + D_{01}}^{D_{1\text{fc}}} \frac{\mathrm{d}D_1}{2 \left[2 \sigma'_s (1 - R) \sqrt{\pi D_{1\text{fc}}} \right]^{-m'_2} \left[y(a/b) \Delta\sigma \sqrt{\pi D_1 \times 10^{-3}} \right]^{m'_2}}$$

$$= \int_{0.257}^{2.21} \frac{\mathrm{d}D_1}{2 \times \left[2 \sigma'_s (1 - R) \times \sqrt{\pi \times 2.21 \times 10^{-3}} \right]^{-5.73} \times (0.65 \times 317 \sqrt{\pi D_1 \times 10^{-3}})^{5.73}}$$

$$= \int_{0.257}^{2.21} \frac{\mathrm{d}D_1}{3.155 \times 10^{-11} \times (206 \times \sqrt{\pi D_1 \times 10^{-3}})^{5.73}}$$

$$= 171822 (\text{cycle})$$

后两种计算结果的寿命数据也是接近的。但是差别在于，前两种方法同后两种方法之间的差异有 5.5 倍。原因是前两种计算式是线性函数，修正值 $\alpha = 1$；而后两种计算，是非线性函数，式中的 $y(a/b) = 0.65$。这些都是假设的，这些系数还有待通过实验确定。

3. 超高周疲劳下损伤体寿命预测计算

如果材料或构件工作应力在小于疲劳极限下（$\sigma < \sigma_{\text{li}}$）仍然出现微观损伤（微裂纹）、细观损伤（细观裂纹），这种情况就被称为超高周疲劳损伤。超高周疲劳出现的损伤，既可能发生在材料的外表面，也有可能发生在内部的次表面，有时呈现

出鱼眼形的微缺陷。为描述这种演化行为,可用图 2 - 9 中的反向曲线 $AA'(R = -1,\sigma_m = 0)$ 或 $DD'(R \neq -1,\sigma_m \neq 0)$ 来表示。为了建立从微观损伤、细观损伤向宏观损伤演化过程(第一阶段)寿命的预测模型,下文将提出若干种计算式[2-5]。

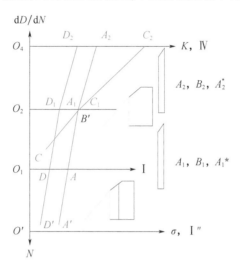

图 2 - 9　超高周疲劳下损伤寿命简化曲线

1) 模型 1(H 因子法 A)

这个方法是用临界因子 H'_{1fc} 作为常数项,以应力范围 $\Delta\sigma$、第一阶段损伤变量 D_1 表示,对于 $R = -1$、$\sigma_m = 0$,它的损伤寿命预测方程是

$$N_1 = \int_{D_{th}或D_{01}}^{D_{1fc}} \frac{\mathrm{d}D_1}{2 \cdot 2H'_{1fc}{}^{1/b'}\Delta\sigma^{-1/b'}D_1}(\mathrm{cycle}) \qquad (2 - 117)$$

此寿命表达式是针对图 2 - 9 中曲线 AA' 在数学上的描述。

而对于 $\sigma_m \neq 0$、$R \neq -1$,它的寿命方程应该是

$$N_1 = \int_{D_{th}或D_{01}}^{D_{1fc}} \frac{\mathrm{d}D_1}{2\left[2H'_{1fc}(1 - R)\alpha_2\right]^{1/b'}\Delta\sigma^{-1/b'}D_1}(\mathrm{cycle}) \qquad (2 - 118)$$

而此寿命表达式是针对图 2 - 9 中曲线 DD' 在数学上的描述。

2) 模型 2(H 因子法 B)

此种方法与上一方法相类似,但是由临界因子 H'_{2fc} 与应力范围 $\Delta\sigma$、第一阶段损伤变量 D_1 组成,此损伤寿命计算式如下:

对于 $R = -1$、$\sigma_m = 0$,有

$$N_1 = \int_{D_{th}或D_{01}}^{D_{1fc}} \frac{\mathrm{d}D_1}{2 \cdot 2H'_{2fc}{}^{1/b'}\Delta\sigma^{-1/b'}D_1} \ (\mathrm{cycle}) \qquad (2 - 119)$$

而对于 $\sigma_m \neq 0$、$R \neq -1$，其寿命计算式应该是

$$N_1 = \int_{D_{th}\text{或}D_{01}}^{D_{1fc}} \frac{\mathrm{d}D_1}{2\left[2H'_{2fc}(1-R)\alpha_2\right]^{1/b'}\Delta\sigma^{-1/b'}D_1} \quad (\text{cycle}) \quad (2-120)$$

3）模型 3（σ 应力法 A）

这是一种用屈服应力 σ'_s 及其对应的损伤临界值 D_{1fc} 作为综合材料常数而建立的计算模型，对于 $R = -1$、$\sigma_m = 0$，它的损伤寿命预测方程是

$$N_1 = \int_{D_{01}}^{D_{oi}} \frac{\mathrm{d}D_1}{2\left(2\sigma'_s\alpha_1^{1/b'}\sqrt{D_{1fc}}\right)^{1/b'}\Delta\sigma^{-1/b'}D_1} \quad (\text{cycle}) \quad (2-121)$$

此寿命表达式是对图 2-9 中曲线 AA' 在数学上的描述。

而对于 $\sigma_m \neq 0$、$R \neq -1$，它的损伤寿命完整方程为

$$N_1 = \int_{D_{01}}^{D_{oi}} \frac{\mathrm{d}D_1}{2\left[2\sigma'_s(1-R)\alpha_1^{1/b'}\sqrt{D_{1fc}}\right]^{1/b'}\Delta\sigma^{-1/b'}D_1} \quad (\text{cycle}) \quad (2-122)$$

式中：D_{oi} 为损伤某一中间值。而此寿命表达式是对图 2-9 中曲线 DD' 在数学上的描述。

4）模型 4（σ 应力法 B）

此方法是用断裂应力 σ'_f 及其对应的损伤临界值 D_{2fc} 作为综合材料常数而建立的计算模型，对于 $R = -1$、$\sigma_m = 0$，它的损伤寿命预测方程是

$$N_1 = \int_{D_{th}\text{或}D_{01}}^{D_{1fc}} \frac{\mathrm{d}D_1}{2\left(2\sigma'_f\alpha_2^{1/b'}\sqrt{D_{2fc}}\right)^{1/b'}\Delta\sigma^{-1/b'}D_1} \quad (\text{cycle}) \quad (2-123)$$

此寿命表达式是对图 2-9 中曲线 AA' 在数学上的描述。

对于 $\sigma_m \neq 0$、$R \neq -1$，损伤寿命计算式就变成如下形式：

$$N_1 = \int_{D_{th}\text{或}D_{01}}^{D_{1fc}} \frac{\mathrm{d}D_1}{2\left[2\sigma'_f(1-\sigma_m/\sigma'_f)\alpha_2^{1/b'}\sqrt{D_{2fc}}\right]^{1/b'}\Delta\sigma^{-1/b'}D_1} \quad (\text{cycle}) \quad (2-124)$$

而此寿命表达式是针对图 2-9 中曲线 DD' 在数学上的描述。

应该说明，式（2-117）~式（2-124）适用于损伤值为 0.02~1.0damage-unit（等效于裂纹长度 0.02~1.0mm）的计算。

计算实例

有一球墨铸铁 QT800-2 制成的零件，本例计算所需的材料疲劳加载下的性能数据如下：$\sigma'_s = 513\text{MPa}$，$K' = 1437.7\text{MPa}$，$n' = 0.147$，$\sigma'_f = 1067.2\text{MPa}$，$b' = -0.083$，$m' = 12.05$，$\varepsilon'_f = 0.1684$，$c' = -0.5792$，$\sigma_{-1} = 352\text{MPa}$。

在上文中已被计算得出的数据:第一阶段损伤临界值 $D_{1fc} = 2.21$ damage –
unit;第二阶段损伤临界值 $D_{2fc} = 7.93$ damage – unit;应力范围值 $\Delta\sigma = \sigma_{max} - \sigma_{min}$
$= 250 - 25 = 225$(MPa);被加载应力范围值 $\Delta\sigma = 225$(MPa)下产生的损伤值 D_{oi}
$= 0.156$ damage – unit;对应于屈服应力下临界应力强度因子为

$$H'_{1fc} = \sigma'_s \sqrt[m']{D_{1fc}} = 513 \times \sqrt[12.05]{2.21} = 547.7 (\text{MPa} \cdot \sqrt[m']{\text{damage} - \text{unit}})$$

假定产生的应力 $\sigma_{max} = 250$MPa,$\sigma_{min} = 25$MPa。

试用 3 种计算式计算其在超高周疲劳下的第一阶段的寿命 N_1。

计算步骤和方法如下:

1)H 因子法

(1)综合材料常数计算。

注意,此计算方法的临界因子是对应于屈服应力下的临界值的,它对应的临界尺寸为 2.2mm,所以取修正值 $\alpha_1 = 1$。

它的损伤综合材料常数计算如下:

$$\begin{aligned} A_1 &= 2[2H'_{1fc}(1 - R)\alpha_1]^{1/b'} \\ &= 2 \times [2 \times 547.7 \times (1 - 0.1) \times 1.0]^{1/(-0.083)} \\ &= 1.683 \times 10^{-36} \end{aligned}$$

(2)寿命计算。

假定初始损伤值取此材料晶粒的平均尺寸 $a_{01} \approx 0.04$mm,相当于 $D_{01} \approx$
0.04damage – unit。

则此方法的寿命计算如下:

$$\begin{aligned} N_1 &= \int_{D_{th}或D_{01}}^{D_{1fc}} \frac{dD_1}{2[2H'_{1fc}(1 - R)\alpha_1]^{1/b'}\Delta\sigma^{-1/b'}D_1} \\ &= \int_{0.04}^{2.21} \frac{dD_1}{1.683 \times 10^{-36} \times 225^{-(1/-0.083)} \times D_1} = 108009813(\text{cycle}) \end{aligned}$$

2)应力法 A

(1)综合材料常数计算。

注意,此计算方法的临界因子对应于屈服应力下的临界值,它对应的临界尺寸为 2.2mm,所以取修正值 $\alpha_1 = 1$。

它的损伤综合材料常数计算如下:

$$\begin{aligned} A'_1 &= 2[2\sigma'^{-1/b'}_s \sqrt[-1/b']{D_{1fc}}(1 - R)\alpha_1]^{1/b'} \\ &= 2 \times [2 \times (513 \times \sqrt[12.05]{2.21}) \times (1 - 0.1) \times 1.0]^{-12.05} \end{aligned}$$

$$= 1.68 \times 10^{-36}$$

（2）寿命计算。

假定初始损伤值仍取 $D_{01} \approx 0.04\text{damage} - \text{unit}$，寿命为

$$N_1 = \int_{D_{\text{th}}或D_{01}}^{D_{1\text{fe}}} \frac{\mathrm{d}D_1}{2\left[2\sigma_s'^{-1/b'}\sqrt{D_{1\text{fe}}}(1-R)\alpha_1\right]^{1/b'}\Delta\sigma^{-1/b'}D_1}$$

$$= \int_{0.04}^{2.21} \frac{\mathrm{d}D_1}{1.68 \times 10^{-36} \times 225^{-(1/-0.083)} \times D_1} = 108202688(\text{cycle})$$

3）应力法 B

（1）综合材料常数计算。

注意，此计算方法的临界因子对应于断裂应力下的临界值，它对应的临界尺寸为 7.93mm，所以取修正值 $\alpha_2 = 0.6$。

它的损伤综合材料常数计算如下：

$$A_1' = 2\left[2\sigma_f'(1-R)\alpha_2^{-1/b'}\sqrt{D_{2\text{fe}}}\right]^{1/b'}$$

$$= 2 \times \left[2 \times 1067.2 \times (1-0.1) \times 0.6 \times \sqrt[12.05]{7.93}\right]^{-12.05}$$

$$= 2.03 \times 10^{-36}$$

（2）寿命计算。

假定初始损伤值仍取此材料晶粒的平均尺寸为 $a_{01} \approx 0.04\text{mm}$，相当于 $D_{01} \approx 0.04\text{damage} - \text{unit}$。

则此方法的寿命计算如下：

$$N_1 = \int_{D_{\text{th}}或D_{01}}^{D_{1\text{fe}}} \frac{\mathrm{d}D_1}{2\left[2\sigma_f'(1-R)\alpha_2^{-1/b}\sqrt{7.93}\right]^{1/b'}(\Delta\sigma)^{-1/b'}D_1}$$

$$= \int_{0.04}^{2.21} \frac{\mathrm{d}D_1}{2.03 \times 10^{-36} \times 225^{-(1/-0.083)} \times D_1}$$

$$= 90427854(\text{cycle})$$

参考在超高周疲劳下用 3 种不同计算式计算得出的寿命数据可知，第一种与第三种计算式几乎完全一致，因为修正系数都为 $\alpha_1 = 1$，其他常数和计算参数也都相同。而第二种超高周寿命计算式中 $\alpha_2 = 0.6$，材料常数和临界尺寸与第一和第三种方法不一样。所以，关键是要确定 α_1 和 α_2 之间的关系，这要通过实验确定。

4. 多轴疲劳下损伤体寿命预测计算

在复杂应力下运行的机械零件，在多轴疲劳载荷下处于从微观、细观至宏观损伤演变阶段，针对其行为演化过程中的寿命预测计算问题，本小节仍按照以上

正文中的假设,仿用材料力学的强度理论来推导和建立混合型细观损伤(等效于混合型短裂纹)第一阶段的寿命计算模型。相关曲线见图 2 - 10。

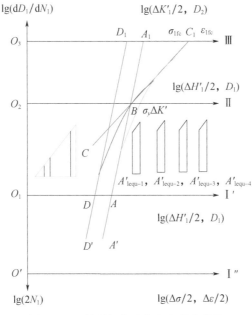

图 2 - 10　材料损伤演化行为简化曲线

1)用第一种损伤强度理论[23,24]建立损伤寿命预测计算模型

(1)低周疲劳载荷下的寿命预测计算。

在图 2 - 10 中,为描述第一阶段反向曲线 C_1C 的损伤演化行为,用第一种损伤强度理论建立它的损伤演化寿命预测计算式,下面提出两种数学模型和计算方法。

① 当量 I 型法。当量 I 型法采用 $\Delta\sigma_{equ}$ 参数计算,它的细观损伤寿命计算式为

$$N_1 = \int_{D_{th}或D_{01}}^{D_{1fe}} \frac{\mathrm{d}D_1}{2\left(2\sigma_s'\alpha^{-m'}\sqrt{D_{1fe}}\right)^{-m'}\left(\Delta\sigma_{equ}/2\right)^{m'}D_1}(\text{cycle}) \qquad (2-125)$$

或

$$N_1 = \int_{D_{th}或D_{01}}^{D_{1fe}} \frac{\mathrm{d}D_1}{2\left(2\sigma_f'\alpha^{-m'}\sqrt{D_{2fe}}\right)^{-m'}\left(\Delta\sigma_{equ}\right)^{m'}D_1}(\text{cycle}) \qquad (2-126)$$

这里提供两种寿命预测计算式,以供对不同材料和不同加载条件下的寿命计算时选择。前者通常用于弹塑性材料计算;后者通常用于线弹性材料计算。

参数 D_{01} 和 D_{th} 分别是初始损伤值和损伤门槛值。

② 当量 II 型法。当量 II 型法采用 $\Delta\tau$ 参数计算,寿命计算式应该是

$$N_1 = \int_{D_{th}(\text{或}D_{01})}^{D_{1fc}} \frac{\mathrm{d}D_1}{2\left(2\tau'_s \sqrt[m']{D_{1fc}}\right)^{-m'}(\Delta\tau/2)^{m'}D_1}(\text{cycle}) \qquad (2-127)$$

或

$$N_1 = \int_{D_{th}(\text{或}D_{01})}^{D_{1fc}} \frac{\mathrm{d}D_1}{2\left(2\tau'_f \sqrt[m']{D_{2fc}}\right)^{-m'}\Delta\tau^{m'}D_1}(\text{cycle}) \qquad (2-128)$$

式中:D_{1fc} 为疲劳载荷下对应于屈服拉应力 σ'_s 和屈服剪应力 τ'_s 下的损伤临界值;D_{2fc} 为对应于断裂拉应力 σ'_f 和断裂剪应力 τ'_f 下的损伤临界值。

当量 II 型寿命计算式通常用于剪应力占主导成分下的受力构件的寿命预测计算。这里提供两种寿命预测计算式,也是供对不同材料和不同加载条件下的寿命计算时选择。前者通常用于弹塑性材料计算;后者通常用于线弹性材料计算。

(2) 高周或超高周疲劳载荷下的损伤体寿命计算。

在图 2-10 中,为描述第一阶段反向曲线 $A_1A'(R=-1,R=0)$ 和 $DD_1(R\neq-1,R\neq0)$ 的损伤演化行为,建立它的细观损伤寿命预测计算式,下面也有两种数学模型和计算方法。

① 当量 I 型法。对于 $R=-1$、$\sigma_m=0$,且在高周加载下,其 I 型细观损伤寿命预测计算式为

$$N_1 = \int_{D_{th}(\text{或}D_{01})}^{D_{1fc}} \frac{\mathrm{d}D_1}{2\left(2\sigma'_s\alpha^{-m'}\sqrt[m']{D_{1fc}}\right)^{-m'}\Delta\sigma_{equ}^{m'}}(\text{cycle}) \qquad (2-129)$$

而对于 $R=-1$、$\sigma_m=0$,且在超高周加载下,它的 I 型细观损伤寿命预测计算式为

$$N_1 = \int_{D_{th}(\text{或}D_{01})}^{D_{1fc}} \frac{\mathrm{d}D_1}{2\left(2\sigma'_f\alpha^{-m'}\sqrt[m']{D_{2fc}}\right)^{-m'}\Delta\sigma_{equ}^{m'}}(\text{cycle}) \qquad (2-130)$$

但是对于 $R\neq-1$、$\sigma_m\neq0$,这里仍然要考虑平均应力的影响,借用式 $(1-\sigma_m/\sigma'_f)$ 做出修正[24],所以在高周疲劳下,其寿命计算式应该为

$$N_1 = \int_{D_{th}\text{或}D_{01}}^{D_{1fc}} \frac{\mathrm{d}D_1}{2\left[2\sigma'_s(1-\sigma_m/\sigma'_f)\alpha^{-m'}\sqrt[m']{D_{1fc}}\right]^{-m'}\Delta\sigma_{equ}^{m'}D_1}(\text{cycle})$$

$$(2-131)$$

对于 $R\neq-1$、$\sigma_m\neq0$ 而且在超高周疲劳下,它应该是如下形式:

$$N_1 = \int_{D_{\mathrm{th}}\text{或}D_{01}}^{D_{1\mathrm{fc}}} \frac{\mathrm{d}D_1}{2\left[2\sigma_{\mathrm{f}}'(1-\sigma_{\mathrm{m}}/\sigma_{\mathrm{f}}')\alpha^{-m'}\sqrt{D_{2\mathrm{fc}}}\right]^{-m'}\Delta\sigma_{\mathrm{equ}}{}^{m'}D_1}\,(\text{cycle})$$

$$(2-132)$$

② 当量 II 型法。同样地,对于 II 型损伤,在 $R=-1$、$\sigma_{\mathrm{m}}=0$ 和高周疲劳下,它的寿命方程是

$$N_1 = \int_{D_{\mathrm{th}}\text{或}D_{01}}^{D_{1\mathrm{fc}}} \frac{\mathrm{d}D_1}{2\left(2\tau_{\mathrm{s}}'\sqrt[m']{D_{1\mathrm{fc}}}\right)^{-m'}\Delta\tau^{m'}D_1}\,(\text{cycle}) \qquad (2-133)$$

而对于 $R=-1$、$\sigma_{\mathrm{m}}=0$,而且在超高周疲劳下,它应该是如下形式:

$$N_1 = \int_{D_{\mathrm{th}}\text{或}D_{01}}^{D_{1\mathrm{fc}}} \frac{\mathrm{d}D_1}{2\left(2\tau_{\mathrm{f}}'\sqrt[m']{D_{2\mathrm{fc}}}\right)^{-m'}\Delta\tau^{m'}D_1}\,(\text{cycle}) \qquad (2-134)$$

对于 $R\neq-1$、$\sigma_{\mathrm{m}}\neq0$,而且在高周疲劳下,它应该是如下形式:

$$N_1 = \int_{D_{\mathrm{th}}\text{或}D_{01}}^{D_{1\mathrm{fc}}} \frac{\mathrm{d}D_1}{2\left(2\tau_{\mathrm{s}}'\sqrt[m']{D_{1\mathrm{fc}}}\right)^{-m'}\Delta\tau^{m'}D_1}\,(\text{cycle}) \qquad (2-135)$$

对于 $R\neq-1$、$\sigma_{\mathrm{m}}\neq0$,而且在超高周疲劳下,它应该是如下形式:

$$N_1 = \int_{D_{\mathrm{th}}\text{或}D_{01}}^{D_{1\mathrm{fc}}} \frac{\mathrm{d}D_1}{2\left[2\tau_{\mathrm{f}}'(1-\tau_{\mathrm{m}}/\tau_{\mathrm{f}}')\alpha^{m'}\sqrt[m']{D_{2\mathrm{fc}}}\right]^{-m'}\Delta\tau^{m'}D_1}\,(\text{cycle}) \quad (2-136)$$

2）用第二种损伤强度理论[23,24]建立的损伤寿命计算模型

（1）低周疲劳载荷下的损伤体寿命预测计算。

在图 2-10 中,为描述第一阶段反向曲线 C_1C 的损伤演化行为,用第二种损伤强度理论,建立其损伤寿命计算模型,下面提出了 I 型当量因子计算式:

$$N_1 = \int_{D_{\mathrm{th}}\text{或}D_{01}}^{D_{1\mathrm{fc}}} \frac{\mathrm{d}D_1}{2\left[\dfrac{2\sigma_{\mathrm{s}}'}{(1+\mu)}\alpha^{-m'}\sqrt[m']{D_{1\mathrm{fc}}}\right]^{-m'}\left[\dfrac{\Delta\sigma_{1\mathrm{equ}}\sqrt[m']{D_1}}{2(1+\mu)}\right]^{m'}}\,(\text{cycle})$$

或

$$(2-137)$$

$$N_1 = \int_{D_{01}\text{或}D_{\mathrm{th}}}^{D_{1\mathrm{fc}}} \frac{\mathrm{d}D_1}{2\left[\dfrac{2\sigma_{\mathrm{f}}'}{(1+\mu)}\alpha^{-m'}\sqrt[m']{D_{2\mathrm{fc}}}\right]^{-m'}\left[\dfrac{\Delta\sigma_{1\mathrm{equ}}\sqrt[m']{D_1}}{(1+\mu)}\right]^{m'}}\,(\text{cycle})$$

$$(2-138)$$

上述两种寿命计算式供不同的材料、在不同的加载条件下选择。一般地说,前者通常用于弹塑性材料计算;后者通常用于线弹性材料计算。

（2）高周或超高周疲劳载荷下的损伤体寿命预测计算。

在图 2-10 中，为描述第一阶段反向曲线 A_1A'（$R = -1$，$\sigma_m = 0$）和 D_1D'（$R \neq -1$，$\sigma_m \neq 0$）的损伤演化行为，建立它的损伤寿命预测方程[2-5]，提出如下计算式。

对于 $R = -1$、$\sigma_m = 0$，且在高周疲劳加载下，建议用下式计算：

$$N_1 = \int_{D_{01}\text{或}D_{th}}^{D_{1fc}} \frac{\mathrm{d}D_1}{2\left[\frac{2\sigma_s'}{(1+\mu)}\alpha^{-m'}\sqrt{D_{1fc}}\right]^{-m'}\left[\frac{\Delta\sigma_{2equ}\sqrt[m']{D_1}}{(1+\mu)}\right]^{m'}}(\text{cycle})$$

（2-139）

对于 $R = -1$、$\sigma_m = 0$，且在超高周疲劳加载下，应用下式计算：

$$N_1 = \int_{D_{01}\text{或}D_{th}}^{D_{1fc}} \frac{\mathrm{d}D_1}{2\left[\frac{2\sigma_f'}{(1+\mu)}\alpha^{-m_1}\sqrt{D_{2fc}}\right]^{-m'}\left[\frac{\Delta\sigma_{2equ}\sqrt[m']{D_1}}{(1+\mu)}\right]^{m'}}(\text{cycle})$$

（2-140）

但是，对于 $R \neq -1$、$\sigma_m \neq 0$，且在高周疲劳加载下，应该用下式计算：

$$N_1 = \int_{D_{01}\text{或}D_{th}}^{D_{1fc}} \frac{\mathrm{d}D_1}{2\left[\frac{2\sigma_s'}{(1+\mu)}(1-\sigma_m/\sigma_f')\alpha^{-m'}\sqrt{D_{1fc}}\right]^{-m'}\left[\frac{\Delta\sigma_{2equ}\sqrt[m']{D_1}}{(1+\mu)}\right]^{m'}}(\text{cycle})$$

（2-141）

而对于 $R \neq -1$、$\sigma_m \neq 0$，且在超高周疲劳加载下，应该用下式计算较合适：

$$N_1 = \int_{D_{01}\text{或}D_{th}}^{D_{1fc}} \frac{\mathrm{d}D_1}{2\left[\frac{2\sigma_f'}{(1+\mu)}(1-\sigma_m/\sigma_f')\alpha^{-m'}\sqrt{D_{2fc}}\right]^{-m'}\left[\frac{\Delta\sigma_{2equ}\sqrt[m']{D_1}}{(1+\mu)}\right]^{m'}}(\text{cycle})$$

（2-142）

3）用第三种损伤理论[23,24]建立的损伤寿命预测计算模型

（1）低周疲劳载荷下的损伤体寿命预测计算。

在图 2-10 中，为描述第一阶段反向曲线 C_1C 的损伤演化行为，用第三种损伤理论，下面就 I 型当量因子提出了两种寿命计算式，供不同材料、不同的加载条件下选择。其损伤寿命预测计算方程如下：

$$N_1 = \int_{D_{01}\text{或}D_{th}}^{D_{1fc}} \frac{\mathrm{d}D_1}{2\left(\sigma_f'\alpha_1^{-m'}\sqrt{D_{1fc}}\right)^{-m'}(0.25\Delta\sigma_{3equ})^{m'}D_1}(\text{cycle}) \quad (2-143)$$

或

$$N_1 = \int_{D_{01} \text{或} D_{th}}^{D_{1fc}} \frac{\mathrm{d}D_1}{2 \left(\sigma'_f \alpha_2 \sqrt[-m']{D_{2fc}} \right)^{-m'} (0.5 \Delta \sigma_{3equ})^{m'} D_1} (\text{cycle}) \qquad (2-144)$$

一般地说,前者通常用于弹塑性材料计算;后者通常用于线弹性材料计算。

(2)高周或超高周疲劳载荷下的损伤体寿命预测计算。

在图 2-10 中,为描述第一阶段反向曲线 $A_1 A'(R = -1, \sigma_m = 0)$ 和 $D_1 D'$ $(R \neq -1, \sigma_m \neq 0)$ 的损伤演化行为,建立它的损伤寿命预测方程[2-5],提出如下计算式。

对于 $R = -1$、$\sigma_m = 0$,且在高周疲劳加载下,建议采用 I 型损伤寿命预测方程:

$$N_1 = \int_{D_{01}}^{D_{1fc}} \frac{\mathrm{d}D_1}{2 \left(\sigma'_f \alpha_1 \sqrt[-m']{D_{1fc}} \right)^{-m'} (0.5 \Delta \sigma_{3equ})^{m'} D_1} (\text{cycle}) \qquad (2-145)$$

而对于 $R = -1$、$\sigma_m = 0$,且在超高周疲劳加载下,建议采用以下损伤预测方程:

$$N_1 = \int_{D_{01}}^{D_{1fc}} \frac{\mathrm{d}D_1}{2 \left(\sigma'_f \alpha_2 \sqrt[-m']{D_{2fc}} \right)^{-m'} (0.5 \Delta \sigma_{3equ})^{m'} D_1} (\text{cycle}) \qquad (2-146)$$

但是对于 $R \neq -1$、$\sigma_m \neq 0$,且在高周疲劳加载下,应该采用以下损伤寿命预测方程:

$$N_1 = \int_{D_{01} \text{或} D_{th}}^{D_{1fc}} \frac{\mathrm{d}D_1}{2 \left(\sigma'_f (1 - \sigma_m / \sigma'_f) \alpha_1 \sqrt[-m']{D_{1fc}} \right)^{-m'} (0.5 \Delta \sigma_{3equ})^{m'} D_1} (\text{cycle})$$

$$(2-147)$$

而对于 $R \neq -1$、$\sigma_m \neq 0$,且在超高周疲劳加载下,要用以下损伤寿命预测方程:

$$N_1 = \int_{D_{01} \text{或} D_{th}}^{D_{1fc}} \frac{\mathrm{d}D_1}{2 \left[\sigma'_f (1 - \sigma_m / \sigma'_f) \alpha_2 \sqrt[-m']{D_{2fc}} \right]^{-m'} (0.5 \Delta \sigma_{3equ})^{m'} D_1} (\text{cycle})$$

$$(2-148)$$

4)用第四种损伤强度理论[23,24]建立的损伤寿命计算模型

(1)低周疲劳载荷下的损伤体寿命预测计算。

在图 2-10 中,为描述第一阶段反向曲线 $C_1 C'$ 的损伤演化行为,用第四种损伤强度理论建立它的损伤演化寿命模型,下面就 I 型当量因子提出了损伤演化寿命计算式:

$$N_1 = \int_{D_{01}或D_{th}}^{D_{1fc}} \frac{\mathrm{d}D_1}{2\left(\dfrac{2\sigma_f'}{\sqrt{3}}\alpha_1 \sqrt[-m']{D_{1fc}}\right)^{-m'}\left(\dfrac{\Delta\sigma_{4equ}}{2\sqrt{3}}\right)^{m'}D_1}(\text{cycle}) \qquad (2-149)$$

或

$$N_1 = \int_{D_{01}或D_{th}}^{D_{1fc}} \frac{\mathrm{d}D_1}{2\left(\dfrac{2\sigma_f'}{\sqrt{3}}\alpha_2 \sqrt[-m']{D_{2fc}}\right)^{-m'}\left(\dfrac{\Delta\sigma_{4equ}}{\sqrt{3}}\right)^{m'}D_1}(\text{cycle}) \qquad (2-150)$$

上述提出的两种寿命计算式,供不同的材料、在不同的加载条件下选择。一般地说,前者通常用于弹塑性材料计算;后者通常用于线弹性材料计算。

(2)高周或超高周疲劳载荷下的损伤体寿命预测计算。

在图 2-10 中,为描述第一阶段反向曲线 A_1A'($R=-1,\sigma_m=0$)和 D_1D'($R\neq-1,\sigma_m\neq0$)的损伤演化行为,建立它的损伤寿命预测方程,下文也提出如下两计算式。

对于 $R=-1$、$\sigma_m=0$,且在高周疲劳加载下,建议采用Ⅰ型损伤寿命预测方程:

$$N_1 = \int_{D_{01}或D_{th}}^{D_{1fc}} \frac{\mathrm{d}D_1}{2\left(\dfrac{2\sigma_f'}{\sqrt{3}}\alpha_1 \sqrt[-m']{D_{1fc}}\right)^{-m'}\left(\dfrac{\Delta\sigma_{4equ}}{\sqrt{3}}\right)^{m'}D_1}(\text{cycle}) \qquad (2-151)$$

对于 $R=-1$、$\sigma_m=0$,且在超高周疲劳加载下,应该采用如下损伤寿命预测方程:

$$N_1 = \int_{D_{01}或D_{th}}^{D_{1fc}} \frac{\mathrm{d}D_1}{2\left[\dfrac{2\sigma_f'}{\sqrt{3}}\alpha_2 \sqrt[-m']{D_{2fc}}\right]^{-m'}\left(\dfrac{\Delta\sigma_{4equ}}{\sqrt{3}}\right)^{m'}D_1}(\text{cycle}) \qquad (2-152)$$

可是,对于 $R\neq-1$、$\sigma_m\neq0$,且在高周疲劳加载下,其寿命计算式为

$$N_1 = \int_{D_{01}或D_{th}}^{D_{1fc}} \frac{\mathrm{d}D_1}{2\left[\dfrac{2\sigma_f'}{\sqrt{3}}(1-\sigma_m/\sigma_f')\alpha_1 \sqrt[-m']{D_{1fc}}\right]^{-m'}\left(\dfrac{\Delta\sigma_{4equ}}{\sqrt{3}}\right)^{m'}D_1}(\text{cycle})$$

$$(2-153)$$

而对于 $R\neq-1$、$\sigma_m\neq0$,且在超高周疲劳加载下,其寿命应该改用如下计算式:

$$N_1 = \int_{D_{01}或D_{th}}^{D_{1fc}} \frac{\mathrm{d}D_1}{2\left[\dfrac{2\sigma_f'}{\sqrt{3}}(1-\sigma_m/\sigma_f')\alpha_2 \sqrt[-m']{D_{2fc}}\right]^{-m'}\left(\dfrac{\Delta\sigma_{4equ}}{\sqrt{3}}\right)^{m'}D_1}(\text{cycle})$$

$$(2-154)$$

上述损伤寿命预测计算式,凡是用第一种损伤强度理论和第二损伤强度理论推导而建立的方程,从理论上说,可适用于那些像铸铁那样发生脆性应变的材料[24],或者像碳钢那样发生塑性应变材料在三向应力状况下的寿命计算;凡是用第三种损伤强度理论和第四损伤强度理论推导而建立的寿命方程,理论上可适用某些像碳钢那样的弹塑性材料产生三向拉伸应力的计算,也可以适用于三向压缩应力下如铸铁那样的脆性材料的计算。但在低周疲劳、高周疲劳和超高周疲劳下,还必须用实验来验证和修正。

计算实例

往复压缩机内的活塞杆(图 2 - 6)是一个重要的零件,它用 45 中碳钢制成,它的一端制成螺纹与十字头的螺纹连接在一起。假定这些零件的应力集中系数 $K_\sigma = 3.0$,形状系数 $\varepsilon_\sigma = 0.85$,尺寸系数 $\beta_\sigma = 1.0$,构成有关的修正系数为 $\dfrac{K_\sigma}{\varepsilon_\sigma \beta_\sigma}$。

假设往复压缩在做正常往复运动时产生的最大的拉伸应力 $\sigma_{max} = 277\text{MPa}$,最小拉应力 $\sigma_{min} = 139\text{MPa}$;螺纹部位拧紧产生的最大扭转剪应力 $\tau_{tmax} = 50\text{MPa}$,最小扭转剪应力 $\tau_{tmin} = 30\text{MPa}$。其他计算数据被列在表 1 - 41 中。

试分别按四种强度理论建立的第一阶段损伤寿命预测计算式,在本例中确定的应力下,计算从损伤门槛值 $D_{th} = 0.219\text{damage} - \text{unit}$ 至临界值 D_{1fc} 的第一阶段的预测寿命 N_1。

上文中计算已得出的数据如下:

(1) 最大 I 型当量应力 $\sigma_{1equ-I}^{max} = 290\text{MPa}$;

(2) 最小 I 型当量应力 $\sigma_{1equ-I}^{min} = 148.4\text{MPa}$;

(3) 平均当量应力 $\sigma_{1equ-1}^{m} = (290 + 148.4)/2 = 219.2\text{MPa}$;

(4) 当量应力范围 $\Delta\sigma_{1equ-1} = 141.6\text{MPa}$;

(5) 损伤门槛值 $D_{th} = 0.219\text{damage} - \text{unit}$;

(6) 疲劳加载下的屈服应力 $\sigma_s' = 374.6\text{MPa}$;

(7) 对应于屈服应力和断裂应力下的损伤临界值 D_{1fc} 和 D_{2fc} 分别按下式计算得出:

$$D_{1fc} = \left(\sigma_s'^{(1-n')/n'} \frac{E\pi^{1/(2n')}}{K'^{1/n'}} \right)^{-\frac{2m'n'}{2n'-m'}}$$

$$= \left(374.6^{(1-0.179)/0.179} \times \frac{200000 \times \pi^{1/(2 \times 0.179)}}{1153^{1/0.179}} \right)^{-\frac{2 \times 8.13 \times 0.179}{2 \times 0.179 - 8.13}}$$

$$= \left(374.\,6^{4.5866} \times \frac{200000 \times \pi^{2.793}}{1153^{5.5866}} \right)^{0.3745}$$

$$= 3.\,32\,(\text{damage} - \text{unit})$$

$$D_{2\text{fc}} = \left(1115^{4.5866} \times \frac{200000 \times \pi^{2.793}}{1153^{5.5866}} \right)^{0.3745} = 21.\,56\,(\text{damage} - \text{unit})$$

计算步骤和方法如下：

1）用第四种损伤强度理论建立的损伤寿命计算式计算 N_1

（1）当量综合材料常数 $A'_{1\text{equ}-1}$ 的计算。

假定取 $\alpha = 1$，第一阶段的当量综合材料常数为

$$A_{1\text{equ}-1} = 2\left[2\sigma'_{\text{f}}\left(1 - \frac{\sigma^{\text{m}}_{1\text{equ}-1}}{\sigma'_{\text{f}}} \right)\alpha^{-m'}\sqrt{D_{2\text{fc}}} \right]^{-m'}$$

$$= 2 \times \left[2 \times 1115 \times \left(1 - \frac{219.\,2}{1115} \right) \times 1 \times {}^{-8.13}\sqrt{21.\,56} \right]^{-8.13}$$

$$= 1.\,534 \times 10^{-25}$$

（2）寿命计算。

从损伤门槛值为 0.219damage – unit 至损伤临界值 $D_{1\text{fc}} = 3.32$damage – unit 的寿命应该是

$$N_1 = \int_{D_{\text{th}}}^{D_{1\text{fc}}} \frac{\mathrm{d}D_1}{2\left[2\sigma'_{\text{f}}(1 - \sigma_{\text{m}}/\sigma'_{\text{f}})\alpha^{-m'}\sqrt{D_{2\text{fc}}} \right]^{-m'}\Delta\sigma_{\text{equ}}{}^{m'}D_1}$$

$$= \int_{0.219}^{3.32} \frac{\mathrm{d}D_1}{1.\,534 \times 10^{-25} \times 141.\,6^{8.13} \times D_1} = 57594820\,(\text{cycle})$$

2）用第二种损伤强度理论建立的损伤寿命计算式计算 N_1

（1）当量综合材料常数 $A'_{2\text{equ}-1}$ 的计算。

其第一阶段的当量综合材料常数为

$$A'_{2\text{equ}-1} = 2\left[\frac{2\sigma'_{\text{f}}}{1 + \mu}(1 - \sigma_{\text{m}}/\sigma'_{\text{f}})\alpha^{-m'}\sqrt{D_{2\text{fc}}} \right]^{-m'}$$

$$= 2 \times \left[\frac{2 \times 1115}{1 + 0.3} \times (1 - 219.\,2/1115) \times \alpha^{-8.13}\sqrt{21.\,56} \right]^{-8.13} = 1.\,295 \times 10^{-24}$$

（2）寿命计算。

从损伤门槛值至临界值的寿命应该是

$$N_1 = \int_{D_{01}\text{或}D_{\text{th}}}^{D_{1\text{fc}}} \frac{\mathrm{d}D_1}{2\left(\frac{2\sigma'_{\text{f}}}{1 + \mu}(1 - \sigma_{\text{m}}/\sigma'_{\text{f}})\alpha^{-m'}\sqrt{D_{2\text{fc}}} \right)^{-m'}\left(\frac{\Delta\sigma_{2\text{equ}}\sqrt[m']{D_1}}{(1 + \mu)} \right)^{m'}}$$

$$= \int_{0.219}^{3.32} \frac{\mathrm{d}D_1}{2 \times \left[\dfrac{2 \times 1115}{1 + 0.3} \times (1 - 219.2/1115)\alpha \times \sqrt[-8.13]{21.56}\right]^{-8.13} \times \left(\dfrac{141.4 \times \sqrt[8.13]{D_1}}{(1 + 0.3)}\right)^{8.13}}$$

$= 58249073(\,\mathrm{cycle})$

3）用第三种损伤理论建立的损伤寿命计算式计算 N_1

（1）当量综合材料常数 $A'_{3\mathrm{equ}-1}$ 的计算。

它的当量综合材料常数为：

$$A'_{3\mathrm{equ}-1} = 2\left[\sigma'_{\mathrm{f}}(1 - \sigma_{\mathrm{m}}/\sigma'_{\mathrm{f}})\alpha \times \sqrt[-m']{D_{2\mathrm{fc}}}\right]^{-m'}$$

$$= 2 \times \left[1115 \times (1 - 219.2/1115) \times \alpha \times \sqrt[-8.13]{21.56}\right]^{-8.13}$$

$$= 4.29737 \times 10^{-23}$$

（2）寿命计算。

从损伤门槛值至临界值的寿命则是

$$N_1 = \int_{D_{01}\text{或}D_{\mathrm{th}}}^{D_{1\mathrm{fc}}} \frac{\mathrm{d}D_1}{2\left[\sigma'_{\mathrm{f}}(1 - \sigma_{\mathrm{m}}/\sigma'_{\mathrm{f}})\alpha \times \sqrt[-m']{D_{2\mathrm{fc}}}\right]^{-m'}(0.5\Delta\sigma_{3\mathrm{equ}})^{m'}D_1}$$

$$= \int_{0.219}^{3.32} \frac{\mathrm{d}D}{4.2974 \times 10^{-23} \times (0.5 \times 141.4)^{8.13} \times D_1}$$

$$= 58259589(\,\mathrm{cycle})$$

4）用第四种损伤强度理论建立的损伤寿命计算式计算 N_1

（1）当量综合材料常数 $A'_{4\mathrm{equ}-1}$ 的计算。

它的当量综合材料常数为

$$A'_{4\mathrm{equ}-1} = 2\left(\frac{2\sigma'_{\mathrm{f}}}{\sqrt{3}}(1 - \sigma_{\mathrm{m}}/\sigma'_{\mathrm{f}})\alpha \times \sqrt[-m']{D_{2\mathrm{fc}}}\right)^{-m'}$$

$$= 2 \times \left[\frac{2 \times 1115}{\sqrt{3}} \times (1 - 219.2/1115) \times \sqrt[-8.13]{21.56}\right]^{-8.13} = 1.3345 \times 10^{-23}$$

2）寿命计算。

从损伤门槛值至临界值的寿命应该为

$$N_1 = \int_{D_{01}\text{或}D_{\mathrm{th}}}^{D_{1\mathrm{fc}}} \frac{\mathrm{d}D_1}{2\left[\dfrac{2\sigma'_{\mathrm{f}}}{\sqrt{3}}(1 - \sigma_{\mathrm{m}}/\sigma'_{\mathrm{f}})\alpha \times \sqrt[-m']{D_{2\mathrm{fc}}}\right]^{-m'}\left(\dfrac{\Delta\sigma_{4\mathrm{equ}}}{\sqrt{3}}\right)^{m'}D_1}$$

$$= \int_{0.219}^{3.32} \frac{\mathrm{d}D_1}{1.3345 \times 10^{-23} \times \left(\dfrac{141.4}{\sqrt{3}}\right)^{8.13} \times D_1} = 58261096(\,\mathrm{cycle})$$

由此可见,按四种强度理论建立的损伤寿命计算式从损伤门槛值 0. 219damage – unit 至临界值 3. 32damage – unit 分别计算第一阶段的寿命 N_1,计算得出的数据都很接近。这些结果和数据告诉我们,材料力学中的强度理论的认识论和方法论是可供后人借鉴和学习的。

参考文献

[1] YU Y G(Yangui Yu). Calculations on Damages of Metallic Materials and Structures[M]. Moscow:KNORUS,2019:396 – 406.

[2] YU Y G(Yangui Yu). Calculations on Fracture Mechanics of Materials and Structures[M]. Moscow:KNORUS,2019:420 – 430.

[3] YU Y G(Yangui Yu). The Calculations of Crack Propagation Rate in Whole Process Realized with Conventional Material Constants[J]. Engineering and Technology,2015,2(3):146 – 158.

[4] YU Y G(Yangui Yu). The Life Predicting Calculations Based on Conventional Material Constants from Short Crack to Long Crack Growth Process. International Journal of Materials Science and Applications,2015:173 – 188.

[5] YU Y G(Yangui Yu). Fatigue Damage Calculated by the Ratio – Method to Materials and Its Machine Parts[J]. Chinese Journal of Aeronautics,2003,16(3):157 – 161.

[6] YU Y G(Yangui Yu). Studies and Applications of Three Kinds of Calculation Methods by Describing Damage Evolving Behaviors for Elastic – Plastic Materials[J]. Chinese Journal of Aeronautics,2006,19(1):52 – 58.

[7] MARROLIN B Z,SVECHOVA B A. Analysis of Originating and Growth to Fatigue Cracks in Pearlite Steels[J]. Strengths Problems,1990,4:12 – 21.

[8] MURAKAMI Y,SARADA S,ENDO T,et al. Correlations among Growth Law of Small Crack, Low – Cycle Fatigue Law and,Applicability of Miner's Rule[J]. Engineering Fracture Mechanics,1983,18(5):909 – 924.

[9] 赵少汴,王忠保. 抗疲劳设计——方法与数据[M]. 北京:机械工业出版社,1997:90 – 99.

[10] MORROW J D. Fatigue Design handbook,Section 3. 2[J]. SAE Advances in Engineering,Society for Automotive Engineers,Warrendale,PA,1968,4:21 – 29.

[11] PARIS P C,ERDOGAN F. A Critical Analysis of Crack Propagation Laws[J]. Journal of Basic Engineering,1963,85:528 – 534.

[12] PARIS P C,GOMEZ M P,ANDERSON W P. A Rational Analytic of Fatigue[J]. The Trend in Engineering,1961,13:9 – 14.

[13] 赵少汴,王忠保. 抗疲劳设计——方法与数据[M]. 北京:机械工业出版社,1997.

[14] YU Y G(Yangui Yu). The Life Predictions in Whole Process Realized with Different Variables and Conventional Materials Constants for Elastic – Plastic Materials Behaviors under Un-

symmetrical Cycle Loading[J]. Journal of Mechanics Engineering and Automation,2015(5):
241 – 250.

[15] YU Y G(Yangui Yu). Damage Growth Life Calculations Realized in Whole Process with Two
Kinks of Methods[J]. American Journal of Science and Technology,2015,2(4):146 – 164.

[16] YU Y G(Yangui Yu),YE Y,The Calculations to Its Damage Evolving Life and Life for a
Component under Unsymmetric Cycle Load[C]. Asian Pacific Conference on Fracture and
Strength 93 – JSME,Japan,1993:615 – 618.

[17] YU Y G(Yangui Yu). Multi – Targets Calculations Realized for Components Produced Cracks
with Conventional Material Constants under Complex Stress States[J]. AASCIT Engineering
and Technology,2016,3(1):30 – 46.

[18] YU Y G(Yangui Yu). Correlations between the Damage Evolving Law and the Basquin's Law
under Low – Cycle Fatigue of Components[C]. Proceeding of the Asian – Pacific Conference
on Aerospace Technology and Science. International Academic Publishers,1994:178 – 181.

[19] 吴学仁. 飞机结构金属材料力学性能手册,第 1 卷[M]. 北京:航空工业出版社,1996:
392 – 395.

[20] YU Y G(Yangui Yu). The Predicting Calculations for Lifetime in Whole Process Realized
with Two Kinks of Methods for Elastic – Plastic Materials Contained Crack[J]. Journal of Ma-
terials Sciences and Applications,2015,1(2):15 – 32.

[21] YU Y G(Yangui Yu). Correlations between the Damage Evolving Law and the Manson –
Coffin's Law under High – Cycle Fatigue of Components[C]. Proceeding of the Asian – Pacific
Conference on Aerospace Technology and Science. International Academic Publishers,1994:
182 – 188.

[22] BISALICU G S,YANCUVLEV A P. Translator. 材料力学手册[M]. 范钦珊,朱祖成,译.
北京:中国建筑工业出版社,1981:209 – 213.

[23] 刘鸿文. 材料力学[M]. 北京:人民教育出版社,1979:204 – 238.

2.2　第二阶段损伤速率和寿命预测计算

这一节有两大主题:

＊第二阶段损伤速率计算;

＊第二阶段损伤体寿命预测计算。

应该说明,这一阶段基于宏观损伤力学,为某些线弹性材料和弹塑性材料在疲劳载荷下的损伤速率和寿命预测问题提出一些计算理论、数学模型和计算方法。

2.2.1　第二阶段损伤速率计算

本小节分几个主题论述：

＊低周疲劳下损伤速率计算；

＊高周疲劳下损伤速率计算；

＊超高周疲劳下损伤速率计算；

＊多轴疲劳下损伤速率计算。

描述第二阶段损伤演化的行为，用如图2-11所示的简化曲线图表示。

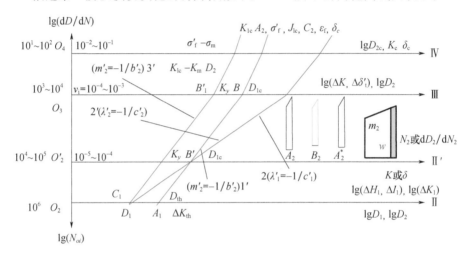

图2-11　第二阶段损伤速率和寿命曲线[1-4]

1. 低周疲劳下损伤速率计算

在图2-11中，对于某些弹塑性材料，在低周疲劳载荷下，如果要在横坐标轴O_2'Ⅱ′和O_4Ⅵ之间的区间曲线（CC_2），针对不同材料的宏观损伤扩展行为建立第二阶段（含第三阶段，这里通称第二阶段）宏观损伤扩展速率方程，建议用如下几种方法。

1）方程1

如果在低周疲劳下想用应力σ和应变ε两参数表达它在第二阶段的损伤速率[1-4]方程，由于加载过程中应变发生的迟滞回环效应，所以应该用如下形式表达：

$$dD_2/dN_2 = A_2^* (\Delta\sigma/2)^{m'} D_2 (damage-unit/cycle) \qquad (2-155)$$

式中：A_2^*为第二阶段的综合材料常数，它可以用下式计算：

$$A_2^* = 2K'^{-m'}(2\varepsilon_f'^{-\lambda'}\sqrt{\alpha_2 D_{2fc}})^{-\lambda'}(\mathrm{MPa}^{-m'} \cdot \mathrm{damage} - \mathrm{unit/cycle})$$

$$(2-156)$$

式中:K' 为低周疲劳载荷下循环强度系数;ε_f' 为疲劳延性系数;$\lambda' = -1/c'$,此 c' 是疲劳延性指数;D_{2fc} 为在疲劳载荷下与断裂应力 σ_f' 对应的损伤临界值,σ_f' 在数值上与疲劳强度系数相等;α_2 为一有效值修正系数,通常 $\alpha_2 \approx (0.65 \sim 0.8)$,但要由实验确定。

因此其完整的宏观损伤速率计算式为

$$\mathrm{d}D_2/\mathrm{d}N_2 = 2K'^{-m'}(2\varepsilon_f'^{-\lambda'}\sqrt{\alpha_2 D_{2fc}})^{-\lambda'}(\Delta\sigma/2)^{m'}D_2(\mathrm{damage} - \mathrm{unit/cycle})$$

$$(2-157)$$

2) 方程 2

另一宏观损伤速率计算式,也是由应力和应变参数组成,即

$$\frac{\mathrm{d}D_2}{\mathrm{d}N_2} = A_2'\left(\frac{\Delta\sigma'}{E\varepsilon_a'}\right)^{-\frac{m'\lambda'}{m'-\lambda'}}D_2(\mathrm{damage} - \mathrm{unit/cycle}) \qquad (2-158)$$

式中:A_2' 为综合材料常数,也是可计算的,即

$$A_2' = 2\left(2\frac{\sigma_f'}{E\varepsilon_f'}^{\frac{m'\lambda'}{m'-\lambda'}}\sqrt{\alpha_2 D_{2fc}}\right)^{\frac{m'\lambda'}{m'-\lambda'}} \qquad (2-159)$$

所以,其完整的宏观损伤速率计算式是

$$\frac{\mathrm{d}D_2}{\mathrm{d}N_2} = 2\left(2\frac{\sigma_f'}{E\varepsilon_f'}^{\frac{m'\lambda'}{m'-\lambda'}}\sqrt{\alpha_2 D_{fc}}\right)^{\frac{m'\lambda'}{m'-\lambda'}}\left(\frac{\Delta\sigma'}{E\varepsilon_a'}\right)^{-\frac{m'\lambda'}{m'-\lambda'}}D_2(\mathrm{damage} - \mathrm{unit/cycle})$$

$$(2-160)$$

3) 方程 3

第三种损伤速率方程采用应变参数(ε_p)进行计算,即

$$\mathrm{d}D_2/\mathrm{d}N_2 = B_2(\Delta\varepsilon_p D)^{1/\lambda'}(\mathrm{damage} - \mathrm{unit/cycle}) \qquad (2-161)$$

式中:B_2 为综合材料常数,是可计算的:

$$B_2 = 2(2\varepsilon_f'^{-\lambda'}\sqrt{\alpha_2 D_{2fc}})^{-\lambda'} \qquad (2-162)$$

这样一来,其完整的第二阶段的速率计算式应该为

$$\mathrm{d}D_2/\mathrm{d}N_2 = 2(2\varepsilon_f'^{-\lambda'}\sqrt{\alpha_2 D_{2fc}})^{-\lambda'}\Delta\varepsilon_p^{\lambda'}D_2(\mathrm{damage} - \mathrm{unit/cycle}) \quad (2-163)$$

Wells[5] 过去曾用裂尖张开位移 δ 来计算裂纹的强度,计算式为

$$\delta = 2\pi ea \qquad (2-164)$$

$$\frac{\delta}{2\pi ea} = \frac{e}{e_{ys}}(e > e_{ys}) \qquad (2-165)$$

式中：e 为一个应变量；e_{ys} 为对应于屈服应力 σ_{ys} 的应变量。

上述计算式在工程应用计算中，由于裂尖张开位移测量不便，之后在国际上并没有被广泛地接受和使用。

我国科学研究工作者在含缺陷压力容器的安全评定工作中做了大量的研究和应用工作，且出版了《在用含缺陷压力容器安全评定》国家标准，为工程应用和安全做了有益贡献。

如果能避开测量裂尖张开位移参数工作的不便，则可以采用应力和常用材料常数计算宏观损伤扩展速率，作者曾研究并仿用国家标准中的裂尖张开位移的强度计算式，提出了宏观损伤速率扩展计算式：

$$dD_2/dN_2 = B_2' \Delta\delta_t'^{\lambda'} \tag{2-166}$$

式中：B_2' 为综合材料常数，是可计算的，它可以用下式表达：

$$B_2' = 2\left[\frac{\pi\sigma_s'(\sigma/\sigma_s' + 1)D_{1fc}}{E}\right]^{-\lambda'} \tag{2-167}$$

式（2-166）中：$\Delta\delta_t'$ 是损伤部位尖端张开位移范围值[1-4,6]，它可以借助下式计算：

$$\Delta\delta_t' = \frac{0.5\pi\sigma_s'y_2(\Delta\sigma/2\sigma_s' + 1)}{E}D_2(\text{damage} - \text{unit}) \tag{2-168}$$

这样一来，其宏观损伤速率的完整方程是[4]

$$dD_2/dN_2 = 2\left[\frac{\pi\sigma_s'(\sigma/\sigma_s' + 1)D_{1fc}}{E}\right]^{-\lambda'}$$
$$\left[\frac{0.5\pi\sigma_s'y_2(\Delta\sigma/2\sigma_s' + 1)}{E}\right]^{\lambda'}D_2(\text{damage} - \text{unit/cycle}) \tag{2-169}$$

4）方程4

第四种损伤速率计算采用多参数组合成速率方程式，即

$$dD_2/dN_2 = B_2'\Delta L^{\frac{m'\lambda'}{m'+\lambda'}}(\text{damage} - \text{unit/cycle}) \tag{2-170}$$

式中：B_2' 为综合材料常数，是一个可计算的多项式，即

$$B_2' = 2\left[\frac{\sigma_f'\sigma_s'(\sigma_f'/\sigma_s' + 1)}{E}(\sqrt{\pi D_{1fc}})^3\right]^{-\frac{m'\lambda'}{m'+\lambda'}}v_{pv} \tag{2-171}$$

式中 v_{pv} 为单位转换系数，$v_{pv} = 2\times10^{-4}$。

式（2-170）中：ΔL 是宏观损伤扩展的推动力，它的表达式如下：

$$\Delta L = 0.5(\Delta\sigma/2)\sigma_s'(\Delta\sigma/2\sigma_s' + 1)(\sqrt{\pi D})^3/E \tag{2-172}$$

因此,这种方法的损伤速率完整计算式应该为

$$dD_2/dN_2 = B_1^* \left[\frac{0.5(\Delta\sigma/2)\sigma'_s(\Delta\sigma/2\sigma'_s + 1)(\sqrt{\pi D})^3}{E} \right]^{\frac{m'\lambda'}{m'+\lambda'}} (damage - unit/cycle)$$

$$(2-173)$$

以上提出的宏观损伤速率计算式,为不同材料与不同的载荷条件提供选择和计算。

众所周知,材料常数是固有的、恒定不变的。研究发现,在疲劳载荷下,许多材料的临界值因子 K'_{1fc}、K',临界值 σ'_s、D_{1fc} 是可计算的,而且从计算结果看,也是恒定不变的,实际上也是常数值。作者曾经对 10 多种材料做过计算和分析,其结果被列在表 2-3、表 2-4 中。

表 2-3　一些材料疲劳载荷下宏观损伤阶段的临界因子和临界值的计算数据(1)

材料[7-9]	σ_b/MPa	σ'_s/(MPa $\sqrt{m}$)	σ_{-1}	K'/MPa	D_{1fc}	K'_{1fc}/(MPa $\sqrt{m}$)
QT800-2 正火	913		352	1437.7		
QT600-2(B)正火	748.4			1039.8		
QT600-2(A) 正火	677			979.3		
QT450-10(A) 正火	498.1			1127.9		
ZG35 正火	572.3			1267.5		
2024-T3	469	427	151	655	0.749	20.72
低合金高强度钢,热轧钢板	510	372	262	786	1.421	24.86
RQC-100 热轧钢板	931	600	403	1434	1.818	45.34
9262 退火	924	524	348	1379	2.2045	43.61
9262 调质	1000	648	381	1358	1.398	42.944

表 2-4　一些材料疲劳载荷下宏观损伤阶段的临界因子和临界值的计算数据(2)

材料[7-9]	σ_b/MPa	K'/(MPa $\sqrt{damage-unit}$)	σ'_s/(MPa $\sqrt{m}$)	σ'_f	D_{2fc}/damage -unit	K'_{1fc}/(MPa $\sqrt{m}$)
QT800-2 正火	913	1437.7		1067.4	0.5775	45.465
QT600-2(B) 正火	748.4	1039.8		885.2	0.4392	32.88
QT600-2(A) 正火	677	979.3		1110	0.248	30.983

材料[7-9]	σ_b/MPa	K'/(MPa $\sqrt{\text{damage}-\text{unit}}$)	σ'_s/(MPa $\sqrt{m}$)	σ'_f	$D_{2\text{fc}}$/damage $-$ unit	$K'_{1\text{fc}}$/(MPa $\sqrt{m}$)
QT450 - 10(A) 正火	498.1	1127.9		856.9	0.5515	35.67
ZG35 正火	572.3	1267.5		781.5	0.8373	40.08
2024 - T3	469	655	427	1100	0.1129	20.72
低合金高强度钢, 热轧钢板	510	786	372	807	0.302	24.86
RQC - 100 热轧钢板	931	1434	600	1240	0.4257	45.35
9262 退火	924	1379	524	1046	0.5532	43.61
9262 调质	1000	1358	648	1220	0.3944	42.94

计算实例

合金钢 30CrMnSiA 在单调载荷下性能数据见表 2 - 1,在低周载荷下的性能数据见表 2 - 2。如果由此材料制成的试件在低周对称循环加载下($R = -1$),假定在两种载荷下产生的应力幅 $\sigma_a = \Delta\sigma/2 = 900$MPa 和 $\Delta\sigma/2 = 1100$MPa 下,试用损伤速率方程(2 - 155)计算在两阶段之间过渡点的损伤速率。

在上文中已被计算得到的数据:$m' = -1/-0.086 = 11.64$;$\lambda' = -1/c' = -1/(-0.7735) = 1.293$;$D_{\text{th}} = 0.251$damage - unit;$D_{2\text{fc}} = 12.12$damage - unit;$\sigma'_s$

$$= \left(\frac{E}{K'^{1/n'}}\right)^{\frac{n'}{n'-1}} = \left(\frac{203005}{1772^{1/0.127}}\right)^{\frac{0.127}{0.127-1}} = 889\text{MPa}$$

计算步骤和方法如下:

(1) 两个阶段之间过渡点损伤值 D_{tr} 的计算。

根据有关损伤过渡值的计算式,计算如下:

$$D_{\text{tr}} = \left(\sigma'^{(1-n')/n'}_s \frac{E\pi^{1/(2n')}}{K'^{1/n'}}\right)^{\frac{2m'n'}{2n'-m'}}$$

$$= \left(889^{(1-0.127)/0.127} \times \frac{203000 \times \pi^{1/(2\times0.127)}}{1772^{1/0.127}}\right)^{\frac{2\times11.64\times0.127}{2\times0.127-11.64}} \times 1 = 0.31(\text{damage}-\text{unit})$$

(2) 综合材料常数的计算。

假定取 $\alpha_2 = 1$,则综合材料常数为

$$A_2' = 2K'^{-m'}(2\varepsilon_f'^{-\lambda'}\sqrt{\alpha_2 D_{2fc}})^{-\lambda'}$$
$$= 2\times(1772\times1)^{-11.64}\times(2\times2.788\times^{-1.293}\sqrt{12.12})^{-1.293}$$
$$= 4.05\times10^{-38}$$

（3）用第一级载荷产生的应力幅 $\sigma_a = \Delta\sigma/2 = 900\text{MPa}$，计算过渡点的损伤扩展速率，计算如下：

$$dD_2/dN_2 = 2K'^{-m'}(2\varepsilon_f'^{-\lambda'}\sqrt{\alpha D_{2fc}})^{-\lambda'}(\Delta\sigma/2)^{m'}D_2$$
$$= 4.05\times10^{-38}\times900^{11.64}\times0.31$$
$$= 3.06\times10^{-4}(\text{damage}-\text{unit/cycle})$$

（4）用第二级载荷产生的应力幅 $\sigma_a = \Delta\sigma/2 = 1100\text{MPa}$，计算过渡点的损伤扩展速率，它应该是

$$dD_2/dN_2 = 2K'^{-m'}(2\varepsilon_f'^{-\lambda'}\sqrt{\alpha a_{2fc}})^{-\lambda'}(\Delta\sigma/2)^{m'}D_2$$
$$= 4.05\times10^{-38}\times1100^{11.64}\times0.31$$
$$= 3.167\times10^{-3}(\text{damage}-\text{unit/cycle})$$

2. 高周疲劳下损伤速率计算

对于一般含有宏观裂纹的线弹性材料，其裂纹扩展速率 da/dN 的计算，国内外较普遍地采用著名的 Paris 方程计算[10,11]，即

$$da/dN = C\Delta K^n \tag{2-174}$$

式中：C, n 都为材料常数，要从相关手册中或依赖于实验取得数据；ΔK 为应力强度因子的范围值，$\Delta K = K_{max} - K_{min}$。

此外，苏联科学家 S. Ya. Yaliema[12] 曾就长裂纹扩展速率提出过如下计算式：

$$v = v^*(\Delta K/K^*)^n \tag{2-175}$$

式中：$v = da/dN$；$K^* \approx (3\times10^{-8} \sim 2\times10^{-7})\text{m/cycle}$

作者研究发现且认为，方程中的指数 n 是独立的材料常数，它的物理含义是体现它出现裂纹之后的材料特性；而材料常数 C，它与 n 和其他材料常数有着函数关系，可以从 n 与其他常数和参数之间的关系中计算得出。式（2-174）和式（2-175）可改写为如下方程：

$$dD_2/dN_2 = A_2'\Delta K_2'^{m'/2}(\text{damage}-\text{unit/cycle}) \tag{2-176}$$

式中：$A_2' = C$；$m_2' = n$，而指数 m_2' 是第二阶段高周疲劳下的疲劳强度指数，在数据缺乏的条件下，指数 m_2' 可以借助 m' 转换，用下式求得

$$m_2' = \frac{m'\ln\sigma_s' + \ln D_{th}}{\ln\sigma_s' + \dfrac{1}{2}\ln(\pi D_{th})} \tag{2-177}$$

式中：$m' = -1/b'$，b' 为材料低周疲劳下的强度指数；σ'_s 为屈服应力；D_{th} 为损伤门槛值。

另外，m'_2 还可以用另一式子计算，即

$$m'_2 = \frac{m'\ln\sigma'_s + \ln D_{tr}}{\ln\sigma'_s + \frac{1}{2}\ln\pi D_{tr}} \qquad (2-178)$$

这里，损伤过渡值 D_{tr} 应该乘以 10^{11}。

实际上，m'_2 的物理意义是体现材料在出现裂纹之后剩余的弹塑性特性的大小和程度，其几何意义是后一阶段梯形斜边的斜率。A'_2 是全梯形中后阶段的综合材料常数[13-17]，A'_2 的物理含义是后阶段功率的概念，是一个循环中释放出能量的最大增量值，也就是材料在失效之前一个循环内释放出的最大能量；A'_2 的几何含义是图 2-11 中梯形面积中绿色的微梯形面积，也是曲线 A_1A_2 在 y 轴 O_2—O_4 之间一段投影。因为 A'_2 与其他参数有着函数关系，是可计算的，所以本书定义它为综合材料常数；而且在不同的场合下，可以用不同的方式去表达。

例如，对于式(2-176)中第二阶段综合材料常数 A'_2 而言，有 3 种表达方法：

(1) 用临界因子 K'_{fc} 表达 A'_2。

当应力比 $R = -1$、$\sigma_m = 0$（$K'_m = 0$）时，它可以表达为如下形式：

$$A'_2 = 2(2\alpha K'_{fc})^{-m'} \qquad (2-179)$$

而对于 $R = -1$、$\sigma_m \neq 0$（$K'_m \neq 0$），它应该表达为以下形式：

$$A'_2 = [2K'_{fc}\alpha_2(1 - K_m/K'_{fc})]^{m'} \qquad (2-180)$$

或

$$A'_2 = [2(1-R)\alpha_2 K'_{fc}]^{m'} \qquad (2-181)$$

式中：K'_{fc} 为疲劳载荷下对应于断裂应力 σ'_f 的损伤临界应力强度因子，它们之间有如下关系：

$$K'_{fc} = \sigma'_f \sqrt{\pi D_{2fc}} \qquad (2-182)$$

式(2-180)、式(2-181)中：α_2 为一个有效值修正系数；K_m 为平均应力强度因子，可用下式表示：

$$K_m = (K_{max} + K_{min})/2 \qquad (2-183)$$

(2) 用临界应力 σ'_s 和 D_{1fc} 表达 A'_2。

对于 $R = -1$ 或 $\sigma_m = 0$，综合材料常数可以由下式计算：

$$A'_2 = (2\sigma'_s \sqrt{\alpha_1 \pi D_{1fc}})^{-m'_2} \qquad (2-184)$$

而对于 $R \neq -1$、$\sigma_m \neq 0$，它应该变成如下式子：

$$A'_2 = [2\sigma'_s(1-R)\sqrt{\alpha_1\pi D_{1fc}}]^{-m'_2} \qquad (2-185)$$

式中:D_{1fc} 为对应于屈服应力 σ_s' 的损伤临界值;α_1 为有效值修正系数,通常 $\alpha_1 = 0.5 \sim 0.65$。

这里的"damage – unit"等效于裂纹长度 1mm。

(3)用临界应力 σ_f' 和 D_{2fc} 表达 A_2'。

对于 $R = -1$ 或 $\sigma_m = 0$,综合材料常数可以由下式计算:

$$A_2' = (2\sigma_f' \alpha_2 \sqrt{\pi D_{2fc}})^{m'} \qquad (2-186)$$

而对于 $R = -1$ 或 $\sigma_m \neq 0$,它应该变成如下形式:

$$A_2' = [2\sigma_f'(1-R)\alpha_2 \sqrt{\pi D_{2fc}}]^{m'} \qquad (2-187)$$

式中:D_{2fc} 为对应于断裂应力 σ_f' 的损伤临界值。

因此,宏观损伤扩展速率可计算方程分别用如下形式表示:

1)K 因子型

对于 $R = -1$、$\sigma_m = 0$,它的速率方程是

$$dD_2/dN_2 = \frac{2\Delta K_2'^{m'}}{(2\alpha K_{fc}')^{m'}} \qquad (2-188)$$

此式是针对图 2 – 11 曲线 $A_1 A_2$ 以数学方式[17,18]做出的描述。

而对于 $R \neq -1$、$\sigma_m \neq 0$,它应该是如下形式:

$$dD_2/dN_2 = \frac{2\Delta K_2'^{m'}}{[2K_{2fc}'\alpha(1-K_m/K_{2fc}')]^{m'}}(\text{damage – unit/cycle}) \qquad (2-189)$$

此式是针对图 2 – 11 曲线 $D_1 D_2$ 以数学方式做出的描述。

2)σ 应力型 1

对于 $R \neq -1$、$\sigma_m = 0$,宏观损伤速率可计算方程为

$$dD_2/dN_2 = \frac{2[y_2(a/b)\Delta\sigma\sqrt{\pi D_2}]^{m'}}{(2\sigma_s'\sqrt{\alpha_1\pi D_{1fc}})^{m'}}(\text{damage – unit/cycle}) \qquad (2-190)$$

此时,上述方程是针对图 2 – 11 曲线 $A_1 A_2$ 的,以数学方式给出的描述。还应该说明,系数 $y_2(a/b)$[19]是对构件中的缺陷形状和尺寸的修正。

对于 $R \neq -1$、$\sigma_m \neq 0$,其宏观损伤速率方程应该是如下形式:

$$dD_2/dN_2 = \frac{2[y_2(a/b)\Delta\sigma\sqrt{\pi D_2}]^{m'}}{[2\sigma_s'(1-R)\sqrt{\alpha_1\pi D_{1fc}}]^{m'}}(\text{damage – unit/cycle}) \qquad (2-191)$$

此式子是针对图 2 – 11 曲线 $D_1 D_2$ 的描述。

3)σ 应力型 2

对于 $R = -1$、$\sigma_m = 0$,这类宏观损伤可计算方程形式是

$$dD_2/dN_2 = \frac{2\left[y_2(a/b)\Delta\sigma\sqrt{\pi D_2}\right]^{m'}}{\left(2\sigma'_f\alpha_2\sqrt{\pi D_{2fc}}\right)^{m'}} \text{ (damage - unit/cycle)} \quad (2-192)$$

此时,上述方程是针对图 2-11 曲线 A_1A_2 在数学上的描述。

对于 $R \neq -1$、$\sigma_m \neq 0$,其宏观损伤速率方程应该是

$$dD_2/dN_2 = \frac{2\left[y_2(a/b)\Delta\sigma\sqrt{\pi D_2}\right]^{m'}}{\left[2\sigma'_f(1-R)\alpha_2\sqrt{\pi D_{2fc}}\right]^{m'}} \text{ (damage - unit/cycle)} \quad (2-193)$$

此式子是针对图 2-11 曲线 D_1D_2 的描述。

4)H 因子型

第四类方程是 H 因子型[20-24],它的宏观损伤速率可计算式如下:

$$dD_2/dN_2 = A'_2 \Delta H^{m'} \text{ (damage - unit/cycle)} \quad (2-194)$$

$$\Delta H = \Delta\sigma D_2^{1/m'} \text{ (MPa · damage - unit}^{1/m}) \quad (2-195)$$

式(2-194)、式(2-195)中:ΔH 为 H 型损伤应力强度因子,它是损伤扩展的驱动力;A'_2 为损伤综合材料常数,它的物理意义和几何意义同前述的综合材料常数相同;$m' = -1/b'$,b' 是疲劳强度指数。

在对称循环载荷下($R = -1$),A'_2 可用下式计算:

$$A'_2 = 2(2\sigma'_f \sqrt[-m']{\alpha_2 D_{1fc}})^{-m'} \quad (2-196)$$

它的完整的宏观损伤速率方程可计算式如下:

$$dD_2/dN_2 = 2(2\sigma'_f \sqrt[-m']{\alpha_2 D_{1fc}})^{-m'} \Delta\sigma^{m'} D_2 \text{ (damage - unit/cycle)} \quad (2-197)$$

此时,此方程是针对图 2-11 曲线 A_1A_2 以数学方式进行的描述。

在非对称循环载荷下,综合材料常数 A'_2 应该是

$$A'_2 = 2\left[2\sigma'_f(1-R)\sqrt[-m']{\alpha_2 D_{1fc}}\right]^{-m'} \quad (2-198)$$

相对应地,它的宏观损伤速率方程应该是

$$dD_2/dN_2 = 2\left[2\sigma'_f(1-R)\sqrt[-m']{\alpha_2 D_{1fc}}\right]^{-m'}(\Delta\sigma)^{m'} D_2 \text{ (damage - unit/cycle)} \quad (2-199)$$

此速率计算式是针对图 2-11 曲线 D_1D_2 的描述。

5)δ'_t 因子型

第五类方程是 δ'_t 因子型,它的宏观损伤速率方程是

$$dD_2/dN_2 = B'_2 \Delta\delta'^{\lambda'}_t \quad (2-200)$$

式中:B'_2 为综合材料常数,是一个经验式:

$$B'_2 = 2\left[\frac{\pi\sigma'_s(\sigma/\sigma'_s)^2(1-R)\alpha D_{1fc}}{E}\right]^{-\lambda'} v_{pv} \ (v_{pv} = 2\times10^5) \quad (2-201)$$

式(2-200)中:$\Delta\delta'_t$为损伤缺陷尖端的张开位移范围值,它可以借助下式计算:

$$\Delta\delta'_t = \frac{0.5\pi\sigma'_s y_2(\Delta\sigma'/2\sigma_s)^2 D_2}{E} \qquad (2-202)$$

因此,此类形式的第二阶段损伤速率方程为

$$dD_2/dN_2 = 2\left[\frac{\pi\sigma'_s(\sigma/\sigma'_s)^2(1-R)\alpha D_{1fc}}{E}\right]^{-\lambda'}\left[\frac{0.5\pi\sigma'_s y_2(\Delta\sigma/2\sigma'_s)^2}{E}\right]^{\lambda'} D_2$$

$$(2-203)$$

计算实例

高强度钢40CrMnSiMoVA(GC-4)[9]在低周疲劳载荷下的性能数据如下:$\sigma'_s = 1757(\text{MPa})$,$K' = 3411$,$n' = 0.14$,$\sigma'_f = 3501\text{MPa}$,$\varepsilon_f = 2.884$,$c' = -0.8732$,$\lambda' = 1.1452$,$\sigma_{-1} = 718\text{MPa}$,$b' = -0.1054$,$m' = -1/b' = 9.488$。

假定在疲劳载荷(应力集中系数$K_t = 1$,$R = 0.1$)下产生的应力$\sigma_{max} = 900\text{MPa}$,$\sigma_{min} = 90\text{MPa}$;上文已计算得到的数据有:应力幅$\sigma_a = 405\text{MPa}$;应力范围$\Delta\sigma = 810\text{MPa}$;损伤临界值$D_{1fc} = 3.25\text{damage}-\text{unit}$。

试用3种宏观损伤速率方程计算如下数据:

(1)试计算两个阶段之间过渡点的损伤扩展速率;

(2)试计算损伤值达1.0 damage-unit时的损伤扩展速率。

计算步骤和方法如下:

1)相关参数数据的计算

(1)两个阶段之间过渡点的过渡值D_{tr}计算:

$$D_{tr} = \left(\sigma'^{(1-n')/n'}_s \frac{E\pi^{1/(2n')}}{K'^{1/n'}}\right)^{\frac{2m'n'}{2n'-m'}}$$

$$= \left(1757^{(1-0.14)/0.14} \times \frac{201000 \times \pi^{1/(2\times 0.14)}}{K'^{1/0.14}}\right)^{\frac{2\times 9.488\times 0.14}{2\times 0.14-9.488}}$$

$$= \left(1757^{6.143} \times \frac{201000 \times \pi^{3.571}}{3411^{7.143}}\right)^{-0.2885}$$

$$= 0.3074(\text{damage}-\text{unit})$$

(2)用第一阶段方程指数m'对第二阶段方程指数m'_2做转换计算,$m' = 9.488$,按照正文中的换算式,计算如下:

$$m'_2 = \frac{m'\lg\sigma'_s + \lg D_{tr}}{\lg\sigma'_s + 0.5\times\lg(\pi D_{tr})} = \frac{9.488\times\lg1757 + \lg(0.3074)}{\lg1757 + 0.5\times\lg(\pi\times 0.3074)} = 4.7$$

2）使用 H 型应力法

在载荷 $\sigma_{max} = 900\text{MPa}$、$\sigma_{min} = 90\text{MPa}$、$R = 0.1$ 下，分别针对损伤过渡值 $D_{tr} = 0.3074\text{damage} - \text{unit}$ 与损伤值 $D_2 = 1.0\text{damage} - \text{unit}$ 计算它们的损伤速率。

（1）对综合材料常数的计算（假定取 $\alpha_1 = 1$）：

$$A_1' = 2\left[2\sigma_s'(1-R)^{-m'}\sqrt{\alpha_1 D_{1fc}}\right]^{-m'}$$

$$= 2 \times \left[2 \times 1757 \times (1-0.1) \times 1 \times \sqrt[-9.488]{3.25}\right]^{-9.488}$$

$$= 4.022 \times 10^{-33}$$

（2）借助 H 型应力法计算第二阶段损伤速率 dD_2/dN_2，首先对过渡值 $D_{tr} = 0.3074\text{damage} - \text{unit}$ 时的速率进行计算：

$$dD_2/dN_2 = 2\left[2\sigma_s'(1-R)^{-m'}\sqrt{\alpha_1 D_{1fc}}\right]^{-m'}\Delta\sigma^{m'}D_{tr}$$

$$= 2 \times \left[2 \times 1757 \times (1-0.1) \times 1 \times \sqrt[-9.488]{1 \times 3.25}\right]^{-9.488} \times 810^{9.488} \times 0.3074$$

$$= 4.022 \times 10^{-33} \times 810^{9.488} \times 0.3074$$

$$= 4.874 \times 10^{-6}(\text{damage} - \text{unit}/\text{cycle})$$

然后，再对 $D_2 = 1.0\text{damage} - \text{unit}$ 计算其损伤速率，它应该是

$$dD_2/dN_2 = 2\left[2\sigma_s'(1-R)\alpha_1^{-m'}\sqrt{D_{1fc}}\right]^{-m'}\Delta\sigma^{m'}D_2$$

$$= 2 \times \left[2 \times 1757 \times (1-0.1) \times 1 \times \sqrt[-9.488]{3.25}\right]^{-9.488} \times 810^{9.488} \times D_2$$

$$= 4.022 \times 10^{-33} \times 810^{9.488} \times 1.0$$

$$= 1.59 \times 10^{-5}(\text{damage} - \text{unit}/\text{cycle})$$

3）使用 K 型应力法

在载荷 $\sigma_{max} = 900\text{MPa}$、$\sigma_{min} = 90\text{MPa}$、$R = 0.1$ 下，分别针对损伤过渡值 $D_{tr} = 0.3074\text{damage} - \text{unit}$ 与损伤值 $D_2 = 1.0\text{damage} - \text{unit}$ 计算它们的损伤速率。

（1）对综合材料常数的计算（假定取 $\alpha_2 = 1$）：

$$A_2' = \left[2\sigma_f'(1-R)\alpha_2\sqrt{\pi D_{1fc}}\right]^{m'_2}$$

$$= 2 \times \left[2 \times 3501 \times (1-0.1) \times 1 \times \sqrt{\pi 3.25}\right]^{-4.7}$$

$$= 1.6932 \times 10^{20}(\text{MPa} \cdot \sqrt{\text{damage} - \text{unit}} \cdot \text{damage} - \text{unit}/\text{cycle})$$

（2）借助 K 型应力法，计算第二阶段损伤速率 dD_2/dN_2，首先对过渡值 $D_{tr} = 0.3074\text{damage} - \text{unit}$ 时的速率做计算，假定取 $y(a/b) = 1$，它的速率计算如下：

$$dD_2/dN_2 = \frac{2\left[y_2(a/b)\Delta\sigma\sqrt{\pi D_{tr}}\right]^{m'_2}}{\left[2\sigma_f'(1-R)\sqrt{\alpha_2\pi D_{2fc}}\right]^{m'_2}}$$

$$= \frac{2 \times (1 \times 810 \times \sqrt{\pi \times 0.3074})^{4.7}}{\left[2 \times 3501 \times (1-0.1) \times \sqrt{1 \times \pi \times 3.25}\right]^{4.7}}$$

$$= \frac{2 \times \left(1 \times 810 \times \sqrt{\pi \times 0.3074}\right)^{4.7}}{1.6932^{20}}$$

$$= 5.09 \times 10^{-7} (\text{damage} - \text{unit/cycle})$$

其次,再对 $D_2 = 1.0 \text{damage} - \text{unit}$ 时,计算其损伤速率,即

$$\mathrm{d}D_2/\mathrm{d}N_2 = \frac{2\left[y_2(a/b)\Delta\sigma\sqrt{\pi D_2}\right]^{m'_2}}{\left[2\sigma'_\mathrm{f}(1-R)\sqrt{\alpha_2\pi D_{2\mathrm{fc}}}\right]^{m'_2}}$$

$$= \frac{2 \times \left(1 \times 810 \times \sqrt{\pi \times 1.0}\right)^{4.7}}{\left[2 \times 3501 \times (1-0.1) \times \sqrt{1 \times \pi \times 3.25}\right]^{4.7}}$$

$$= \frac{2 \times \left[1 \times 810 \times \sqrt{\pi \times 1.0}\right]^{4.7}}{1.6932 \times 10^{20}}$$

$$= 8.14 \times 10^{-6} (\text{damage} - \text{unit/cycle})$$

4) δ'_t 型因子法

在载荷 $\sigma_{\max} = 900\mathrm{MPa}$、$\sigma_{\min} = 90\mathrm{MPa}$、$R = 0.1$ 下,分别针对损伤过渡值 $D_{\mathrm{tr}} = 0.3074\text{damage} - \text{unit}$ 与损伤值 $D_2 = 1.0\text{damage} - \text{unit}$ 计算它们的损伤速率。

对综合材料常数的计算:

$$B'_2 = 2\left[\pi\sigma'_\mathrm{s}(\sigma/\sigma'_\mathrm{s})^2(1-R)\alpha D_{1\mathrm{fc}}/E\right]^{-\lambda'}v_\mathrm{pv}$$

$$= 2 \times \left[\pi \times 1757 \times (405/1757)^2 \times (1-0.1) \times 1 \times 3.25/201000\right]^{-1.1452} \times 2 \times 10^{-5}$$

$$= 0.0207$$

另外要对损伤值 $D_{\mathrm{tr}} = 0.3074\text{damage} - \text{unit}$ 时损伤缺陷尖端张开位移范围 $\Delta\delta'$ 做计算,计算如下:

$$\Delta\delta'_\mathrm{t} = \frac{\pi\sigma'_\mathrm{s}y_2(\Delta\sigma/2\sigma'_\mathrm{s})^2 D_{\mathrm{tr}}}{E}$$

$$= \frac{\pi \times 1757 \times 1 \times (810/2 \times 1757)^2 \times 0.3074}{201000}$$

$$= 4.485 \times 10^{-4} (\text{damage} - \text{unit})$$

其次,也要对损伤值 $D_2 = 1.0\text{damage} - \text{unit}$ 时损伤缺陷尖端张开位移范围 $\Delta\delta'_\mathrm{t}$ 做计算,它应该是

$$\Delta\delta'_\mathrm{t} = \frac{\pi\sigma'_\mathrm{s}y_2(\Delta\sigma/2\sigma'_\mathrm{s})^2 D_2}{E}$$

$$= \frac{\pi \times 1757 \times 1 \times (810/2 \times 1757)^2 \times 1.0}{201000}$$

$$= 1.459 \times 10^{-3} (\text{damage} - \text{unit})$$

再次,对过渡值 $D_{tr} = 0.3074\mathrm{damage-unit}$ 时的速率做计算,它的速率计算如下:

$$\mathrm{d}D_2/\mathrm{d}N_2 = B_2' \Delta\delta_t'^{\lambda'} = 0.0207 \times (4.485 \times 10^{-4})^{1.1452}$$
$$= 3.03 \times 10^{-6} (\mathrm{damage-unit/cycle})$$

最后,对损伤值 $D_2 = 1.0\mathrm{damage-unit}$ 时的速率做计算,它的速率应该是

$$\mathrm{d}D_2/\mathrm{d}N_2 = B_2' \Delta\delta_t'^{\lambda'}$$
$$= 0.0207 \times (1.459 \times 10^{-3})^{1.1452}$$
$$= 1.17 \times 10^{-5} (\mathrm{damage-unit/cycle})$$

从三种计算方法中的计算数据可以看出,后两种计算结果比较接近。第一种方法与第二方法,在同样取 $\alpha_2 = 1$ 的条件下相差 2 倍左右。这是必然的结果。原因是第一种方法(H 型应力法)是线性方程;而第二种方法(K 型应力法)是非线性方程。如果将第一种方法的 α_2 调整一下,则第一种方法与第二种方法计算结果也会接近。但是,这要取决于实验验证。

3. 超高周疲劳下损伤速率计算

如果某一构件或材料在超高周疲劳载荷下,如图 2-12 所示,正向绿色曲线 $AA'A_1A_2$($R = -1, \sigma_m = 0$)和正向蓝色曲线 $D'DD_1D_2$($R \neq -1, \sigma_m \neq 0$),这两条简化了的曲线是对超高周疲劳下损伤演化行为在几何上的描述。通常对于某些脆性或线弹性材料,当它被加载在等于或略高于疲劳极限应力水平下运行时,材料仍然会产生细观损伤 D^{mes}(可想象在绿色曲线的 A' 点或蓝色曲线的 D' 点),直至损伤扩展到达损伤临界值 D_{1fc}(想象于横坐标轴 $O_2\,\mathrm{II}$)而断裂;而对于另一些弹塑性或塑性材料,当它被加载在等于或略高于疲劳极限应力水平下运行,此时材料也会产生细观 D^{mes} 或宏观损伤 D^{mac}(可想象在横坐标轴 O_1 I 上绿色曲线的 A 点或蓝色曲线的 D 点),以至损伤扩展到达损伤临界值 D_{1fc}(于横坐标轴 $O_2\,\mathrm{II}$),最后到达 D_{2fc} 而断裂(于横坐标轴 $O_4\,\mathrm{IV}$ 上,绿色曲线的 A_2 点或蓝色曲线的 D_2 点)。

应该说,超高周疲劳下第二阶段损伤速率的计算式与高周疲劳下损伤速率的计算式在许多场合下是类似的。两者之间的差异,只是应力水平大小的不同。对于其应力水平等于或略高于疲劳极限,或损伤量等于或大于损伤门槛值时,用曲线 $A'A_1A_2$ 和 $D'D_1D_2$ 描述,它们第二阶段损伤速率的计算,建议采用适用于以门槛值 D_{th} 为下限、从宏观损伤形成至宏观损伤扩展过程的速率计算式,用于超高周疲劳速率的计算;而对应力水平高于疲劳极限,或其损伤量等于和大于损伤过渡值 D_{tr} 时,它们第二阶段损伤速率的计算,建议采用适用于过渡值 D_{tr} 为下

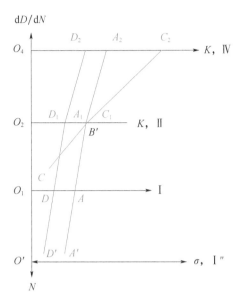

图 2 − 12　超高周疲劳载荷下的损伤速率计算简化曲线图

限,从宏观损伤形成至宏观损伤扩展过程的速率方程,用于超高周疲劳速率的计算。

　　从细观损伤到宏观演化的损伤门槛值 D_{th},此损伤门槛值可以用材料在疲劳载荷下上文已提及的计算式求得,即

$$D_{\text{th}} = \left(\frac{1}{\pi^{0.5}}\right)^{\frac{1}{0.5+b'}} = 0.564^{\frac{1}{0.5+b'}}\,(\text{damage} - \text{unit}) \qquad (2-204)$$

　　从细观损伤到宏观损伤形成(等效于宏观裂纹形成)的过渡值 D_{tr},可以用材料在疲劳载荷下用屈服点对应的应力 σ'_{s} 计算过渡值,即采用下式求得

$$D_{\text{tr}} = \left(\sigma'^{(1-n')/n'}_{\text{s}}\,\frac{E\pi^{1/(2n')}}{K'^{1/n'}}\right)^{\frac{2m'n'}{2n'-m'}}\,(\text{damage} - \text{unit}) \qquad (2-205)$$

计算方法和步骤与高周载荷下损伤速率的计算相同。

4. 多轴疲劳下损伤速率计算

　　结构和材料的损伤演化,其第二阶段在疲劳载荷且在复杂应力状态下,对于在不同应力水平下的损伤扩展速率的计算,还要借助于材料力学中的强度理论,然后要借助条件假设,推导和建立这一阶段的数学模型。相关曲线如图 2 − 13 所示。

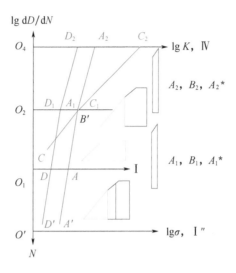

图 2 – 13　损伤扩展速率计算简化曲线

1）用第一种损伤强度理论建立宏观损伤速率计算模型

（1）低周疲劳下损伤速率的计算。

图 2 – 13 中黄色正向简化曲线 C_1C_2 是对材料在低周疲劳载荷下损伤扩展行为在几何上的描述,用第一种损伤强度理论建立第二阶段损伤扩展速率的数学模型,下面提出如下计算式:

$$\mathrm{d}D_2/\mathrm{d}N_2 = B_{2\mathrm{equ}}^* \Delta L'_{\mathrm{equ}}^{\frac{m'\lambda'}{m'+\lambda'}} (\,damage - unit/cycle\,) \qquad (2 - 206)$$

式中:$B_{2\mathrm{equ}}^*$ 为当量综合材料常数,是用多个材料常数与损伤临界值 $D_{1\mathrm{fc}}$ 组成的常数项表达式。它的物理含义与几何含义与上文一样,其数学形式如下:

$$B_{2\mathrm{equ}}^* = 2\left[\frac{\sigma'_{\mathrm{f}}\sigma'_{\mathrm{s}}(\sigma'_{\mathrm{f}}/\sigma'_{\mathrm{s}} + 1)}{E}(\sqrt{\pi D_{1\mathrm{fc}}})^3\right]^{-\frac{m'\lambda'}{m'+\lambda'}} \qquad (2 - 207)$$

式（2 – 206）中:$\Delta L'_{\mathrm{equ}}$ 为当量损伤应力强度因子,它是低周疲劳与复杂应力状态下损伤扩展的驱动力,其数学模型是

$$\Delta L'_{\mathrm{equ}} = 0.5(\Delta\sigma_{\mathrm{equ}}/2)\sigma'_{\mathrm{s}}(\Delta\sigma_{\mathrm{equ}}/2\sigma'_{\mathrm{s}} + 1)(\sqrt{\pi D_2})^3/E \qquad (2 - 208)$$

因此,其第二阶段完整的损伤扩展速率计算式是

$$\mathrm{d}D_2/\mathrm{d}N_2 = B_{2\mathrm{equ}}^*[0.5(\Delta\sigma/2)\sigma'_{\mathrm{s}}(\Delta\sigma/2\sigma'_{\mathrm{s}} + 1)$$
$$(\sqrt{\pi D})^3/E]^{\frac{m'\lambda'}{m'+\lambda'}} (\,damage - unit/cycle\,) \qquad (2 - 209)$$

式（2 – 209）理论上适用于压力容器用钢的设计计算。

（2）高周疲劳载荷下的损伤速率计算。

在图 2 – 13 中,对于某些材料,为描述第二阶段正向曲线 A_1A_2（$R = -1$,

$\sigma_{\mathrm{m}} = 0$) 和 $D_1 D_2 (R \neq -1, \sigma_{\mathrm{m}} \neq 0)$ 的损伤演化行为,用当量 I 型因子建立它的损伤演化速率计算式:

$$\mathrm{d}D_2 / \mathrm{d}N_2 = A'_{2\mathrm{equ}-1} \Delta K'^{m'_2}_{1\mathrm{equ}-1} \ (\mathrm{damage} - \mathrm{unit/cycle}) \qquad (2-210)$$

式中: $\Delta K'_{1\mathrm{equ}-1}$ 为当量 I 型应力因子范围,它是高周疲劳与复杂应力状态下宏观损伤扩展的驱动力,其数学模型表达式为

$$\Delta K'_{1\mathrm{equ}-1} = y(a/b) \Delta \sigma_{1\mathrm{equ}-1} \sqrt{\pi D_2} \ (\mathrm{MPa} \cdot \sqrt{\mathrm{damage} - \mathrm{unit}}) \qquad (2-211)$$

应该说明,根据第一损伤强度理论,在这种情况下, $\Delta K'_{2\mathrm{equ}-1} = \Delta K'_{2\tau}$, $A'_{2\mathrm{equ}-1} = A'_{2\tau}$ 。

因此,第二阶段 II 型损伤扩展速率模型为

$$\mathrm{d}D_2 / \mathrm{d}N_2 = A'_{2\tau} \Delta K'^{m'_2}_{II} \ (\mathrm{damage} - \mathrm{unit/cycle}) \qquad (2-212)$$

$A'_{2\mathrm{equ}-1}$, $A'_{2\tau}$ 分别被定义为第二阶段当量 I 型和当量 II 型损伤综合材料常数。但是它们是可计算的。下面以因子型和应力型(含当量 I 型和当量 II 型)分别提出如下计算式:

① 因子型计算式。

a. I 型因子法。

对于 $R = -1$ 、 $\sigma_{\mathrm{m}} = 0$,当量 I 型损伤综合材料常数表达式是

$$A'_{2\mathrm{equ}-1} = 2 \ (2K'_{\mathrm{I}-\mathrm{fc}} \alpha)^{-m'_2} \qquad (2-213)$$

式中: $K'_{\mathrm{I}-\mathrm{fc}}$ 为对应于断裂拉伸应力 $\sigma'_{2\mathrm{fc}}$ 的临界因子。

因此这种方法在第二阶段的完整的损伤速率方程如下:

$$\mathrm{d}D_2 / \mathrm{d}N_2 = 2 \ (2K'_{2\mathrm{fc}} \alpha)^{-m'_2} \Delta K'^{m'_2}_{2\mathrm{equ}-1} \ (\mathrm{damage} - \mathrm{unit/cycle}) \qquad (2-214)$$

这个方程正是对图 2-13 中正向曲线 $A_1 A_2 (R = -1, \sigma_{\mathrm{m}} = 0)$ 在数学上给出的描述。

但是对于 $R \neq -1$ 、 $\sigma_{\mathrm{m}} \neq 0$,此时当量 I 型损伤综合材料常数表达式为

$$A'_{2\mathrm{equ}-1} = 2 \left[2K'_{2\mathrm{fc}} \alpha (1 - K_{\mathrm{I}-\mathrm{m}} / K'_{2\mathrm{fc}}) \right]^{-m'_2} \qquad (2-215)$$

此时,这种方法在第二阶段的损伤速率方程如下:

$$\mathrm{d}D_2 / \mathrm{d}N_2 = 2 \left[2K'_{2\mathrm{fc}-\mathrm{equ}-1} \alpha (1 - K_{\mathrm{m}} / K'_{2\mathrm{fc}-\mathrm{equ}-1}) \right]^{-m'_2} (\Delta K_{2\mathrm{equ}-1})^{m'_2} \ (\mathrm{damage} - \mathrm{unit/cycle})$$
$$(2-216)$$

这个方程正是对图 2-13 中正向曲线 $D_1 D_2 (R \neq -1, \sigma_{\mathrm{m}} \neq 0)$ 在数学上给出的描述。

b. II 型因子法。

此当量 II 型方法,对于 $R = -1$ 、 $\sigma_{\mathrm{m}} = 0$,它的损伤综合材料常数是

$$A'_{2\tau} = 2 (2K'_{II-\mathrm{fc}} \alpha)^{-m'_2} \qquad (2-217)$$

式中：$K'_{\text{II}-\text{fc}}$ 为对应于断裂剪切应力 $\tau'_{2\text{fc}}$ 的临界因子。

此时，II 型方法在第二阶段的损伤速率方程如下：

$$\mathrm{d}D_2/\mathrm{d}N_2 = 2\,(2K'_{2\text{fcII}}\alpha)^{-m'_2}\Delta K'^{m'_2}_{\text{II}} \quad (\text{damage}-\text{unit/cycle}) \qquad (2-218)$$

这个方程正是对图 2-13 中正向曲线 $A_1A_2(R=-1,\sigma_{\text{m}}=0)$ 在数学上给出的描述。

但是对于 $R\neq-1$、$\sigma_{\text{m}}\neq0$，此 II 型方法的损伤综合材料常数是

$$A'_{2\tau} = 2\big[2K'_{\text{II}-\text{fc}}\alpha(1-K'_{\text{II}-\text{m}}/K'_{\text{II}-\text{fc}})\big]^{-m'_2} \qquad (2-219)$$

此时，这种 II 型方法在第二阶段的损伤速率方程应该是

$$\mathrm{d}D_2/\mathrm{d}N_2 = 2\big[2K'_{2\text{fc}-\text{II}}\alpha(1-K'_{\text{II}-\text{m}}/K'_{2\text{fc}-\text{II}})\big]^{-m'_2}\Delta K'^{m'_2}_{\text{II}} \quad (\text{damage}-\text{unit/cycle})$$

$$(2-220)$$

这个方程正是对图 2-13 中正向曲线 $D_1D_2(R\neq-1,\sigma_{\text{m}}\neq0)$ 在数学上给出的描述。

② 应力型计算式。

a. I 型应力法。

对于 $R=-1$、$\sigma_{\text{m}}=0$，I 型应力法的损伤综合材料常数表达式是

$$A'_{2\text{equ}-1} = 2(2\sigma'_{\text{f}}\alpha\sqrt{\pi D_{1\text{fc}}})^{m'_2} \qquad (2-221)$$

式中：σ'_{f}、$D_{1\text{fc}}$ 在上文已做解析。此时，这种方法在第二阶段的损伤速率方程如下：

$$\mathrm{d}D_2/\mathrm{d}N_2 = 2(2\sigma'_{\text{f}}\alpha\sqrt{\pi D_{1\text{fc}}})^{-m'_2}(\Delta\sigma'_{1\text{equ}}\sqrt{\pi D_2})^{m'_2} \quad (\text{damage}-\text{unit/cycle})$$

$$(2-222)$$

这个方程正是对图 2-13 中正向曲线 $A_1A_2(R=-1,\sigma_{\text{m}}=0)$ 在数学上给出的描述。

但是对于 $R\neq-1$、$\sigma_{\text{m}}\neq0$，它的损伤综合材料常数是

$$A'_{2\text{equ}-1} = 2\big[2\sigma'_{\text{f}}\alpha(1-\sigma_{\text{m}}/\sigma'_{\text{f}})\sqrt{\pi D_{1\text{fc}}}\big]^{m'_2} \qquad (2-223)$$

这时候，此方法在第二阶段的损伤速率方程应该是如下形式：

$$\mathrm{d}D_2/\mathrm{d}N_2 = 2(2\sigma'_{\text{f}}\alpha\sqrt{\pi D_{1\text{fc}}})^{-m'_2}(1-\sigma_{\text{m}}/\sigma'_{\text{f}})^{-m'_2}\cdot \qquad (2-224)$$
$$(\Delta\sigma'_{1\text{equ}}\sqrt{\pi D_2})^{m'_2}\,(\text{damage}-\text{unit/cycle})$$

这个方程正是对图 2-13 中正向曲线 $D_1D_2(R\neq-1,\sigma_{\text{m}}\neq0)$ 在数学上给出的描述。

b. Ⅱ型应力法。

对于 $R = -1$、$\sigma_m = 0$，Ⅱ型应力法损伤综合材料常数表达式是

$$A'_{2\tau} = 2(2\tau'_f\alpha\sqrt{\pi D_{1fc}})^{m'_2} \tag{2-225}$$

式中：D_{1fc} 为对应于断裂剪应力 τ'_f 的损伤临界值，$\tau'_f = \tau'_{2fc}$。

此时，Ⅱ型应力方法第二阶段的损伤速率方程应该是

$$dD_2/dN_2 = 2(2\tau'_f\alpha\sqrt{\pi D})^{-m'_2}\Delta\tau^{m'_2}(damage - unit/cycle) \tag{2-226}$$

这个方程是对图 2-13 中正向曲线 $A_1A_2(R = -1,\sigma_m = 0)$ 在数学上给出的描述。

可是对于 $R \neq -1$、$\sigma_m \neq 0$，它的损伤综合材料常数是

$$A'_{2\tau} = 2[2\tau'_f(1 - \tau_m/\tau'_{2fc})\alpha\sqrt{\pi D_{1fc}}]^{-m'_2} \tag{2-227}$$

因此，这种Ⅱ型应力法，在第二阶段的损伤速率方程变成：

$$dD_2/dN_2 = 2[2\tau'_f(1 - \tau_m/\tau'_f)\sqrt{\pi D_{1fc}}]^{-m'_2}(\Delta\tau\sqrt{\pi D_2})^{m'_2}(damage - unit/cycle)$$
$$\tag{2-228}$$

上述方程是对图 2-13 中正向曲线 $D_1D_2(R \neq -1,\sigma_m \neq 0)$ 在数学上给出的描述。

③ δ 型损伤计算式。

δ 型宏观损伤计算式是在复杂应力状态和高周疲劳下提出的第二阶段损伤速率式，它具有如下形式：

$$dD_2/dN_2 = B'_{2equ}\Delta\delta'^{\lambda'}_{equ}(damage - unit/cycle) \tag{2-229}$$

式中：$\Delta\delta'_{equ}$ 为 δ 型损伤当量因子范围值，它是裂纹扩展的驱动力，它的表达式为

$$\Delta\delta'_{equ} = \frac{0.5\pi\sigma'_s y_2 (\Delta\sigma'_{equ}/2\sigma'_s)^2 D_2}{E} \tag{2-230}$$

式（2-229）中：B'_{2equ} 为损伤当量综合材料常数，它的物理意义和几何意义在速率方程中如同正文中的其他综合材料常数的含义。

对于 $R = -1$、$\sigma_m = 0$，当量综合材料常数表达式如下：

$$B'_{2equ} = 2[\pi\sigma'_s(\sigma'_{equ}/\sigma'_s)^2\alpha D_{1fc}/E]^{-\lambda'}v_{pv} \tag{2-231}$$

式中：v_{pv} 为单位换算系数，$v_{pv} = 2 \times 10^{-4}$。

因此，这种方法完整的第二阶段的损伤速率方程应该是

$$dD_2/dN_2 = 2[\pi\sigma'_s(\sigma'_{equ}/\sigma'_s)^2\alpha D_{1fc}/E]^{-\lambda'}v_{pv} \cdot$$
$$\left[\frac{0.5\pi\sigma'_s y_2 (\Delta\sigma'_{equ}/2\sigma'_s)^2}{E}\right]^{\lambda'}D_2(damage - unit/cycle) \tag{2-232}$$

此时，这个方程是对图 2-13 中正向曲线 $A_1A_2(R = -1,\sigma_m = 0)$ 在数学上给

出的另一方法的描述。

但是,对于 $R \neq -1$、$\sigma_m \neq 0$,其综合材料常数的表达式为

$$B'_{2equ} = 2[\pi\sigma'_s (\sigma'_{equ}/\sigma'_s)^2 (1-R)\alpha D_{1fc}/E]^{-\lambda'} v_{pv} \qquad (2-233)$$

这样,其完整的第二阶段的损伤速率方程就是如下形式:

$$dD_2/dN_2 = 2[\pi\sigma'_s (\sigma'_{equ}/\sigma'_s)^2 (1-R)\alpha D_{1fc}/E]^{-\lambda'} v_{pv} \cdot$$
$$\left[\frac{0.5\pi\sigma'_s y_2 (\Delta\sigma'_{equ}/2\sigma'_s)^2}{E}\right]^{\lambda'} D_2 (\text{damage} - \text{unit/cycle}) \qquad (2-234)$$

此时,上述方程是对图 $2-13$ 中正向曲线 $D_1 D_2 (R \neq -1, \sigma_m \neq 0)$ 在数学上给出的另一方法的描述。

(3)超高周疲劳下损伤速率的计算。

在图 $2-13$ 中,要描述超高周疲劳与复杂应力状态下第二阶段正向曲线 A' $A_1 A_2 (R = -1, \sigma_m = 0)$ 和 $D' D_1 D_2 (R \neq -1, \sigma_m \neq 0)$ 的损伤演化行为,应该说,超高周疲劳下、第二阶段复杂应力状态下损伤速率的计算式同高周疲劳下损伤速率的计算式,在许多场合是相类似的。两者之间的差异,只是应力水平大小的不同。对于其应力水平等于或略高于疲劳极限,或损伤量等于或大于损伤门槛值时,它们第二阶段损伤速率的计算,建议采用适用于以门槛值 D_{th} 为下限、从宏观损伤形成至宏观损伤扩展过程的速率计算式,用于超高周疲劳速率的计算;而对应力水平高于疲劳极限,或其损伤量等于和大于损伤过渡值 D_{tr} 时,它们第二阶段损伤速率的计算,建议采用适用于过渡值 D_{tr} 为下限、从宏观损伤形成至宏观损伤扩展过程的速率方程,用于超高周疲劳速率的计算。

2)用第二种损伤强度理论建立宏观损伤速率计算模型

(1)低周疲劳下损伤速率的计算。

图 $2-13$ 中黄色简化曲线 $C_1 C_2$ 是对材料在低周疲劳载荷下损伤扩展行为进行几何描述,用第二种损伤强度理论建立第二阶段损伤扩展速率的数学模型,提出如下计算式:

$$dD_2/dN_2 = C^*_{2equ} \Delta Q'^{\frac{m'\lambda'}{m'+\lambda'}}_{equ} (\text{damage} - \text{unit/cycle}) \qquad (2-235)$$

式中:C^*_{2equ} 为当量综合材料常数,是用多个材料常数与损伤临界值 D_{1fc} 组成的常数项表达式,它的物理含义与几何含义与上文一样,其数学形式如下:

$$C^*_{2equ} = 2\left[\frac{\sigma'_f \sigma'_s (\sigma'_f/\sigma'_s + 1)}{E(1+\mu)} \sqrt{\pi D_{1fc}}^3\right]^{-\frac{m'\lambda'}{m'+\lambda'}} \qquad (2-236)$$

式(2-235)中:$\Delta Q'_{equ}$ 为当量损伤应力强度因子,它是低周疲劳与复杂应力状态下损伤扩展的驱动力,其数学模型是

$$\Delta Q'_{\text{equ}} = 0.5 \frac{\Delta \sigma_{\text{equ}}}{2(1+\mu)} \sigma'_\text{s} \left(\frac{\Delta \sigma_{\text{equ}}}{2\sigma'_\text{s}} + 1 \right) \left(\sqrt{\pi D_2} \right)^3 / E \qquad (2-237)$$

因此,其第二阶段完整的损伤扩展速率计算式是

$$\mathrm{d}D_2/\mathrm{d}N_2 = 2 \left[\frac{\sigma'_\text{f} \sigma'_\text{s} \left(\dfrac{\sigma'_\text{f}}{\sigma'_\text{s}} + 1 \right)}{E(1+\mu)} \sqrt{\pi D_{1\text{fc}}}^3 \right]^{-\frac{m'\lambda'}{m'+\lambda'}} \times$$

$$\left[0.5 \times \frac{\Delta \sigma_{\text{equ}}}{2(1+\mu)} \sigma'_\text{s} \left(\frac{\Delta \sigma_{\text{equ}}}{2\sigma'_\text{s}} + 1 \right) \sqrt{\pi D_2}^3 / E \right]^{\frac{m'\lambda'}{m'+\lambda'}} (\text{damage} - \text{unit/cycle})$$

$$(2-238)$$

式(2-238)是一个经验公式,理论上适用于如压力容器用钢的设计计算。

(2) 高周疲劳载荷下的损伤速率计算。

在图 2-13 中,为描述第二阶段正向曲线 $A_1 A_2$($R = -1$,$\sigma_\text{m} = 0$)和 $D_1 D_2$($R \neq -1$,$\sigma_\text{m} \neq 0$)的损伤演化行为,用当量 I 型因子建立它的损伤演化速率计算式:

$$\mathrm{d}D_2/\mathrm{d}N_2 = A'_{2\text{equ}-2} \left[\Delta K'_{2\text{equ}-\text{I}} / (1+\mu) \right]^{m'_2} (\text{damage} - \text{unit/cycle}) \quad (2-239)$$

式中:$\Delta K'_{2\text{equ}-\text{I}}$ 为当量 I 型应力因子范围,它是高周疲劳与复杂应力状态下损伤扩展的驱动力,其数学模型表达式:

$$\Delta K'_{2\text{equ}-\text{I}} = \Delta K'^{\max}_{2\text{equ}-\text{I}} - \Delta K'^{\min}_{2\text{equ}-\text{I}} \qquad (2-240)$$

$$\Delta K'_{2\text{equ}-\text{I}} = \Delta \sigma_{2\text{equ}-\text{I}} \sqrt{\pi D_2} \qquad (2-241)$$

式中:$\Delta \sigma_{2\text{equ}-\text{I}}$ 为 I 型当量应力。

下面,提供两种方法计算损伤速率。

① 因子法。

对于 $R = -1$、$\sigma_\text{m} = 0$,它的第二阶段 I 型当量综合材料常数 $A'_{2\text{equ}-2}$ 的表达式是

$$A'_{2\text{equ}-2} = 2 \left[\frac{2K'_{2\text{fc}}\alpha}{(1+\mu)} \right]^{-m'_2} \qquad (2-242)$$

因此,这种方法在第二阶段的完整的损伤速率方程如下:

$$\mathrm{d}D_2/\mathrm{d}N_2 = 2 \left[\frac{2K'_{2\text{fc}}\alpha}{(1+\mu)} \right]^{-m'_2} \left[\Delta K'_{2\text{equ}-\text{I}} / (1+\mu) \right]^{m'_2} (\text{damage} - \text{unit/cycle})$$

$$(2-243)$$

这个方程是对图 2-13 中正向曲线 $A_1 A_2$($R = -1$,$\sigma_\text{m} = 0$)在数学上给出的描述。

但是,如果 $R \neq -1$、$\sigma_\text{m} \neq 0$,它的第二阶段 I 型当量综合材料常数 $A'_{2\text{equ}-2}$ 的

表达式变成：

$$A'_{2\text{equ}-2} = 2\left[\frac{2K'_{2\text{fc}}\alpha(1 - K_\text{m}/K'_{2\text{fc}})}{(1+\mu)}\right]^{-m'_2} \qquad (2-244)$$

因此，这种方法在第二阶段的完整的损伤速率方程如下：

$$\text{d}D_2/\text{d}N_2 = 2\left(\frac{2K'_{2\text{fc}}\alpha(1 - K_\text{m}/K'_\text{fc})}{(1+\mu)}\right)^{-m'_2} \cdot$$

$$\left[\Delta K'_{2\text{equ}-\text{I}}/(1+\mu)\right]^{m'_2}(\text{damage} - \text{unit/cycle}) \qquad (2-245)$$

这个方程正是对图 2-13 中正向曲线 $D_1D_2(R \neq -1, \sigma_\text{m} \neq 0)$ 在数学上给出的描述。

② 应力法。

对于 $R = -1$、$\sigma_\text{m} = 0$，I 型应力法的综合常数表达式中损伤综合材料常数是

$$A'_{2\text{equ}} = 2\left[\frac{2\sigma'_\text{f}\alpha}{(1+\mu)}\sqrt{\pi D_{1\text{fc}}}\right]^{-m'_2} \qquad (2-246)$$

此时，此方法在第二阶段的损伤速率方程如下：

$$\text{d}D_2/\text{d}N_2 = 2\left[\frac{2\sigma'_\text{f}\alpha}{(1+\mu)}\sqrt{\pi D_{1\text{fc}}}\right]^{-m'_2}\left(\frac{\Delta\sigma_{2\text{equ}}}{(1+\mu)}\sqrt{\pi D_2}\right)^{m'_2}(\text{damage} - \text{unit/cycle})$$

$$(2-247)$$

这个方程是对图 2-13 中正向曲线 $A_1A_2(R = -1, \sigma_\text{m} = 0)$ 在数学上给出的描述。

但是对于 $R \neq -1$、$\sigma_\text{m} \neq 0$，它的损伤综合材料常数是

$$A'_{2\text{equ}} = 2\left[\frac{2\sigma'_\text{f}\alpha(1 - \sigma_\text{m}/\sigma'_\text{f})}{(1+\mu)}\sqrt{\pi D_{1\text{fc}}}\right]^{-m'_2} \qquad (2-248)$$

这时候，此方法在第二阶段的损伤速率方程应该是如下形式：

$$\text{d}D_2/\text{d}N_2 = 2\left[\frac{2\sigma'_\text{f}\alpha(1 - \sigma_\text{m}/\sigma'_\text{f})}{(1+\mu)}\sqrt{\pi D_{1\text{fc}}}\right]^{-m'_2}$$

$$\left[\frac{\Delta\sigma_{2\text{equ}}}{(1+\mu)}\sqrt{\pi D_2}\right]^{m'_2}(\text{damage} - \text{unit/cycle}) \qquad (2-249)$$

这个方程正是对图 2-13 中正向曲线 $D_1D_2(R \neq -1, \sigma_\text{m} \neq 0)$ 在数学上给出的描述。

（3）超高周疲劳下损伤速率的计算。

描述超高周疲劳与复杂应力状态下图 2-13 中的第二阶段正向曲线 $A'A_1A_2$ $(R = -1, \sigma_\text{m} = 0)$ 和 $D'D_1D_2(R \neq -1, \sigma_\text{m} \neq 0)$ 的损伤演化行为，应该说，同高周疲劳下损伤速率的计算式，在许多场合是相类似的。两者只是应力水平大小的不同。对于适用于超高周疲劳速率方程式的选择，可参考上文已说明的相关

内容。

3）用第三种损伤理论建立的损伤速率计算模型

（1）低周疲劳载荷下的损伤速率计算。

在图 2 - 13 中，为描述第二阶段正向曲线 C_1C_2 的损伤演化行为，用第三种损伤理论，对于它的损伤扩展速率方程，就 I 型当量因子形式提出了另一种损伤扩展速率计算式：

$$\mathrm{d}D_2/\mathrm{d}N_2 = E_{2\mathrm{equ}}^* \Delta W_{\mathrm{equ}}'^{\frac{m'\lambda'}{m'+\lambda'}}(\,\mathrm{damage - unit/cycle}) \qquad (2-250)$$

式中：$E_{2\mathrm{equ}}^*$ 为用多个材料常数同损伤临界值 $D_{1\mathrm{fc}}$ 组成的常数项表达式，它的物理含义与几何含义与上文一样，其数学形式如下：

$$E_{2\mathrm{equ}}^* = 2\left[\frac{\sigma_\mathrm{f}'\sigma_\mathrm{s}'(\sigma_\mathrm{f}'/\sigma_\mathrm{s}'+1)}{2E}(\sqrt{\pi D_{1\mathrm{fc}}})^3\right]^{-\frac{m'\lambda'}{m'+\lambda'}} \qquad (2-251)$$

式（2 - 250）中：$\Delta W_{\mathrm{equ}}'$ 为当量损伤应力强度因子，它是低周疲劳与复杂应力状态下损伤扩展的驱动力，其数学模型是

$$\Delta W_{\mathrm{equ}}' = 0.5\frac{\Delta\sigma_{\mathrm{equ}}}{2}\sigma_\mathrm{s}'\left(\frac{\Delta\sigma_{\mathrm{equ}}}{2\sigma_\mathrm{s}'}+1\right)(\sqrt{\pi D_2})^3/2E \qquad (2-252)$$

（2）高周疲劳载荷下的损伤速率计算。

在图 2 - 13 中，为描述第二阶段正向曲线 $A_1A_2(R = -1, \sigma_\mathrm{m}=0)$ 和 D_1D_2 $(R\neq -1, \sigma_\mathrm{m}\neq 0)$ 的损伤演化行为，用当量 I 型因子建立它的损伤演化速率计算式：

$$\mathrm{d}D_2/\mathrm{d}N_2 = A_{2\mathrm{equ}-3}'(0.5\Delta K_{2\mathrm{equ}-1}')^{m_2'}(\,\mathrm{damage - unit/cycle}) \qquad (2-253)$$

式中：$A_{2\mathrm{equ}-3}'$ 为第二阶段 I 型当量综合材料常数；$\Delta K_{2\mathrm{equ}-1}'$ 为当量 K 因子范围值。

对于损伤速率的计算，也有两种方法。

① 因子法。

对于 $R = -1$、$\sigma_\mathrm{m}=0$，用因子法表达综合材料常数，它是

$$A_{2\mathrm{equ}-3}' = 2(K_{2\mathrm{fc}}'\alpha)^{-m_2'} \qquad (2-254)$$

因此，用第三种损伤理论建立第二阶段的损伤速率方程是

$$\mathrm{d}D_2/\mathrm{d}N_2 = 2K_{2\mathrm{fc}}'^{-m_2'}(0.5\Delta K_{2\mathrm{equ}-1}')^{m_2'}(\,\mathrm{damage - unit/cycle}) \qquad (2-255)$$

这个方程是对图 2 - 13 中正向曲线 $A_1A_2(R = -1, \sigma_\mathrm{m}=0)$ 在数学上给出的描述。

但是，对于 $R\neq -1$、$\sigma_\mathrm{m}\neq 0$，用因子法表达综合材料常数是

$$A_{2\mathrm{equ}-3}' = 2\left[K_{2\mathrm{fc}}'(1 - K_\mathrm{m}/K_{2\mathrm{fc}}')\right]^{-m_2'} \qquad (2-256)$$

因此第二阶段损伤扩展速率式为

$$dD_2/dN_2 = 2[K'_{2fc}(1 - K_m/K'_{2fc})]^{-m'_2}(0.5\Delta K'_{2equ-1})^{m'_2} (\text{damage} - \text{unit/cycle})$$

$$(2-257)$$

这个方程是对图 2-13 中正向曲线 $D_1D_2(R \neq -1, \sigma_m \neq 0)$ 在数学上给出的描述。

② 应力计算法。

采用应力计算法,对于 $R = -1$、$\sigma_m = 0$,综合材料常数 A_{2equ-3} 是如下形式:

$$A_{2equ-3} = 2(\sigma'_f \sqrt{\pi D_{1fc}})^{-m'_2}$$

$$(2-258)$$

第二阶段损伤扩展速率式,应该是

$$dD_2/dN_2 = 2(\sigma'_f \sqrt{\pi D_{1fc}})^{-m_2}(0.5\Delta\sigma_{equ} \sqrt{\pi D_2})^{m_2} (\text{damage} - \text{unit/cycle})$$

$$(2-259)$$

这个方程是对图 2-13 中正向曲线 $A_1A_2(R = -1, \sigma_m = 0)$ 在数学上给出的描述。

对于 $R \neq -1$、$\sigma_m \neq 0$,A_{2equ-3} 用应力方式表达当量综合常数时,它变成另一形式:

$$A_{2equ-3} = 2[\sigma'_f(1 - \sigma_m/\sigma'_f) \sqrt{\pi D_{1fc}}]^{-m'_2}$$

$$(2-260)$$

此时,相应的第二阶段损伤扩展速率式,就变成如下形式:

$$dD_2/dN_2 = 2[\sigma'_f(1 - \sigma_m/\sigma'_f) \sqrt{\pi D_{1fc}}]^{-m'_2}(0.5\Delta\sigma_{equ} \sqrt{\pi D_2})^{m'_2} (\text{damage} - \text{unit/cycle})$$

$$(2-261)$$

以上方程是对图 2-13 中正向曲线 $D_1D_2(R \neq -1, \sigma_m \neq 0)$ 在数学上给出的描述。

(3) 超高周疲劳下损伤速率的计算。

图 2-13 中描述超高周疲劳与复杂应力状态下的第二阶段正向曲线 $A'A_1A_2(R = -1, \sigma_m = 0)$ 和 $D'D_1D_2(R \neq -1, \sigma_m \neq 0)$ 的损伤演化行为,应该说,同高周疲劳下损伤速率的计算式,在许多场合是相类似的,两者只是应力水平大小的不同。对于适用于超高周疲劳速率方程式的选择,可参考上文已说明的相关内容。

4) 用第四种损伤强度理论建立的损伤速率计算模型

(1) 低周疲劳载荷下的损伤速率计算。

为描述第二阶段图 2-13 中正向曲线 C_1C_2 的损伤演化行为,用第四种损伤强度理论建立它的损伤扩展速率方程,这里就 I 型当量因子形式提出了一种新的损伤扩展速率计算式:

$$dD_2/dN_2 = F^*_{2equ}\Delta M'^{\frac{m'\lambda'}{m'+\lambda'}}_{equ} (\text{damage} - \text{unit/cycle})$$

$$(2-262)$$

式中:F_{2equ}^{*}为当量综合材料常数,是用多个材料常数与损伤临界值 D_{1fc} 组成的常数项表达式,它的物理含义也是一个功率的概念,其几何含义在速率计算式中是最大的微梯形面积,其数学形式如下:

$$F_{2equ}^{*} = 2\left[\frac{\sigma_f' \sigma_s'(\sigma_f'/\sigma_s'+1)}{\sqrt{3}E}(\sqrt{\pi D_{1fc}})^3 \right]^{-\frac{m'\lambda'}{m'+\lambda'}} \qquad (2-263)$$

式(2-262)中:$\Delta M_{equ}'$为当量损伤应力强度因子,它是低周疲劳与复杂应力状态下损伤扩展的驱动力,其表达式是

$$\Delta M_{equ}' = 0.5(\Delta\sigma_{equ}'/2)\sigma_s'(\Delta\sigma_{equ}'/2\sigma_s'+1)(\sqrt{\pi D_2})^3/(\sqrt{3}E) \quad (2-264)$$

因此,其第二阶段完整的损伤扩展速率计算式是

$$dD_2/dN_2 = F_{2equ}^{*}[0.5(\Delta\sigma_{equ}'/2)\sigma_s'(\Delta\sigma_{equ}'/2\sigma_s'+1)$$

$$(\sqrt{\pi D})^3/(\sqrt{3}E)]^{\frac{m'\lambda'}{m'+\lambda'}}(damage-unit/cycle) \qquad (2-265)$$

(2) 高周疲劳载荷下的损伤速率计算。

在图 2-13 中,为描述第二阶段正向曲线 $A_1 A_2(R=-1,\sigma_m=0)$ 和 $D_1 D_2$ $(R \neq -1, \sigma_m \neq 0)$ 的损伤演化行为,用当量 I 型因子建立它的损伤演化速率计算式:

$$dD_2/dN_2 = A_{2equ-4}'[y(a/b)\Delta K_{4equ-1}'/\sqrt{3}]^{m_2'}(damage-unit/cycle) \qquad (2-266)$$

式中:$\Delta K_{4equ-1}'$为上文已提及的当量应力因子范围,它也是高周疲劳和复杂应力下损伤扩展的推动力;A_{2equ-4}'是用第四种损伤强度理论建立的当量综合材料常数。

① 因子法计算。

对于 $R=-1$、$\sigma_m=0$,用因子法表达综合材料常数,它是

$$A_{2equ-4}' = 2(2K_{2fc}'\alpha/\sqrt{3})^{-m_2'} \qquad (2-267)$$

因此,第二阶段的损伤速率方程是

$$dD_2/dN_2 = 2(2K_{2fc}'\alpha/\sqrt{3})^{-m_2'}[y(a/b)\Delta K_{4equ-1}'/\sqrt{3}]^{m_2'}(damage-unit/cycle) \qquad (2-268)$$

这个方程是对图 2-13 中正向曲线 $A_1 A_2(R=-1,\sigma_m=0)$ 在数学上给出的描述。

对于 $R \neq -1$、$\sigma_m \neq 0$,用因子法表达综合材料常数是

$$A_{2equ-4}' = 2[2K_{2fc}'\alpha(1-K_m/K_{2fc}')/\sqrt{3}]^{-m_2'} \qquad (2-269)$$

因此第二阶段损伤扩展速率式子是

$$\mathrm{d}D_2/\mathrm{d}N_2 = 2[2K'_{2\mathrm{fc}}\alpha(1-K'_\mathrm{m}/K'_{2\mathrm{fc}})/\sqrt{3}\,]^{-m'_2}[y(a/b)\Delta K'_{4\mathrm{equ}-\mathrm{I}}/\sqrt{3}\,]^{m'_2}(\mathrm{damage-unit/cycle})$$
$$(2-270)$$

这个方程是对图 2 - 13 中正向曲线 $D_1D_2(R\neq -1,\sigma_\mathrm{m}\neq 0)$ 在数学上给出的描述。

② 应力计算法。

对于 $R=-1$、$\sigma_\mathrm{m}=0$，综合材料常数 $A_{2\mathrm{equ}-4}$ 是如下形式：

$$A_{2\mathrm{equ}-4} = 2(2\sigma'_\mathrm{f}\alpha\sqrt{\pi D_{1\mathrm{fc}}}/\sqrt{3}\,)^{-m'_2} \qquad (2-271)$$

此时，第二阶段损伤扩展速率式，应该是

$$\mathrm{d}D_2/\mathrm{d}N_2 = 2(2\sigma'_\mathrm{f}\alpha\sqrt{\pi D_{1\mathrm{fc}}}/\sqrt{3}\,)^{-m'_2}[y(a/b)\Delta\sigma_{4\mathrm{equ}-\mathrm{I}}\sqrt{\pi D_2}/\sqrt{3}\,]^{m'_2}(\mathrm{damage-unit/cycle})$$
$$(2-272)$$

这个方程是对图 2 - 13 中正向曲线 $A_1A_2(R=-1,\sigma_\mathrm{m}=0)$ 在数学上给出的描述。

对于 $R\neq -1$、$\sigma_\mathrm{m}\neq 0$，$A_{2\mathrm{equ}}$ 用应力方式表达当量综合常数时，它变成另一形式：

$$A_{2\mathrm{equ}-4} = 2\left[2\sigma_\mathrm{f}\alpha(1-\sigma_\mathrm{m}/\sigma'_\mathrm{f})\sqrt{\pi D_{1\mathrm{fc}}}/\sqrt{3}\,\right]^{-m'_2} \qquad (2-273)$$

此时，相应的第二阶段损伤扩展速率式，就变成如下形式：

$$\mathrm{d}D_2/\mathrm{d}N_2 = 2\left[2\sigma'_\mathrm{f}\alpha(1-\sigma_\mathrm{m}/\sigma'_\mathrm{f})\sqrt{\pi D_{2\mathrm{fc}}}/\sqrt{3}\,\right]^{-m'_2}\cdot$$
$$\left[y(a/b)\Delta\sigma_{\mathrm{equ}}\sqrt{\pi D_2}/\sqrt{3}\,\right]^{m'_2}(\mathrm{damage-unit/cycle})$$
$$(2-274)$$

以上方程是对图 2 - 13 中正向曲线 $D_1D_2(R\neq -1,\sigma_\mathrm{m}\neq 0)$ 在数学上给出的描述。

（3）超高周疲劳下损伤速率的计算。

描述超高周疲劳与复杂应力状态下图 2 - 13 中的第二阶段正向曲线 $A'A_1A_2$（$R=-1,\sigma_\mathrm{m}=0$）和 $D'D_1D_2(R\neq -1,\sigma_\mathrm{m}\neq 0)$ 的损伤演化行为，应该说，同高周疲劳下损伤速率的计算式，在许多场合是相类似的，两者只是应力水平大小的不同。对于适用于超高周疲劳速率方程式的选择，可参考上文已说明的相关内容。

上述计算式，凡是用第一种损伤强度理论和第二损伤强度理论推导而建立的速率方程，从理论上说，可适用于像铸铁那样发生脆性应变的材料，或者像碳钢那样发生塑性应变的材料在三向应力状况下的速率计算；凡是用第三种损伤理论和第四损伤强度理论推导而建立的速率方程，理论上可适用于某些像碳钢那样的弹塑性材料产生三向拉伸应力的计算，也可以适用于三向压缩应力下如铸铁那样的脆性材料的计算。但在低周疲劳、高周疲劳和超高周疲劳下，还必须通过实验来验证和修正。

计算实例

假定有一 Q235A 轧钢制成的压力容器,在单调载荷和低周疲劳载荷下,它的材料性能数据列于表 2 – 5 中和表 2 – 6 中;假定此压力容器外径 $D = 1000mm$,容器壁厚 $t = 10mm$;在内压 $p = 3MPa$ 工作压力下,产生三向应力状态时,$\sigma_1 = 150MPa$,$\sigma_2 = 75MPa$;$\sigma_3 = 0MPa$;假定容器壁中存在一缺陷,已发展成穿透裂纹 $a = 2mm$,设 $y(a/b) = 1.0$。

试分别用第三和第四损伤强度理论建立的复杂应力下的损伤速率计算式,计算此裂纹尺寸在低周疲劳下第二阶段的扩展速率。

表 2 – 5　Q235A 钢[7]性能数据

材料	σ_b/MPa	$(\sigma_s/\sigma_s')/MPa$	E/MPa	$(\sigma_{-1}/\sigma'_{-1})/MPa$
Q235A	470.4	324.8/305	198753.4	210/181

表 2 – 6　Q235A 钢在单调和应变疲劳下的性能数据

材料	(K/K') $/MPa$	(n/n')	$\sigma_f/(\sigma_f')$ $/MPa$	b/m'	$\varepsilon_f/\varepsilon_f'$	c/λ'	K_{1c}	ΔK_{th}	Paris $C \times 10^{-10}$	m_2'
Q235A	928.2/ 969.6	0.259/ 0.1824	976.4/ 658.8	-0.0701/ 14.10	1.0217/ 0.2747	-0.4907/ 2.038	71.3	4.19 $(R = 0.1)$	7.51 $(R = 0.1)$	3.51 $(R = 0.1)$

注:σ_f/σ_f'是单调和应变疲劳下的强度系数;b/m'是在单调和应变疲劳下的强度指数;$\varepsilon_f/\varepsilon_f'$ 是在单调和应变疲劳下的延性系数;c/λ'是单调和应变疲劳下的延性指数。

计算步骤和方法如下。

1)相关参数的计算

(1)三向应力的确定:$\sigma_1 > \sigma_2 > \sigma_3$;它们是 $\sigma_1 = 150MPa$,$\sigma_2 = 75MPa$,$\sigma_3 = 0$。

(2)按第三和第四损伤强度理论计算当量应力。

用第三种损伤强度理论计算当量应力 σ_{3equ},即

$$\sigma_{3equ} = \sigma_1 - \sigma_3 = 150 - 0 = 150(MPa)$$

用第四种损伤强度理论计算当量应力 σ_{4equ},计算如下:

$$\sigma_{4equ} = \sqrt{0.5[(\sigma_1 - \sigma_2)^2 + (\sigma_2 - \sigma_3)^2 + (\sigma_3 - \sigma_1)^2]}$$
$$= \sqrt{0.5 \times [(150 - 75)^2 + (75 - 0)^2 + (0 - 150)^2]} = 130(MPa)$$

(3)三向应力范围大小的计算。

$$\Delta\sigma_1 = \sigma_{1max} - \sigma_{1min} = 150 - 0 = 150(MPa)$$

$$\Delta\sigma_2 = \sigma_{2\max} - \sigma_{2\min} = 75 - 0 = 75 (\text{MPa})$$

$$\Delta\sigma_3 = \sigma_{3\max} - \sigma_{3\min} = 0 - 0 = 0 (\text{MPa})$$

（4）当量应力范围的计算。

按第三理论计算：$\Delta\sigma_{3\text{equ}} = 150 - 0 = 150 (\text{MPa})$

按第四理论计算：$\Delta\sigma_{4\text{equ}} = 130 - 0 = 130 (\text{MPa})$

（5）当量平均应力的计算。

按第三理论计算：$\sigma_{3\text{m}} = (150 + 0)/2 = 75 (\text{MPa})$

按第四理论计算：$\sigma_{4\text{m}} = (130 + 0)/2 = 65 (\text{MPa})$

（6）低周疲劳下损伤临界值的计算：

$$D_{1\text{fc}} = \frac{K_{1\text{c}}^2}{\sigma_{\text{f}}'^2 \pi} \times 10^3 = \frac{71.3^2}{658.8^2 \pi} \times 10^3 = 3.73 (\text{damage} - \text{units})_{\circ}$$

2）按第三理论计算损伤值 $D_2 = 2\text{damage} - \text{unit}(a_2 = 2\text{mm})$ 的损伤速率

（1）当量综合材料常数的计算（假定取 $\alpha = 1$）：

$$A_2' = 2\left[\sigma_{\text{f}}'\alpha(1 - \sigma_{3\text{m}}/\sigma_{\text{f}}')\sqrt{\pi D_{1\text{fc}}}\right]^{-m_2'}$$

$$= 2 \times \left[658.8 \times (1 - 75/658.8) \times \sqrt{\pi \times 3.73}\right]^{-3.51}$$

$$= 5.2 \times 10^{-12}$$

（2）计算此时（$D_2 = 2\text{damage} - \text{unit}$）的损伤速率：

$$dD_2/dN_2 = 2\left[\sigma_{\text{f}}'(1 - \sigma_{3\text{m}}/\sigma_{\text{f}}')\sqrt{\pi D_{1\text{fc}}}\right]^{-m_2'}(0.5\Delta\sigma_{3\text{equ}}\sqrt{\pi D_2})^{m_2'}$$

$$= 5.2 \times 10^{-12} \times (0.5 \times 150 \times \sqrt{\pi \times D_2})^{3.51}$$

$$= 5.2 \times 10^{-12} \times (0.5 \times 150 \times \sqrt{\pi \times 2})^{3.51}$$

$$= 4.99 \times 10^{-4} (\text{damage} - \text{unit/cycle})$$

3）用第四种损伤强度理论计算损伤值 $D_2 = 2\text{damage} - \text{unit}(a_2 = 2\text{mm})$ 的损伤速率

（1）当量综合材料常数的计算（假定取 $\alpha = 1$）：

$$A_2' = 2\left[2\sigma_{\text{f}}'(1 - \sigma_{4\text{m}}/\sigma_{\text{f}}')\alpha\frac{1}{\sqrt{3}}\sqrt{\pi D_{1\text{fc}}}\right]^{-m_2'}$$

$$= 2 \times \left[2 \times 658.8 \times (1 - 65/658.8) \times \frac{1}{\sqrt{3}} \times \sqrt{\pi \times 3.73}\right]^{-3.51}$$

$$= 2.954 \times 10^{-12}$$

（2）计算此时（$D_2 = 2\text{damage} - \text{unit}$）的损伤速率：

$$dD_2/dN_2 = 2\left[2\sigma_{\text{f}}'(1 - \sigma_{4\text{m}}/\sigma_{\text{f}}')\alpha\frac{1}{\sqrt{3}}\sqrt{\pi D_{1\text{fc}}}\right]^{-m_2'}\left(\Delta\sigma_{4\text{equ}}\frac{1}{\sqrt{3}}\sqrt{\pi D_2}\right)^{m_2'}$$

$$= 2.954 \times 10^{-12} \times \left(130 \times \frac{1}{\sqrt{3}} \times \sqrt{\pi \times 2} \right)^{3.51}$$

$$= 2.84 \times 10^{-4} \, (\text{damage} - \text{unit/cycle}) \, (\text{mm/cycle})$$

由此可见,对同样的损伤值 $D_2 = 2\text{damage} - \text{unit}(a_2 = 2\text{mm})$,用第三种损伤理论建立损伤速率方程计算得出的数据 $(4.99 \times 10^{-4}\text{damage} - \text{unit/cycle})$ 与用第四种损伤强度理论建立的速率方程计算得出的数据 $(2.85 \times 10^{-4}\text{damage} - \text{unit/cycle})$ 两者相差 43% 。

2.2.2　第二阶段损伤体寿命计算

下面将对某些线弹性材料与弹塑性材料,用图 2 - 14 中的简化曲线做几何上的描述,就第二阶段的寿命预测问题的理论、计算模型、计算方法进行论述和介绍,分如下主题:

＊低周疲劳下损伤体寿命预测计算;

＊高周疲劳下损伤体寿命预测计算;

＊超高周疲劳下损伤体寿命预测计算;

＊多轴疲劳下损伤体寿命预测计算。

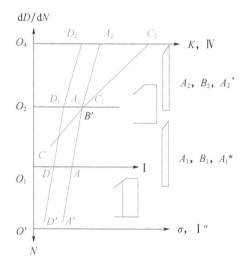

图 2 - 14　第二阶段损伤速率和寿命简化曲线

1. 低周疲劳下损伤体寿命预测计算

对于某些弹塑性材料,在低周疲劳下,用图 2 - 14 中横坐标轴 O_4 Ⅳ 和 O_2 Ⅱ之间的黄色曲线 $C_2 C_1$ 做几何上的描述,并将在数学上给出表达,建立它在第二阶段的寿命预测模型,下面将给出若干种计算式和计算方法。

1) 计算式1

第一种方法,如果借助于应力 σ 表达宏观损伤的寿命,由于应变疲劳要发生迟滞回环效应,所以第二阶段的寿命计算式如下:

$$N_2 = \int_{D_{tr}}^{D_{2fc}} \frac{\mathrm{d}D_2}{A_2^* \left(\Delta\sigma/2\right)^{m'} D_2} / n(\text{cycle}) \qquad (2-275)$$

或者

$$N_2 = \int_{D_{tr}}^{D_{1fc}} \frac{\mathrm{d}D_2}{A_2^* \left(\Delta\sigma/2\right)^{m'} D_2} / n(\text{cycle}) \qquad (2-276)$$

式中:n 为安全系数,视工程实际情况而定;A_2^* 为综合材料常数,在数值上同速率方程中的 A_2^* 相等,但在物理、几何意义以及数学表达式上有所不同。在寿命计算式中的 A_2^*,其物理含义是从寿命 N_{1fc} 至 N_{2fc} 历程中(或从损伤过渡值 D_{tr} 至临界值 D_{1fc} 或 D_{2fc})所做功的总和;在几何上是图 2 – 14 中整个梯形面积中后一部分棕色梯形的面积 A_{2w}(图 3 – 1),在寿命计算式中,A_2^* 的表达式为

$$A_2^* = \frac{\ln D_{2fc} - \ln D_{tr}}{\left(\Delta\sigma/2\right)^{m'} \left(N_{2fc} - N_{tr}\right)} (\text{MPa}^{m'} \cdot \text{damage} - \text{unit/cycle}) \qquad (2-277)$$

式(2 – 275)、式(2 – 276)中:D_{1fc} 为对应于屈服应力 σ_s' 下的损伤临界值;D_{2fc} 为对应于断裂应力 σ_f' 下的损伤临界值;D_{tr} 为细观损伤与宏观损伤之间过渡值。

2) 计算式2

另一种方法是借助于应力 – 应变参数计算其损伤寿命,如下所示:

$$N_2 = \int_{D_{tr}}^{D_{2fc}} \frac{\mathrm{d}D_2}{A_2' \left(\dfrac{\Delta\sigma}{E\varepsilon_a'}\right)^{-\frac{m'\lambda'}{m'-\lambda'}} D_2} (\text{cycle}) \qquad (2-278)$$

或者

$$N_2 = \int_{D_{tr}}^{D_{1fc}} \frac{\mathrm{d}D_2}{A_2' \left(\dfrac{\Delta\sigma}{E\varepsilon_a'}\right)^{-\frac{m'\lambda'}{m'-\lambda'}} D_2} (\text{cycle}) \qquad (2-279)$$

此综合材料常数 A_2' 在寿命方程中为如下形式:

$$A_2' = \frac{\ln D_{2fc} - \ln D_{tr}}{\left(\dfrac{\Delta\sigma}{E\varepsilon_a'}\right)^{-\frac{m'\lambda'}{m'-\lambda'}} \left(N_{2fc} - N_{tr}\right)} \qquad (2-280)$$

3）计算式 3

第三种计算式采用单一塑性应变参数（ε_p）来计算[25-27]，即

$$N_2 = \int_{D_\mathrm{tr}}^{D_\mathrm{2fc}} \frac{\mathrm{d}D_2}{B_2' (\Delta\varepsilon_\mathrm{p})^{\lambda'} D_2} (\mathrm{cycle}) \qquad (2-281)$$

但是，其综合材料常数 B_2' 在寿命方程中是另一形式：

$$B_2' = \frac{\ln D_\mathrm{2fc} - \ln D_\mathrm{tr}}{\Delta\varepsilon_p'^{\lambda'}(N_\mathrm{2fc} - N_\mathrm{tr})} (\mathrm{damage-unit/cycle}) \qquad (2-282)$$

4）计算式 4

这里再建议一种经验的寿命计算式[24-27]，即

$$N_2 = \int_{D_\mathrm{tr}}^{D_\mathrm{2fc}} \frac{\mathrm{d}D_2}{B_2' [0.5\pi\sigma_\mathrm{s}'(\Delta\sigma/2\sigma_\mathrm{s}' + 1)/E]^{\lambda'} D_2} (\mathrm{cycle}) \qquad (2-283)$$

而此综合材料常数 B_2' 也是可计算的，它可以用下式计算：

$$B_2^r = \frac{\ln D_\mathrm{2fc} - \ln D_\mathrm{tr}}{[0.5\pi\sigma_\mathrm{s}'(\Delta\sigma/2\sigma_\mathrm{s}' + 1)/E]^{\lambda'}(N_\mathrm{2fc} - N_\mathrm{tr})} (\mathrm{damage-unit/cycle})$$

$$(2-284)$$

5）计算式 5

第五种计算式被称为双参数乘积法寿命方程，它也是经验计算式：

$$N_2 = \int_{D_\mathrm{tr}}^{D_\mathrm{2fc}} \frac{\mathrm{d}D_2}{B_2^* [0.5\sigma_\mathrm{s}'\Delta\sigma/2(\Delta\sigma/2\sigma_\mathrm{s}' + 1)(\sqrt{\pi D_2})^3/E]^{\frac{m'\lambda'}{m'+\lambda'}} D_2} (\mathrm{cycle})$$

$$(2-285)$$

式中：B_2^* 为综合材料常数，与速率方程中的常数在数值上相等，但在寿命方程中表达形式不一样，它可以由下式计算：

$$B_2^* = \frac{\ln D_\mathrm{2fc} - \ln D_\mathrm{tr}}{[0.5(\Delta\sigma/2)\sigma_\mathrm{s}'(\Delta\sigma/2\sigma_\mathrm{s}' + 1)(\sqrt{\pi D_2})^3/E]^{\frac{m'\lambda'}{m'+\lambda'}}(N_\mathrm{2fc} - N_\mathrm{tr})}$$

$$(2-286)$$

下面提出一种简单的表达寿命与计算参数之间的关系式，即

$$A_2^{\#\prime} = \Delta\delta_\mathrm{t}'^{\lambda'}(N_\mathrm{2fc} - N_\mathrm{tr}) \qquad (2-287)$$

$$A_2^{\#\prime} = B_2'(N_\mathrm{2fc} - N_\mathrm{tr}) \qquad (2-288)$$

式中：$A_2^{\#\prime}$ 为一个综合材料常数，$A_2^{\#\prime}$ 的物理意义是第二阶段所做功的总和，几何含义是图 2-14 中整个大梯形中的后一部分的梯形面积；N_2fc 为第二阶段寿命的循环数；B_2' 综合材料常数的物理意义有别于 $A_2^{\#\prime}$，是一个循环中所做的功；$\Delta\delta_\mathrm{t}'$ 被称

为损伤尖端张开位移的范围值,它可以由下式计算:

$$\Delta\delta'_t = 0.5\pi\sigma'_s(\Delta\sigma/2\sigma'_s + 1)D_2/E(\text{damage} - \text{unit}) \qquad (2-289)$$

以上提供的低周疲劳下寿命预测计算式,对于各种各样性能不同的材料,在不同加载条件下做寿命预测计算时,要注意比较,要谨慎选择。

还必须指出,上述计算式都还要将寿命预测计算结果数据除以安全系数 n 才行,n 的取值大小,要按实际情况确定。

计算实例

有一个由合金钢 30CrMnSiA 制成的试件,材料性能数据见表 2-7。如果此试件在低周疲劳、对称循环($R = -1$)加载下产生应力幅 $\sigma_a = \Delta\sigma/2 = 900\text{MPa}$,试用正文中的方程计算从长裂纹过渡尺寸 D_{tr} 至对应于屈服点裂纹临界尺寸 D_{1fc} 和对应于断裂点裂纹临界值 D_{2fc} 的寿命。

表 2-7 钢 30CrMnSiA[9] 在低周疲劳的能数据

材料	E/MPa	K'/MPa	n'	σ'_f	b'	ε'_f	c'
30CrMnSiA	203000	1772	0.127	1864	-0.086	2.788	-0.7735

上文中已计算的相关数据如下:

$m' = -1/(-0.086) = 11.64$;$\lambda' = -1/c' = -1/(-0.7735) = 1.293$;$D_{th} = 0.251\text{damage} - \text{unit}$;$D_{2fc} = 12.12\text{damage} - \text{unit}$;$\sigma'_s = 889\text{MPa}$。

计算步骤如下:

(1) 两个阶段之间过渡值 D_{tr} 的计算。

根据正文中的计算式,计算如下:

$$D_{tr} = \left(\sigma'^{(1-n')/n'}_s \frac{E\pi^{1/(2n')}}{K'^{1/n'}}\right)^{\frac{2m' \times n'}{2n' - m'}}$$

$$= \left(889^{(1-0.127)/0.127} \times \frac{203000 \times \pi^{1/(2 \times 0.127)}}{1772^{1/0.127}}\right)^{\frac{2 \times 11.64 \times 0.127}{2 \times 0.127 - 11.64}}$$

$$= 0.31(\text{damage} - \text{unit})$$

(2) 对应于屈服点的临界值 D_{1fc} 与对应于断裂点的临界值 D_{2fc} 计算。

① 对应于屈服点的临界值 D_{1fc} 是

$$D_{1fc} = \left(\sigma'^{(1-n')/n'}_s \frac{E\pi^{1/(2n')}}{K'^{1/n'}}\right)^{-\frac{2m'n'}{2n' - m'}}$$

$$= \left(889^{(1-0.127)/0.127} \times \frac{203000 \times \pi^{1/(2 \times 0.127)}}{1772^{1/0.127}}\right)^{-\frac{2 \times 11.64 \times 0.127}{2 \times 0.127 - 11.64}}$$

$$= \left(889^{6.874} \times \frac{203000 \times \pi^{3.937}}{1772^{7.874}} \right)^{0.26}$$

$$= 3.227 (\text{damage} - \text{unit})$$

② 对应于断裂点的临界值 $D_{2\text{fc}}$ 应该是

$$D_{2\text{fc}} = \left(\sigma'^{(1-n')/n'}_\text{f} \frac{E\pi^{1/2n'}}{K'^{1/n'}} \right)^{-\frac{2m'n'}{2n'-m'}}$$

$$= \left(1864^{6.874} \times \frac{203000 \times \pi^{3.937}}{1772^{7.874}} \right)^{0.26} = 12.12 (\text{damage} - \text{unit})$$

（3）损伤综合材料常数的计算。

假如取 $\alpha_2 = 1$，则损伤综合材料常数为

$$A_2^* = 2 (K'\alpha_2)^{-m'} \left(2\varepsilon'_\text{f} \sqrt[\lambda']{D_{2\text{fc}}} \right)^{-\lambda'}$$

$$= 2 \times (1772 \times 1)^{-11.64} \times \left(2 \times 2.788 \times \sqrt[-1.293]{12.12} \right)^{-1.293}$$

$$= 4.05 \times 10^{-38}$$

（4）在应力幅 $\sigma_\text{a} = \Delta\sigma/2 = 900\text{MPa}$ 下，计算从损伤过渡值 D_{tr} 至对应于屈服点临界值 $D_{1\text{fc}}$ 的寿命：

$$N_2 = \int_{D_{\text{tr}}}^{D_{1\text{fc}}} \frac{\text{d}D}{A_2^* (\Delta\sigma/2)^{m'} D} = \int_{0.31}^{3.277} \frac{\text{d}D}{4.05 \times 10^{-38} \times 900^{11.64} \times D} = 2386 (\text{cycle})$$

（5）在应力幅 $\sigma_\text{a} = \Delta\sigma/2 = 900\text{MPa}$ 下，计算从损伤过渡值 D_{tr} 至断裂点临界值 $D_{2\text{fc}}$ 的寿命：

$$N_2 = \int_{D_{\text{tr}}}^{D_{2\text{fc}}} \frac{\text{d}D}{A_2^* (\Delta\sigma/2)^{m'} D} = \int_{0.31}^{12.12} \frac{\text{d}D}{4.05 \times 10^{-38} \times 900^{11.64} \times D} = 3710 (\text{cycle})$$

这里，顺便对寿命方程中的综合材料常数 A_2^* 进行验算：

$$A_2^* = \frac{\ln D_{2\text{fc}} - \ln D_{1\text{fc}}}{(\Delta\sigma/2)^{m'} (N_{2\text{fc}} - N_{1\text{fc}})}$$

$$= \frac{\ln 12.12 - \ln 0.31}{900^{11.64} \times (3710 - 0)}$$

$$= 4.05 \times 10^{-38} (\text{MPa}^{-m'} \cdot \text{damage} - \text{unit/cycle})$$

由此可见，寿命方程中综合材料常数 A_2^* 的数值与速率方程中综合材料常数 A_2^* 的数值是完全一致的。

还必须指出，上述计算式都还要将寿命预测计算结果数据除以安全系数 n 才可以，其取值大小，要按实际情况确定。

2. 高周疲劳下损伤体寿命预测计算

如果构件材料产生的工作应力 $\sigma < \sigma'_s (= \sigma_y)$，这种情况下，要描述材料宏观损伤扩展的行为，可用图 2 - 15 中的反向曲线 $A_2A_1A(R = -1, \sigma_m = 0)$ 或 D_2D_1D $(R \neq -1, \sigma_m \neq 0)$ 来表示，为建立第二（或第三）阶段从细观损伤向宏观损伤扩展过程寿命的预测模型，下文将提出若干种计算式[2-5]。

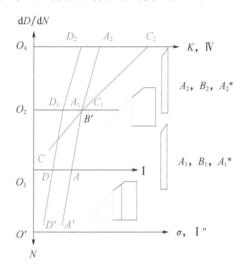

图 2 - 15　材料损伤扩展寿命简化曲线

1）多项式模型

（1）K 因子型。

对于 $R = -1$、$\sigma_m = 0$，要描述图 2 - 15 中横坐标轴 $O_2 \, \mathrm{II}$ 和 $O_4 \, \mathrm{IV}$ 之间曲线 A_2A_1，此时寿命 N_2 与应力强度因子范围 $\Delta K'_2$ 之间的关系可以用下式表达：

$$\Delta K_2'^{m'_2} (N_{2\mathrm{fc}} - N_{\mathrm{tr}}) = A_2^{\#} \qquad (2-290)$$

如果用因子幅 $\Delta K'_2/2$ 表达，式（2 - 290）可改写成：

$$\frac{\Delta K'_2}{2} = K'_{2\mathrm{fc}} (2N_{2\mathrm{fc}} - 2N_{\mathrm{tr}})^{b'_2} \qquad (2-291)$$

式（2 - 290）、式（2 - 291）中：$N_{2\mathrm{fc}}$ 为第二阶段临界寿命；N_{tr} 为两个阶段之间过渡点损伤的寿命；$A_2^{\#}$ 是第二阶段的综合材料常数，它的物理意义是从损伤过渡值至最后损伤临界值对应的寿命其间材料释放出的总能量（w）；它的几何意义是如横坐标轴 $O_2 \, \mathrm{II}$ 和 $O_4 \, \mathrm{IV}$ 之间整个梯形中后一部分梯形的面积。

而对于 $R \neq -1$、$\sigma_m \neq 0$，要描述图 2 - 15 中的曲线 D_2D_1，此时寿命 N_2 与应力强度因子幅 $\Delta K'_2/2$ 之间应该是如下关系：

$$\frac{\Delta K_2'}{2} = K_{2\mathrm{fc}}' \left(1 - K_\mathrm{m}/K_{2\mathrm{fc}} \right) \left(2N_{2\mathrm{fc}} - 2N_\mathrm{tr} \right)^{b_2'} \tag{2-292}$$

式中：$K_{2\mathrm{fc}}'$ 为第二阶段的临界应力强度因子；b_2' 为第二阶段的疲劳强度指数，需要用低周疲劳载荷下的 b' 转化式换算高周疲劳下的 b_2'。

（2）应力型。

对于 $R = -1$、$\sigma_\mathrm{m} = 0$，要描述横坐标轴 $O_2\,\mathrm{II}$ 和 $O_4\,\mathrm{IV}$ 之间曲线 A_2A_1，其寿命 N_2 与 D_2 及应力范围 $\Delta\sigma$ 之间应该是如下关系：

$$\left[y(a/b)\,\Delta\sigma\,\sqrt{\pi D_2} \right]^{m_2'} \left(N_{2\mathrm{fc}} - N_{02} \right) = A_2^\# \tag{2-293}$$

或者是

$$\left[y(a/b)\,\Delta\sigma\,\sqrt{\pi D_2} \right]^{m_2'}/2 = \sigma_\mathrm{f}'\,\sqrt{\pi D_\mathrm{f}} \left(2N_{2\mathrm{fc}} - 2N_\mathrm{tr} \right)^{-1/m_2'} \tag{2-294}$$

而对于 $R \neq -1$、$\sigma_\mathrm{m} \neq 0$（描述曲线 D_2D_1），其寿命 N_2 与 D_2 及应力范围 $\Delta\sigma$ 之间的关系应该是

$$\left[y(a/b)\,\Delta\sigma\,\sqrt{\pi D_2} \right]^{m_2'}/2 = \sigma_\mathrm{f}'\,\sqrt{\pi D_\mathrm{fc}} \left(1 - R \right) \left(2N_{2\mathrm{fc}} - 2N_\mathrm{tr} \right)^{-1/m_2'}$$
$$\tag{2-295}$$

（3）J 积分型。

断裂力学中的 J 积分与应力强度因子 K_1 存在着如下关系[28]：

$$J = \frac{1 - v^2}{E} K_1^2 \tag{2-296}$$

作者经研究认为，对于 $R = -1$、$\sigma_\mathrm{m} = 0$，描述横坐标轴 $O_2\,\mathrm{II}$ 和 $O_4\,\mathrm{IV}$ 之间曲线 A_2A_1，可用 J 积分[20-21]做如下表达：

$$\Delta J_2^{m_2'} \left(N_{2\mathrm{fc}} - N_\mathrm{tr} \right) = C_2^\# \tag{2-297}$$

式中：$C_2^\#$ 为第二阶段的综合材料常数，它的物理意义和几何意义与 $A_2^\#$ 相同。

式（2-297）也可以用 J 积分幅值表达：

$$\frac{\Delta J_2}{2} = J_{2\mathrm{fc}} \left(2N_{2\mathrm{fc}} - 2N_\mathrm{tr} \right)^{b_2'} \tag{2-298}$$

而对于 $R \neq -1$、$\sigma_\mathrm{m} \neq 0$（描述曲线 D_2D_1），应该为

$$\frac{\Delta J_2}{2} = J_{2\mathrm{fc}} \left(1 - R \right) \left(2N_{2\mathrm{fc}} - 2N_\mathrm{tr} \right)^{b_2'} \tag{2-299}$$

2）K 应力型积分式[23-27]

如果要预测损伤的有效寿命 $N_{2\mathrm{eff}}$，可以选择 K 应力型积分式来计算第二阶段的寿命：

$$N_{2oj} = \int_{D_{tr}}^{D_{2eff}} \frac{\mathrm{d}D_2}{A'_2 [y_2(a/b) \Delta\sigma \sqrt{\pi D_2}]^{m'_2}} (\text{cycle}) \qquad (2-300)$$

式中：$y_2(a/b)^{[29]}$ 为与缺陷的形状和尺寸有关的修正系数。

寿命式中损伤综合材料常数 A'_2 与速率式中的损伤综合材料常数 A'_2，在数值是相等的；但是，在寿命式中 A'_2 的物理含义与损伤速率式中的含义是不同的。A'_2 在寿命式中的物理含义是从 N_{02} 到 N_{2fc} 历程中所做功的总和，因此它的数学表达式与损伤速率方程中的表达式也不相同，是如下形式：

$$A'_2 = \frac{\frac{2}{2-m'}(D_{2fc}^{1-\frac{m'}{2}} - D_{02}^{1-\frac{m'}{2}})}{[y(a/b) \Delta\sigma \sqrt{\pi}]^{m'} (N_{2fc} - N_{02})} \qquad (2-301)$$

对于 $R = -1$、$\sigma_m = 0$，对横坐标轴 $O_2 \text{II}$ 和 $O_4 \text{IV}$ 之间曲线 A_2A_1 而言，它的第二阶段 N_{2eff} 可以用下式计算：

$$N_{2eff} = \int_{D_{tr}}^{D_{2eff}} \frac{\mathrm{d}D_2}{2(2\sigma'_f \sqrt{\pi D_{2eff}})^{-m'_2} [y_2(a/b) \Delta\sigma \sqrt{\pi D_2}]^{m'_2}} (\text{cycle})$$

$$(2-302)$$

式中：D_{2eff} 为有效损伤值，$D_{2eff} = \alpha D_{2fc}$，有效值系数 α 按不同材料和工程实际情况选取，例如 $\alpha \approx (0.6 \sim 0.7)$；$N_{2eff}$ 是对应于有效值 D_{2eff} 的寿命。

对于 $R \neq -1$、$\sigma_m \neq 0$（描述曲线 D_2D_1），N_{2eff} 应该是

$$N_{2eff} = \int_{D_{tr}}^{D_{2eff}} \frac{\mathrm{d}D_2}{2[2\sigma'_f(1-R) \sqrt{\pi D_{2eff}}]^{-m'_2} [y_2(a/b) \Delta\sigma \sqrt{\pi D_2}]^{m'_2}} (\text{cycle})$$

$$(2-303)$$

如果要想计算第二阶段曲线 D_2D_1 之间任意期间的寿命，那么对于 $R = -1$、$\sigma_m = 0$，可以将积分式的上限用中间值损伤量 D_{2oj} 取代，即

$$N_{2oj} = \int_{D_{tr}}^{D_{2oj}} \frac{\mathrm{d}D_2}{2(2\sigma'_s \alpha_1 \sqrt{\pi D_{1eff}})^{-m'_2} [y_2(a/b) \Delta\sigma \sqrt{\pi D_2}]^{m'_2}} (\text{cycle})$$

$$(2-304)$$

而对于 $R \neq -1$、$\sigma_m \neq 0$，第二阶段中间期间的寿命为

$$N_{2oj} = \int_{D_{tr}}^{D_{2oj}} \frac{\mathrm{d}D_2}{2[(2\sigma'_s)\alpha_1(1-R) \sqrt{\pi D_{1eff}}]^{-m'_2} [y_2(a/b) \Delta\sigma \sqrt{\pi D_2}]^{m'_2}} (\text{cycle})$$

$$(2-305)$$

式中：这些损伤值之间的关系为 $D_{tr} < D_{2oj} < D_{2eff}$；修正系数 α_2 由实验确定。

3）δ 型应力积分法

另一类第二阶段寿命预测方程被称为 δ 型应力积分法方程,它是如下形式:

$$N_2 = \int_{D_{tr}}^{D_{1fc}} \frac{dD_2}{B_2' \, (\Delta\delta_t')^{\lambda'}} \qquad (2-306)$$

式中:B_2' 为第二阶段的综合材料常数,它在寿命式中的表达形式是

$$B_2' = \frac{\ln D_{1fc} - \ln D_{tr}}{\left[\dfrac{0.5\pi\sigma_s' y_2 (a/b) (\Delta\sigma/2\sigma_s')^2}{E} \right]^{\lambda'} v_{pv} (N_{1fc} - N_{tr})} \qquad (2-307)$$

式(2-306)中:B_2' 的物理意义和几何意义与上述常数一样;$\Delta\delta'$ 被称为损伤应力强度因子范围值,是宏观损伤扩展的驱动力,可借助于下式表达[3]:

$$\Delta\delta' = \frac{0.5\pi\sigma_s' y_2 (\Delta\sigma/2\sigma_s')^2 D_2}{E} \qquad (2-308)$$

因此,对于 $R = -1$、$\sigma_m = 0$,第二阶段寿命预测方程应该是如下计算式:

$$N_2 = \int_{D_{tr}}^{D_{1fc}} \frac{dD_2}{2 \left[\pi\sigma_s' (\sigma/\sigma_s')^2 \alpha \cdot D_{1fc}/E \right]^{\lambda'} v_{pv}} \cdot \frac{1}{\left[\dfrac{\pi\sigma_s' y_2 (\Delta\sigma/2\sigma_s')^2}{E} \right]^{\lambda'} D}$$

$$(2-309)$$

式中:$v_{pv} = 2 \times 10^{-5}$,也是单位换算系数。式(2-309)是对曲线 $A_2 A_1$ 在数学上给出和描述。

而对于 $R \neq -1$、$\sigma_m \neq 0$,第二阶段中间期间的寿命为

$$N_2 = \int_{D_{tr}}^{D_{1fc}} \frac{dD_2}{2 \left[\dfrac{\pi\sigma_s' (\sigma/\sigma_s')^2 (1-R)\alpha D_{1fc}}{E} \right]^{-\lambda'} v_{pv}} \cdot \frac{1}{\left[\dfrac{\pi\sigma_s' y_2 (\Delta\sigma/2\sigma_s')^2}{E} \right]^{\lambda'} D_2}$$

$$(2-310)$$

式(2-310)是对曲线 $D_2 D_1$ 在数学上给出的描述。

还必须指出,上述式中都还要在寿命预测计算结果数据中除以安全系数 n 才可以,其取值大小,要按实际情况确定。

计算实例

有一用高强度钢 40CrMnSiMoVA（GC-4）制成的试件,此试件材料在低周疲劳载荷下的性能数据如下:

$\sigma_s' = 1757\text{MPa}$;$K' = 3411$, $n' = 0.14$;$\sigma_f' = 3501\text{MPa}$,$b' = -0.1054$,$m' = -1/b' = 9.488$;$\varepsilon_f' = 2.884$,$c' = -0.8732$,$\lambda' = 1.1452$;$\sigma_{-1} = 718\text{MPa}$。

假定在疲劳载荷下（应力集中系数 $K_t = 1$，$R = 0.1$）产生的应力 $\sigma_{\max} = 900\text{MPa}$，$\sigma_{\min} = 90\text{MPa}$。

上文已计算得到的数据有：应力幅 $\sigma_a = 405\text{MPa}$；应力范围 $\Delta\sigma = 810\text{MPa}$；损伤临界值 $D_{1fc} = 3.25\text{damage} - \text{unit}$；第二阶段损伤扩展速率方程指数 $m_2' = 4.7$。

试用两种宏观损伤寿命预测计算方程计算从损伤过渡值 $D_{tr} = 0.3074\text{damage} - \text{unit}$ 至损伤临界值 $D_{1fc} = 3.25\text{damage} - \text{unit}$ 的寿命。

计算步骤和方法如下：

1）K 型应力法

当 $\sigma_{\max} = 900\text{MPa}$，$\sigma_{\min} = 90\text{MPa}$，$R = 0.1$，采用 K 型应力法计算从损伤过渡值 $D_{tr} = 0.3074\text{damage} - \text{unit}$ 至临界值 $D_{1fc} = 3.25\text{damage} - \text{unit}$ 的寿命。

（1）损伤综合材料常数的计算（假定取 $\alpha_1 = 1.0$）：

$$A_2' = 2\left[2\sigma_f'(1-R)\sqrt{\alpha_1 \pi D_{1fc}}\right]^{-m_2'}$$
$$= 2 \times \left[2 \times 3501 \times (1-0.1) \times 1 \times \sqrt{\pi \times 3.25}\right]^{-4.7}$$
$$= 1.1812 \times 10^{-20}$$

（2）从 $D_{tr} = 0.3074 \sim D_{1fc} = 3.25\text{damage} - \text{unit}$ 的寿命计算如下：

$$N_2 = \int_{D_{tr}}^{D_{1fc}} \frac{\mathrm{d}D_2}{2(2\sigma_f'(1-R)\sqrt{\pi D_{1fc}}(\Delta\sigma\sqrt{\pi D_2})^{m_2'}}$$
$$= \int_{0.3074}^{3.25} \frac{\mathrm{d}D_2}{1.1812 \times 10^{-20} \times (810 \times \sqrt{\pi D_2})^{4.7}}$$
$$= 428926(\text{cycle})$$

2）δ 型应力法

当 $\sigma_{\max} = 900\text{MPa}$、$\sigma_{\min} = 90\text{MPa}$、$R = 0.1$，采用 δ 型应力法计算从损伤过渡值 $D_{tr} = 0.3074\text{damage} - \text{unit}$ 至临界值 $D_{1fc} = 3.25\text{damage} - \text{unit}$ 的寿命。

（1）对损伤综合材料常数的计算（假定取 $\alpha_1 = 1$）：

$$B_2' = 2\left[(\pi\sigma_s'(\sigma/\sigma_s')^2(1-R)\alpha_1 D_{1fc}/E)\right]^{-\lambda'}v_{pv}$$
$$= 2 \times \left[\pi \times 1757 \times (405/1757)^2 \times (1-0.1) \times 1 \times 3.25/201000\right]^{-1.1452} \times 2 \times 10^{-5}$$
$$= 2.07 \times 10^{-2}$$

（2）再借助正文中的方程，计算其损伤扩展驱动力项：

$$\Delta\delta = \frac{0.5\pi\sigma_s'y_2(\Delta\sigma/2\sigma_s')^2 D}{E} = \frac{0.5 \times \pi \times 1757 \times 1 \times (810/2 \times 1757)^2 \times D}{201000}$$

（3）此时，从损伤过渡值 $D_{tr} = 0.3074\text{damage} - \text{unit}$ 至临界值 $D_{1fc} = 3.25\text{damage} - \text{unit}$ 的寿命应该是

$$N_2 = \int_{D_{tr}}^{D_{1fc}} \frac{\mathrm{d}D_2}{2\left[\dfrac{\pi\sigma'_s\,(\sigma/\sigma'_s)^2\,\alpha_1 D_{1fc}}{E}\right]^{-\lambda'}v_{pv}\left[\dfrac{0.5\pi\sigma'_s y_2\,(\Delta\sigma/2\sigma'_s)^2}{E}\right]^{\lambda'}D_2}$$

$$= \int_{0.3074}^{3.25} \frac{\mathrm{d}D_2}{0.207\times[0.5\times\pi\times1757\times(810/2\times1757)^2\times D_2/201000]^{1.1452}}$$

$$= 447912(\mathrm{cycle})$$

在这里,可以顺便验算一下在寿命方程中的损伤综合材料常数 B'_2,它的计算式为

$$B'_2 = \frac{\ln D_{1fc} - \ln D_{tr}}{\left[\dfrac{0.5\pi\sigma'_s y_2(a/b)(\Delta\sigma/2\sigma'_s)^2}{E}\right]^{\lambda'}v_{pv}(N_{1fc}-N_{tr})}$$

$$= \frac{\ln 3.25 - \ln 0.3074}{\left[\dfrac{0.5\times\pi\times1757\times1\times(810/2\times1757)^2}{E}\right]^{1.1452}\times2\times10^{-5}\times(447912-0)}$$

$$= 2.06\times10^{-2}$$

可见,高周疲劳下也一样,损伤速率方程中的综合材料常数 $B'_2 = 2.07\times 10^{-2}$ 与寿命方程中的综合材料常数 $B'_2 = 2.06\times10^{-2}$,虽然在数学模型和物理意义上有所不同,但数值实际上是相近的,只是计算中有误差而已。这也证明了外力所做功和材料抵抗外力所释放出的能量是相等的。

另外,从两类不同寿命预测方程计算的结果数据可见,前者临界寿命是 428926cycle,后者是 447912cycle。这个结果在高周疲劳下,还是符合得很好。请注意,这里是临界寿命。在工程应用计算时,要考虑有效系数 $\alpha_1 = 1$ 和安全系数 n。

3. 超高周疲劳下损伤体寿命预测计算

如果某一构件或材料在超高周疲劳载荷下,如图 2 - 16 所示,反向绿色曲线 $A_2 A_1 A'(R=-1,\sigma_m=0)$ 和反向蓝色曲线 $D_2 D_1 D'(R\neq-1,\sigma_m\neq0)$,这两条简化了的曲线是对超高周疲劳下损伤演化行为在几何上的描述。通常对于某些脆性或线弹性材料,当它被加载在等于或略高于疲劳极限应力水平下运行时,材料仍然会产生细观损伤 D_{mes}(可想象在绿色曲线的 A' 点或蓝色曲线的 D' 点),直至损伤扩展到达损伤临界值 D_{1fc}(想象于横坐标轴 $O_2 - \mathrm{II}$)而断裂;而对于另一些弹塑性或塑性材料,当它被加载在等于或略高于疲劳极限应力水平下运行时材料也会产生细观 D_{mes} 或宏观损伤 D_{mac}(可想象在横坐标轴 $O_1 - \mathrm{I}$ 上绿色曲线的 A 点或蓝色曲线的 D 点),以至损伤扩展到达损伤临界值 D_{1fc}(于横坐标轴 $O_2 -$

Ⅱ），最后到达 D_{2fc} 而断裂（于横坐标轴 $O_4 - Ⅳ$ 上，绿色曲线的 A_2 点，或蓝色曲线的 D_2 点）。

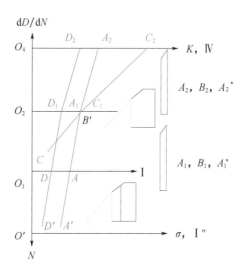

图 2－16　超高周疲劳载荷下的损伤寿命简化曲线图

应该说，超高周疲劳下第二阶段损伤速率的计算式与高周疲劳下损伤速率的计算式在许多场合下是类似的。两者之间的差异，只是应力水平大小的不同。对于其应力水平等于或略高于疲劳极限，或损伤量等于或大于损伤门槛值时，用曲线 A_2A_1A' 和 D_2D_1D' 描述，它们第二阶段损伤寿命的计算，建议采用适用于以门槛值 D_{th} 为下限，从宏观损伤形成至宏观损伤扩展过程的寿命计算式，用于超高周疲劳寿命的预测计算；而对应力水平高于疲劳极限，或其损伤量等于和大于损伤过渡值 D_{tr} 时，它们第二阶段损伤寿命的预测计算，建议采用适用于过渡值 D_{tr} 为下限，从宏观损伤形成至宏观损伤扩展过程的寿命方程，用于超高周疲劳寿命的预测计算。

4. 多轴疲劳下损伤体寿命预测计算

在不同的应力水平和复杂应力条件下，如果要计算第二阶段损伤体寿命，也要按照相应的损伤强度理论，建立第二阶段（宏观）损伤寿命预测计算式。相关曲线见图 2－17。

1）用第一种损伤强度和寿命计算理论建立第二阶段当量寿命方程

（1）低周疲劳下损伤体寿命预测计算。

图 2－17 中黄色简化反向曲线 C_2C_1 是对材料在低周疲劳载荷下损伤演化行为在几何上的描述，用第一种损伤强度理论建立第二阶段损伤寿命预测数学

模型,提出如下计算式:

$$N_2 = \int_{D_{\text{tr}}}^{D_{2\text{fc}}\text{或}D_{1\text{fc}}} \frac{\mathrm{d}D_2}{B_{2\text{equ}}^* \times [0.5(\Delta\sigma_{\text{equ}}/2) \cdot \sigma_{\text{s}}'(\Delta\sigma_{\text{equ}}/2\sigma_{\text{s}}' + 1)(\sqrt{\pi D_2})^3/E]^{\frac{m'\lambda'}{m'+\lambda'}}} (\text{cycle})$$

$$(2-311)$$

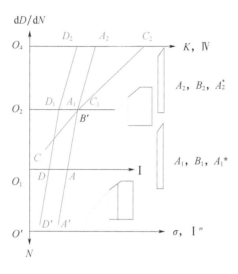

图 2 - 17　损伤寿命简化曲线

式中:$D_{2\text{fc}}$ 为对应于断裂应力 σ_{f}' 下的损伤临界值;$B_{2\text{equ}}^*$ 为当量综合材料常数,是用多个材料常数与损伤临界值 $D_{1\text{fc}}$ 组成的常数项表达式。在速率式中,它的物理含义与几何含义与上文解释过的一样,其数学表达形式如下:

$$B_{2\text{equ}}^* = 2\left[\frac{\sigma_{\text{f}}'\sigma_{\text{s}}'(\sigma_{\text{f}}'/\sigma_{\text{s}}' + 1)}{E}(\sqrt{\pi D_{1\text{fc}}})^3\right]^{-\frac{m'\lambda'}{m'+\lambda'}}$$

$$(2-312)$$

式中:$D_{1\text{fc}}$ 为对应于屈服应力下的损伤临界值。

(2)高周疲劳载荷下的损伤体寿命计算。

在图 2 - 17 中,对于某些材料,为描述第二阶段反向曲线 A_2A_1($R = -1$,$\sigma_{\text{m}} = 0$)和 D_2D_1($R \neq -1$,$\sigma_{\text{m}} \neq 0$)的损伤演化行为,用当量 I 型应力建立它的损伤寿命预测计算式:

$$N_2 = \int_{D_{\text{th}}}^{D_{2\text{fc}}\text{或}D_{1\text{fc}}} \frac{\mathrm{d}D_2}{A_{2\text{equ}-1}'(\Delta\sigma_{1\text{equ}-\text{I}}\sqrt{\pi D_2})^{m_2'}} (\text{cycle})$$

$$(2-313)$$

式中:$D_{1\text{fc}}$ 为对应于屈服伸应力 σ_{s}' 损伤临界值;$D_{2\text{fc}}$ 为对应于断裂伸应力 σ_{f}' 的损伤临界值;$A_{2\text{equ}-1}'$ 是第二阶段当量 I 型综合材料常数,在速率式中,它是

$$A'_{2\text{equ}-1} = 2 \left(2\sigma'_\text{f}\alpha \sqrt{\pi D_{1\text{fc}}}\right)^{-m'_2} \tag{2-314}$$

但在寿命式中的表达式应该为

$$A'_{2\text{equ}-1} = \frac{\dfrac{2}{2-m'_2}\left(D_{2\text{fc}}^{1-\frac{m'_2}{2}} - D_{\text{tr}}^{1-\frac{m'_2}{2}}\right)}{\left(\Delta\tau\sqrt{\pi}\right)^{m'_2}\left(N_{2\text{fc}} - N_{\text{tr}}\right)} \tag{2-315}$$

因此,第二阶段 I – 型完整的寿命预测计算式是:

$$N_2 = \int_{D_{\text{th}}}^{D_{1\text{fc}}} \frac{\text{d}D_2}{2\left(2\sigma'_\text{f}\alpha\sqrt{\pi D_{1\text{fc}}}\right)^{-m'_2}\left(\Delta\sigma_{1\text{equ}-\text{I}}\sqrt{\pi D_2}\right)^{m'_2}}(\text{cycle}) \tag{2-316}$$

但是,对于 II 型损伤寿命预测计算式,当与屈服剪应力下的损伤临界值对应时,有

$$N_2 = \int_{D_{\text{th}}}^{D_{1\text{fc}}} \frac{\text{d}D_2}{A'_{2\tau}\left(\Delta\tau_{\text{equ}}\sqrt{\pi D_2}\right)^{m'_2}}(\text{cycle}) \tag{2-317}$$

式中:$A'_{2\tau}$ 为第二阶段 II 型当量综合材料常数,在速率方程中,它是

$$A'_{2\tau} = 2\left(2\tau'_\text{f}\alpha\sqrt{\pi D_{1\text{fc}}}\right)^{-m'_2} \tag{2-318}$$

但在寿命式中的表达式应该是如下形式:

$$A'_{2\tau} = \frac{\dfrac{2}{2-m'_2}\left(D_{2\text{fc}}^{1-\frac{m'_2}{2}} - D_{\text{tr}}^{1-\frac{m'_2}{2}}\right)}{\left(\Delta\tau\sqrt{\pi}\right)^{m'_2}\left(N_{2\text{fc}} - N_{\text{tr}}\right)} \tag{2-319}$$

这时第二阶段 II 型完整的寿命预测计算式是

$$N_2 = \int_{D_{\text{tr}}}^{D_{1\text{fc}}} \frac{\text{d}D_2}{2\left(2\tau'_\text{f}\alpha\sqrt{\pi D_{1\text{fc}}}\right)^{-m'_2}\left(\Delta\tau_{\text{equ}}\sqrt{\pi D_2}\right)^{m'_2}}(\text{cycle}) \tag{2-320}$$

式中:$D_{1\text{fc}}$ 为对应于屈服剪应力 τ'_s 的损伤临界值。

式(2-316)和式(2-320)是对图 2-17 中反向曲线 $A_2 A_1 (R = -1, \sigma_\text{m} = 0)$ 在数学上给出的描述。

但是,对于 $R \neq -1$、$\sigma_\text{m} \neq 0$,在速率方程中的 I 型当量综合材料常数应该是

$$A_{2\text{equ}-1} = 2\left[2\sigma'_\text{f}\alpha(1-\sigma_\text{m}/\sigma'_\text{f})\sqrt{\pi D_{1\text{fc}}}\right]^{-m'_2} \tag{2-321}$$

这时,第二阶段 I 型完整的寿命预测计算式是

$$N_2 = \int_{D_{\text{th}}}^{D_{1\text{fc}}} \frac{\text{d}D_2}{2\left[2\sigma'_\text{f}\alpha(1-\sigma_\text{m}/\sigma'_\text{f})\sqrt{\pi D_{1\text{fc}}}\right]^{-m'_2}\left(\Delta\sigma_{1\text{equ}-1}\sqrt{\pi D_2}\right)^{m'_2}}(\text{cycle})$$

$$\tag{2-322}$$

另外,II 型当量(剪毁型)的综合材料常数却是如下形式:

$$A'_{2\tau} = 2 \left[2\tau'_f (1 - \tau_m / \tau'_f) \alpha \sqrt{\pi D_{1fc}} \right]^{-m'_2} \tag{2-323}$$

这时，Ⅱ型的第二阶段完整的寿命预测计算式应该是

$$N_2 = \int_{D_{tr}}^{D_{1fc}} \frac{dD_2}{2 \left[2\tau'_f \alpha (1 - \tau_m / \tau'_f) \sqrt{\pi D_{1fc}} \right]^{-m'_2} \left(\Delta\tau_{equ} \sqrt{\pi D_2} \right)^{m'_2}} (\text{cycle}) \tag{2-324}$$

式（2-322）和式（2-324）是对图 2-17 中反向曲线 D_2D_1 在数学上给出的描述。

（3）超高周疲劳加载下的寿命计算。

在图 2-17 中，对于某些材料，为描述第二阶段反向曲线 A_2A'（$R = -1$，$\sigma_m = 0$）和 D_2D'（$R \neq -1$，$\sigma_m \neq 0$）的损伤演化行为，用数学模型描述超高周疲劳载荷下的寿命，实际上同高周疲劳下损伤寿命预测计算模型是类似的，两者只是应力水平的高低不同。因为超高周疲劳载荷下的应力水平有时等于或低于疲劳极限的应力，所以在选用计算式和计算参数时会有所不同。

2）用第二种损伤强度和寿命计算理论建立第二阶段当量寿命方程[23,24]

（1）低周疲劳下损伤体寿命预测计算。

图 2-17 中黄色简化反向曲线 C_2C_1 是对材料在低周疲劳载荷下损伤演化行为在几何上的描述，用第二种损伤强度和寿命计算理论建立第二阶段损伤寿命预测数学模型，可以采用如下计算式：

$$N_2 = \int_{D_{tr}}^{D_{1fc}} \frac{dD_2}{C_2^* \left[0.5 \times \dfrac{\Delta\sigma_{equ}}{2(1+\mu)} \sigma'_f \left(\dfrac{\Delta\sigma_{equ}}{2\sigma'_s} + 1 \right) \left(\sqrt{\pi D_2} \right)^3 / E \right]^{\frac{m'\lambda'}{m'+\lambda'}}} (\text{cycle}) \tag{2-325}$$

式中：C_2^* 为当量综合材料常数，在速率方程中为

$$C_2^* = 2 \left[\frac{\sigma'_f \sigma'_s (\sigma'_f / \sigma'_s + 1)}{E(1+\mu)} \left(\sqrt{\pi D_{1fc}} \right)^3 \right]^{-\frac{m'\lambda'}{m'+\lambda'}} \tag{2-326}$$

（2）高周疲劳载荷下的损伤体寿命计算。

在图 2-17 中，对于某些材料，为描述第二阶段反向曲线 A_2A_1（$R = -1$，$\sigma_m = 0$）和 D_2D_1（$R \neq -1$，$\sigma_m \neq 0$）的损伤演化行为，它的损伤寿命预测可以采用如下计算式：

$$N_2 = \int_{D_{tr}}^{D_{1fc}} \frac{dD_2}{A'_{2equ-2} \left[\dfrac{\Delta\sigma_{2equ}}{(1+\mu)} \sqrt{\pi D_2} \right]^{m'_2}} (\text{cycle}) \tag{2-327}$$

对于 $R=-1$、$\sigma_m=0$，式($2-327$)中的第二阶段当量 I 型综合材料常数在速率方程中是如下形式：

$$A'_{2equ-2} = 2\left[\frac{2\sigma'_f\alpha}{(1+\mu)}\sqrt{\pi D_{1fc}}\right]^{-m'_2} \qquad (2-328)$$

而对于 $R\neq-1$、$\sigma_m\neq0$，第二阶段当量 I 型综合材料常数却是

$$A'_{2equ-2} = 2\left[\frac{2\sigma'_f\alpha(1-\sigma_m/\sigma'_f)}{(1+\mu)}\sqrt{\pi D_{1fc}}\right]^{-m'_2} \qquad (2-329)$$

（3）超高周疲劳加载下的寿命计算。

在图 $2-17$ 中，对于某些材料，为描述第二阶段反向曲线 A_2A'（$R=-1$，$\sigma_m=0$）和 D_2D'（$R\neq-1$，$\sigma_m\neq0$）的损伤演化行为，采用数学模型描述超高周疲劳载荷下的寿命时，可以按上文的说明，选用高周疲劳下的寿命计算式和合适的参数。

3）用第三种损伤强度和寿命计算理论建立第二阶段当量寿命方程[23,24]

（1）低周疲劳下损伤体寿命预测计算。

在图 $2-17$ 中，对黄色简化反向曲线 C_2C_1 在低周疲劳载荷下用第三种损伤强度和寿命计算理论建立第二阶段损伤寿命预测数学模型，可以采用如下计算式：

$$N_2 = \int_{D_{tr}}^{D_{1fc}} \frac{\mathrm{d}D_2}{E^*_{2equ}0.5\left(\dfrac{\Delta\sigma_{equ}}{2}\right)\sigma'_s\left(\dfrac{\Delta\sigma_{equ}}{2\sigma'_s}+1\right)(\sqrt{\pi D_2})^3/2E}\,(\mathrm{cycle})$$

$$(2-330)$$

式中：E^*_{2equ} 为第二阶段当量综合材料常数，在速率方程中是如下形式：

$$E^*_{2equ} = 2\left[\frac{\sigma'_f\sigma'_s(\sigma'_f/\sigma'_s+1)}{2E}(\sqrt{\pi D_{1fc}})^3\right]^{-\frac{m'\lambda'}{m'+\lambda'}} \qquad (2-331)$$

（2）高周疲劳载荷下的损伤体寿命计算。

在高周疲劳载荷下，它的损伤寿命预测应该采用如下计算式：

$$N_2 = \int_{D_{tr}}^{D_{1fc}} \frac{\mathrm{d}D_2}{A'_{2equ-3}2\left(\sigma'_f\sqrt{\pi D_{1fc}}\right)^{-m'_2}\left(0.5\Delta\sigma\sqrt{\pi D_2}\right)^{m'_2}}\,(\mathrm{damage-unit/cycle})$$

$$(2-332)$$

对于 $R=-1$、$\sigma_m=0$，式中的第二阶段当量综合材料常数 A'_{2equ-3} 在速率方程中是如下形式：

$$A'_{2equ-3} = 2\left(\sigma'_f\alpha\sqrt{\pi D_{1fc}}\right)^{-m'_2} \qquad (2-333)$$

而对于 $R\neq-1$、$\sigma_m\neq0$，当量综合材料常数 A'_{2equ-3} 应改为

$$A'_{2\text{equ}-3} = 2 \left[\sigma'_f (1 - \sigma_m/\sigma'_f) \sqrt{\pi D_{1\text{fc}}} \right]^{-m'_2} \tag{2-334}$$

此外，这里再建议另一寿命计算式，它的形式是

$$N = \int_{D_{\text{tr}}}^{D_{1\text{fc}}} \frac{\mathrm{d}D_2}{B_2^{\#} \left[\frac{0.25\pi\sigma'_s y_2 \ (\Delta\sigma/2\sigma'_s)^2 D_2}{2E} \right]^{\lambda'}} (\text{cycle}) \tag{2-335}$$

对于 $R = -1$、$\sigma_m = 0$，式中的第二阶段当量综合材料常数在速率方程中是如下形式：

$$B_2^{\#} = 2 \left[0.5\pi\sigma'_s \ (\sigma/\sigma'_s)^2 \alpha D_{1\text{fc}}/E \right]^{-\lambda'} v_{\text{pv}} \tag{2-336}$$

但对于 $R \neq -1$、$\sigma \neq 0$，它应该成为如下的形式：

$$B_2^{\#} = 2 \left[0.5\pi\sigma'_s \ (\sigma/\sigma'_s)^2 \alpha (1-R) D_{1\text{fc}}/E \right]^{-\lambda'} v_{\text{pv}} \tag{2-337}$$

式中：$v_{\text{pv}} = 2 \times 10^{-4}$，是单位换算系数。

（3）超高周疲劳载荷下的寿命计算。

在图 2-17 中，对描述第二阶段反向曲线 $A_2 A'$（$R = -1, \sigma_m = 0$）和 $D_2 D'$（$R \neq -1, \sigma_m \neq 0$）的损伤演化行为，采用数学计算式描述超高周疲劳载荷下的寿命时，可以按上文已做出的解释，选用高周疲劳下的寿命计算式和合适的参数。

4）用第四种损伤强度和寿命计算理论建立第二阶段当量寿命方程[23,24]

（1）低周疲劳下损伤体寿命预测计算。

对图 2-17 中黄色简化反向曲线 $C_2 C_1$ 在低周疲劳载荷下用第四种损伤强度和寿命计算理论建立第二阶段损伤寿命预测数学模型，可以采用如下计算式：

$$N_2 = \int_{D_{\text{tr}}}^{D_{1\text{fc}}} \frac{\mathrm{d}D_2}{F_{2\text{equ}}^* \left[0.5(\Delta\sigma/2)\sigma'_s (\Delta\sigma/2\sigma'_s + 1) \ (\sqrt{\pi D_2})^3/(\sqrt{3}E) \right]^{\frac{m'\lambda'}{m'+\lambda'}}} (\text{cycle})$$

$$\tag{2-338}$$

式中：$F_{2\text{equ}}^*$ 为当量综合材料常数，在速率方程中如下所示：

$$F_{2\text{equ}}^* = 2 \left[\frac{\sigma'_f \sigma'_s (\sigma'_f/\sigma'_s + 1)}{\sqrt{3}E} (\sqrt{\pi D_{1\text{fc}}})^3 \right]^{-\frac{m'\lambda'}{m'+\lambda'}} \tag{2-339}$$

（2）高周疲劳载荷下的损伤体寿命计算。

在高周疲劳载荷下，它的损伤寿命预测计算式是

$$N_2 = \int_{D_{\text{tr}}}^{D_{1\text{fc}}} \frac{\mathrm{d}D_2}{A'_{2\text{equ}-4} \left[y(a/b) \Delta\sigma_{4\text{equ-I}} \sqrt{\pi D_2}/\sqrt{3} \right]^{m'_2}} (\text{cycle}) \tag{2-340}$$

式中：$A'_{2\text{equ}-4}$ 为当量综合材料常数，对于 $R = -1$、$\sigma_m = 0$，它在速率方程中是

$$A'_{2\text{equ}-4} = 2 \left(2\sigma'_f \alpha \sqrt{\pi D_{1\text{fc}}}/\sqrt{3} \right)^{-m'_2} \tag{2-341}$$

但是对于 $R \neq -1$、$\sigma_m \neq 0$，它是

$$A'_{2equ-4} = 2 \left[2\sigma'_f \alpha (1 - \sigma_m/\sigma'_f) \sqrt{\pi D_{1fc}}/\sqrt{3} \right]^{-m'_2} \quad (2-342)$$

此外，这里再建议一个第二阶段寿命预测计算式：

$$N_2 = \int_{D_{tr}}^{D_{1fc}} \frac{\mathrm{d}D_2}{J'_{2equ} \left[0.5\pi\sigma'_s y_2 (\Delta\sigma_{equ}/2\sigma'_s)^2 D_2/(\sqrt{3}E) \right]^{\lambda'}} (\mathrm{cycle})$$

$$(2-343)$$

式中：J'_{2equ} 为当量综合材料常数，对于 $R = -1$、$\sigma_m = 0$，它在速率方程中是如下形式：

$$J'_{2equ} = 2 \left[\pi\sigma'_s (\sigma_{equ}/\sigma'_s)^2 \alpha D_{1fc}/(\sqrt{3}E) \right]^{-\lambda'} v_{pv} \quad (2-344)$$

而对于 $R \neq -1$、$\sigma_m \neq 0$，它应该改为如下形式：

$$J'_{2equ} = 2 \left[\pi\sigma_s (\sigma_{equ}/\sigma'_s)^2 (1-R)\alpha D_{1fc}/(\sqrt{3}E) \right]^{-\lambda'} v_{pv} \quad (2-345)$$

式中：$v_{pv} = 2 \times 10^{-4}$。

（3）超高周疲劳载荷下的寿命计算。

在图 2-17 中，对于某些材料，为描述第二阶段反向曲线 A_2A'（$R = -1$，$\sigma_m = 0$）和 D_2D'（$R \neq -1$，$\sigma_m \neq 0$）的损伤演化行为，采用数学模型描述超高周疲劳载荷下的寿命时，仍可以按上文的解释，选用高周疲劳下的寿命计算式和合适的参数。

计算实例

往复压缩机内的活塞杆（图 2-6）是用 45 中碳钢制成的，其材料性能数据列于表 2-8 与表 1-41 中。它的一端制成螺纹与十字头的螺纹连接在一起。

表 2-8　45 中碳钢在低周疲劳下的主要性能数据

E	K'	n'	μ	b'/m'	σ'_f	ε'_f	c'/λ'
200000	1153	0.179	0.3	-0.123/8.13	1115	0.465	-0.526/1.9

在不断做往复运动和复杂应力下，螺纹连接部位产生的拉应力 $\sigma_{max} = 277\text{MPa}$，$\sigma_{min} = 139\text{MPa}$，扭转剪应力 $\tau_{tmax} = 50\text{MPa}$，$\tau_{tmin} = 30\text{MPa}$；假设 $y(a/b) = 1$，在上文中已被计算的数据如下。

疲劳载荷下的屈服应力：

$$\sigma'_s = \left(\frac{E}{K'^{1/n'}} \right)^{\frac{n'}{n'-1}} = \left(\frac{200000}{1153^{1/0.179}} \right)^{\frac{0.179}{0.179-1}} = 374.6(\text{MPa})$$

对应于屈服应力下的损伤临界值 $D_{\text{1fc}} = 3.32\text{damage} - \text{unit}$；

最大当量应力：

$$\sigma_{\text{1equ-I}}^{\max} = \sqrt{\sigma_{\max}^2 + 3\tau_{t\max}^2} = \sqrt{277^2 + 3 \times 50^2} = 290(\text{MPa})；$$

最小当量应力：

$$\sigma_{\text{1equ-I}}^{\min} = \sqrt{\sigma_{\max}^2 + 3\tau_{t\max}^2} = \sqrt{139^2 + 3 \times 30^2} = 148.4(\text{MPa})；$$

当量应力范围值：

$$\Delta\sigma_{\text{1equ-1}} = \sigma_{\text{1equ-I}}^{\max} - \sigma_{\text{1equ-I}}^{\min} = 290 - 148.4 = 141.6(\text{MPa})；$$

当量平均应力值：

$$\sigma_{\text{1equ-1}}^{\text{m}} = (\sigma_{\text{1equ-I}}^{\max} + \sigma_{\text{1equ-I}}^{\min})/2 = (290 + 148.4)/2 = 219.2(\text{MPa})。$$

试用不同的损伤寿命预测计算式做比较计算，对此零件从宏观损伤过渡值至对应于屈服点损伤临界值的第二阶段寿命 N_{2fc}。

计算方法和步骤如下。

1）相关参数和数据的计算

（1）当量应力幅 $\sigma_{\text{equ-am}}$ 的计算：

$$\sigma_{\text{equ-am}} = \Delta\sigma_{\text{1equ-1}}/2 = 141.6/2 = 70.8(\text{MPa})$$

（2）细观损伤与宏观损伤之间的过渡值 D_{tr} 计算：

$$D_{\text{tr}} = \left(\sigma_s'^{(1-n')/n'} \frac{E\pi^{1/(2n')}}{K'^{1/n'}} \right)^{\frac{2m'n'}{2n'-m'}}$$

$$= \left(374.6^{(1-0.179)/0.179} \times \frac{200000 \times \pi^{1/(2 \times 0.179)}}{1153^{1/0.179}} \right)^{\frac{2 \times 8.13 \times 0.179}{2 \times 0.179 - 8.13}}$$

$$= \left(374.6^{4.5866} \times \frac{200000 \times \pi^{2.793}}{1153^{5.5866}} \right)^{-0.3745}$$

$$= 0.301(\text{damage} - \text{unit})$$

（3）对应于屈服应力的损伤临界值 D_{1fc} 的计算：

$$D_{\text{1fc}} = \left(\sigma_s'^{(1-n')/n'} \frac{E\pi^{1/(2n)}}{K'^{1/n'}} \right)^{-\frac{2m'n'}{2n'-m'}}$$

$$= \left(374.6^{4.5866} \times \frac{200000 \times \pi^{2.793}}{1153^{5.5866}} \right)^{0.3745}$$

$$= 3.32(\text{damage} - \text{unit})$$

2）采用不同方法做比较计算

方法 1——用第一损伤强度和寿命理论计算。

（1）计算当量综合材料常数 $A_{\text{2equ-1}}'$：

$$A'_{2equ-1} = 2\left[2\sigma'_f\left(1 - \frac{\sigma_m}{\sigma'_f}\right)\alpha\sqrt{\pi D_{1fc}}\right]^{-m'_2}$$

$$= 2\times\left[2\times1115\times\left(1 - \frac{219.2}{1115}\right)\times1\times\sqrt{\pi\times3.32}\right]^{-4.39}$$

$$= 6.0836\times10^{-17}$$

（2）然后计算过渡点至临界点的寿命 N_2：

$$N_2 = \int_{D_{tr}}^{D_{1fc}}\frac{\mathrm{d}D_2}{A'_{2equ-1}\left(\Delta\sigma_{1equ-1}\sqrt{\pi D_2}\right)^{m'_2}}$$

$$= \int_{0.301}^{3.32}\frac{\mathrm{d}D_2}{6.0836\times10^{-17}\times\left(141.6\times\sqrt{\pi D_2}\right)^{4.39}}$$

$$= 1591349(\mathrm{cycle})$$

（3）顺便验算寿命式中的 A'_{2equ-1}：

$$A'_{2equ-1} = \frac{D_{1fc} - D_{tr}}{\left(\Delta\sigma\sqrt{\pi}\right)^{m'_2}\left(N_{1fc} - N_{tr}\right)} = \frac{(3.32 - 0.301)}{\left(141.6\times\sqrt{\pi}\right)^{4.39}\times(1591439 - 0)}$$

$$= 5.542\times10^{-17}$$

由此可见，速率方程中与寿命计算中的 A'_{2equ-1} 计算式不同，但计算结果数值很接近，这说明外力做功和材料抵抗外力所释放的能量是相等的。

方法 2——用第二损伤强度和寿命理论计算。

（1）计算当量综合材料常数 A'_{2equ-2}：

$$A'_{2equ-2} = 2\left[\frac{2\sigma'_f\alpha}{(1+\mu)}\left(1 - \frac{\sigma_m}{\sigma'_f}\right)\sqrt{\pi D_{1fc}}\right]^{-m'_2}$$

$$= 2\times\left[\frac{2\times1115\times1}{(1+0.3)}\times\left(1 - \frac{219.2}{1115}\right)\times\sqrt{\pi\times3.32}\right]^{-4.39}$$

$$= 1.925\times10^{-16}$$

（2）再计算过渡点至临界点的寿命 N_2：

$$N_2 = \int_{D_{tr}}^{D_{1fc}}\frac{\mathrm{d}D_2}{A'_{2equ-2}\left[\frac{\Delta\sigma_{2equ-1}}{(1+\mu)}\sqrt{\pi D_2}\right]^{m'_2}}$$

$$= \int_{0.301}^{3.32}\frac{\mathrm{d}D_2}{1.925\times10^{-16}\times\left[\frac{141.6}{(1+0.3)}\times\sqrt{\pi D_2}\right]^{4.39}}$$

$$= 1591223(\mathrm{cycle})$$

方法 3——用第四损伤强度和寿命理论计算。

（1）用第四损伤寿命理论计算当量综合材料常数 A'_{2equ-4}：

$$A'_{2equ-4} = 2 \left[2\sigma'_f \alpha (1 - \sigma_m/\sigma'_f) \sqrt{\pi D_{1fc}}/\sqrt{3} \right]^{-m'_2}$$
$$= 2 \times \left[2 \times 1115 \times 1 \times (1 - 219.2/1115) \times \sqrt{\pi \times 3.32}/\sqrt{3} \right]^{-4.39}$$
$$= 6.783 \times 10^{-16}$$

（2）计算过渡点至临界点的寿命 N_2：

$$N_2 = \int_{D_{tr}}^{D_{1fc}} \frac{dD_2}{A'_{2equ-4} \left[y(a/b) \Delta\sigma_{4equ-1} \sqrt{\pi D_2}/\sqrt{3} \right]^{m'_2}}$$
$$\int_{0.301}^{3.32} \frac{dD_2}{6.783 \times 10^{-16} \times (1 \times 141.6\sqrt{\pi D_2}/\sqrt{3})^{4.39}}$$
$$= 1591512 (\text{cycle})$$

在复杂应力下用三种损伤寿命预测计算式和计算方法，其计算结果寿命数据是相当接近的。但是，应该指出，这里是理论计算，实际应用中，还要考虑除以安全系数 n，$n = 3 \sim 20$ 倍，还要用实验来检验和修正。

参考文献

[1] YU Y G(Yangui Yu). Calculations on Damages of Metallic Materials and Structures [M]. Moscow：KNORUS，2019：276 – 280.

[2] YU Y G(Yangui Yu). Calculations on Fracture Mechanics of Materials and Structures [M]. Moscow：KNORUS，2019：270 – 300.

[3] YU Y G(Yangui Yu). Calculations on Damageing Strength in Whole Process to Elastic – Plastic Materials——The Genetic Elements and Clone Technology in Mechanics and Engineering Fields [J]. American Journal of Science and Technology，2016，3(6)：162 – 173.

[4] YU Y G(Yangui Yu). Calculations and Assessment for Damageing Strength to Linear Elastic Materials in Whole Process——The Genetic Elements and Clone Technology in Mechanics and Engineering Fields [J]. American Journal of Science and Technology，2016，3(6)：152 – 161.

[5] WELLS A A. Unstable Crack Propagation in Metals：Cleavage and Fast Fracture[C]. Symp. Crack Propagation，College of Aeronautics，Cranfield paper B/4，1961.

[6] 中华人民共和国国家质量监督检验检疫总局，中国国家标准化管理委员会. 在用含缺陷压力容器安全评定，GB/T 19624—2004[S]. 北京：中国国家标准化管理委员会，2004：23 – 25.

[7] 赵少汴，王忠保. 抗疲劳设计——方法与数据[M]. 北京：机械工业出版社，1997：90 – 109，469 – 489.

［8］闻邦椿. 机械设计手册, 第 5 卷［M］. 北京:机械工业出版社,2010.

［9］吴学仁. 飞机结构金属材料力学性能手册, 第 1 卷［M］. 北京:航空工业出版社,1996: 392 - 395.

［10］PARIS P C, EEDOGAN F. A Critical Analysis of Damage Propagation Laws［J］. Journal of Basic Engineering,1963,85:528 - 534.

［11］PARIS P C,GOMEZ M P ANDERSON W P. A Rational Analytic of Fatigue［J］. The Trend in Engineering,1961,13:9 - 14.

［12］YALIEMA S Y. Correction about Paris's Equation and Cyclic Intensity Character of Crack ［J］. Strength Problem,1981,147(9):20 - 28.

［13］YU Y G(Yangui Yu). Calculations for Damage Growth Life in Whole Process Realized with Two Kinks of Methods for Elastic - Plastic Materials Contained Crack［J］. AASCIT Journal of Materials Sciences and Applications,2015,1(3):100 - 113.

［14］YU Y G(Yangui Yu). The Calculations of Damage Propagation Life in Whole Process Realized with Conventional Material Constants［J］. AASCIT Engineering and Technology,2015,2 (3):146 - 158.

［15］YU Y G(Yangui Yu). Damage Growth Life Calculations Realized in Whole Process with Two Kinks of Methods［J］. AASCIT American Journal of Science and Technology,2015,2(4): 146 - 164.

［16］YU Y G(Yangui Yu). The Life Predicting Calculations in Whole Process Realized by Calculable Materials Constants from Short Damageto Long Damage Growth Process［J］. International Journal of Materials Science and Applications,2015,4(2):83 - 95.

［17］YU Y G(Yangui Yu). The Life Predicting Calculations Based on Conventional Material Constants from Short Damageto Long DamageGrowth Process［J］. International Journal of Materials Science and Applications,2015,4(3):173 - 188.

［18］RICE J R. A Path Independent Integral and the Approximate Analysis of Strain Concentration by Notches and Cracks［J］. Appl,Mech,1968,35(2):379 - 386.

［19］DORONIN S V,et al. Models on the Fracture and the Strength On Technology Systems for Carry Structures［J］. Novosirsk Science,2005:160 - 165.

［20］YU Y G(Yangui Yu),Pan W G,LI Z H,Correlations Among Curve Equations and Materials Parameters in the Whole Process on Fatigue - Damage Fracture of Components［J］. Key Engineering Materials,1997,145 - 149:661 - 667.

［21］YU Y G(Yangui Yu), TAN J R. The Correlations Among Each Parameter in Some Equations on Damage Growth Stage. Advances in Fracture Research,ICF9,Sydney,Australia,1997.

［22］YU Y G(Yangui Yu). Multi - Targets Calculations Realized for Components Produced Cracks with Conventional Material Constants under Complex Stress States［J］. AASCIT Engineering and Technology,2016,3(1):30 - 46.

[23] YU Y G(Yangui Yu). Life Predictions Based on Calculable Materials Constants from Micro to Macro Fatigue Damage Processes[J]. AASCIT American Journal of Materials Research,2014, 1(4):59 – 73.

[24] YU Y G(Yangui Yu),YE Y. The Calculations to Its Damage Evolving Life and Life for a Component under Unsymmetric Cycle Load,Asian Pacilic Conference on Fracture and Strength '93 – JSME,July 26 – 28,Japan,1993,615 ~ 618.

[25] YU Y G(Yangui Yu). The Predicting Calculations for Lifetime in Whole Process Realized with Two Kinks of Methods for Elastic – Plastic Materials Contained Crack[J]. AASCIT Journal of Materials Sciences and Applications,2015,1(2):15 – 32.

[26] YU Y G(Yangui Yu). Calculations for Crack Growth Life in Whole ProcessRealized with the Single Stress – Strain – Parameter Method for Elastic – Plastic Materials Contained Crack [J]. AASCIT Journal of Materials Sciences and Applications,2015,1(3):98 – 106.

2.3 含缺陷材料全过程损伤速率和寿命预测计算

图 2 – 18[1-4]是材料全过程损伤扩展速率和寿命曲线。图中有两类曲线:一类是损伤强度问题的曲线 $J - K$,是随应力或应变的逐渐增加而变化;另一类是 $C_1 B_1 C_2$、$A' AA_1 BA_2$ 和 $D' DD_1 D_2$ 等曲线,它们分别是在低周疲劳载荷下($C_1 B_1 C_2$)以及在高周($A' AA_1 BA_2$)和超高周疲劳($D' DD_1 D_2$)下的损伤扩展速率和寿命问题的曲线。

2.3.1 含缺陷材料全过程损伤速率计算

前面已提及,对于一般的机械小零件而言,若存在某一宏观(如 1mm)缺陷时,它可能只有后一阶段的剩余寿命的计算问题;但当材料存在微观缺陷(如 0.001mm)或细观缺陷(如 0.01 ~ 0.3mm)时,虽然微观、细观同宏观损伤演化行为有着不同,但从微观损伤到宏观损伤扩展过程中,它们之间必定存在一个过渡点以及在这一点上必定存在着相同的损伤过渡值 D_{tr};而且,在这一点上的损伤扩展速率 dD_{tr}/dN_{tr} 应该是相等的。根据这一理由,应该可以用简化形式,建立两个或三个阶段相互间联系的全过程损伤扩展速率连接方程。

以两个阶段为例,建议采用如下计算模型[5-10]:

$$(dD_1/dN_1)_{D_{01} \to D_{tr}} \leqslant dD_{tr}/dN_{tr} \leqslant (dD_2/dN_2)_{D_{tr} \to D_{eff}} \qquad (2 - 346)$$

式(2 – 346)被定义为全过程损伤扩展速率连接方程,单位为 damage – unit/cycle 方程中间部分的 dD_{tr}/dN_{tr} 称为过渡点速率,对于不同材料,在不同的加载条件下,其过渡值 D_{tr} 和对应的速率都相差极大。

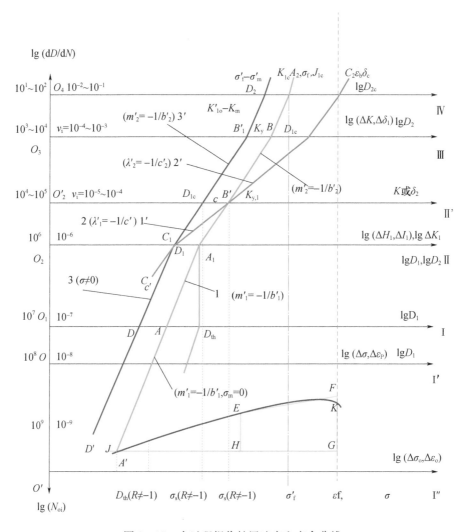

图 2 - 18　全过程损伤扩展速率和寿命曲线

1. 低周疲劳下全过程损伤扩展速率连接计算

对于某些弹塑性或塑性材料,如果它被加载在低周疲劳下,要想描述图 2 - 18 中在横坐标 O_1 Ⅰ 和 O_4 Ⅳ 之间的曲线 $CC_1B'C_2$ 的演化行为,这里提出了如下方程去取代上述被简化了的式(2 - 346)表示的全过程损伤速率连接方程:

$$(\mathrm{d}D/\mathrm{d}N)_1 = 2\,(2K')^{-m'}\,\left(2\varepsilon_\mathrm{f}'\sqrt[-\lambda']{D_{1\mathrm{fc}}}\right)^{-\lambda'}\Delta\sigma^{m'}D_1$$

$$\leqslant (\mathrm{d}D/\mathrm{d}N)_\mathrm{tr} \leqslant (\mathrm{d}D/\mathrm{d}N)_2$$

$$= 2\left[\left(\sigma'_{\text{f}}\sigma'_{\text{s}}(\sigma'_{\text{f}}/\sigma'_{\text{s}}+1)\left(\sqrt{\pi D_{1\text{fc}}}\right)^3/E\right)\right]^{\frac{m'\lambda'}{m'+\lambda'}}v_{\text{pv}} \cdot \qquad (2-347)$$

$$\left(\frac{0.5\sigma'_{\text{s}}\Delta\sigma/2(\Delta\sigma/2\sigma'_{\text{s}}+1)\left(\sqrt{\pi D_2}\right)^3}{E}\right)^{\frac{m'\lambda'}{m'+\lambda'}}(\text{damage}-\text{unit/cycle})$$

式中：$(\mathrm{d}D/\mathrm{d}N)_1$ 为第一阶段的损伤速率；$(\mathrm{d}D/\mathrm{d}N)_2$ 为第二阶段的损伤速率；$(\mathrm{d}D/\mathrm{d}N)_{\text{tr}}$ 为过渡点的损伤速率。

在低周疲劳加载下，当应力 $\sigma \geqslant \sigma'_{\text{s}}$ 时，过渡值 D_{tr} 可以用上述联立方程求解得出。在此点上，两个阶段的速率是一致的。当 $\sigma = \sigma'_{\text{s}}$ 时，D_{tr} 是一个常数值。

2. 高周疲劳下全过程损伤扩展速率连接计算

对于某些像球墨铸铁或线性材料，如果其工作应力低于屈服应力 $\sigma < \sigma_{\text{s}}$（$=\sigma_y$）而被加载在高周疲劳下，要想描述图 2－18 中横坐标轴 $O_1\text{I}$ 和 $O_4\text{IV}$ 之间的正向曲线 $AA_1B'BA_2$（$R = -1, \sigma_{\text{m}} = 0$）或 $DD_1B'_1D_2$（$R \neq -1, \sigma_{\text{m}} \neq 0$）的演化行为，它们的全过程损伤扩展速率连接方程，可以有若干种形式去表达上述简化了的连接方程式（2－346）。

1）因子型

对于 $R = -1$、$\sigma_{\text{m}} = 0$，其曲线 $A_1B'A_2$ 的过渡点正是正向曲线的 A_1 点，此时，此曲线的全过程损伤速率连接方程的表达式如下：

$$\mathrm{d}D_1/\mathrm{d}N_1 = \left[2(2H'_{1\text{eff}}{}^{-m'2}\Delta H'^{m'})\right]_{D_{01}\to D_{\text{tr}}}$$

$$\leqslant \mathrm{d}D_{\text{tr}}/\mathrm{d}N_{\text{tr}} \leqslant \mathrm{d}D_2/\mathrm{d}N_2 \qquad (2-348)$$

$$\leqslant \left[2(2K'_{2\text{eff}}{}^{-m'2}\Delta K'^{m'})\right]_{D_{\text{tr}}\to D_{\text{eff}}}$$

但对于 $R \neq -1$、$\sigma_{\text{m}} \neq 0$，其正向曲线 DD_1D_2 的过渡点却是在曲线的 D_1 点，此时曲线全过程损伤速率连接方程的表达式如下

$$\mathrm{d}D_1/\mathrm{d}N_1 = \left\{2\left[2H'_{1\text{fc}}(1-R)\right]^{-m'2}\Delta H'^{m'}_1\right\}_{D_{01}\to D_{\text{tr}}}$$

$$\leqslant \mathrm{d}D_{\text{tr}}/\mathrm{d}N_{\text{tr}} \leqslant \mathrm{d}D_2/\mathrm{d}N_2 \qquad (2-349)$$

$$\leqslant \left\{2\left[2K'_{2\text{eff}}(1-R)\right]^{-m'2}(\Delta K'_2)^{m'2}\right\}_{D_{\text{tr}}\to D_{\text{eff}}}$$

2）应力型

对于 $R = -1$、$\sigma_{\text{m}} = 0$，曲线 $A_1B'A_2$ 的过渡点也是正向曲线的点 A_1，此时此曲线的全过程损伤速率连接方程的表达式如下：

$$\frac{\mathrm{d}D_1}{\mathrm{d}N_1} = \left\{2\left(2\sigma'_{\text{f}}\alpha^{-m'}\sqrt{D_{1\text{fc}}}\right)^{-m'}\Delta\sigma^{m'}D\right\}_{D_{01}\to D_{\text{tr}}}$$

$$\leqslant \frac{\mathrm{d}D_{\text{tr}}}{\mathrm{d}N_{\text{tr}}} \leqslant \frac{\mathrm{d}D_2}{\mathrm{d}N_2} = \left[2\left(2\sigma'_{\text{f}}\alpha\sqrt{\pi D_{1\text{fc}}}\right)^{-m'2}(\Delta\sigma\sqrt{\pi D})^{m'2}\right]_{D_{\text{tr}}\to D_{\text{eff}}}$$

$$(2-350)$$

此时过渡点的速率,在图 2 – 18 中在横坐标轴 $O_2\,\text{II}$ 上,应该是 A_1 附近的位置对应的损伤速率 $(\mathrm{d}D_{tr}/\mathrm{d}N_{tr})_{\text{point}A_1}$。

但对于 $R \neq -1$、$\sigma_m \neq 0$,其正向曲线 DD_1D_2 的过渡点却是在曲线的 D_1 点,此时此曲线全过程损伤速率连接方程的表达式如下:

$$\frac{\mathrm{d}D_1}{\mathrm{d}N_1} = \left\{ 2\left[2\sigma_f'\alpha\,(1-R)^{m'}\sqrt{D_{1fc}} \right]^{-m'}\Delta\sigma_1^{\ m'}D_1 \right\}_{D_{01}>D_{tr}}$$

$$\leqslant \frac{\mathrm{d}D_{tr}}{\mathrm{d}N_{tr}} \leqslant \frac{\mathrm{d}D_2}{\mathrm{d}N_2} = \left\{ \frac{\left[y_2(a/b)\Delta\sigma\sqrt{\pi D} \right]^{m_2'}}{2\left[2\sigma_f'\alpha(1-R)\sqrt{\pi D_{1fc}} \right]^{m_2'}} \right\}_{D_{tr}>D_{eff}}$$

$$(2-351)$$

3. 超高周疲劳下全过程损伤扩展速率的连接计算

如果工作应力等于或低于疲劳极限应力 $(\sigma \leqslant \sigma_l)$,当某一材料被加载在超高周疲劳下,要想借助图 2 – 18 中在横坐标轴 $O'\,\text{I}''$ 和 $O_4\,\text{IV}$ 之间的正向曲线 $A'AA_1BA_2''$ $(R=-1,\sigma_m=0)$ 或 $D'D_1B'D_2$ $(R \neq -1,\sigma_m \neq 0)$ 去描述材料演化行为,而可以用计算式(2 – 347)~式(2 – 351)等去表达,这些方程也是上述简化了的连续方程(2 – 346)在不同加载条件下的具体表述。

但是,由于微观损伤有时萌生在材料的表面;有的如同鱼眼的形状,萌生在材料内部的次表面层的位置。此时损伤强度因子要用 $y(a/b) = (0.5 \sim 0.65)$ 进行修正;损伤门槛速率 $(\mathrm{d}D_{th}/\mathrm{d}N_{th})_{\text{point}a}$ 的起始位置大约在正向曲线 $A'A_1B'BA_2$ $(R=-1,\sigma_m=0)$ 上的 a 点;而 $(\mathrm{d}D_{th}/\mathrm{d}N_{th})_{\text{point}a}$ 对应的点在正向曲线 $D'D_1B'D_2$ $(R \neq -1,\sigma_m \neq 0)$ 的 d 点附近。

在计算全过程损伤速率时必须注意如下几点:

(1) 由于机械材料被加载在不同应力水平和不同的加载条件下,所以计算全过程损伤速率时,必须按实际工作条件选择合适的速率方程。

(2) 全过程损伤速率连接方程的意义在于,它能使在不同阶段上、发生不同行为的不同扩展速率获得连续的计算。对于全过程损伤速率的计算方法,在过渡点之前的速率,要按第一阶段的速率方程计算各点损伤值对应的速率;在过渡点之后的速率,要按第二阶段的速率方程计算各点损伤值对应的速率;在过渡点上的速率,显然要用过渡值方程计算此点的速率。

(3) 由于在高周或超高周疲劳下应力水平较低,两个阶段或三个阶段之间的过渡点的损伤值偏小,所以往往难以算出两个(三个)阶段之间的相同的过渡值。此时,通常要人为地设置一个损伤过渡值,譬如,选用损伤门槛值 $D_{th} \approx (0.2 \sim 0.25)\,\text{damage} - \text{unit}$,或取 $D_{tr} \approx 0.3\,\text{damage} - \text{unit}$。这种情况下,有时用第一阶段方程计算此点的速率值与用第二(或第三)阶段计算方程计算出此过渡点的速率值是不一致的。

计算实例

假设有一用 16Mn 钢制成的压力容器, 材料的强度极限 $\sigma_b = 573\text{MPa}$, 屈服极限 $\sigma'_s = 361\text{MPa}$, 疲劳极限 $\sigma'_{-1} = 267.2\text{MPa}$; 门槛应力强度因子 $\Delta K_{th} = 8.6\text{MPa}$ $\sqrt{\text{m}}$; 低周疲劳下的材料性能数据列于表 2 – 9 中。

表 2 – 9　16Mn 钢低周疲劳下的材料性能数据

K'	n'	σ'_f	b'	m'	ε'_f	c'	λ'
1165	0.1871	947	– 0.0943	10.6	0.4644	– 0.5395	1.8536

假定此容器在内压作用下产生的工作应力 $\sigma_{max} = 450\text{MPa}$, $\sigma_{min} = 0$; 当损伤演化至宏观损伤扩展的阶段时, 其损伤缺陷经处理后形状系数 $y_2(a/b) = 1$。

试根据以下损伤速率连接方程, 计算出在一确定应力值作用下, 从微观损伤值 0.02damage – unit 至损伤临界值的全过程损伤扩展速率; 在宏观损伤扩展阶段, 还要求用同样的计算数据与 Paris 方程的计算结果数据进行比较; 并要求绘制两个阶段连接成全过程的损伤扩展速率曲线; 在第二阶段要按 Paris 方程的计算数据绘制出宏观损伤扩展的可比较曲线。

$$(\text{d}D/\text{d}N)_1 = 2\,(2K')^{-m'}\left(2\varepsilon_f \times \sqrt[-\lambda']{D_{1fc}}\right)^{-\lambda'}\Delta\sigma^{m'}D_1$$
$$\leqslant (\text{d}D/\text{d}N)_{tr} \leqslant (\text{d}D/\text{d}N)_2$$
$$= 2\left[\sigma'_f\sigma'_s(\sigma'_f/\sigma'_s + 1)\left(\sqrt{\pi D_{1fc}}\right)^3/E\right]^{\frac{m'\lambda'}{m'+\lambda'}}v_{pv}\cdot$$
$$\left(\frac{0.5\sigma'_s\Delta\sigma/2(\Delta\sigma/2\sigma_s + 1)\left(\sqrt{\pi D_{1fc}}\right)^3}{E}\right)^{\frac{m'\lambda'}{m'+\lambda'}}\;(\text{damage} - \text{unit/cycle})$$

计算方法与步骤如下。

1) 相关参数计算

(1) 应力范围计算:

$$\Delta\sigma = \sigma_{max} - \sigma_{min} = 450 - 0 = 450(\text{MPa})$$

(2) 疲劳载荷下屈服应力 σ'_s 的计算:

$$\sigma'_s = \left(\frac{E}{K'^{1/n'}}\right)^{\frac{n'}{n'-1}} = \left(\frac{200741}{1165^{1/0.187}}\right)^{\frac{0.1871}{0.1871-1}} = 356.1(\text{MPa})$$

(3) 在疲劳载荷下, 对应于屈服应力 σ'_s 的第一阶段损伤临界值的计算:

$$D_{1fc} = \left(\sigma'^{(1-n')/n'}_s\frac{E\pi^{1/(2n')}}{K'^{1/n'}}\right)^{-\frac{2m'n'}{2n'-m'}}$$

$$= \left(\sigma'_s{}^{(1-0.1871)/0.1871} \times \frac{200741 \times \pi^{1/(2 \times 0.1871)}}{1164.8^{1/0.1871}} \right)^{-\frac{2 \times 10.6 \times 0.1871}{2 \times 0.1871 - 10.6}}$$

$$= \left(356.1^{4.345} \times \frac{200741 \times \pi^{2.672}}{1164.8^{5.345}} \right)^{0.3879}$$

$$= 3.276 (\text{damage} - \text{unit})$$

（4）第二阶段对应于断裂应力的损伤临界值的计算：

$$D_{2fc} = \left(\sigma'_f{}^{(1-n')/n'} \frac{E\pi^{1/(2n')}}{K'^{1/n'}} \right)^{-\frac{2m'n'}{2n'-m'}}$$

$$= \left(947.1^{(1-0.1871)/0.1871} \times \frac{200741 \times \pi^{1/(2 \times 0.1871)}}{1164.8^{1/0.1871}} \right)^{-\frac{2 \times 10.6 \times 0.1871}{2 \times 0.1871 - 10.6}}$$

$$= \left(947.1^{4.345} \times \frac{200741 \times \pi^{2.672}}{1164.8^{5.345}} \right)^{0.3879}$$

$$= 17.03 (\text{damage} - \text{unit})$$

2）第一阶段损伤速率的计算

（1）第一阶段综合材料常数的计算：

$$A'_1 = 2 (2K'\alpha)^{-m'} (2\varepsilon'_f \sqrt[-\lambda']{D_{1fc}})^{-\lambda'}$$

$$= 2 \times (2 \times 1164.8 \times 1)^{-10.6} (2 \times 0.4644 \times \sqrt[-1.8536]{3.276})^{-1.8536}$$

$$= 1.523 \times 10^{-35}$$

（2）第一阶段损伤速率的计算：

$$dD_1/dN_1 = 2 (2K')^{-m'} (2\varepsilon'_f \times \sqrt[-\lambda']{D_{1fc}})^{-\lambda'} \Delta\sigma_i{}^{m'} D$$

$$= 1.523 \times 10^{-35} \times 450^{10.6} \times D$$

$$= 2.03 \times 10^{-7} \times D (\text{damage} - \text{unit/cycle})$$

3）第二阶段损伤速率的计算

（1）第二阶段综合材料常数的计算：

$$B_2^* = 2 \left[\frac{\sigma'_f \sigma'_s (\sigma'_f/\sigma'_s + 1)}{E} (\sqrt{\pi D_{1fc}})^3 \right]^{\frac{m'\lambda'}{m'+\lambda'}} v_{pv}$$

$$= 2 \times \left[\frac{947.1 \times 356.1 (947.1/356.1 + 1)}{200741} \times (\sqrt{\pi \times 3.276})^3 \right]^{\frac{10.6 \times 1.854}{10.6 + 1.854}} \times 2 \times 10^{-4}$$

$$= 9.137 \times 10^{-8}$$

（2）第二阶段损伤速率的计算：

$$dD_2/dN_2 = B_2^* \left[0.5(\Delta\sigma/2)\sigma'_s (\Delta\sigma/2\sigma'_s + 1)(\sqrt{\pi D})^3/E \right]^{\frac{m'\lambda'}{m'+\lambda'}}$$

$$= 9.137 \times 10^{-8} \times [0.5 \times (450/2) \times 356 \times$$

$$\left[450/(2 \times 356.1) + 1\right]\left(\sqrt{\pi D}\right)^{3}/200741\right]^{1.578}$$

$$= 9.137 \times 10^{-8} \times (0.32561 \times \pi^{1.5} \times D^{1.5})^{1.578}$$

$$= 2.337 \times 10^{-7} \times D^{2.367}$$

4）两个阶段之间过渡点损伤值 D_{tr} 的计算

将上述两个阶段速率计算式计算整理后,变为下式:

$$(dD/dN)_1 = 2.03 \times 10^{-7} \times D \le (dD/dN)_{tr}$$

$$\le (dD/dN)_2 = 2.337 \times 10^{-7} \times D^{2.367} \text{（damage - unit/cycle）}$$

因此得出过渡点的损伤值如下:

$$D_{tr} = 0.902 \text{damage - unit,它等效于 } a_{tr} = 0.902 \text{mm。}$$

如此一来,用第一阶段速率计算方程整理出来的简化式子计算过渡点的损伤速率如下

$$(dD/dN)_1 = 2.03 \times 10^{-7} \times D_{tr} = 2.03 \times 10^{-7} \times 0.902$$

$$= 1.83 \times 10^{-7} \text{（damage - unit/cycle）}$$

同样地,用第二阶段速率计算方程整理出来的简化式子计算过渡点的损伤速率,它应该是

$$(dD/dN)_2 = 2.337 \times 10^{-7} \times D_{tr}^{2.367} = 2.337 \times 10^{-7} \times 0.902^{2.367}$$

$$= 1.83 \times 10^{-7} \text{（damage - unit/cycle）}$$

可见,在低周疲劳下,在过渡点的损伤速率是一致的。

5）用 Paris 方程的形式计算第二阶段的裂纹扩展速率

$$dD/dN = C\Delta K^n = 1.06 \times 10^{-13} \times (450 \times \sqrt{\pi a \times 1 \times 10^{-3}})^{4.663} \text{（damage - unit/cycle）}$$

以两个阶段损伤速率方程计算整理过的简化式子计算对应于各损伤值 D_i 的速率 dD/dN,与 Paris 方程计算第二阶段对应于各损伤值 D_i 的损伤速率 dD_2/dN_2 做比较,将两者计算得出的各点速率数据均列在表 2-10 中。

表 2-10　两个阶段损伤速率方程与 Paris 方程计算各点损伤速率的比较数据

$\Delta\sigma/MPa$	450			
$D_i/\text{damage - unit}$	0.02	0.0475	0.1	0.2
$dD_1/dN_1/(\text{damage - unit/cycle})$	4.05×10^{-9}	9.63×10^{-9}	2.0×10^{-8}	4.05×10^{-8}
$dD_2/dN_2/(\text{damage - unit/cycle})$	2.22×10^{-11}	1.72×10^{-10}	1.0×10^{-9}	5.2×10^{-9}
$\Delta K/(\text{MPa}\sqrt{m})$				
$(da/dN)_{paris}/(\text{mm/cycle})$			1.7×10^{-9}	8.6×10^{-9}

$\Delta\sigma/\mathrm{MPa}$	450			
$D_i/\mathrm{damage-unit}$	0.3	0.45	0.6	0.7
$\mathrm{d}D_1/\mathrm{d}N_1/(\mathrm{damage-unit/cycle})$	6.1×10^{-8}	9.1×10^{-8}	1.2×10^{-7}	1.42×10^{-7}
$\mathrm{d}D_2/\mathrm{d}N_2/(\mathrm{damage-unit/cycle})$	1.35×10^{-8}	3.5×10^{-8}	7.0×10^{-8}	1.0×10^{-7}
$\Delta K/(\mathrm{MPa}\sqrt{\mathrm{m}})$	13.8	16.92	19.54	21.1
$(\mathrm{d}a/\mathrm{d}N)_{\mathrm{paris}}/(\mathrm{mm/cycle})$	2.2×10^{-8}	5.7×10^{-8}	1.1×10^{-7}	1.6×10^{-6}
$\Delta\sigma/\mathrm{MPa}$	450			
$D_i/\mathrm{damage-unit}$	0.8	0.9021 (两阶段过渡点)	1.5	2.0
$\mathrm{d}D_1/\mathrm{d}N_1/(\mathrm{damage-unit/cycle})$	1.62×10^{-7}	1.83×10^{-7}	3.0×10^{-7}	4.1×10^{-7}
$\mathrm{d}D_2/\mathrm{d}N_2/(\mathrm{damage-unit/cycle})$	1.4×10^{-7}	1.83×10^{-7}	6.1×10^{-7}	1.2×10^{-6}
$\Delta K/(\mathrm{MPa}\sqrt{\mathrm{m}})$	22.6	25.2	30.9	35.7
$(\mathrm{d}a/\mathrm{d}N)_{\mathrm{paris}}/(\mathrm{mm/cycle})$	2.2×10^{-7}	3.6×10^{-7}	9.4×10^{-7}	1.8×10^{-6}
$\Delta\sigma/\mathrm{MPa}$	450			
$D_i/\mathrm{damage-unit}$	3.0	5	7	9
$\mathrm{d}D_1/\mathrm{d}N_1/(\mathrm{damage-unit/cycle})$	6.1×10^{-7}	1.0×10^{-6}	1.4×10^{-6}	1.8×10^{-6}
$D_i/\mathrm{damage-unit}$	3.0	5	7	9
$\mathrm{d}D_2/\mathrm{d}N_2/(\mathrm{damage-unit/cycle})$	3.1×10^{-6}	1.0×10^{-5}	2.3×10^{-5}	4.2×10^{-5}
$\Delta K/(\mathrm{MPa}\sqrt{\mathrm{m}})$	43.7	56.4	66.7	75.7
$(\mathrm{d}a/\mathrm{d}N)_{\mathrm{paris}}/(\mathrm{mm/cycle})$	4.73×10^{-6}	1.55×10^{-5}	3.4×10^{-5}	6.1×10^{-5}
$\Delta\sigma/\mathrm{MPa}$	450			
$D_i/\mathrm{damage-unit}$	11	13	15	17.03
$\mathrm{d}D_1/\mathrm{d}N_1/(\mathrm{damage-unit/cycle})$	2.2×10^{-6}	2.6×10^{-6}	3.0×10^{-6}	3.45×10^{-6}
$\mathrm{d}D_2/\mathrm{d}N_2/(\mathrm{damage-unit/cycle})$	6.8×10^{-5}	3.2×10^{-4}	1.4×10^{-4}	1.9×10^{-4}
$\Delta K/(\mathrm{MPa}\sqrt{\mathrm{m}})$	83.7	90.9	97.7	104.1
$(\mathrm{d}a/\mathrm{d}N)_{\mathrm{paris}}/(\mathrm{mm/cycle})$	9.8×10^{-5}	1.44×10^{-4}	2.0×10^{-4}	2.7×10^{-4}

6）绘制全过程损伤速率曲线

按表 2-10 中各损伤值计算数据绘制由两个阶段组成的全过程损伤速率曲线;按第二阶段损伤值数据用 Paris 方程计算的速率绘制成后一阶段的速率曲线;绘制的比较曲线如图 2-19 所示。

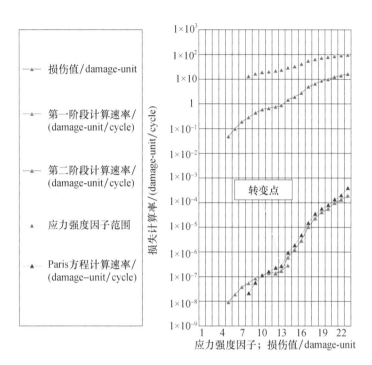

图 2-19　由两个阶段组成的全过程损伤速率曲线与用 Paris 方程数据绘制的比较曲线

2.3.2　含缺陷材料全过程损伤体寿命预测计算

对于某些线弹性和弹塑性材料,从微观损伤至宏观损伤扩展的全过程疲劳损伤寿命预测表达式[12-17],最简单的形式是

$$\sum N = N_1 + N_2$$

或者是

$$\sum N = N_1 + N_2 + N_3 \qquad (2-352)$$

本节可分为如下几个主题叙述:

＊低周疲劳下全过程寿命预测计算;

＊高周疲劳下全过程寿命预测计算;

＊超高周疲劳下全过程寿命预测计算。

1. 低周疲劳下全过程寿命预测计算

对于某些弹塑性材料,如果被加载在低周疲劳下,为描述其演化过程的行为,在几何上以图 2-20 中横坐标轴 $O_1\mathrm{I}$ 和 $O_4\mathrm{IV}$ 之间的简化反向曲线 C_2C_1C 表示;而在数学模型上可以用如下的分段和连接计算式取代上述简化式(2-352)[12-17]给

出描述：

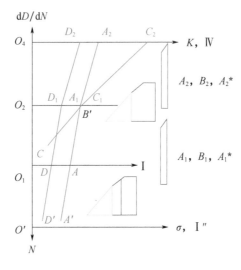

图 2 - 20　全过程材料行为演化简化曲线

$$\sum N_{\text{ran}} = N_1 + N_2 = \int_{D_{01}\text{或}D_{\text{th}}}^{D_{\text{tr}}} \frac{\text{d}D}{2 (2K')^{-m'} (2\varepsilon'_{\text{f}} \sqrt[\lambda']{D_{1\text{fc}}})^{-\lambda'} \Delta\sigma^{m'} D} +$$

$$\int_{D_{\text{tr}}}^{D_{1\text{fc}}} \frac{\text{d}D}{2 [2(\pi\sigma'_{\text{s}}(\sigma/\sigma'_{\text{s}} + 1)(\sqrt{\pi D_{1\text{fc}}})^3/E)]^{-\frac{m'\lambda'}{m'+\lambda'}} v_{\text{pv}}} \cdot$$

$$\frac{1}{\left[\dfrac{0.5\pi\sigma'_{\text{s}} y_2 (\Delta\sigma/2\sigma'_{\text{s}} + 1)(\sqrt{\pi D})^3}{E}\right]^{\frac{m'\lambda'}{m'+\lambda'}}} \tag{2-353}$$

式中：$\sum N_{\text{ran}}$ 为某一确定应力下全过程寿命中某一历程内的寿命；N_1 为第一阶段寿命中某一历程内的寿命；N_2 为第二阶段寿命中某一历程内的寿命。

如果要计算全过程寿命，应该采用如下表达式：

$$\sum N = N_1 + N_2 = \frac{1}{2 (2K')^{-m'} (2\varepsilon'_{\text{f}} \sqrt[\lambda']{D_{1\text{fc}}})^{-\lambda'} \Delta\sigma^{m'} D} +$$

$$\frac{\text{d}D}{2 [2(\pi\sigma'_{\text{s}}(\sigma/\sigma'_{\text{s}} + 1)(\sqrt{\pi D_{1\text{fc}}})^3/E)]^{\frac{m'\lambda'}{m'+\lambda'}} v_{\text{pv}}} \cdot$$

$$\frac{1}{\left[\dfrac{0.5\pi\sigma'_{\text{s}} y_2 (\Delta\sigma/2\sigma'_{\text{s}} + 1)(\sqrt{\pi D})^3}{E}\right]^{\frac{m'\lambda'}{m'+\lambda'}}} \tag{2-354}$$

式中：N_1 为第一阶段的寿命；N_2 为第二阶段的寿命；$\sum N$ 为全过程的寿命。

2. 高周疲劳下全过程寿命预测计算

对于某些高强度钢材和线弹性材料，如果被加载在工作应力 $\sigma < \sigma_s'$（$=\sigma_y$）的高周疲劳下，为描述它的损伤扩展过程的行为，在几何上以图 2-20 中横坐标轴 $O_1\mathrm{I}$ 和 $O_4\mathrm{IV}$ 之间的反向曲线 A_2A_1AA'（$\sigma_m=0$）和 D_2D_1DD'（$\sigma_m\neq0$）表达；而在数学模型上可以用如下若干种形式组成分段和连接计算式，取代上述简化式（2-352）给出描述。

1）因子型[12-17]

对于 $R=-1$、$\sigma_m=0$，针对曲线 A_2A_1AA'，这里用下式描述：

$$\sum N = N_1 + N_2 = \int_{D_{01}\text{或}D_{\text{th}}}^{D_{\text{tr}}} \frac{\mathrm{d}D_i}{2\,(2H_{1\text{eff}}')^{-m'}\,\Delta H'^{m'}} +$$
$$\int_{D_{\text{tr}}}^{D_{\text{eff}}} \frac{\mathrm{d}D_i}{2\,(2K_{2\text{eff}}')^{-m'}\,\Delta K'^{m'2}} \qquad (2-355)$$

而对于 $R\neq-1$、$\sigma_m\neq0$，对曲线 D_2D_1DD' 的数学描述应该是

$$\sum N = N_1 + N_2 = \int_{D_{01}\text{或}D_{\text{th}}}^{D_{\text{tr}}} \frac{\mathrm{d}D}{2\,[2H_{1\text{eff}}'(1-R)]^{-m'2}\,\Delta H'^{m'}} +$$
$$\int_{D_{\text{tr}}}^{D_{\text{eff}}\text{或1fc},D_{2\text{fc}}} \frac{\mathrm{d}D_i}{2\,[2K_{2\text{eff}}'(1-R)]^{-m'2}\,\Delta K'^{m'2}}(\text{cycle}) \qquad (2-356)$$

2）应力型[12-17]

对于 $R=-1$、$\sigma_m=0$，对曲线 A_2A_1AA' 的描述可用下式表达：

$$\sum N = N_1 + N_2 = \int_{D_{01}\text{或}D_{\text{th}}}^{\alpha D_{\text{tr}}\text{或}\alpha D_{1\text{fc}}} \frac{\mathrm{d}D}{2\,(2\sigma_f'\sqrt[m']{D_{1\text{fc}}})^{-m'}\,\Delta\sigma^{m'}D} +$$
$$\int_{D_{\text{tr}}}^{\alpha D_{1\text{fc}}} \frac{\mathrm{d}D}{2\,(2\sigma_f'\sqrt{\alpha\pi D_{1\text{fc}}})^{-m'2}\,(\Delta\sigma\sqrt{\pi D})^{m'2}}(\text{cycle}) \qquad (2-357)$$

式中：α 为有效值修正系数，要用实验确定。要注意，全过程损伤寿命方程中，第一阶段计算式只在积分上限中用有效值修正系数 α 加以修正；而在第二阶段计算式中，在积分上限和常数项根式中都要用有效值修正系数 α 加以修正。

但当 $R\neq-1$、$\sigma_m\neq0$ 时，对于曲线 D_2D_1DD'，可以用如下形式表达：

$$\sum N = N_1 + N_2 = \int_{D_{01}}^{\alpha D_{tr}} \frac{dD}{2 \left[2\sigma'_f (1-R)^{m'} \sqrt{D_{1fc}} \right]^{-m'} \Delta\sigma^{m'} D} +$$

$$\int_{D_{tr}}^{\alpha D_{1fc}} \frac{dD_i}{2 \left[2\sigma'_f (1-R) \sqrt{\alpha\pi D_{1fc}} \right]^{-m'_2} (\Delta\sigma \sqrt{\pi D})^{m'_2}} (\text{cycle})$$

$$(2-358)$$

3. 超高周疲劳下全过程寿命预测计算

对于某些材料,如果被加载在工作应力小于疲劳极限($\sigma < \sigma_{li}$)的超高周疲劳下,为描述它的损伤扩展过程的行为,在几何上以图 2-20 中横坐标轴 O_1 I 和 O_4 IV 之间的反向曲线 $A_2 A_1 AA'$($\sigma_m = 0$)和 $D_2 D_1 DD'$($\sigma_m \neq 0$)表达;而在数学模型上做出的表达式,与上文在高周疲劳下全过程寿命分段再连接计算方程式(2-357)和式(2-358)是相类似的。不同的是材料损伤初始发生的位置,有时往往以鱼眼形态发生在材料内部的次表面层内。因此修正系数 $y(a/b)$ 和 α 取值是不同的;此外,每一阶段损伤值下限与上限的取值与高周疲劳下的取值也有所不同。

这里再强调指出,对于全过程寿命的计算,应该根据不同的构件、材料,不同应力水平,不同的加载条件选择合适的计算方程和计算方法[14,15],否则,寿命差异极大。

计算实例

假设有一用 16Mn 钢制成的压力容器,材料的强度极限 $\sigma_b = 573\text{MPa}$,屈服极限 $\sigma_s = 361\text{MPa}$,弹性模量 $E = 200741$,疲劳极限 $\sigma_{-1} = 267.2\text{MPa}$;门槛应力强度因子 $\Delta K_{th} = 8.6\text{MPa}\sqrt{m}$;低周疲劳下的材料性能数据列于表 2-9 中。

假定此容器在内压作用下产生的工作应力 $\sigma_{max} = 450\text{MPa}$,$\sigma_{min} = 0$;当损伤扩展至宏观损伤阶段时,其损伤缺陷经处理后形状系数 $y_2(a/b) = 1$。

试根据以下损伤寿命分段再连接方程,分别计算在确定的应力值作用下,从微观损伤值 0.02damage-unit 扩展至损伤临界值的全过程损伤预测寿命;在宏观损伤扩展阶段,还要求用同样的计算数据与 Paris 方程的计算结果数据进行比较;并要求绘制两个阶段连接成的全过程损伤寿命曲线;此外,后一阶段的数据曲线能与 Paris 方程计算数据绘制成可比较的曲线。

$$\sum N = N_1 + N_2 = \frac{1}{2 (2K')^{-m'} (2\varepsilon'_f \sqrt[\lambda']{D_{1fc}})^{-\lambda'} \Delta\sigma^{m'} D} +$$

$$\frac{1}{2\left[2\left(\pi\sigma'_s(\sigma/\sigma'_s+1)(\sqrt{\pi D_{1fc}})^3/E\right)\right]^{-\frac{m'\lambda'}{m'+\lambda'}}v_{pv}}\cdot$$

$$\frac{1}{\left[\dfrac{0.5\pi\sigma'_s y_2(\Delta\sigma/2\sigma'_s+1)(\sqrt{\pi D})^3}{E}\right]^{\frac{m'\lambda'}{m'+\lambda'}}}$$

已被计算得出的数据如下：

应力范围值 $\Delta\sigma=450\text{MPa}$；疲劳载荷下计算得出的屈服应力 $\sigma'_s=356.1\text{MPa}$；第一阶段损伤临界值 $D_{1fc}=3.276\text{damage}-\text{unit}$；第二阶段损伤临界值 $D_{2fc}=17.03\text{damage}-\text{unit}$；两阶段之间损伤过渡值 $D_{tr}=0.902\text{damage}-\text{unit}$。

计算方法与步骤如下：

1）第一阶段寿命计算

（1）第一阶段综合材料常数的计算：

$$\begin{aligned}
A'_1 &= 2\,(2K'\alpha)^{-m'}(2\varepsilon'_f\sqrt[\lambda']{D_{1fc}})^{-\lambda'}\\
&= 2\times(2\times1164.8\times1)^{-10.6}\times(2\times0.4644\times\sqrt[-1.854]{3.276})^{-1.854}\\
&= 1.523\times10^{-35}
\end{aligned}$$

（2）在确定应力范围 $\Delta\sigma=450\text{MPa}$ 作用下，第一阶段损伤寿 N_1 的计算如下。

① 对应于每一损伤值 D_{1i} 的第一阶段的寿命计算：

$$N_{1i}=\frac{1}{A'_1\,\Delta\sigma^{m'}D_{1i}}=\frac{1}{1.523\times10^{-35}\times450^{10.6}\times D_{1i}}$$

将表 2-11 中的每一损伤值代入上式，计算出对应的寿命 N_{1i}，再列入表中。

② 对应于过渡点损伤值 D_{tr} 的寿命计算：

$$\begin{aligned}
N_{tr}&=\frac{1}{A'_1\,\Delta\sigma^{m'}D_{1i}}\\
&=\frac{1}{1.523\times10^{-35}\times450^{10.6}\times0.902}\\
&=5.5\times10^6(\text{cycle})
\end{aligned}$$

③ 从微观损伤值 $0.02\text{damage}-\text{unit}$ 至过渡点损伤值 $0.902\text{damage}-\text{unit}$ 的第一阶段的寿命 N_1 可以由下式计算得出：

$$\begin{aligned}
N_1&=\int_{D_{01}}^{D_{tr}}\frac{\mathrm{d}D}{2\,(2K'\alpha)^{-m'}(2\varepsilon'_f-\lambda\sqrt{D_{1fc}})^{-\lambda'}\Delta\sigma_i^{m'}D}\\
&=\int_{0.02}^{0.902}\frac{\mathrm{d}D}{1.523\times10^{-35}\times450^{10.6}\times D}\\
&=18795115\approx1.88\times10^7(\text{cycle})
\end{aligned}$$

267

2）第二阶段寿命计算

（1）第二阶段综合材料常数的计算：

$$B_2^* = 2\left[\frac{\sigma_f' \sigma_s' (\sigma_f'/\sigma_s' + 1)}{E}(\sqrt{\pi D_{1fc}})^3\right]^{-\frac{m'\lambda'}{m'+\lambda'}} v_{pv}$$

$$= 2 \times \left[\frac{947.1 \times 356.1 \times (947.1/356.1 + 1)}{200741}(\sqrt{\pi \times 3.276})^3\right]^{-\frac{10.6 \times 1.854}{10.6 + 1.854}} \times 2 \times 10^{-4}$$

$$= 9.137 \times 10^{-8}$$

（2）针对这类式中的应力强度因子计算：

$$\Delta\beta = 0.5(\Delta\sigma/2)\sigma_s'\left(\frac{\Delta\sigma}{2\sigma_s'} + 1\right)(\sqrt{\pi D})^3/E$$

$$= 0.5(450/2) \times 356.1\left(\frac{450}{2 \times 356.1} + 1\right) \times (\sqrt{\pi D})^3/200741$$

$$= 0.3256 (\sqrt{\pi D_{2i}})^3$$

（3）第二阶段寿命 N_2 计算如下。

① 对应于过渡点之后第二阶段每一损伤值 D_{2i} 的寿命 N_{2i} 计算如下：

$$N_{2i} = \frac{1}{B_2^* \Delta\beta^{\frac{m'\lambda'}{m'+\lambda'}}} = \frac{1}{9.137 \times 10^{-8} \times [0.3256 \times (\sqrt{\pi D_{2i}})^3]^{\frac{10.6 \times 1.854}{10.6 + 1.854}}}$$

$$= \frac{1}{9.137 \times 10^{-8} \times [0.3256 \times (\sqrt{\pi D_{2i}})^3]^{1.578}} = \frac{1}{2.337 \times 10^{-7} \times D_{2i}^{2.367}}$$

② 用第二阶段寿命计算式计算过渡点 D_{tr} 上的相应的寿命 N_{tr}：

$$N_{tr} = \frac{1}{2.337 \times 10^{-7} \times D_{2i}^{2.367}} = \frac{1}{2.337 \times 10^{-7} \times 0.902^{2.367}} = 5.5 \times 10^6 (cycle)$$

由此可见，与第一阶段的同一点的寿命是一致的。

按上述两方程计算的结果数据再列入表 2 – 11 中。

③ 从过渡点损伤值 0.902damage – unit 至断裂点损伤值 $D_{2fc} = 17.03$damage – unit 第二阶段的寿命 N_2 应该由下式计算得出：

$$N_2 = \int_{D_{tr}}^{D_{2fc}} \frac{\mathrm{d}D}{B_2^* \Delta\beta^{\frac{m'\lambda'}{m'+\lambda'}}} = \int_{0.902}^{17.03} \frac{\mathrm{d}D}{2.337 \times 10^{-7} \times D_{2i}^{2.367}}$$

$$= 3.54 \times 10^6 (cycle)$$

3）全过程寿命 $\sum N$ 计算

从微观损伤值 0.02damage – unit 至过渡点损伤值 0.902damage – unit，再至断裂点损伤值 $D_{2fc} = 17.03$damage – unit，其全过程寿命是

$$\sum N = N_1 + N_2 = 1.88 \times 10^7 + 3.54 \times 10^6 = 2.234 \times 10^7 (\text{cycle})$$

4）用 Paris 方程做第二阶段寿命 N_2 计算

按 1mm 等效于 1 个损伤单位（1mm = 1damage – unit）的关系，将裂纹 0.3 mm 至断裂尺寸 17.03mm 第二阶段各对应的裂纹尺寸 a_{2i} 代入下式，计算各点的寿命 N_{2i}：

$$N_{2i} = \frac{1}{C\Delta K_i^n} = \frac{1}{1.06^{4.663} \times \left(400 \times \sqrt{\pi a_{2i} \times 1 \times 10^{-3}}\right)^{4.663}}$$

再将各点寿命计算结果数据列入表 2 – 11 中。

表 2 – 11　全过程按各损伤值计算的寿命 N_i 以及按

Paris 方程计算第二阶段各对应裂纹尺寸的寿命数据

D_i/damage – unit	0.02	0.05	0.1	0.2	0.3
N_{1i}/cycle	2.5×10^8	1.0×10^8	5.0×10^7	2.5×10^7	1.7×10^7
N_{2i}/cycle	4.5×10^{10}	5.3×10^9	1.0×10^9	1.9×10^8	7.4×10^7
ΔK/(MPa $\sqrt{m}$)					13.8
Paris 方程					4.5×10^7
D_i/damage – unit	0.45	0.6	0.7	0.8	0.902 （transition point）
N_{1i}/cycle	1.1×10^7	8.3×10^6	7.0×10^6	6.0×10^6	5.5×10^6
N_{2i}/cycle	2.8×10^7	1.4×10^7	1.0×10^7	7.2×10^6	5.5×10^6
ΔK/(MPa $\sqrt{m}$)	16.9	19.5	21.1	22.6	25.1
Paris 方程	1.8×10^7	9.0×10^6	6.3×10^6	4.5×10^6	3.5×10^6
D_i/damage – unit	1.5	2.0	3.0	5	7
N_{1i}/cycle	3.3×10^6	2.4×10^6	1.6×10^6	1.0×10^6	7.1×10^5
N_{2i}/cycle	1.6×10^6	8.3×10^5	3.2×10^5	9.1×10^4	4.3×10^4
ΔK/(MPa $\sqrt{m}$)	30.9	35.7	43.7	56.4	66.7
Paris 方程	1.1×10^6	5.4×10^5	2.1×10^5	6.5×10^4	2.9×10^4
D_i/damage – unit	9	10.345	13	15	17.03（$D_{2\text{fc}}$）
N_{1i}/cycle	5.6×10^5	4.5×10^5	3.8×10^5	3.3×10^5	2.9×10^5
N_{2i}/cycle	2.3×10^4	1.7×10^4	1.0×10^4	7.0×10^3	5.2×10^3
ΔK/(MPa $\sqrt{m}$)	75.7	81.1	90.9	97.7	104
Paris 方程	1.6×10^4	1.2×10^4	7.0×10^3	5.0×10^3	2.5×10^3

5）绘制全过程曲线

根据表 2 – 11 中的数据，绘制相应的各类曲线，如图 2 – 21 所示。

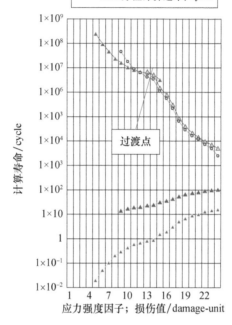

图 2－21　16Mn 钢在应力范围 $\Delta\sigma = 400\mathrm{MPa}$ 下全过程
寿命曲线与按 Paris 方程计算第二阶段数据绘制的曲线

2.3.3　含缺陷结构件全过程损伤速率和寿命计算

对于高周疲劳下存在某些缺陷的机械零件,除了零件的形状产生应力集中对强度和寿命有着明显的影响外,尺寸大小和表面加工质量实际上也是敏感的问题。但是,在实际工程中,除了那些微电子机械系统外,一般大中型机械零件和结构件,由于在铸造、焊接、机加工过程中存在残渣、砂眼、气孔,机械加工过程中产生的缺陷和损伤有时是不可避免的。

因此在工程机械零件设计和计算中通常采用应力集中系数 K_t 对零件的形状加以修正;采用系数 ε 对零件的尺寸大小加以修正;采用系数 β 对零件表面加工质量加以修正。

在疲劳、损伤、断裂强度和寿命预测的安全设计、计算和分析中,作者认为上述这些系数在第一阶段仍然可以继承和应用,而且这些系数在一般机械手册中都能查阅得到。但是,在宏观损伤扩展阶段,要根据实际情况谨慎应用;特别是对于薄壁压力容器,还要考虑对损伤缺陷(裂纹)发生的鼓胀效应的修正。

此节分两个问题叙述:

＊含缺陷结构件全过程损伤速率计算;

＊含缺陷结构件全过程损伤寿命预测计算。

1. 含缺陷结构件全过程损伤速率计算

对于由线弹性材料制成的机械零件,其全过程损伤速率连接方程,有如下若干种计算式和计算方法。

1)应力因子计算法

这种方法的全过程损伤速率连接方程是

$$(\mathrm{d}D_1 / \mathrm{d}N_1)_\mathrm{s} = A'_1 \Delta H'^{m'}_{1\mathrm{s}} \leqslant (\mathrm{d}D_\mathrm{tr} / \mathrm{d}N_\mathrm{tr})_\mathrm{s} \leqslant (\mathrm{d}D_2 / \mathrm{d}N_2)_\mathrm{s} = A'_2 \Delta K'^{m'_2}_{2\mathrm{s}}$$

$$(2-359)$$

式中:$(\mathrm{d}D_1 / \mathrm{d}N_1)_\mathrm{s}$ 为结构件第一阶段损伤演化速率;$(\mathrm{d}D_\mathrm{tr} / \mathrm{d}N_\mathrm{tr})_\mathrm{s}$ 为结构件在过渡点上的损伤演化速率;$(\mathrm{d}D_2 / \mathrm{d}N_2)_\mathrm{s}$ 为结构件第二阶段损伤演化速率;$\Delta H'_{1\mathrm{s}}$ 为结构件第一阶段应力强度因子范围值,它的表达式如下:

$$\Delta H'_{1\mathrm{s}} = \left(\frac{K_\sigma}{\varepsilon_\sigma \beta_\sigma} \Delta\sigma \right)^{m'} \sqrt[m']{D_1} \ (\mathrm{MPa} \cdot \sqrt[m']{\mathrm{damage - unit}}) \qquad (2-360)$$

$\Delta K'_{2\mathrm{s}}$ 是结构件第二阶段应力强度因子范围值,它的计算式是

$$\Delta K'_{2\mathrm{s}} = \left(\frac{K_\sigma}{\varepsilon_\sigma \beta_\sigma} \Delta\sigma \right) \sqrt{\pi D_2} \ (\mathrm{MPa} \cdot \sqrt{\mathrm{damage - unit}}) \qquad (2-361)$$

式中:K_σ 为拉应力集中系数;β_σ 为零件表面加工质量修正系数;ε_σ 为零件尺寸大小修正系数。

对于工作应力 σ 小于 $0.55\sigma'_\mathrm{s}$,而且在对称循环加载的情况下($R = -1, R = 0$),其第一阶段综合材料常数为

$$A'_1 = 2 (H'_{1\mathrm{fc}} \alpha)^{-m'} \qquad (2-362)$$

第二阶段综合材料常数应该是

$$A'_2 = 2 (K'_{2\mathrm{fc}} \alpha)^{-m'_2} \qquad (2-363)$$

但对于 $R \neq -1 、 R \neq 0$,第一阶段综合材料常数是

$$A'_1 = 2 [2H'_{1\mathrm{fc}} (1 - R) \alpha]^{-m'} \qquad (2-364)$$

第二阶段综合材料常数应该为

$$A'_2 = 2 [2K'_{2\mathrm{fc}} (1 - R) \alpha]^{-m'_2} \qquad (2-365)$$

式中:H'_{1fc}为第一阶段对应于屈服应力的临界应力强度因子;K'_{2fc}为第二阶段对应于断裂应力的临界应力强度因子。

2)应力计算法

对于工作应力 σ 小于 $0.55\sigma_s$,而且在对称循环加载的情况下($R=-1,R=0$),全过程损伤速率连接方程有两种形式。

(1)第一种形式的连接方程为

$$\left(\frac{dD_1}{dN_1}\right)_s = \left[2(\sigma'_f\alpha\sqrt[m']{D_{1fc}})^{-m'}\left(\frac{K_\sigma}{\varepsilon_\sigma\beta_\sigma}\Delta\sigma\right)^{m'}D_1\right]_{D_{01}\to D_{tr}}$$

$$\leqslant\left(\frac{dD_{tr}}{dN_{tr}}\right)_s \leqslant\left(\frac{dD_2}{dN_2}\right)_s$$

$$=2\left[\frac{\beta'(\alpha\sigma'_f D_{2fc}\pi/\sigma_s'^2)\sigma'_s}{E}\right]^{-m'_2}\left(\frac{K_\sigma}{\varepsilon_\sigma\beta_\sigma}\times\frac{y_2\beta'\Delta\sigma^2\pi D_2}{4\sigma'_s E}\right)^{m'_2}(\text{damage}-\text{unit/cycle})$$

$$(2-366)$$

式中:β'为构件厚度修正系数,对于平面应力情况下,$\beta'=1$,对于平面应变情况下,$\beta'=1-V^2/2$。

(2)第二种形式的连接方程为

$$\frac{dD_1}{dN_1}=\left[2(\sigma'_f\alpha\sqrt[m']{D_{1fc}})^{-m'}\frac{K_\sigma}{\varepsilon_\sigma\beta_\sigma}\Delta\sigma^{m'}D_1\right]_{D_{01}\to D_{tr}}$$

$$\leqslant\frac{dD_{tr}}{dN_{tr}}\leqslant\frac{dD_2}{dN_2} \qquad (2-367)$$

$$=\left[\frac{[y_2(a/b)\Delta\sigma/2\sqrt{\pi D_2}]^{m'_2}}{2(\sigma'_{2fc}\alpha\sqrt{\pi D_{2fc}})^{m'_2}}\right]_{D_{tr}\to D_{eff}}(\text{damage}-\text{unit/cycle})$$

对于工作应力 σ 小于 $0.55\sigma'_s$,而且在非对称循环加载情况下($R\neq0,\sigma_m\neq0$),其全过程损伤速率连接方程的两种形式。

1)第一种形式的速率连接方程是

$$\left(\frac{dD_1}{dN_2}\right)_s = \left\{2[2\sigma'_f\alpha(1-R)^{-m'}\sqrt[m']{D_{1fc}}]^{-m'}\left(\frac{K_\sigma}{\varepsilon_\sigma\beta_\sigma}\Delta\sigma\right)^{m'}D_1\right\}_{D_{01}\to D_{tr}}$$

$$\leqslant\left(\frac{dD_{tr}}{dN_{tr}}\right)_s \leqslant\left(\frac{dD_2}{dN_2}\right)_S$$

$$=\left\{2\left[\frac{(2\beta\sigma'^2_f\alpha D_{2fc}\pi/\sigma'_s)\sigma'_s}{E}(1-R)\right]^{-m'_2}\left(\frac{K_\sigma}{\varepsilon_\sigma\beta_\sigma}\times\frac{y_2\beta\Delta\sigma^2\pi D_2}{2\sigma'_s E}\right)^{m'_2}\right\}_{D_{tr}\to D_{eff}}$$

$$(\text{damage}-\text{unit/cycle})$$

$$(2-368)$$

2）第二种形式的速率连接方程应该是如下形式：

$$\frac{\mathrm{d}D_1}{\mathrm{d}N_1} = \left\{ 2 \left[2\sigma'_f (1-R)\alpha \sqrt[m']{D_{1fc}} \right]^{-m'} \frac{K_\sigma}{\varepsilon_\sigma \beta_\sigma} \Delta\sigma^{m'} D_1 \right\}_{D_{01} -> D_{tr}}$$

$$\leqslant \frac{\mathrm{d}D_{tr}}{\mathrm{d}N_{tr}} \leqslant \frac{\mathrm{d}D_2}{\mathrm{d}N_2} = \left\{ \begin{array}{c} \left[\dfrac{K_\sigma}{\varepsilon_\sigma \beta_\sigma} y_2(a/b)\Delta\sigma \sqrt{\pi D_2} \right]^{m'_2} \\[2mm] \hline 2\left[2\sigma'_{2fc}(1-R)\alpha \sqrt{\pi D_{2fc}} \right]^{m'_2} \end{array} \right\}_{D_{tr} \to D_{eff}}$$

$$(2-369)$$

还必须说明，在高周或超高周疲劳载荷下，由于应力水平低，两个阶段（或三个阶段）之间的过渡值有时很小。此时应设置一个过渡值，例如 $D_{th} = 0.33\,damage-unit$。当计算损伤值 $D < 0.33\,damage-unit$ 时，此时要用第一阶段的速率方程计算速率；当计算损伤值 $D > 0.33\,damage-unit$ 时，要按第二阶段的速率方程计算速率。

3）低周疲劳下全过程损伤速率的计算

对于某些由弹塑性材料制成的零件，当应力水平大于屈服应力时，它的全过程损伤速率的计算可以用下式计算：

$$\frac{d\mathrm{D}_1}{d\mathrm{N}_1} = 2(2K')^{-m'} \left(2\varepsilon'_f \sqrt[\lambda']{\mathrm{D}_{1fc}} \right)^{-\lambda'} \left(\frac{K_\sigma}{\varepsilon_\sigma \beta_\sigma} \Delta\sigma \right)^{m'} \mathrm{D}_1$$

$$\leqslant \frac{d\mathrm{D}_{tr}}{d\mathrm{N}_{tr}} \leqslant \frac{d\mathrm{D}_2}{d\mathrm{N}_2}$$

$$= 2 \left[\frac{\sigma'_f \sigma'_s (\sigma'_f / \sigma'_s + 1) \times (\sqrt{\pi \mathrm{D}_{1fc}})^3}{E} \right]^{-\frac{m'\lambda'}{m'+\lambda'}} \mathrm{v}_{pv} \cdot$$

$$\left[\frac{0.5\sigma'_s \Delta\sigma/2 (\Delta\sigma/2\sigma'_s + 1) \left(\dfrac{K_\sigma}{\varepsilon_\sigma \beta_\sigma} \sqrt{\pi \mathrm{D}_2} \right)^3}{E} \right]^{\frac{m'\lambda'}{m'+\lambda'}} (damage-unit/cycle)$$

$$(2-370)$$

计算实例

某一飞机机翼大梁用材料 30CrMnSiNi2A 制成，机翼与大梁制成螺孔（图 2-22）用螺栓连接。螺纹连接部位承受着拉伸应力 σ 和扭转剪应力 τ 的复杂应力作用。此材料的性能数据被列在表 2-12 和表 2-13 中。此飞机起飞后在很短的时间内发生了空难事故。事故后经检查是因为此机翼大梁的螺孔部位出现了一个如图 2-22 所示的孔边角裂纹，导致断裂事故。孔边角裂纹的尺寸：$a = 2\text{mm}, c = 1\text{mm}$，螺孔半径 $r = 3\text{mm}$；机翼大梁厚度 5mm。假定孔边螺纹部位载荷发生的最大拉应力 $\sigma_{max} = 350\text{MPa}$，最小拉应力 $\sigma_{min} = 0\text{MPa}(R=0)$；最大剪应力

$\tau_{max} = 20\text{MPa}$，最小剪应力 $\tau_{min} = 0\text{MPa}$（$R = 0$）。假设此连接件应力集中系数、零件形状系数和尺寸系数分别为 $K_\sigma = 2.5, \varepsilon_\sigma = 0.81, \beta_\sigma = 1.0; K_\tau = 2.5, \varepsilon_\tau = 0.81, \beta_\tau = 1$。临界应力强度因子 $K_{fc} = 90\text{MPa}\sqrt{m}$；损伤门槛值 $D_{th} = 0.237\text{damage} - \text{unit}$。

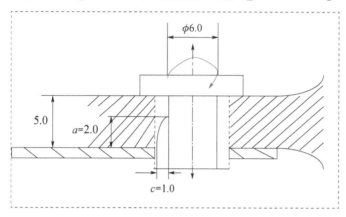

图 2－22　飞机机翼大梁螺孔边角裂纹示意图

表 2－12　30CrMnSiNi2A 单调载荷下的性能数据[27]

材料	σ_b/MPa	σ_s/MPa	E/MPa	K/MPa	n	σ_f/MPa	ε_f
30CrMnSiNi2A	1655	1308	200063	1355	0.0901	2601	0.74

表 2－13　30CrMnSiNi2A 低周疲劳载荷下的性能数据

材料	σ'_s/MPa	K'/MPa	n'	σ'_f/MPa	b'/m'	ε'_f	c'
30CrMnSiNi2A	1280	2468	0.13	2974	$-0.1026/$ 9.747	2.075	-0.7816

试应用损伤连接方程式（2－359）和式（2－369）分别计算如下所要求的数据：

（1）试计算此孔边角裂纹在最大的当量应力下换算成初始的当量损伤值 $D_1 = c_1$（当量裂纹尺寸 $a_1 = c_1$）以及对应的当量损伤应力强度因子 H_1 和 K_1；

（2）试计算此孔边角裂纹在最大的当量应力下扩展后的当量损伤值 $D_2 = c_2$（当量裂纹尺寸 a_2）以及对应的当量损伤应力强度因子 H_2 和 K_2；

（3）试计算此孔边角裂纹在最大的当量应力下初始损伤值 $D_1 = c_1$ 对应的损伤扩展速率 dD_1/dN_1；

（4）试计算此孔边角裂纹在最大的当量应力下两个阶段之间的损伤过渡值 D_{tr}；

（5）试计算此孔边角裂纹在最大的当量应力下发生断裂时的损伤扩展速率 $\mathrm{d}D_2/\mathrm{d}N_2(D_2 = c_2)$。

计算过程方法和步骤如下。

1）相关参数计算

（1）孔边角裂纹修正系数 $y(a/b) = MM_1/F_{1/2}$ 的计算。

① 查阅应力强度因子手册，查得孔边修正系数 M、M_1，取 $M = 1.03$，$M_1 = 1.1$；

② 按照图中角裂纹尺寸，换算成当量的穿透裂纹尺寸 c_1：

$$c_1 t = \frac{\pi}{4} ac$$

则 $c_1 = \dfrac{\pi}{4t} ac = \dfrac{3.1416}{4 \times 5} \times 2 \times 1 = 0.3146(\mathrm{damage - unit})$，即 $0.3146\mathrm{mm}$。

③ 螺孔单边角裂纹修正系数 $F_{1/2}$ 的计算。

$$
\begin{aligned}
F_{1/2} &= \sqrt{\frac{2 + c_1/r}{2 + 2c_1/r}\left(1 + \frac{0.2c_1/r}{1 + c_1/r}\right)} \\
&= \sqrt{\frac{2 + 0.3146 \div 3}{2 + 2 \times 0.3146 \div 3} \times \left(1 + \frac{0.2 \times 0.3146 \div 3}{1 + 0.3146 \div 3}\right)} \\
&= \sqrt{0.9525 \times 1.01898} = \sqrt{0.97058} = 0.9852
\end{aligned}
$$

因此，裂纹修正系数 $y(a/b) = MM_1/F_{1/2} = 1.03 \times 1.1 \div 0.9852 = 1.15$。

（2）当量应力计算。

根据复杂应力下拉应力与扭转剪应力合成计算式，再考虑应力中、机件形状、尺寸影响各修正系数，其最大当量应力为

$$
\begin{aligned}
\sigma_{\mathrm{equ}}^{\max} &= \sqrt{\left(\frac{K_\sigma}{\varepsilon_\sigma \beta_\sigma}\sigma\right)^2 + 3\left(\frac{K_\tau}{\varepsilon \beta_\tau}\tau\right)^2} \\
&= \sqrt{\left(\frac{2.5}{0.81 \times 1} \times 350\right)^2 + 3 \times \left(\frac{2.5}{0.81 \times 1} \times 20\right)^2} = 1086(\mathrm{MPa})
\end{aligned}
$$

最小当量应力为

$$
\begin{aligned}
\sigma_{\mathrm{equ}}^{\min} &= \sqrt{\left(\frac{K_\sigma}{\varepsilon_\sigma \beta_\sigma}\sigma\right)^2 + 3\left(\frac{K_\tau}{\varepsilon \beta_\tau}\tau\right)^2} \\
&= \sqrt{\left(\frac{2.5}{0.81 \times 1} \times 0\right)^2 + 3\left(\frac{2.5}{0.81 \times 1} \times 0\right)^2} = 0(\mathrm{MPa})
\end{aligned}
$$

因此其当量应力范围值为

$$\Delta\sigma_{\mathrm{equ}} = \sigma_{\mathrm{equ}}^{\max} - \sigma_{\mathrm{equ}}^{\min} = 1086 - 0 = 1086(\mathrm{MPa})$$

（3）当量应力 σ_{equ} 下损伤值 $D_2 = c_2$ 的计算。

$$D_2 = c_2 = \left(\sigma_{equ}^{(1-n')/n'} \frac{E\pi^{1/(2n')}}{K'^{1/n'}} \right)^{-\frac{2m'n'}{2n'-m'}}$$

$$= \left(1086^{(1-0.13)/0.13} \times \frac{200063 \times \pi^{1/2 \times 0.13}}{2647^{1/0.13}} \right)^{-\frac{2 \times 9.747 \times 0.13}{2 \times 0.13 - 9.747}}$$

$$= \left(1086^{6.69} \times \frac{200063 \times \pi^{3.846}}{2647^{7.69}} \right)^{0.267}$$

$$= 2.1 \, (\text{damage} - \text{unit})$$

（4）损伤临界值 D_{1fc} 计算：

将疲劳载荷下的屈服应力 $\sigma'_s = 1280\text{MPa}$ 代入上式，从而求得屈服应力下的损伤临界值 $D_{1fc} = 2.81\text{damage} - \text{unit}$。

（5）损伤速率第二阶段指数 m'_2 转换计算。

按照正文中的相关计算式，将此材料的损伤门槛值 $D_{th} = 0.237 \times 10^{10}$，以及此材料在疲劳载荷下的屈服应力 $\sigma'_s = 1280\text{MPa}$ 代入第二阶段指数换算方程，从而求得指数 m'_2，计算如下：

$$m'_2 = \frac{m' \lg \sigma'_s + \lg D_{th}}{\lg \sigma'_s + \frac{1}{2} \lg(\pi D_{th})}$$

$$= \frac{9.747 \times \lg 1280 + \lg 2370000000}{\lg 1280 + \frac{1}{2} \times \lg(\pi \times 2370000000)} = 4.93$$

2）第一阶段当量应力强度因子值计算

（1）初始角裂纹尺寸（$c_1 = 0.3146\text{mm}$）对应的当量应力强度因子 H_{1s}^{equ} 计算：

$$H_{1s}^{equ} = \sigma_{equ}^{max} \sqrt[m']{D_1} = 1086 \times \sqrt[9.747]{0.3146} = 965 (\text{MPa} \cdot \sqrt[m']{\text{damage} - \text{unit}})$$

因为应力比 $R = 0$，所以当量应力强度因子范围值是

$$\Delta H_{1s}^{equ} = 965 (\text{MPa} \cdot \sqrt[m']{\text{damage} - \text{unit}})$$

（2）角裂纹扩展至尺寸 $c_2 = 2.1\text{mm}$ 时第二阶段当量损伤应力强度因子 K_{2s}^{equ} 为

$$K_{2s}^{equ} = (MM_1/F_{1/2}) \, \sigma_{equ}^{max} \cdot \sqrt{\pi D_2}$$

$$= (1.03 \times 1.1/0.9852) \times 1086 \times \sqrt{\pi 2.1}$$

$$= 3208 (\text{MPa} \cdot \sqrt{\text{damage} - \text{unit}})$$

得到第二阶段当量损伤应力强度因子为

$$\Delta K_{2\mathrm{s}}^{\mathrm{equ}} = 3208(\mathrm{MPa} \cdot \sqrt{\mathrm{damage - unit}})$$

3）两个阶段之间损伤过渡值的计算

（1）建立并简化细观损伤速率方程。

当量综合材料常数的计算：

$$
\begin{aligned}
A_1^{\mathrm{equ}} &= 2\left[2\sigma'_{\mathrm{f}}(1-R)^{-m'}\sqrt{\alpha_{1\mathrm{fc}}}\right]^{-m'}\\
&= 2 \times \left[2 \times 2974 \times (1-0) \times {}^{-9.747}\sqrt{2.81}\right]^{-9.747}\\
&= 9.14^{-37}
\end{aligned}
$$

第一阶段细观损伤速率方程计算如下：

$$
\begin{aligned}
\mathrm{d}D_1/\mathrm{d}N_1 &= A_1^{\mathrm{equ}}(\Delta H_{1\mathrm{s}}^{\mathrm{equ}})^{m'}\\
&= 2\left(2 \times \sigma'_{\mathrm{f}}{}^{-m'}\sqrt{D_{1\mathrm{fc}}}\right)^{m'}\left(\frac{K_\sigma}{\varepsilon_\sigma \beta_\sigma}\Delta\sigma_{\mathrm{equ}}\right)^{m'}D_1\\
&= 2 \times \left(2 \times 2974 \times 1.0 \times {}^{-9.747}\sqrt{2.81}\right)^{-9.747} \times \left(\frac{2.5}{0.81 \times 1} \times 1086\right)^{9.747} \times D_1\\
&= 2.0984 \times 10^{-2} \times D_{\mathrm{tr}}(\mathrm{damage - unit/cycle})
\end{aligned}
$$

（2）建立宏观损伤速率方程。

当量综合材料常数的计算：

$$
\begin{aligned}
A_2^{\mathrm{equ}} &= 2\left[2\sigma'_{\mathrm{s}}\alpha(1-R)\sqrt{\pi D_{1\mathrm{fc}}}\right]^{-m'_2}\\
&= 2 \times \left[2 \times 1280 \times (1-0) \times \sqrt{\pi 2.81}\right]^{-4.93}\\
&= 1.4685 \times 10^{-19}
\end{aligned}
$$

第二阶段宏观损伤速率方程简化如下：

$$
\begin{aligned}
\mathrm{d}D_2/\mathrm{d}N_2 &= A_2^{\mathrm{equ}}(\Delta K_{2\mathrm{s}}^{\mathrm{equ}})^{m'_2} = 2\left(2\sigma'_{\mathrm{f}}\alpha\sqrt{\pi D_{2\mathrm{fc}}}\right)^{-m'_2}\left(\frac{K_\sigma}{\varepsilon_\sigma \beta_\sigma}\Delta K_{2\mathrm{s}}^{\mathrm{equ}}\right)^{4.93}\\
&= 1.4685 \times 10^{-19} \times \left(1.03 \times \frac{1.1}{0.9852} \times \frac{2.5}{0.81 \times 1} \times 1086\right)^{4.93} \times \pi^{2.465} \times D_{\mathrm{tr}}^{2.465}\\
&= 1.1784 \times D_{\mathrm{tr}}^{2.465}(\mathrm{mm/cycle})
\end{aligned}
$$

将两个阶段方程联立，从而求得过渡点的损伤过渡值 D_{tr}，即

$$
\begin{aligned}
\mathrm{d}D_1/\mathrm{d}N_1 &= 2.0984 \times 10^{-2} \times D_{\mathrm{tr}} = \mathrm{d}D_{\mathrm{tr}}/\mathrm{d}N_{\mathrm{tr}} = \mathrm{d}D_2/\mathrm{d}N_2\\
&= 1.1784 \times D_{\mathrm{tr}}^{2.465}(\mathrm{damage - unit/cycle})
\end{aligned}
$$

得出损伤过渡值：$D_{\mathrm{tr}} = 0.064(\mathrm{damage - unit})$

可见在高周低应力情况下，两个阶段的过渡损伤值很小，因此要设置一个过

渡值,为 0.315(damage - unit)

4)细观损伤(0.315mm)和宏观损伤(2.1mm)扩展速率的计算

(1)细观损伤(0.315mm)速率的计算。

此时应该选用在过渡点之前的第一阶段的损伤速率方程计算,计算如下:

$$
\begin{aligned}
\mathrm{d}D_1/\mathrm{d}N_1 &= A_1^{\mathrm{equ}} \times (\Delta A' H_{1\mathrm{s}}^{\mathrm{equ}})^{m'} \\
&= 2(2 \times 2\sigma'_{\mathrm{f}} \times \sqrt[-m']{D_{1\mathrm{fc}}})^{-m'} \left(\frac{K_\sigma}{\varepsilon_\sigma \beta_\sigma} \Delta\sigma\right)^{m'} \\
&= 2 \times (2 \times 2974 \times 1.0 \times \sqrt[-9.747]{2.81})^{-9.747} \times 1086^{9.747} \times D_1 \\
&= 9.14 \times 10^{-37} \times \left(\frac{2.5}{0.81} \times 1086\right)^{9.747} \times 0.315 \\
&= 6.61 \times 10^{-3} (\mathrm{damage - unit/cycle})
\end{aligned}
$$

(2)宏观损伤(2.1mm)速率的计算。

此时应该选用在过渡点之后的第二阶段的损伤速率方程计算。

$$
\begin{aligned}
\mathrm{d}D_2/\mathrm{d}N_2 &= A_2^{\mathrm{equ}} \left(\frac{K_\sigma}{\varepsilon_\sigma \beta_\sigma} \Delta K_{2\mathrm{s}}^{\mathrm{equ}}\right)^{m'_2} \\
&= 2 \times [2 \times 2974 \times (1-0)\alpha \sqrt{\pi \times 2.81}]^{-4.93} \times \\
&\quad (1.03 \times \frac{1.1}{0.9852} \times \frac{2.5}{0.81} \times 1086 \times \sqrt{\pi \times 2.1})^{4.93} \\
&= 1.468 \times 10^{-19} \times (1.03 \times \frac{1.1}{0.9852} \times \frac{2.5}{0.81} \times 1086 \times \sqrt{\pi \times 2.1})^{4.93} \\
&= 7.335 (\mathrm{damage - unit/cycle})
\end{aligned}
$$

2. 含缺陷结构件全过程损伤体寿命预测计算

对于某些机械零件,其全过程损伤体寿命预测计算,这里也提供如下若干种计算式和计算方法。

1)应力因子计算法

它的全过程损伤寿命预测方程为如下形式:

$$
\begin{aligned}
\sum N &= N_1 + N_2 \\
&= \int_{D_{01}}^{D_{\mathrm{tr}}} \frac{\mathrm{d}D_1}{A'_1 \left(\frac{K_\sigma}{\varepsilon_\sigma \beta_\sigma} \Delta H'_{1\mathrm{s}}\right)^{m'}} + \int_{D_{\mathrm{tr}}}^{D_{\mathrm{eff}}} \frac{\mathrm{d}D_2}{A'_2 \left(\frac{K_\sigma}{\varepsilon_\sigma \beta_\sigma} \Delta K'_{2\mathrm{s}}\right)^{m'_2}}
\end{aligned}
\qquad (2-371)
$$

式中:相关系数 $\dfrac{K_\sigma}{\varepsilon_\sigma \beta_\sigma}$ 如上文所述[18-19]。

对于工作应力 σ 小于 $0.55\sigma'_s$ 而且在对称循环加载下 $(R=-1,R=0)$，其全过程损伤寿命预测连接方程表达形式是

$$\sum N = N_1 + N_2$$

$$= \int_{D_{01}}^{D_{tr}} \frac{\mathrm{d}D_1}{2\left(H'_{1fc}\alpha\right)^{-m'}\left(\dfrac{K_\sigma}{\varepsilon_\sigma\beta_\sigma}\Delta H'_{1s}/2_{1s}\right)^{m'}} +$$

$$\int_{D_{tr}}^{D_{eff}} \frac{\mathrm{d}D_2}{2\left(K'_{2fc}\alpha\right)^{-m'_2}\left(\dfrac{K_\sigma}{\varepsilon_\sigma\beta_\sigma}\Delta K'_{2s}/2\right)^{m'_2}}(\mathrm{cycle}) \qquad (2-372)$$

而对于在非对称循环加载下 $(R\neq-1,R\neq0)$，全过程损伤寿命预测连接方程表达形式应该是如下形式：

$$\sum N = N_1 + N_2$$

$$= \int_{D_{01}}^{D_{tr}} \frac{\mathrm{d}D_1}{2\left[2H'_{1fc}\alpha(1-R)\right]^{-m'}\left(\dfrac{K_\sigma}{\varepsilon_\sigma\beta_\sigma}\Delta H'_{1s}\right)^{m'}} +$$

$$\int_{D_{tr}}^{D_{eff}} \frac{\mathrm{d}D_2}{2\left[2K_{2fc}(1-R)\alpha\right]^{-m'_2}\left[\dfrac{K_\sigma}{\varepsilon_\sigma\beta_\sigma}y(a/b)\Delta K'_{2s}\right]^{m'_2}}(\mathrm{cycle})$$

$$(2-373)$$

式中：$y(a/b)^{[20]}$ 为对缺陷形状的修正系数，如果是孔边角裂纹，应该用 $y(a/b)=MM_1/F_{1/2}$ 加以修正，这时应该查阅文献 $[23-26]$ 进行修正和计算。

2）应力计算法

对于工作应力 σ 小于 $0.55\sigma_s$，而且在对称循环加载下 $(R=-1,R=0)$，全过程损伤寿命预测方程也有两种形式。

第一种形式的连接方程为

$$\sum N = N_1 + N_2 = \int_{D_{01}}^{D_{tr}} \frac{\mathrm{d}D_1}{2\left(2\sigma'_f\alpha\sqrt[m']{D_{1fc}}\right)^{-m'}\left(\dfrac{K_\sigma}{\varepsilon_\sigma\beta_\sigma}\Delta\sigma\right)^{m'}D_1} +$$

$$\int_{D_{tr}}^{D_{fc}} \frac{\mathrm{d}D_2}{2\left(2\sigma'_f\alpha\sqrt{\pi D_{2fc}}\right)^{-m'_2}\left[\dfrac{K_\sigma}{\varepsilon_\sigma\beta_\sigma}y(a/b)\Delta\sigma_i\sqrt{\pi D_2}\right]^{m'_2}}(\mathrm{cycle})$$

$$(2-374)$$

第二种形式的连接方程为

$$\sum N = \frac{\ln D_{tr} - \ln D_{01}}{2\left(2\sigma_f' \alpha \sqrt[m']{D_{1fc}}\right)^{-m'} \left(\dfrac{K_\sigma}{\varepsilon_\sigma \beta_\sigma}\Delta\sigma\right)^{m'}} +$$

$$\frac{(4E\sigma_s')^{m'_2} \dfrac{1}{1-m_2'}(D_{eff}^{1-m_2'} - D_{02}^{1-m_2'})}{2\left(\dfrac{\beta\sigma_f'^2\alpha D_{2fc}\pi/\sigma_s'^2\sigma_s'}{E}\right)^{-m_2'}\left[\dfrac{K_\sigma}{\varepsilon_\sigma\beta_\sigma}y_2(a/b)\beta(\Delta\sigma/2)^2\pi\right]^{m_2'}} (\text{cycle})$$

$$(2-375)$$

而对于在非对称循环加载下 $(R \neq -1, R \neq 0)$，全过程损伤寿命预测连接方程表达形式应该是如下形式：

第一种形式的全过程寿命连接预测方程为

$$\sum N = N_1 + N_2 = \int_{D_{01}}^{D_{tr}} \frac{\mathrm{d}D_1}{2\left[2\sigma_f'(1-R)\alpha\sqrt[m']{D_{1fc}}\right]^{-m'}\left(\dfrac{K_\sigma}{\varepsilon_\sigma\beta_\sigma}\Delta\sigma\right)^{m'}D_1} +$$

$$\int_{D_{tr}}^{D_{fc}} \frac{\mathrm{d}D_2}{2\left[2\sigma_f'(1-R)\alpha\sqrt{\pi D_{2fc}}\right]^{-m_2'}\left[\dfrac{K_\sigma}{\varepsilon_\sigma\beta_\sigma}y(a/b)\Delta\sigma_i\sqrt{\pi D_2}\right]^{m_2'}} (\text{cycle})$$

$$(2-376)$$

第二种形式的全过程寿命连接预测计算式为

$$\sum N = \frac{\ln D_{tr} - \ln D_{01}}{2\left[2\sigma_f'(1-R)\sqrt[m']{D_{1fc}}\right]^{-m'}\left(\dfrac{K_\sigma}{\varepsilon_\sigma\beta_\sigma}\Delta\sigma\right)^{m'}} +$$

$$\frac{(2E\sigma_s')^{m'_2}\dfrac{1}{1-\lambda'}(D_{eff}^{1-m_2'} - D_{tr}^{1-m_2'})}{2\left[\dfrac{2\beta\sigma_f'^2\alpha\pi/\sigma_s'^2\sigma_s'}{E}(1-R)\right]^{-m_2'}\left\{\dfrac{K_\sigma}{\varepsilon_\sigma\beta_\sigma}[y_2(a/b)\beta\Delta\sigma^2\pi]\right\}^{m_2'}} (\text{cycle})$$

$$(2-377)$$

式中各参数的物理意义如同全过程速率连接方程计算中所述。

3) 低周疲劳下全过程损伤体寿命计算

对于工作应力 $\sigma > \sigma_s'$，其全过程损伤寿命可用下式计算：

$$\sum N_{ran} = N_{1ran} + N_{2ran} = \int_{D_{01}(\text{或}D_{th})}^{D_{tr}} \frac{\mathrm{d}D}{2(2K')^{-m'}\left(2\varepsilon_f'\sqrt[\lambda']{D_{1fc}}\right)^{-\lambda'}\Delta\sigma^{m'}D} +$$

$$\int_{D_{tr}}^{D_{1fc}} \frac{\mathrm{d}D}{2\left[2(\pi\sigma'_s(\sigma/\sigma'_s+1)(\sqrt{\pi D_{1fc}})^3/E)\right]^{\frac{m'\lambda'}{m'+\lambda'}}v_{pv}} \times$$

$$\frac{1}{\left[\dfrac{0.5\pi\sigma'_s y_2(\Delta\sigma/2\sigma'_s+1)(\sqrt{\pi D})^3}{E}\right]^{\frac{m'\lambda'}{m'+\lambda'}}} \tag{2-378}$$

计算实例

某一飞机机翼大梁用材料 30CrMnSiNi2A 制成,机翼与大梁制成螺孔 (图 2-22)用螺栓连接。螺纹连接部位承受着拉伸应力 σ 和扭转剪应力 τ 的复杂应力作用。此材料的性能数据被列在表 2-12 和表 2-13 中[25]。此飞机起飞后在很短的时间内发生了空难事故。事故后经检查是因为此机翼大梁的螺孔部位出现了一个如图 2-22 所示的孔边角裂纹,导致断裂事故。孔边角裂纹的尺寸:$a=2\mathrm{mm}$,$c=1\mathrm{mm}$,螺孔半径 $r=3\mathrm{mm}$,机翼大梁厚度 5mm。

在上文实例已被计算得出的数据如下。

(1)应力集中部位当量应力强度范围值:

$$\Delta\sigma_{equ}=\frac{K_\sigma}{\varepsilon_\sigma\beta_\sigma}\Delta\sigma=\sigma_{equ}^{max}-\sigma_{equ}^{min}=1086-0=1086(\mathrm{MPa});$$

(2)损伤门槛值 $D_{th}=0.237\mathrm{damage-unit}$;

(3)对应于当量应力 1086MPa 下的损伤值 $D_2=2.1\mathrm{damage-unit}$;

(4)对应于屈服应力 1280MPa 的损伤临界值 $D_{1fc}=2.81\mathrm{damage-unit}$;

(5)角裂纹修正系数 $y(a/b)=MM_1/F_{1/2}$,取 $M=1.03$,$M_1=1.1$,则 $F_{1/2}=0.9852$;

(6)角裂纹换算成当量穿透裂纹尺寸 c_1,$c_1 t=\dfrac{\pi}{4}ac$,则 $c_1=\dfrac{\pi}{4t}ac=\dfrac{3.1416}{4\times5}\times 2\times1=0.3146\mathrm{mm}\approx0.315\mathrm{mm}$。

裂纹形状修正系数:$y(a/b)=MM_1/F_{1/2}=1.03\times1.1/0.9852=1.15$。

试分别计算如下所要求的数据:

(1)计算在当量应力 $\sigma_{equ}=1086\mathrm{MPa}$ 下,孔边角裂纹从初始损伤值 D_{01} 0.02damage-unit 至 $D_1=c_1=0.315\mathrm{damage-unit}$ 时第一阶段的寿命 N_1;

(2)计算在当量应力 $\sigma_{equ}=1086\mathrm{MPa}$ 下,孔边角裂纹从损伤值 $D_1=c_1=0.315\mathrm{damage-unit}$ 至损伤值 D_2 的第二阶段的寿命 N_2;

(3)计算在当量应力 $\sigma_{equ}=1086\mathrm{MPa}$ 下的全过程寿命 $\sum N$。

计算过程、步骤和方法如下。

1）计算在当量应力 $\sigma_{equ} = 1086\mathrm{MPa}$ 下，孔边角裂纹从初始值 0.02 damage – unit 至当量损伤值 $c_1 = D_1(\mathrm{damage - unit})$ 的第一阶段的寿命 N_1

（1）综合材料常数的计算。

① 第一阶段综合材料常数的计算：

$$
\begin{aligned}
A_1^{equ} &= 2\left[2\sigma'_f(1 - R)^{-m'}\sqrt{D_{1fc}}\right]^{-m'} \\
&= 2 \times \left[2 \times 2974 \times (1 - 0) \times {}^{-9.747}\sqrt{2.81}\right]^{-9.747} \\
&= 9.14 \times 10^{-37}
\end{aligned}
$$

② 第二阶段综合材料常数的计算：

$$
\begin{aligned}
A_2^{equ} &= 2\left[2\sigma'_s\alpha(1 - R)\sqrt{\pi D_{1fc}}\right]^{-m'_2} \\
&= 2 \times \left[2 \times 1280 \times (1 - 0) \times \sqrt{\pi \times 2.81}\right]^{4.93} \\
&= 1.4685 \times 10^{-19}\left(\mathrm{MPa} \cdot \sqrt{\mathrm{damage - unit}}\right)^{-m'_2}
\end{aligned}
$$

（2）第一阶段寿命的预测计算。

在当量应力下第一阶段寿命的预测计算：

假定选损伤初始值 $D_{01} = 0.02$，此时全过程寿命连接计算式要选择在损伤假设的过渡点之前的寿命计算式计算：

$$
\begin{aligned}
N_1 &= \int_{D_{01}}^{D_1} \frac{\mathrm{d}D_1}{2\left[2\sigma'_f(1 - R)\alpha\sqrt[m']{D_{1fc}}\right]^{-m'}\left(\dfrac{K_\sigma}{\varepsilon_\sigma\beta_\sigma}\Delta\sigma\right)^{m'}D_1} \\
&= \int_{0.02}^{0.315} \frac{\mathrm{d}D_1}{2 \times \left[2 \times 2974 \times (1 - 0) \times 1 \times \sqrt[9.747]{2.81}\right]^{-9.747} \times \left(\dfrac{2.5}{0.81 \times 1} \times 1086\right)^{9.747} \times D_1} \\
&= \int_{0.02}^{0.315} \frac{\mathrm{d}D_1}{9.14 \times 10^{-37} \times \left(\dfrac{2.5}{0.81 \times 1} \times 1086\right)^{9.747} \times D_1} \\
&= 131(\mathrm{cycle})
\end{aligned}
$$

2）计算在当量应力 $\sigma_{equ} = 1086\mathrm{MPa}$ 下，从损伤值 $D_1 = 0.315$ damage – unit 至当量损伤值 $D_2 = 2.1\mathrm{damage - unit}$ 时的寿命 N_2

此时寿命计算式要选择在第二阶段的寿命计算式计算：

$$
N_2 = \int_{D_1}^{D_2} \frac{\mathrm{d}D_2}{2\left[2\sigma'_s(1 - R)\alpha\sqrt{\pi D_{2fc}}\right]^{-m'_2}\left(\dfrac{K_\sigma}{\varepsilon_\sigma\beta_\sigma}y(a/b)\Delta\sigma_i\sqrt{\pi D_2}\right)^{m'_2}}
$$

$$= \int_{D_1}^{D_2} \frac{dD_2}{2 \times \left[2 \times 1280 \times (1-0) \times 1 \times \sqrt{\pi 2.81} \right]^{-m'_2} \times \left(\frac{2.5}{0.81 \times 1} \times 1.15 \times 1086 \times \sqrt{\pi D_2} \right)^{m'_2}}$$

$$= \int_{0.315}^{2.1} \frac{dD_2}{1.4685 \times 10^{-19} \times \left(\frac{2.5}{0.81 \times 1} \times 1.15 \times 1086 \times \sqrt{\pi D_2} \right)^{4.93}}$$

$$= 3 (\text{cycle})$$

3）全过程寿命 $\sum N$ 的计算

全过程寿命计算如下：

$$\sum N = N_1 + N_2 = 131 + 3 = 134 (\text{cycle})$$

在第一阶段假设取晶粒平均尺寸 0.02mm 作为损伤初始值计算寿命已经不安全；如果第一、第二阶段再考虑有效值等修正系数的影响，则寿命必然更短。

由此可见，这架用材料 30CrMnSiNi2A 制成的飞机大梁在设计强度和寿命上存在着严重的不足。

2.3.4　变幅载荷下全过程损伤体寿命预测计算

实际工程中运行的机器零件，它们受载往往不只是一类载荷，而是被加载在变幅或随机载荷下运行。对于此类机械零件的损伤和寿命的计算问题，这里提出了几种计算方法。

1. 方法 1——效仿 Miner 方法[26-28]

1）多级载荷下第一阶段总损伤值的计算

对于多级载荷下总损伤值的计算可以应用 Miner 的累积损伤定律，在第一阶段，多级载荷下总损伤值 $\sum D_1$ 用下式计算：

$$\sum D_1 = D_1 N_1 + D_2 N_2 + D_3 N_3 + \cdots + D_i N_i$$

$$= \sum_{i=1}^{B} D_i N_i \leqslant \sum D_{1\text{fc}} / \alpha \qquad (2-379)$$

式中：$\sum D_f^1$ 为第一阶段在多级载荷下达到失效时的总损伤值；$N_1, N_2, N_3, \cdots, N_i$ 为对应于每一级应力水平下损伤值达到失效的各级循环数；B 为各类载荷的级数；α 是有效值系数，但是，α 要取决于实验。

在第一阶段，在各级载荷下总的损伤值应该可以用下式计算：

$$\sum D'_1 = D_1 n_1 + D_2 n_2 + D_3 n_3 + \cdots + D_i n_i = \sum_{i=1}^{B} D_i n_i \qquad (2-380)$$

式中：$n_1, n_2, n_3, \cdots, n_i$ 为对应于每一级应力水平下产生相应损伤值 D_i 的循环数，n_i 为对应于第 i 级应力水平下产生损伤值 D_i 的循环数，例如 n_1 为对应于第一级应力水平下产生损伤值 D_1 的循环数，n_2 为对应于第二级应力水平下产生损伤值 D_2 的循环数，n_3 为对应于第三级应力水平下产生损伤值 D_3 的循环数。

2）第一阶段多级载荷下损伤体寿命的预测计算

在多级载荷下，将每一级应力下造成损伤的各级寿命循环数叠加，就可得出这一阶段寿命的总循环数，它的表达式应该是

$$n_1 + n_2 + n_3 + \cdots + n_i = \sum_{i=1}^{B} n_{oi} = \alpha N_1 + \alpha N_2 + \alpha N_3 + \cdots = \sum \alpha N_{1oi}$$

$$(2-381)$$

3）第二阶段多级载荷下总损伤量的计算

多级载荷下第二阶段达到失效的总损伤值可用下式计算：

$$\sum D_2 = D_1 N_1 + D_2 N_2 + D_3 N_3 + D_i N_i + \cdots = \sum_{i=1}^{B} D_i N_i \leqslant \sum D_{2fc} / \alpha$$

$$(2-382)$$

式中：$\sum D_{2fc}$ 为多级载荷下第二阶段达到失效的总损伤值，其他参数与第一阶段计算式中各参数的物理含义相同。

而将各级应力下对应循环数所产生的每一级损伤值叠加，就成为第二阶段所产生的总损伤值 $\sum D_2'$，可以用下式表达：

$$\sum D_2' = D_1 n_1 + D_2 n_2 + D_3 n_3 + D_i n_i + \cdots = \sum_{i=1}^{B} D_i n_i \qquad (2-383)$$

4）第二阶段多级载荷下寿命预测计算

第二阶段多级载荷下寿命预测计算的方法同第一阶段相类似，这一阶段的计算式是[12,13]

$$\sum N_{2ji} = \alpha N_1 + \alpha N_2 + \alpha N_3 + \alpha N_4 \cdots = \sum_{i=1}^{B} \alpha N_{2ji} \qquad (2-384)$$

5）多级载荷下全过程总损伤量的计算

多级载荷下全过程总损伤值的计算，只要将两个阶段的损伤值相加就可求得，即

$$\sum D = \sum D_1 + \sum D_2 = \sum_{i=1}^{B} D_{oi} + \sum_{i=1}^{B} D_{ji} \leqslant \sum D_f / \alpha \qquad (2-385)$$

6）多级载荷下全过程寿命预测计算

多级载荷下全过程总寿命的计算，只要将两个阶段的寿命循环数相加，就可

求得全过程总寿命，即

$$\sum N = \sum N_{1oi} + \sum N_{2ji} = \sum_{i=1}^{B} N_{oi} + \sum_{i=1}^{B} N_{ji} \leqslant \sum N_f/\alpha \quad (2-386)$$

而在两个阶段期间使用（运行）寿命的总循环数可用另一形式表达：

$$\sum n = \sum_{i=1}^{B} n_{oi} + \sum_{i=1}^{B} n_{ji} \quad (2-387)$$

总的运行（使用）寿命循环数 $\sum n_{oi-ji}$ 同材料达到失效的总寿命循环数 $\sum N_{oi-ji}$ 之间的关系应该是

$$\sum n_{oi-ji} / \sum N_{oi-ji} \leqslant (0.6 \sim 0.7) \quad (2-388)$$

2. 方法 2——用积分方程计算法

这里再提供一种积分方程计算法。

1）多级载荷下第一阶段损伤体寿命预测计算

如果在复杂应力状态下，此时可以用如下方程计算：

$$\sum_{i}^{B} N_1 = \int_{D_{01}}^{D_1} \frac{\mathrm{d}D}{A'_{1equ} \Delta\sigma_{equ-1}{}^{m'} D} + \int_{D_1}^{D_2} \frac{\mathrm{d}D}{A'_{1equ} \Delta\sigma_{equ-2}{}^{m'} D} +$$

$$\int_{D_2}^{D_3} \frac{\mathrm{d}D}{A'_{1equ} \Delta\sigma_{equ-3}{}^{m'} D} + \int_{D_{i-1}}^{D_i} \frac{\mathrm{d}D}{A'_{1equ} \Delta\sigma_{equ-i}{}^{m'} D} + \cdots (\text{cycle})$$

$$(2-389)$$

式中：$\sum_{i}^{B} N_1$ 为第一阶段的各级载荷下的总寿命；B 是各类载荷的级数；$\Delta\sigma_{equ-i}$ 为各级应力范围值大小；A'_{1equ} 为材料的综合当量应力材料常数，计算式为

$$A'_{1equ} = 2\left(2\sigma'_f \alpha \sqrt[m']{D_{1fc}}\right)^{-m'} (\sigma_m = 0) \quad (2-390)$$

$$A'_{1equ} = 2\left[2\sigma'_f(1-R)\alpha \sqrt[m']{D_{1fc}}\right]^{-m'} (\sigma_m \neq 0) \quad (2-391)$$

这一阶段各级载荷下的运行循环数的总和是

$$\sum n_1 = n_1 + n_2 + n_2 + \cdots + n_i$$

2）多级载荷下第二阶段寿命预测计算

例如，它可以采用如下形式计算：

$$\sum_{j}^{B} N_2 = \int_{D_{tr}}^{D_1} \frac{\mathrm{d}D}{A'_{2equ}\left(\Delta\sigma_{equ-1}\sqrt{\pi D}\right)^{m'_2}} + \int_{D_1}^{D_2} \frac{\mathrm{d}D}{A'_{2equ}\left(\Delta\sigma_{equ-2}\sqrt{\pi D}\right)^{m'_2}}$$

$$+ \int_{D_2}^{D_3} \frac{\mathrm{d}D}{A'_{2\mathrm{equ}} \left(\Delta\sigma_{\mathrm{equ}-3} \sqrt{\pi D} \right)^{m'_2}} + \int_{D_{i-1}}^{D_i} \frac{\mathrm{d}D}{A'_{2\mathrm{equ}} \left(\Delta\sigma_{\mathrm{equ}-i} \sqrt{\pi D} \right)^{m'_2}} + \cdots (\mathrm{cycle})$$

$$(2-392)$$

式中：$\sum\limits_{j}^{B} N_2$ 为多级载荷下第二阶段总寿命；$A'_{2\mathrm{equ}}$ 为第二阶段材料的当量综合应力材料常数，计算如下：

$$A'_{2\mathrm{equ}} = 2 \left(2\sigma'_{\mathrm{f}} \alpha \sqrt{\pi D_{1\mathrm{fc}}} \right)^{m'_2} (\sigma_{\mathrm{m}} = 0) \qquad (2-393)$$

$$A'_{2\mathrm{equ}} = 2 \left[2\sigma'_{\mathrm{f}} (1-R) \alpha \sqrt{\pi D_{1\mathrm{fc}}} \right]^{m'_2} (\sigma_{\mathrm{m}} \neq 0) \qquad (2-394)$$

这一阶段对应于各级载荷下运行循环数的计算与总损伤值的计算同第一阶段的方法相类似。

3）多级载荷下全过程寿命预测计算

这种情况下，仍可以用下式叠加求得，即

$$\sum N_{1oi-2ji} = \sum N_{1oi} + \sum N_{2ji} (\mathrm{cycle}) \qquad (2-395)$$

此时全过程总损伤值也用两个阶段叠加得出：

$$\sum D_{1oi-2ji} = \sum D_{1oi} + \sum D_{2ji} \qquad (2-396)$$

如果要想为大量的零件和材料做大量的强度和寿命预测计算，这种情况下，便可采用大数据技术编制程序，实行大数据计算[29]。

计算实例

有一用 45 钢制成的压缩机曲轴，此材料的主要性能数据列于表 2-14 中，与曲轴形状、尺寸、表面加工有关产生的修正系数为 $\dfrac{K_\sigma}{\varepsilon_\sigma \beta_\sigma}$，分别取应力集中系数 $K_\sigma = 3.6, \varepsilon_\sigma = 0.81, \beta_\sigma = 1.0$。

表 2-14　45 钢性能数据

$\sigma_{\mathrm{b}}/\mathrm{MPa}$	E/MPa	K'	n'	$\sigma'_{\mathrm{f}}/\mathrm{MPa}$	b'/m'
539	200000	1153	0.179	1115	-0.123 / 8.13

假定此曲轴被加载在多级载荷下，各级载荷下产生I型拉应力和II型剪应力，已用下式换算成相应的当量应力 $\sigma_{1\mathrm{equ}-i} = \dfrac{K_\sigma}{\varepsilon_\sigma \beta_\sigma} \sigma_{ai} (\mathrm{MPa})$，或相应的当量应力范围

$\Delta\sigma_{1\mathrm{equ}-i} = \dfrac{K_\sigma}{\varepsilon_\sigma \beta_\sigma} \Delta\sigma_i (\mathrm{MPa})$，其应力数据已被列在表 2-15～表 2-17 中。

试计算此曲轴在多级载荷下的第一阶段、第二阶段以至全过程的寿命。计算过程、步骤、方法如下。

1）相关参数计算

（1）45 钢在疲劳载荷下的屈服应力 σ'_s 的计算：

$$\sigma'_s = \left(\frac{E}{K'^{1/n'}}\right)^{\frac{n'}{n'-1}} = \left(\frac{200000}{1153^{1/0.179}}\right)^{\frac{0.179}{0.179-1}} = 375(\text{MPa})$$

（2）用第一阶段损伤速率方程指数 m' 换算为第二阶段损伤速率方程指数 m'_2，转换计算：

$$m'_2 = \frac{m'\ln\sigma'_s + \ln D_{tr}}{\ln\sigma'_s + \frac{1}{2}\ln(\pi D_{tr})} = \frac{8.13 \times \ln375 + \ln(0.3015 \times 10^{10})}{\ln375 + \frac{1}{2}\ln(\pi \times 0.3015 \times 10^{10})} = 4.021$$

（3）各级当量应力幅下损伤值的计算：

$$D_i = \left(\sigma^{(1-n')/n'}\frac{E\pi^{1/(2n')}}{K'^{1/n'}}\right)^{-\frac{2m'n'}{2n'-m'}}$$

$$= \left(\sigma^{(1-0.179)/0.179} \times \frac{200000 \times \pi^{1/(2\times0.179)}}{1153^{1/0.179}}\right)^{-\frac{2\times8.13\times0.179}{2\times0.179-8.13}}$$

$$= \left(\sigma^{4.5866} \times \frac{200000 \times \pi^{2.793}}{1153^{5.5866}}\right)^{0.3745} (\text{damage} - \text{unit})$$

将表 2 − 15 中各相应的当量应力 σ 代入上式，分别计算各级载荷下对应的损伤值 D_i，然后再列入同一表中。

（4）临界值 D_{1fc} 和 D_{2fc} 的计算。

用屈服应力计算出临界值 D_{1fc}：

$$D_{1fc} = \left(\sigma'^{(1-n')/n'}_s \frac{E\pi^{1/(2n')}}{K'^{1/n'}}\right)^{\frac{2m'n'}{2n'-m'}}$$

$$= \left(375^{(1-0.179)/0.179} \times \frac{200000 \times \pi^{1/(2\times0.179)}}{1153^{1/0.179}}\right)^{\frac{2\times8.13\times0.179}{2\times0.179-8.13}}$$

$$= \left(375^{4.5866} \times \frac{200000 \times \pi^{2.793}}{1153^{5.5866}}\right)^{-0.3745}$$

$$= 3.317(\text{damage} - \text{unit})$$

并用断裂应力 σ'_f 计算临界值 D_{2fc}：

$$D_{2fc} = \left(1115^{4.5866} \times \frac{200000 \times \pi^{2.793}}{1153^{5.5866}}\right)^{0.3745} = 21.56(\text{damage} - \text{unit})$$

上述数据可用于综合材料常数 A'_{4equ-1} 的计算。

（5）宏观损伤与细观损伤两阶段间的过渡值的计算：

$$D_{\text{tr}} = \left(\sigma_{\text{s}}^{\prime(1-n')/n'} \frac{E\pi^{1/(2n')}}{K'^{1/n'}} \right)^{\frac{2m'n'}{2n'-m'}}$$

$$= \left(375^{(1-0.179)/0.179} \times \frac{200000 \times \pi^{1/(2 \times 0.179)}}{1153^{1/0.179}} \right)^{\frac{2 \times 8.13 \times 0.179}{2 \times 0.179 - 8.13}}$$

$$= \left(375^{4.5866} \times \frac{200000 \times \pi^{2.793}}{1153^{5.5866}} \right)^{-0.3745}$$

$$= 0.3015(\text{damage} - \text{unit})$$

2）方法 1（损伤累积与分段叠加法）

（1）第一阶段各级载荷下各级寿命的计算。

选用相关的计算式，选取表 2 - 15 中的相关计算数据，进行第一阶段寿命的计算。

① 第一阶段综合材料常数 $A'_{4\text{equ}-1}$ 的计算。

这里选用第四裂纹强度理论的相关计算式计算，例如在第一级应力下，它计算如下：

$$A'_{4\text{equ}-1} = 2\left(\frac{2\sigma'_{\text{f}}}{\sqrt{3}}(1 - \sigma_{\text{m}}/\sigma'_{\text{f}})\alpha^{-m'}\sqrt{D_{1\text{fc}}} \right)^{-m'}$$

$$= 2 \times \left(\frac{2 \times 1115}{\sqrt{3}} \times (1 - 62/1115) \times \alpha \times^{-8.13}\sqrt{3.317} \right)^{-8.13}$$

$$= 5.5 \times 10^{-25}$$

② 第一阶段在各级当量应力 $\Delta\sigma_{1\text{equ}-i} = \dfrac{K_{\sigma}}{\varepsilon_{\sigma}\beta_{\sigma}}\Delta\sigma_i$ 和各级综合材料常数下对各级寿命的计算。

假设初始损伤值 $D_{01} = 0.04\text{damage} - \text{unit}$，输入表中各级应力下的当量应力范围值 $\Delta\sigma_{1\text{equ}-i} = \dfrac{K_{\sigma}}{\varepsilon_{\sigma}\beta_{\sigma}}\Delta\sigma_i$ 以及相应的综合材料常数 $A'_{4\text{equ}-1}$ 值，用下式计算出第一阶段各级当量应力下的寿命。例如，对第一阶段第一级当量应力下的寿命具体计算如下：

$$N_1 = \int_{D_{01}}^{D_{\text{tr}}} \frac{\mathrm{d}D_1}{A'_{4\text{equ}-1}\left(\dfrac{K_{\sigma}}{\varepsilon_{\sigma}\beta_{\sigma}} \cdot \dfrac{\Delta\sigma_{4\text{equ}}\sqrt[m']{D_1}}{\sqrt{3}} \right)^{m'}}$$

$$= \int_{0.04}^{0.3015} \frac{\mathrm{d}D_1}{5.5 \times 10^{-25} \times \left(\dfrac{124 \times \sqrt[8.13]{D_1}}{\sqrt{3}} \right)^{8.13}} = 3054532501(\text{cycle})$$

将计算结果的数据再列入表 2 - 15 中。

③ 第一阶段材料损伤总寿命计算：

$$\sum N_{1oi} = \sum_{i=1}^{B} N_{oi} = N_1 + N_2 + N_3 = 3054532501 + 585968094 + 121712292$$

$$= 3758669589 \approx 3.7589 \times 10^9 (\mathrm{cycle})$$

假定取有效值系数 $\alpha = 0.7$，有效寿命应该是

$$\sum \alpha N_{1oi} = \sum_{i=1}^{B} \alpha N_{oi} = \alpha N_1 + \alpha N_2 + \alpha N_3$$

$$= 0.7 \times (3054532501 + 585968094 + 118168994)$$

$$= 0.7 \times 3758669589 \approx 0.7 \times 3.7589 \times 10^9 \approx 2.63 \times 10^9 (\mathrm{cycle})$$

（2）第二阶段各级应力下各级寿命的计算。

① 第二阶段当量综合材料常数 A'_{4equ-2} 为（假定取 $\alpha = 1$）：

$$A'_{4equ-2} = 2 \left[2\sigma_f \alpha (1 - \sigma_m / \sigma'_f) \sqrt{\pi D_{1fc}} / \sqrt{3} \right]^{-m'_2}$$

$$= 2 \times \left[2 \times 1115 \times 1 \times (1 - 110/1115) \times \sqrt{\pi \times 3.317} / \sqrt{3} \right]^{-4.021}$$

$$= 5.54 \times 10^{-15}$$

② 第二阶段各级当量应力 $\Delta\sigma_{1equ-i} = \dfrac{K_\sigma}{\varepsilon_\sigma \beta_\sigma} \Delta\sigma_i$ 下的材料寿命计算。

当损伤值超过损伤过渡值 $0.3015\mathrm{damage-unit}$ 之后，要选择第二阶段损伤寿命计算式，所以选用以下计算式计算。

这里假定取小缺陷形状系数 $y(a/b) = 0.5$，输入表 2 - 17 中第二阶段各级应力下的当量应力范围值 $\Delta\sigma_{1equ-2} = \dfrac{K_\sigma}{\varepsilon_\sigma \beta_\sigma} \Delta\sigma_i$ 及相应的综合材料常数 A'_{4equ-2} 值，从而计算出第二阶段各级当量应力下的寿命。例如，第二阶段第一级寿命具体计算如下：

$$N_{2-1} = \int_{D_{tr}}^{D_{1fc}} \frac{\mathrm{d}D_2}{A'_{4equ-2} \left(\dfrac{K_\sigma}{\varepsilon_\sigma \beta_\sigma} \times \dfrac{y(a/b)\Delta\sigma_{4equ}\sqrt{\pi D_2}}{\sqrt{3}} \right)^{m'_2}}$$

$$= \int_{0.3015}^{3.317} \frac{\mathrm{d}D_2}{8.54 \times 10^{-15} \times \left(\dfrac{0.5 \times 220 \times \sqrt{\pi D_2}}{\sqrt{3}} \right)^{4.021}}$$

$$= 2000648 (\mathrm{cycle})$$

请注意,在损伤值 $D \leqslant 1 \text{damage} - \text{unit}(1\text{mm})$ 之前,这里系数 $y(a/b) = 0.5$,但在工程应用时,应由实验确定。

将各级应力下计算的第二阶段的寿命再列入表 2-17 中。

③ 第二阶段材料总寿命计算:

$$\sum N_{2ji} = \sum_{i=1}^{B} N_{ji} = N_1 + N_2 + N_3 + N_4 + N_5$$

$$= 2000648 + 1126642 + 671368 + 417741 + 272274$$

$$= 4488673(\text{cycle})$$

取 $\alpha = 0.7$,有效寿命应该是

$$\sum \alpha N_{2ji} = \sum_{i=1}^{B} \alpha N_{ji} = 0.7 \times 4488673 = 3142071(\text{cycle})$$

④ 由于往复压缩机不断地做往复运动,假定每一级运行循环数为 n_i,试计算在多级载荷下两个阶段运行总寿命和全过程总寿命循环数。

根据上文相关计算式和表 2-15 ~ 表 2-17 中的数据,两个阶段使用(运行)寿命的总循环数,计算如下:

$$\sum n_{oi-ji} = \sum_{i=1}^{B} n_{oi} + \sum_{i=1}^{B} n_{ji}$$

$$= 1879334795 + 2244337$$

$$= 1.881579132 \times 10^9 (\text{cycle})$$

多级载荷下全过程总寿命循环数是

$$\sum N = \sum N_1 + \sum N_2 = 3758669589 + 4488673 = 3.763158260 \times 10^9 (\text{cycle})$$

全过程总寿命有效循环数应该是

$$\sum N\alpha = \sum_{i=1}^{B} N_{oi}\alpha + \sum_{i=1}^{B} N_{ji}\alpha = 3.76 \times 10^9 \times 0.7 = 2.63 \times 10^9 (\text{cycle})$$

寿命有效系数校核:

$$\sum n_{oi-ji} / \sum N_{oi-ji} = \frac{1.88 \times 10^9}{2.63 \times 10^9} = 0.71 > \alpha = (0.6 \sim 0.7)$$

可见,此压缩机曲轴运行寿命已超过安全系数,已属于不安全状态;而且有些场合,寿命安全系数 n 甚至会取 20 倍。

表 2 – 15　第一阶段各级当量应力下的损伤值和寿命的计算数据(方法 1)

$\dfrac{K_\sigma}{\varepsilon_\sigma \beta_\sigma}\sigma, \Delta\sigma$	62,124	75,150	90,180	90,180
A'_{4equ-1}	5.5×10^{-25}	6.1×10^{-25}	6.87×10^{-25}	—
各级损伤值 D_i	0.151	0.21	0.286	0.3014
N_{if}各级应力下寿命	3054532501	585968094	118168994	
第一阶段总寿命 $\sum N_{1f}$		$\sum N_{1f} = 3.758669589 \times 10^{-9}$ (cycle)		
假设各级运行寿命数 n_i	1527266251	292984047	59084497	
假设总运行循环数	$\sum n_{1i} \approx 1879334795$ (cycle)			

表 2 – 16　各级当量应力下的损伤值和寿命的计算数据(方法 1)

$\dfrac{K_\sigma}{\varepsilon_\sigma \beta_\sigma}\sigma, \Delta\sigma$	110,220	125,250	140,280
A'_{4equ-2}	8.54×10^{-15}	9.07×10^{-15}	9.65×10^{-15}
各级损伤值 D_i	0.404	0.503	0.61
各级应力下寿命 N_{if}	2000648	1126642	671368
假设各级运行寿命数 n_i	1000324	563321	335684

表 2 – 17　第二阶段各级当量应力下的损伤值和寿命的计算数据(方法 1)

$\dfrac{K_\sigma}{\varepsilon_\sigma \beta_\sigma}\sigma, \Delta\sigma$	155,310	170,340
A'_{4equ-2}	1.03×10^{-14}	1.09×10^{-14}
各级损伤值 D_i	0.728	0.854
各级应力下寿命 N_{if}	417741	272274
第二阶段总寿命 $\sum N_{2f}$	$\sum N_{2f} \approx 4488673$	
假设各级运行寿命数 n_i	208871	136137
假设总运行循环数	$\sum N_{2i} \approx 2244337$	

3) 方法 2——分段积分再叠加计算法

(1) 第一阶段(细观)各级载荷下各级使用寿命 n_i 和失效寿命 N_i 的计算。

① 第一阶段综合材料常数 A'_{4equ-1} 的计算。

这里仍选用第四损伤强度理论的相关计算式计算,例如在第一级应力下,计算如下:

$$A'_{4\text{equ}-1} = 2\left(\frac{2\sigma'_f}{\sqrt{3}}(1 - \sigma_m/\sigma'_f)\alpha^{-m'}\sqrt[m']{D_{1fc}}\right)^{-m'}$$

$$= 2 \times \left(\frac{2 \times 1115}{\sqrt{3}} \times (1 - 62/1115) \times \alpha \times^{-8.13}\sqrt[-8.13]{3.317}\right)^{-8.13}$$

$$= 5.5 \times 10^{-25}$$

② 第一阶段在各级当量应力 $\Delta\sigma_{1\text{equ}-i} = \dfrac{K_\sigma}{\varepsilon_\sigma\beta_\sigma}\Delta\sigma_i$ 和各级综合材料常数 $A'_{4\text{equ}-1i}$ 下使用(运行)寿命 n_i 的计算。

假定设初始损伤值 $D_{01} = 0.04\text{damage} - \text{unit}$,按表 2 – 18 输入各级应力下的当量应力范围值 $\Delta\sigma_{1\text{equ}-i} = \dfrac{K_\sigma}{\varepsilon_\sigma\beta_\sigma}\Delta\sigma_i$ 以及相应的综合材料常数 $A'_{4\text{equ}-1}$ 值,用下式计算出第一阶段各级当量应力下的运行寿命 $n_i(\text{cycle})$:

$$\sum_i^B n_i = \int_{D_{01}}^{D_1} \frac{\mathrm{d}D}{A'_{1\text{equ}-1}\left(\dfrac{K_\sigma}{\varepsilon_\sigma\beta_\sigma} \times \dfrac{\Delta\sigma_{\text{equ}-1}}{\sqrt{3}}\right)^{m'} D} + \int_{D_1}^{D_2} \frac{\mathrm{d}D}{A'_{1\text{equ}-2}\left(\dfrac{K_\sigma}{\varepsilon_\sigma\beta_\sigma} \times \dfrac{\Delta\sigma_{\text{equ}-2}}{\sqrt{3}}\right)^{m'} D} +$$

$$\int_{D_2}^{D_3} \frac{\mathrm{d}D}{A'_{1\text{equ}-3}\left(\dfrac{K_\sigma}{\varepsilon_\sigma\beta_\sigma} \times \dfrac{\Delta\sigma_{\text{equ}-2}}{\sqrt{3}}\right)^{m'} D} + \int_{D_3}^{D_4} \frac{\mathrm{d}D}{A'_{1\text{equ}-3}\left(\dfrac{K_\sigma}{\varepsilon_\sigma\beta_\sigma} \times \dfrac{\Delta\sigma_{\text{equ}-2}}{\sqrt{3}}\right)^{m'} D}$$

$$= \int_{0.04}^{0.151} \frac{\mathrm{d}D}{5.5 \times 10^{-25} \times \left(\dfrac{124}{\sqrt{3}}\right)^{8.13} D} + \int_{0.151}^{0.21} \frac{\mathrm{d}D}{6.1 \times 10^{-25} \times \left(\dfrac{150}{\sqrt{3}}\right)^{8.13} D} +$$

$$\int_{0.21}^{0.286} \frac{\mathrm{d}D}{6.87 \times 10^{-25} \times \left(\dfrac{180}{\sqrt{3}}\right)^{8.13} D} + \int_{0.286}^{0.3015} \frac{\mathrm{d}D}{6.87 \times 10^{-25} \times \left(\dfrac{180}{\sqrt{3}}\right)^{8.13} D}$$

$$= 2.008842568 \times 10^9 + 9.5682662 \times 10^7 + 1.8070756 \times 10^7 + 3.087466 \times 10^6$$

$$\approx 2.125665452 \times 10^9 (\text{cycle})$$

将计算结果的数据再列入表 2 – 18 中。

③ 第一阶段在各级当量应力 $\Delta\sigma_{1\text{equ}-i} = \dfrac{K_\sigma}{\varepsilon_\sigma\beta_\sigma}\Delta\sigma_i$ 和各级综合材料常数 $A'_{4\text{equ}-1}$ 下材料达到失效时各级对应寿命 N_i 的计算。

假定第一阶段积分下限为初始裂纹尺寸 $a_{01} = 0.04\text{mm}$,积分上限为损伤过渡值 $D_{tr} = 0.3015\text{damage} - \text{unit}$,按表 2 – 18 输入各级应力下的当量应力范围值

$\Delta\sigma_{1\mathrm{equ}-i} = \dfrac{K_\sigma}{\varepsilon_\sigma\beta_\sigma}\Delta\sigma_i$ 以及相应的综合材料常数 $A'_{4\mathrm{equ}-1}$ 值,用下式计算出第一阶段各级当量应力下的材料失效寿命 $N_i(\mathrm{cycle})$,计算如下:

$$\sum_i^B N_i = \int_{D_{01}}^{D_{\mathrm{tr}}} \frac{\mathrm{d}D}{A'_{1\mathrm{equ}-1}\left(\dfrac{K_\sigma}{\varepsilon_\sigma\beta_\sigma}\times\dfrac{\Delta\sigma_{\mathrm{equ}-1}}{\sqrt{3}}\right)^{m'}D} + \int_{D_{01}}^{D_{\mathrm{tr}}} \frac{\mathrm{d}D}{A'_{1\mathrm{equ}-2}\left(\dfrac{K_\sigma}{\varepsilon_\sigma\beta_\sigma}\times\dfrac{\Delta\sigma_{\mathrm{equ}-2}}{\sqrt{3}}\right)^{m'}D} +$$

$$\int_{D_{01}}^{D_{\mathrm{tr}}} \frac{\mathrm{d}D}{A'_{1\mathrm{equ}-3}\left(\dfrac{K_\sigma}{\varepsilon_\sigma\beta_\sigma}\times\dfrac{\Delta\sigma_{\mathrm{equ}-3}}{\sqrt{3}}\right)^{m'}D}$$

$$= \int_{0.04}^{0.3015} \frac{\mathrm{d}D}{5.5\times10^{-25}\times\left(\dfrac{124}{\sqrt{3}}\right)^{8.13}\times D} + \int_{0.04}^{0.3015} \frac{\mathrm{d}D}{6.1\times10^{-25}\times\left(\dfrac{150}{\sqrt{3}}\right)^{8.13}\times D} +$$

$$\int_{0.04}^{0.3015} \frac{\mathrm{d}D}{6.87\times10^{-25}\times\left(\dfrac{180}{\sqrt{3}}\right)^{8.13}\times D}$$

$$= 3.054532501\times10^9 + 5.85968094\times10^8 + 1.18168994\times10^8$$

$$\approx 3.758669589\times10^9\,(\mathrm{cycle})$$

将计算结果的数据再列入表 2 – 18 中。

可见,用这种方法计算结果,第一阶段此曲轴材料在各级应力下总寿命为 3758669589 cycle,与前一种计算方法计算数据 3758669589 cycle 完全一致。

(2) 第二阶段(宏观损伤)各级载荷下各级运行寿命 n_{2i} 和失效寿命 N_{2i} 的计算

① 第二阶段综合材料常数 $A'_{4\mathrm{equ}-2}$ 的计算。

这里仍选用第四损伤强度理论的相关计算式计算,例如在第一级应力下,$A'_{4\mathrm{equ}-2}$ 计算如下:

$$A'_{4\mathrm{equ}-2} = 2\left[2\sigma'_{\mathrm{f}}\alpha(1-\sigma_{\mathrm{m}}/\sigma'_{\mathrm{f}})\sqrt{\pi D_{1\mathrm{fc}}}/\sqrt{3}\right]^{-m'_2}$$

$$= 2\times\left[2\times1115\times1\times(1-110/1115)\times\sqrt{\pi\times3.317}/\sqrt{3}\right]^{-4.021}$$

$$= 8.54\times10^{-15}$$

② 第二阶段在各级当量应力 $\Delta\sigma_{\mathrm{equ}-i} = \dfrac{K_\sigma}{\varepsilon_\sigma\beta_\sigma}\Delta\sigma_i$ 和各级综合材料常数 $A'_{4\mathrm{equ}-2i}$ 下使用(运行)寿命 n_{2i} 的计算:

$$\sum_i^B n_{2i} = \sum_i^B \int_{D_{tr}}^{D_{1fc}} \frac{\mathrm{d}D}{A'_{4equ-2i}\left(\dfrac{K_\sigma}{\varepsilon_\sigma \beta_\sigma} \times \dfrac{\Delta\sigma_{equ-i}\sqrt{\pi D_2}}{\sqrt{3}}\right)^{m'_2}}$$

$$= \int_{0.3015}^{0.404} \frac{\mathrm{d}D}{8.54 \times 10^{-15} \times \left(\dfrac{220 \times \sqrt{\pi D_2}}{\sqrt{3}}\right)^{4.021}} +$$

$$\int_{0.404}^{0.503} \frac{\mathrm{d}D}{9.07 \times 10^{-15} \times \left(\dfrac{250 \times \sqrt{\pi D_2}}{\sqrt{3}}\right)^{4.021}} +$$

$$\int_{0.503}^{0.61} \frac{\mathrm{d}D}{9.65 \times 10^{-15} \times \left(\dfrac{280 \times \sqrt{\pi D_2}}{\sqrt{3}}\right)^{4.021}} +$$

$$\int_{0.61}^{0.728} \frac{\mathrm{d}D}{1.03 \times 10^{-14} \times \left(\dfrac{310 \times \sqrt{\pi D_2}}{\sqrt{3}}\right)^{4.021}} +$$

$$\int_{0.728}^{0.854} \frac{\mathrm{d}D}{1.09 \times 10^{-14} \times \left(\dfrac{340 \times \sqrt{\pi D_2}}{\sqrt{3}}\right)^{4.021}}$$

$$= 561982 + 18272 + 77771 + 36801 + 18262$$

$$= 713088 (\text{cycle})$$

③ 第二阶段在各级当量应力 $\Delta\sigma_{equ-i} = \dfrac{K_\sigma}{\varepsilon_\sigma \beta_\sigma}\Delta\sigma_i$ 和各级综合材料常数 $A'_{4equ-2i}$ 下的材料失效寿命 N_{2i} 的计算。

这里取损伤缺陷形状系数 $y(a/b) = 0.5$，应该注意，当 $D_2 < 1$damage－unit （1mm）时，$y(a/b) < 1$，例如 $y(a/b) = (0.5 \sim 0.65)$，但要由实验确定。

设第二阶段积分下限为损伤过渡值 $D_{tr} = 0.3015$damage－unit，积分上限为损伤临界值 $D_{1fc} = 3.317$damage－unit。按表 2－19 中的数据输入各级当量应力范围值 $\Delta\sigma_{equ-i} = \dfrac{K_\sigma}{\varepsilon_\sigma \beta_\sigma}\Delta\sigma_i$ 以及相应的综合材料常数 $A'_{4equ-2i}$ 值，用下式计算出第二阶段各级当量应力下的失效寿命 N_{2i}（cycle），计算如下：

$$\sum_i^B N_{2i} = \sum_i^B \int_{D_{tr}}^{D_{1fc}} \frac{\mathrm{d}D}{A'_{4equ-2i}\left(\dfrac{K_\sigma}{\varepsilon_\sigma \beta_\sigma} \times \dfrac{\Delta\sigma_{equ-i}\sqrt{\pi D_2}}{\sqrt{3}}\right)^{m'_2}}$$

$$= \int_{0.3015}^{3.17} \frac{\mathrm{d}D}{8.54 \times 10^{-15} \times \left(\dfrac{220 \times \sqrt{\pi D_2}}{\sqrt{3}}\right)^{4.021}} +$$

$$\int_{0.3015}^{3.317} \frac{\mathrm{d}D}{9.07 \times 10^{-15} \times \left(\dfrac{250 \times \sqrt{\pi D_2}}{\sqrt{3}}\right)^{4.021}} +$$

$$\int_{0.3015}^{3.317} \frac{\mathrm{d}D}{9.65 \times 10^{-15} \times \left(\dfrac{280 \times \sqrt{\pi D_2}}{\sqrt{3}}\right)^{4.021}} +$$

$$\int_{0.3015}^{3.317} \frac{\mathrm{d}D}{1.03 \times 10^{-14} \times \left(\dfrac{310 \times \sqrt{\pi D_2}}{\sqrt{3}}\right)^{4.021}} +$$

$$\int_{0.3015}^{3.317} \frac{\mathrm{d}D}{1.09 \times 10^{-14} \times \left(\dfrac{340 \times \sqrt{\pi D_2}}{\sqrt{3}}\right)^{4.021}}$$

$$= 2000648 + 1128862 + 671368 + 417741 + 272274$$

$$= 4490893 (\mathrm{cycle})$$

用这种方法计算的第二阶段此曲轴材料在各级应力下总寿命为 4490893cycle，也同前一种计算方法计算数据 4488673cycle 很接近。

④ 两个阶段使用(运行)寿命和全过程寿命的计算

两个阶段运行总循环数，计算如下：

$$\sum n_{oi-ji} = \sum_{i=1}^{B} n_{oi} + \sum_{i=1}^{B} n_{ji}$$

$$= 2125665452 + 877536$$

$$= 2.126542988 \times 10^{9} (\mathrm{cycle})$$

多级载荷下材料全过程总寿命循环数是

$$\sum N = \sum N_1 + \sum N_2$$

$$= 3758669589 + 4488673$$

$$= 3.763158260 \times 10^{9}$$

全过程总寿命有效循环数应该是

$$\sum N\alpha = \sum_{i=1}^{B} N_{oi}\alpha + \sum_{i=1}^{B} N_{ji}\alpha$$

$$= 3.76 \times 10^9 \times 0.7$$

$$= 2.63 \times 10^9 (\text{cycle})$$

寿命有效系数校核：

$$\sum n_{oi-ji} / \sum N_{oi-ji} = \frac{2.126542988 \times 10^9}{2.634210782 \times 10^9}$$

$$= 0.807 > \alpha = (0.6 \sim 0.7)$$

因此，压缩机曲轴运行寿命已超过有效系数，已属于不安全状态。

经计算，两种计算式与两种计算方法，它们之间在各个阶段上的总寿命与全过程的总寿命计算结果是一致的；不同的是在第一种计算方法中，使用寿命是按总寿命的 50% 假设的；第二种方法使用寿命是按运行中产生的损伤值计算其使用寿命，因为在此问题上的数据不同，两种计算结果的剩余寿命必然是不一致的。

表 2-18 第一阶段各级当量应力下的损伤量和寿命的计算数据（方法 2）

$\frac{K_\sigma}{\varepsilon_\sigma \beta_\sigma}\sigma, \Delta\sigma$	62,124	75,150	90,180	90,180
$A'_{4equ-1i}$	5.5×10^{-25}	6.1×10^{-25}	6.87×10^{-25}	6.87×10^{-25}
各级损伤值 D_i	0.151	0.21	0.286	0.3015
实际计算各级运行寿命数 n_i	2008842568	95682662	18070756	3087666
实际计算总运行寿命	\multicolumn{4}{c}{$\sum n_{1i} = 2125665452$}
N_{if}各级应力下寿命	3054532501	585968094	118168994	
第一阶段总寿命 $\sum N_{1f}$	\multicolumn{4}{c}{$\sum N_{1f} = 3758669589 (\text{cycle})$}
第一阶段有效总寿命 $\sum \alpha N_{1f}$	\multicolumn{4}{c}{$\sum \alpha N_{1f} = 0.7 \times 3758669589 = 2.631068712 \times 10^{-9} (\text{cycle})$}

表 2-19 第二阶段各级当量应力下的损伤值和寿命的计算数据（方法 2）

$\frac{K_\sigma}{\varepsilon_\sigma \beta_\sigma}\sigma, \Delta\sigma$	110,220	125,250	140,280	155,310	170,340
$A'_{4equ-2i}$	8.54×10^{-15}	9.07×10^{-15}	9.65×10^{-15}	1.03×10^{-14}	1.09×10^{-14}
各级损伤值 D_i	0.404	0.503	0.61	0.728	0.854

续表

实际计算各级运行寿命 n_i	561982	182720	77771		
实际计算总运行寿命	$\sum n_{1i} = 877536$				
各级应力下寿命 N_{if}	2000648	1128862	671368	417741	272274
第二阶段总寿命 $\sum N_{2f}$	$\sum N_{2f} = 4490893\,(\text{cycle})$				
第二阶段有效总寿命 $\alpha \sum N_{2f}$	$0.7 \times \sum N_{2f} = 3143625\,(\text{cycle})$				

参考文献

[1] YU Y G(Yangui Yu). Calculations on Damages of Metallic Materials and Structures [M]. Moscow:KNORUS, 2019: 276 – 280.

[2] YU Y G(Yangui Yu). Calculations on Fracture Mechanics of Materials and Structures [M]. Moscow:KNORUS, 2019:270 – 300.

[3] YU Y G(Yangui Yu). Calculations on Damageing Strength in Whole Process to Elastic – Plastic Materials—The Genetic Elements and Clone Technology in Mechanics and Engineering Fields[J]. American Journal of Science and Technology, 2016,3(6):162 – 173.

[4] YU Y G(Yangui Yu). Calculations and Assessment for Damageing Strength to Linear Elastic Materials in Whole Process—The Genetic Elements and Clone Technology in Mechanics and Engineering Fields[J]. American Journal of Science and Technology, 2016, 3(6):152 – 161.

[5] YU Y G(Yangui Yu). Damage Growth Rate Calculations Realized in Whole Process with Two Kinks ofMethods[J]. AASCIT American Journal of Science and Technology, 2015, 2(4): 146 – 164.

[6] YU Y G(Yangui Yu). Calculations for Damage Growth Rate in Whole Process Realized with Two Kinks of Methods for Elastic – Plastic Materials Contained Damage[J]. AASCIT Journal of Materials Sciences and Applications, 2015,1(3):100 – 113.

[7] YU Y G(Yangui Yu). Calculations for Damage Growth Rate in Whole Process Realized with the Single Stress – Strain – Parameter Method for Elastic – Plastic Materials Contained Damage [J]. AASCIT Journal of Materials Sciences and Applications,2015,1(3):98 – 106.

[8] YU Y G(Yangui Yu). The Calculations of Damage Propagation Rate in Whole Process Realized with Conventional Material Constants[J]. AASCIT Engineering and Technology, 2015,2(3):146 – 158.

[9] YU Y G(Yangui Yu). The Calculations of Evolving Rates Realized with Two of Type Variables in Whole Process for Elastic – Plastic Materials Behaviors under Unsymmetrical Cycle[J]. Mechanical Engineering Research. Canadian Center of Science and Education,2012, 2(2):

77 – 87.

[10] YU Y G(Yangui Yu). Multi – Targets Calculations Realized for Components Produced Damages with Conventional Material Constants under Complex Stress States[J]. AASCIT Engineering and Technology, 2016,3(1):30 – 46.

[11] 吴学仁. 飞机结构金属材料力学性能手册:第 1 卷[M]. 北京:航空工业出版社,1996: 236 – 237, 392 – 395.

[12] YU Y G(Yangui Yu). Life Predictions Based on Calculable Materials Constants from Micro to Macro Fatigue Damage Processes[J]. AASCIT American Journal of Materials Research, 2014,4(1):59 – 73.

[15] YU Y G(Yangui Yu). The Life Predicting Calculations in Whole Process Realized from Micro to Macro Damage with Conventional Materials Constants[J]. AASCIT American Journal of Science and Technology,2014,1(5): 310 – 328.

[13] YU Y G(Yangui Yu). The Predicting Calculations for Lifetime in Whole Process Realized with Two Kinks of Methods for Elastic – Plastic Materials Contained Damage[J]. AASCIT Journal of Materials Sciences and Applications, 2015,1(2):15 – 32.

[14] YU Y G(Yangui Yu). The Life Predicting Calculations in Whole Process Realized with Two kinks of Methods by means of Conventional Materials Constants under Low Cycle Fatigue Loading [J]. Journal of Multidisciplinary Engineering Science and Technology (JMEST),2014,1(5): 210 – 224.

[15] YU Y G(Yangui Yu). The Life Predicting Calculations in Whole Process Realized by Calculable Materials Constants from Microscopic Damage to MacroscopicDamage Growth Process [J]. International Journal of Materials Science and Applications, 2015,4(2):83 – 95.

[16] YU Y G(Yangui Yu). The Life Predicting Calculations Based on Conventional Material Constants from Microscopic Damage to MacroscopicDamage Growth Process[J]. International Journal of Materials Science and Applications, 2015,4(3):173 – 188.

[17] YU Y G(Yangui Yu), The Life Predictions in Whole Process Realized with Different Variables and Conventional Materials Constants for Elastic – Plastic Materials Behaviors under Unsymmetrical Cycle Loading[J]. Journal of Mechanics Engineering and Automation,2015(5): 241 – 250.

[18] 徐灏. 疲劳强度设计[M]. 北京:机械工业出版社,1981:106 – 118.

[19] 王德俊. 疲劳强度设计与方法[M]. 沈阳:东北大学出版社, 1991:95 – 100.

[20] DORONIN S V, RAN U E. Models on The Fracture and The Strength on Technology Systems for Carry Structures[M]. Moscow:Novosirsk Science, 2005:160 – 165.

[21] 中国航空研究院. 应力强度因子手册[M]. 北京:科学出版社,1981:352 – 375.

[22] SCHIJVE J. Comparison between Empirical and Calculated Stress Intensity Factor Of Hole Edge Cracks[J]. Engineering Fracture Mechanics, 1985,22(1):49 – 58.

[23] YU Y G(Yangui Yu). Calculations to Its Fatigue Damage Fracture and Total Life Under Many - Stage Loading For A Crankshaft[J]. Chinese Journal of Mechanical Engineering, 1994, 7(4): 281 - 288.

[24] Zhen Z Y. Stress Intensity Factor of A Surface Crack[J]. Journal of Mechanical Strength, 1984:277 - 291.

[25] 张栋. 导致空难的机翼大梁的疲劳失效分析[J]. 材料工程,2003:121 - 123.

[26] YU Y G(Yangui Yu), LI Z H ,PAN W G. Estimations of Total Life in Whole Fatigue - Damage - Fracture Process of Structures and Their Components Under Many - Stage Loading Conditions[J]. Key engineering material,1997,145 - 149(2).

[27] YU Y G(Yangui Yu). Correlations between the Damage Evolving Law and the Basquin's Law under Low - Cycle Fatigue of Components. Proceeding of the Asian - Pacific Conference on Aerospace Technology and Science. International Academic Publishers. Sponsored and organized by Beijing University of Aeronautics and Astronautics. 1994, 178 - 181.

[28] YU Y G(Yangui Yu). Correlations between the Damage Evolving Law and the Manson - Coffin's Law under High - Cycle Fatigue of Components. Proceeding of the Asian - Pacific Conference on Aerospace Technology and Science. International Academic Publishers. Sponsored and organized by Beijing University of Aeronautics and Astronautics. 1994, 182 - 188.

[29] YU Y G(Yangui Yu) ,MA Y H. Integrte method by fatigue fracture calculation with Virtual design and monitor analysis to realize safety energy - saving operation for power machinery. Engineering Structural Integrity: Research, Development and Application, Proceedings Of the UK Forum for Engineering Structural Integrity's Ninth International Conference on Engineering Structural Integrity Assessment, Beijing, 2007,121 - 124.

第3章 总 结

为了让读者阅读全书后对结构与材料行为的阶段性和全过程演化过程呈现出的机理,强度、寿命问题上的计算理论,计算模型和计算方法上的表达形式,曲线和图形上的描绘,物理和几何意义上的解释,都能形成一个有机的联系和贯通成总体上的概念,本书在最后的总结章节中制作简化而归纳性的表格,绘制成一幅材料行为综合图,为工程结构的损伤强度和寿命预测计算从理论上提供了全面而系统的主要计算式与计算方法,使其形成融合数学、物理、工程材料、材料力学、机械结构与现代疲劳、损伤力学、断裂力学为一体的学术理论著作。因此,在本章中提供了如下内容:

* 材料行为综合图;

* 归纳表格——全书各类主要曲线、参数、方程之间的关系与主要概念。

3.1 材料行为综合图

材料行为综合图包含什么内容? 它有什么作用? 简单地说来,这是一个材料行为演化过程的原理图,它是沟通材料学科、传统材料力学、现代疲劳–损伤–断裂力学学科所涉及的各类问题的桥梁,也是材料和结构设计计算所需的思路图。

如果材料是均质、连续的,在外力作用下,对它的强度计算是传统材料力学所描述的范围。

材料在外力作用下,容易损伤。损伤有起点,也有终点;有阶段性,也有全过程;损伤有强度大小,损伤演化速率有快有慢,损伤后的寿命有长有短,这是现代损伤力学所描述的范围。

但是,当材料中存在缺陷,或者在载荷作用下产生裂纹,缺陷或裂纹会引起应力集中,此后的材料行为不同于均质连续材料在外力作用下的行为。这种情况下,更易引发裂纹的萌生,萌生裂纹必有起点,要生长,从短裂纹到长裂纹,有转折点,也有终点;既有阶段性,又有全过程;裂纹产生后有强度问题,裂纹传播中有速率和寿命问题,因此要建立各个阶段和整个全过程的速率和寿命的计算模型,这些问题就是现代断裂力学所描述的范围。

材料有脆性材料,有线弹性材料,有弹塑性材料,它们在各个阶段和整个过程的行为,虽存在着明显的不同,但总是存在连接点。这样一来,用来描述它们行为的计算模型和曲线也有阶段性的计算式和表达方式;但是材料行为在演化过程中毕竟是连续的,因而描述它们行为的计算模型和曲线也有连续的计算式和连续的表达方式。

材料在单调载荷作用下时,在低周疲劳、高周疲劳、超高周疲劳下的行为也都有不同;它们有起点,有终点,有阶段性,也有全过程性。

上述所有问题,要放在一张图中来表达和描述;要表达它们之间的关系,要描述它们之间的相似点与相异点,这就是材料行为综合图所要概括和表达的内容。

基于在力学学科以及航天航空、建筑工程、交通运输、石油化工等机械工程领域中存在类似于生命科学中基因原理的观点和思路,构建了材料行为综合图。此图用损伤变量 D 和裂纹变量 a 描述材料行为的演变过程;用各段斜线的斜率,对应于呈现材料性能的常数或方程的指数;用各段直线、曲线的起始点、转折点和曲线的终点表达材料损伤的门槛值和临界值;各段直线、曲线和全过程连线的折线与全过程的曲线的描绘对应于各个阶段或全过程的方程式的描述;用各阶段的几何图形及其图形中的交点,以直线、曲线、切线形象地解释材料行为的几何含义;用相应的曲线和坐标组合,描述损伤演化速率及寿命问题以及裂纹扩展速率及寿命问题上的相似性和关联性,从而直观地建立它们之间的联系和沟通;将各个阶段乃至全过程的损伤生长速率(裂纹传播速率),同各个阶段乃至全过程寿命之间在数学上的倒数关系,用正向与反向坐标的关系加以表达;将传统的材料力学同现代的损伤力学与断裂力学学科之间的关联性、相似性,相异性,用不同阶段的分坐标系与全过程的组合坐标系加以描述、概括和说明。使传统的材料力学和现代疲劳 – 损伤 – 断裂学科建立沟通;使各学科之间的计算参数、材料常数、计算方程式能分别相对应地建立联系和转换关系。因此,材料行为综合图是材料行为演化过程的原理图,也是材料和结构设计计算所用的路线图。

3.1.1　坐标系的组成及其各区间与学科之间的对应关系

图 3 – 1 是 1997—2017 年曾被多次提出、修改、补充的材料行为综合图[1-19],这次又做了某些修改和补充。它是对材料损伤扩展或对裂纹传播在各个阶段及其全过程中的演化行为用图解方式加以描述的一幅由大量点、线、几何图形、坐标系构成的综合图。

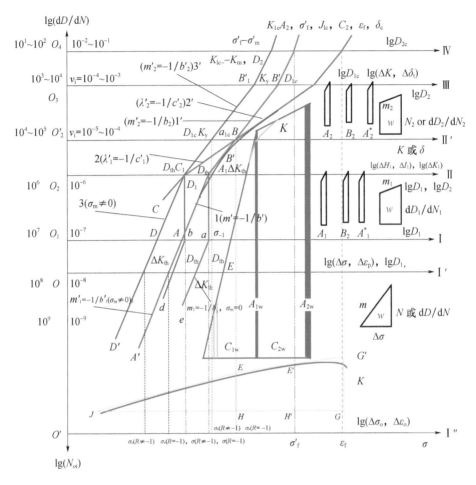

图 3-1 材料行为综合图[1-19]

整个坐标系由 7 条横坐标轴 $O'I''$，OI'，O_1I，O_2II，O'_2II'，O_3III，O_4IV 和一条双向纵坐标轴 O'_1O_4 组成。横坐标轴 $O'I''$ 是 7 条横坐标轴中最初始的一条，这条横轴 $O'I''$ 上有被表达为最初的应力 σ 和应变 ε 等参数；纵坐标轴 $O'-OII$ 也是其他各分段纵坐标轴（$O'-OI$，$OI-OII$，$OII-OII'$，$OII-OIII$ 和 $OIII-OIV$）中最初始的一条，这条纵轴（$O'-OII$）上的所表达的寿命（N）也是最初始的参数。因此由横坐标轴 $O'-OI''$ 与纵坐标 $O'-OII$ 组成的坐标系可被认为是最初始的坐标系——"基因坐标系"。

横坐标轴 $O'I''$ 与 O_1I 之间的区间，可被认为是连续和均匀材料行为演化的区域，是传统材料力学所应用和描述的区域；如今，这个区域也可以作为超高周疲劳载荷下的微观断裂力学（微观损伤力学）理论所应用的区域。横

坐标轴 O' Ⅰ$''$和 O_1 Ⅰ 之间的区间,可作为细观损伤力学与细微断裂力学所应用和描述的区域;横坐标轴 O_2 Ⅱ 、O'_2 Ⅱ$'$、O_3 Ⅲ 、O_4 Ⅳ 之间的区域,可以当作宏观损伤力学与宏观断裂力学所应用和计算的区域。由于各种各样材料性能的差异,横坐标轴 O_2 Ⅱ 与 O'_2 Ⅱ$'$ 之间的区域作为混合应用的区域,有时既可当作细观损伤力学应用和计算的区域,也可以当作宏观损伤力学应用和计算的区域,或者既可以被细观断裂力学应用和计算,也可以被宏观断裂力学应用和计算的区间。

3.1.2　横坐标轴上的强度参数与变量、常量的关系

(1)横坐标轴 O' Ⅰ$''$是传统材料力学常用的坐标轴,用应力 σ 与应变 ε 作为变量。

(2)横坐标轴 O Ⅰ$'$和 O_1 Ⅰ 是作为现代微观与细观力学应用的坐标轴,它们是用短裂纹应力强度因子 ΔH 和应变因子 ΔI(或微观损伤应力因子 $\Delta H'$和应变因子 $\Delta I'$)作为变量,也可以用短裂纹尺寸 a_1 或微观损伤变量 D_1 作为变量。应该指出,对于 O_1 Ⅰ,通常被作为铸铁或低强度钢疲劳强度极限所在的轴,a 点的位置,平均应力等于零($\sigma_m = 0$),并且是对应于疲劳强度极限 σ_{-1} 的位置;b 点是疲劳强度极限平均应力不等于零($\sigma_m \neq 0$)的位置。而且这两点也正是某些材料损伤演化门槛因子值 $\Delta K'_{th}$(或损伤门槛值 D_{th})或裂纹扩展门槛值 ΔK_{th}(或门槛尺寸 a_{th})相对应的位置。

(3)横坐标轴 O_2 Ⅱ 是作为细观力学应用的坐标轴,是混合使用的坐标轴,在这条轴上,既可以用短裂纹应力强度因子 ΔH_1 和应变因子 ΔI_1(或微观损伤应力因子 $\Delta H'_1$ 和损伤应变因子 $\Delta I'_1$)作为变量,也可以用长裂纹应力强度因子 ΔK_1(或者宏观损伤应力强度因子 $\Delta K'_1$)作为变量。另外,在这条件轴上,既也可以用短裂纹尺寸 a_1(或微观损伤值 D_1)作为变量,也可以用长裂纹尺寸 a_2(或宏观损伤值 D_2)作为变量。这条轴通常是高强度钢的疲劳强度极限所在的轴,A_1 点是对应于疲劳强度极限 σ_{-1} 的位置;b 点是疲劳强度极限平均应力不等于零($\sigma_m \neq 0$)的位置。而且这两点也正是某些材料损伤演化门槛因子值 $\Delta K'_{th}$(也是损伤门槛值 D_{th})或裂纹扩展门槛值 ΔK_{th}(或门槛尺寸 a_{th})相对应的位置。对于横坐标轴 O_2 Ⅱ 而言,它是第一阶段短裂纹扩展行为与第二阶段长裂纹扩展行为之间的分界线。

(4)横坐标轴 O'_2 Ⅱ$'$和 O_3 Ⅲ 是作为宏观断裂(损伤)力学所使用的坐标轴。这两条坐标轴既可以用长裂纹应力强度因子 ΔK(或宏观损伤应力因子 $\Delta K'$)、裂尖张开位移 $\Delta \delta_t$(或损伤张开位移 $\Delta \delta'_t$)作为变量,也可以用长裂纹长度 a_2(或宏

观损伤值 D'_2 ）作为变量。对于横坐标轴 $O'_2 \, \text{II}'$ 而言,是某些铸铁或低强度钢的屈服应力（$\sigma_y = \sigma_s$）所在的轴,在 B 点附近有裂纹临界应力强度因子 $K_y(K_y)$ 对应临界尺寸 $a_{1c}(D'_{1c})$。对于横坐标轴 $O_3 \, \text{III}$ 而言,是某些高强度钢的屈服应力 $\sigma_y = \sigma_s$ 所在的轴。在 B_1 点（K_y）附近有临界值 $a_{1c}(D'_{1c})$。对于某些材料,当它们的应力达到此应力水平时,可能要发生失效了。

（5）横坐标轴 $O_4 \, \text{IV}$ 是所有材料发生断裂的最终临界线。在轴 $O_4 \, \text{IV}$ 上,对于平均应力 $\sigma_m = 0$,正是在 A_2 点的位置对应于疲劳强度系数 σ'_f,它也对应于裂纹的临界应力强度因子 $K_{1c}(K_{2fc})$,也与裂纹临界尺寸 a_{2c} 与临界损伤值 D'_{2c} 相对应。对于平均应力 $\sigma_m \neq 0$,正是在 D_2 点的位置,它是对应于疲劳强度系数 $\sigma'_f - \sigma'_m$（$K'_f - K'_m$）的临界值。在同一轴上,临界点 C_2 的位置与材料疲劳延性系数 ε'_f（ε_f）相对应,它也对应于裂尖张开位移临界值 δ_c,此外在轴 $O_4 \, \text{IV}$ 上,还有 J 积分临界值参数 $J'_{1c}(J_{1c})$。

3.1.3 纵坐标轴上各区间材料行为演化曲线与各阶段速率、寿命的对应关系

纵坐标轴向上的方向,表示各个阶段及全过程的裂纹扩展速率 da/dN 或损伤演化速率 dD/dN；向下的方向,表示各个阶段寿命 N_{oi}、N_{oj} 及全过程的寿命 $\sum N$。在横坐标轴 $O' \, \text{I}''$、$O \, \text{I}'$ 和 $O_1 \, \text{I}$ 之间的曲线,表示不同材料从无裂纹到短裂纹萌生的历程；对于 $O_1 \, \text{I}$ 和 $O_2 \, \text{II}$ 之间的曲线,表示短裂纹生长到长裂纹形成的寿命历程 $N_{oi}^{mic-mac}$。因此,纵坐标轴上 O_2—O' 之间的历程,是作为从晶粒尺寸到微裂纹萌生一直到宏观裂纹（长裂纹）形成的过程（也称第一阶段 N_1）；在 O_4—O_2 之间的历程是作为从裂纹扩展一直到材料断裂的过程（也称第二阶段 N_2）；在 O_4—O' 之间的历程是从晶粒尺寸到微裂纹萌生一直到材料断裂的整个寿命过程（也称全过程 $\sum N$）。

对于裂纹第一阶段的材料行为,用向上方向的纵坐标轴 $O'O_2$ 与横坐标轴 $O' \, \text{I}''$、$O \, \text{I}'$、$O_1 \, \text{I}$ 和 $O_2 \, \text{II}$ 组成的局部坐标系表达短裂纹扩展速率 da_1/dN_1 与短裂纹应力强度因子范围值 ΔH_1、应变因子范围值 ΔI_1 之间的关系；或表达微观损伤速率 dD_1/dN_1 与微观损伤应力强度因子范围值 $\Delta H'_1$、损伤应变因子范围值 $\Delta I'_1$ 之间的关系。相反,由向下方向的纵坐标轴 $O_2 O'$ 与横坐标轴 $O_2 \, \text{II}$、$O_1 \, \text{I}$、$O \, \text{I}'$ 和 $O' \, \text{I}''$ 组成的局部坐标系表达第一阶段寿命 N_1 与短裂纹应力强度因子范围值 ΔH_1、应变因子范围值 ΔI_1 之间的关系；或表达寿命 N_1 与微观损伤应力强度因子范围值 $\Delta H'_1$、损伤应变因子范围值 $\Delta I'_1$ 之间的关系。

对于第二阶段的材料行为,用向上方向上的纵坐标轴 $O_2 O_4$ 与横坐标轴

$O_2 \text{Ⅱ}$、$O_2' \text{Ⅱ}'$、$O_3 \text{Ⅲ}$ 和 $O_4 \text{Ⅳ}$ 组成的局部坐标系表达长裂纹扩展速率 dD_2/dN_2 与长裂纹应力强度因子范围值 $\Delta K_1'$（或 J-积分范围值 ΔJ 或裂尖张开位移范围值 $\Delta \delta_1'$）之间的关系；或者表达宏观损伤速率 dD_2/dN_2 与宏观损伤应力强度因子范围值 $\Delta K_1'$、损伤 J 积分范围值 $\Delta J'$ 或损伤裂尖张开位移范围值 $\Delta \delta_1'$ 之间的关系。相反，由向下方向的纵坐标轴 $O_4 O_2$ 与横坐标轴 $O_4 \text{Ⅳ}$、$O_3 \text{Ⅲ}$、$O_2' \text{Ⅱ}'$、$O_2 \text{Ⅱ}$ 构成的局部坐标系表达第二阶段寿命 N_2 与长裂纹应力强度因子范围值 ΔK_1、J 积分范围值 ΔJ 或裂尖张开位移范 $\Delta \delta_1'$ 之间的关系；或表达寿命 N_2 与宏观损伤应力强度因子范围值 $\Delta K'$、损伤 J 积分范围值 ΔJ 或损伤裂尖张开位移范围值 $\Delta \delta_1'$ 之间的关系。

对于全过程裂纹材料行为，用向上的纵坐标轴 $O'O_4$ 与横坐标轴 $O'\text{Ⅰ}''$、$O_2 \text{Ⅱ}$、$O_4 \text{Ⅳ}$ 组成的整体坐标系，描述全过程裂纹扩展速率 da/dN 与全过程裂纹应力强度因子范围值 ΔH、$\Delta Q(\Delta G)$ 或裂纹尺寸 a 之间的关系；或者，表达全过程损伤速率 dD/dN 与损伤应力强度因子范围值 $\Delta Q'$（或 $\Delta G'$）或损伤变量 D 之间的关系。相反，由向下的纵坐标轴 $O_4 O'$ 与横坐标轴 $O_4 \text{Ⅳ}$、$O_2 \text{Ⅱ}$、和 $O'\text{Ⅰ}''$ 组成的全过程坐标系表达整个过程寿命 ΣN 与全过程裂纹应力强度因子范围值 ΔH、$\Delta Q(\Delta G)$ 或裂纹尺寸 a 之间的关系；或表达寿命 ΣN 与全过程损伤强度因子范围值 $\Delta Q'(\Delta G')$ 之间的关系。

3.1.4 综合图中相关曲线的几何意义和对应的物理意义

横坐标轴 $O'\text{Ⅰ}''$ 和 $O_2 \text{Ⅱ}$ 之间的曲线 $A'AA_1$，是针对线弹性材料或者某些弹塑性材料在高周疲劳下（$\sigma_m = 0$）或在超高周疲劳下（$\sigma_m = 0$）的演化行为进行的描述，用来对第一阶段的速率与应力因子之间的关系 $dD_1/dN_1 - \Delta H'$（$da_1/dN_1 - \Delta H'$）进行计算。而这一阶段上所描绘的反向曲线 A_1AA'，用于对寿命与应力因子 $N_1 - \Delta H_1$（$N_1 - \Delta H_1'$）之间的关系进行计算。对于曲线 $D'DD_1$，它所描述的是在高周疲劳加载下（$\sigma_m \neq 0$）或在超高周疲劳（$\sigma_m \neq 0$）加载下的演化行为，也用于对这一阶段上的速率与应力因子之间的关系 $dD_1/dN_1 - \Delta H'$（$da_1/dN_1 - \Delta H'$）进行计算。这一阶段上的反向曲线 D_1DD'，用于对寿命与应力因子 $N_1 - \Delta H_1$（$N_1 - \Delta H_1'$）之间的关系进行计算。对于横坐标轴 $O_1 \text{Ⅰ}$ 和 $O_2 \text{Ⅱ}$ 之间的曲线 $C'C_1$，用于对弹塑性材料或者某些塑性材料在低周疲劳加载下的演化行为进行描述，也用于对第一阶段上的速率与应变因子之间的关系 $dD_1/dN_1 - \Delta I'$（$da_1/dN_1 - \Delta I'$）进行计算；这一阶段上的反向曲线 C_1C'，用于对寿命与应变因子 $N_1 - \Delta I_1$（$N_1 - \Delta I_1'$）之间的关系进行计算。

对于横坐标轴 $O_2 \text{Ⅱ}$ 与 $O_4 \text{Ⅳ}$ 之间的曲线 $A_1BA_2(1')$，用于描述裂纹第二阶段

扩展行为:正向曲线显示了它在高周疲劳加载下($\sigma_m = 0$)的演化行为,是对第二阶段裂纹扩展速率 da_2/dN_2 与参量 ΔK、ΔJ 之间关系的描述,即 $dD_2/dN_2 - \Delta K$,$\Delta J (da_2/dN_2 - \Delta K', \Delta J')$;反向曲线 A_2BA_1 是对 $N_2 - \Delta K$、$\Delta J (N_2 - \Delta K', \Delta J')$ 关系的描述。曲线 $D_1B_1D_2(3')$,正向显示了在高周疲劳加载下($\sigma_m \neq 0$)的演化行为,用于 dD_2/dN_2 与参量 ΔK、ΔJ 之间关系的计算,即 $dD_2/dN_2 - \Delta K$,$\Delta J (da_2/dN_2 - \Delta K', \Delta J')$;反向曲线 $D_2B_1D_1$ 用于对 $N_2 - \Delta K$,$\Delta J (N_2 - \Delta K', \Delta J')$ 关系的计算。此外,对于曲线 $C_1B_1BC_2$ 来说,其正向($2'$)显示了低周疲劳加载下的演化行为,用于 dD_2/dN_2 与参量 $\Delta \delta$ 之间关系的计算,即 $dD_2/dN_2 - \Delta \delta_t (da_2/dN_2 - \Delta \delta_t')$;反向曲线 C_2BBC_1 用于寿命与裂尖张开位移 $N_2 - \Delta \delta_t (N_2 - \Delta \delta_t')$ 关系的计算。

顺便补充说一下,横坐标轴 $O'\,\text{I}''$ 和 $O_1\,\text{I}$ 之间的曲线 $A'A$、$ea (\sigma_m = 0)$ 与曲线 $D'D$、$db (\sigma_m \neq 0)$ 是对超高周疲劳载荷下的描述。应该说明,由于各种各样材料在行为上的差异,横坐标轴 $O_2\,\text{II}$、$O_2'\,\text{II}'$、$O_3\,\text{III}$ 之间的曲线,有时既可能属于第一阶段,也可能属于第二阶段。

对于全过程而言,横坐标轴 $O_1\,\text{I}$ 和 $O_4\,\text{IV}$ 之间的曲线 $AA_1BA_2(1-1')$,是对全过程裂纹(损伤)扩展在对称和高周疲劳加载下裂纹(损伤)扩展速率行为的描述;反向曲线是对全过程寿命与裂纹尺寸(损伤值)之间关系的描述。曲线 $DD_1D_2(3-3')$ 是对在非对称和高周疲劳加载下全过程裂纹(损伤)扩展速率行为的描述;曲线 $CC_1B_1C_2(2-2')$ 是对低周疲劳加载下全过程裂纹(损伤)扩展速率行为的描述。相反,反向曲线 A_2BA_1A 是对高周疲劳和对称循环加载下全过程寿命与裂纹尺寸(损伤值)之间关系的描述;曲线 $D_2B_1D_1D$ 是对高周疲劳和非对称循环加载下全过程寿命与裂纹尺寸(损伤值)之间关系的描述;曲线 C_2BC_1C 是低周疲劳全过程寿命与损伤值(裂纹尺寸)之间关系的描述。另外,对于 $O'\,\text{I}''$ 和 $O_4\,\text{IV}$ 全过程曲线而言,可举例说明:正向曲线 $A'AA_1BA_2$ 和 eaA_1BA_2 是对超高周疲劳加载下($\sigma_m = 0$,$dD/dN < 10^{-7}$)全过程损伤(裂纹)扩展速率的描述,而曲线 $D'DD_1DA_2$ 和 dbD_1D_2 是对超高周疲劳加载下($\sigma_m \neq 0$,$dD/dN < 10^{-7}$)全过程裂纹(损伤)扩展速率的描述;相反,曲线 A_2BA_1A' 和 A_2BA_1ae 是对超高周疲劳加载下($\sigma_m = 0$,$N > 10^7$)全过程寿命的描述,而曲线 $D_2B_1D_1DD'$ 和 $D_2B_1D_1bd$ 是对超高周疲劳($\sigma_m \neq 0$,$N > 10^7$)加载下全过程寿命的描述。

这张综合图中各个阶段上都有一个微梯形和三角形,它是用图解法说明各个阶段上数学模型中相关参数的几何意义和物理意义;图中还有一个大型的三角形以及三角形中所包含的两个微梯形,它们也是用来解释全过程数学模型中某些参数的几何意义和物理意义的。

对综合图 3-1 做了上述描述和说明之后可以概略地看出,断裂力学和损伤力学中的许多可计算的参数和材料常数都是基于应力(σ,σ_s)与应变(ε,ε_s)等参数作为"基因参数"的;也可以概略地看出材料行为在演化过程中,在各阶段上其行为之间的关系、参数之间的关系、曲线之间的关系,以及在全过程中整体上的基本概念。因此,材料行为综合图,也许可以作为材料学科描述材料行为基本知识的一个补充。在某种意义上说,它给出了某些结构和材料在不同载荷作用下作为设计计算的一个路线图,也给出了某些结构和材料在不同载荷作用下作为设计计算的一个工具。因此,材料行为综合图或许是连接和沟通传统力学与现代力学学科之间关系的一座桥梁。

3.2 全书各类主要曲线、参数、方程之间的关系与主要概念归纳表

下面就全书各类主要曲线、参数、方程之间的关系与相应的主要概念提供一个整体总结的表格。

由于材料在各阶段受损伤大小不同,它的行为在不同阶段表现也不同。因此,随着材料损伤的增长,在几何上描绘它的力三角形、微梯形、梯形在不同阶段上也不同。但是,对于金属材料而言,人们研究它们最重要的两个问题:材料的强度问题和寿命的预测问题。为此,围绕着这两大主题编制了汇总表,如表 3-1 ~ 表 3-18 所示[1]。

为了整理全书和各坐标系中主要曲线之间的相互关系,归纳全书主要方程、参数与曲线之间的相互关系,这里设计了如下几类表格:表 3-1 ~ 表 3-10 所示部分为基于无缺陷材料全过程在疲劳加载下,其连续行为相对应的强度问题、速率和寿命问题的计算;表 3-11 ~ 表 3-18 所示为基于材料在疲劳加载下,其不连续行为的强度问题、速率和寿命问题的全过程的连接计算。

在所有表格中,对主要曲线、方程、主要参数与材料常数都简要地给出了几何或物理意义上的解释。

3.2.1 无缺陷材料损伤计算表

1. 单轴疲劳下强度问题的计算

单轴疲劳下强度计算见表 3-1。

表 3-1　单轴疲劳下强度计算

项目名	内容	
所属学科	损伤力学	
计算方法	强度计算	
加载方式	单轴疲劳加载	
主要计算式	疲劳加载下屈服应力 $\sigma'_s = \left(\dfrac{E}{K^{\frac{1}{n'}}}\right)^{\frac{n'}{n'-1}}$ 损伤门槛值 $D_{th} = \left(\dfrac{1}{\pi^{0.5}}\right)^{\frac{1}{0.5+b'}}$	
损伤值计算式	$D_i = \left(\sigma_a^{(1-n')/n'}\dfrac{E\pi^{1(2n')}}{K^{1/n'}}\right)^{-\frac{2m'n'}{2n'-m'}}$	
强度准则 （当 $\sigma \geqslant \sigma'_s$ 或低周疲劳下）	I 因子法：$I'_a \leqslant [I] = I'_{fc}/n$；$I'_{fc} = \varepsilon'_{fc} \times D_{2fc}^{1/\lambda'}$	
I'_{1a} 和 I'_{fc} 的物理意义	I'_{1a} 是损伤生长的驱动力；I'_{fc} 是做功使材料达到 ε'_f 失效时的临界应变因子	
I'_{1fe} 和 I'_{fe} 的几何意义	I'_{1fe} 是图 3-1 中三角形（$\triangle JEHJ$）的总面积； I'_{fe} 是三角形（$\triangle JEE'GG'HH'J$）的总面积	
L 因子的强度准则 （$\sigma \geqslant \sigma'_s$）	$L'_{1a} = \left(\dfrac{\sigma}{2\varepsilon'_p E}D^{1/[m'\lambda'/(m'-\lambda')]}\right) \leqslant [L'] = \dfrac{L'_{fc}}{n}$	
L'_{1a} 的物理意义	L'_{1a} 是损伤生长的驱动力；L'_{1fc} 是做功使材料达到 σ'_f 至失效时的临界应力因子；n 是安全系数	
L'_{1fc} 的几何意义	L'_{1fe} 是图 3-1 中三角形（$\triangle JEHJ$）的总面积或是三角形（$\triangle JEE'GG'HH'J$）	
当 $\sigma < \sigma'_s$ 或高周或超高周疲劳下的强度准则	损伤值法准则 $D'_1 = \left(\sigma_a^{(1-n')/n'}\dfrac{E\pi^{1/(2n')}}{K^{1/2}}\right)^{-\frac{2m'n'}{2n'-m'}}$ $\leqslant \dfrac{D_{1fc}}{n}$	因子法准则 $\sigma_1 = \left(\dfrac{K'D_i^{(2n'b'+1)/2}}{E^{n'}\pi^{1/2}}\right)^{\frac{1}{1-n'}} \leqslant \dfrac{\sigma'_{1fc}}{n}$
对应于屈服应力的临界值	$D_{1fc} = \left(\sigma_s^{(1-n')/n'}\dfrac{E \times \pi^{1/(2n')}}{K'^{1/n'}}\right)^{-\frac{2m'n'}{2n'-m'}}$	$\sigma'_{1fc} = \left(\dfrac{K' \times D_{1fc}^{(2n'b'+1)/2}}{E^n \times \pi^{1/2}}\right)^{\frac{1}{1-n'}}$
σ'_1 和 σ'_{1fc} 物理意义	σ'_1 损伤生长的驱动力；σ'_{1fc} 是做功使材料达到 σ'_s 时的临界应力因子	

项目名	内容
σ'_{1fe} 的几何意义	σ'_{1fe} 是图 3 - 1 中三角形($\triangle JEHJ$)的总面积
当 $\sigma < \sigma'_s$,高周或超高周疲劳下的强度准则	Q 因子法 : $Q'_{1a} = \sigma\varepsilon D^{1/\frac{m'\lambda'}{m'+\lambda'}} \leqslant \frac{Q'_{fc}}{n}$; $Q'_{fc} = \varepsilon'_f \sigma'_f D_{2fc}^{1/\frac{m'\lambda'}{m'+\lambda'}}$
Q'_{1a} 和 Q'_{1fc} 的物理意义	Q'_{1a} 是损伤生长的驱动力 ; Q'_{1fc} 是做功使材料达到 σ'_f 时的临界应力因子
Q'_{1fc} 的几何意义	Q'_{1fc} 是图 3 - 1 中三角形($\triangle JEE'GG'HH'J$)的总面积

2. 单轴疲劳下全过程损伤速率和寿命预测计算

单轴疲劳下损伤速率和寿命预测计算见表 3 - 2 ~ 表 3 - 5。

表 3 - 2 　低周疲劳下损伤速率和寿命预测计算

项目名	内容	
所属学科	损伤力学	
加载方式	单轴低周疲劳加载下	
计算方法	无缺陷材料损伤计算	
曲线方向	正向	反向
曲线名	棕色 2,2′($CC_1B'C_2$)	棕色 2′,2($C_2B'C_1C$)
主要方程	(1) $dD/dN = B'\Delta I'^{\lambda'}$; (2) $\dfrac{dD}{dN} = C_w^* \Delta L'^{\frac{m'\lambda'}{m'-\lambda'}}$	(1) $N = \displaystyle\int_{D_{th}}^{D_{1fe}或 2fe} \frac{dD_1}{B'\Delta\varepsilon'_p{}'D_1}$; (2) $N = \displaystyle\int_{D_{th}}^{D_{1fe}或 2fe} \dfrac{dD}{C_w^*\left(\dfrac{\Delta\sigma}{E\varepsilon'_a}\right)^{\frac{m'\lambda'}{m'-\lambda'}}D}$
综合材料常数 C_w^* , B'	(1) $B' = 2(2\varepsilon'^{-\lambda'}_f \sqrt{D_{2fc}})^{-\lambda'}$; (2) $C_w^* = 2\left(2\dfrac{\sigma'_f\alpha}{E\varepsilon'^{\frac{m'\lambda'}{m'-\lambda'}}_f}\sqrt{D_{fc}}\right)^{\frac{m'\lambda'}{m'-\lambda'}}$	
参数的含义	几何意义	物理意义
在速率方程中 C_w^* 和 B' 含义	最大的微梯形面积	材料失效前在一个循环中释放出的最大能量,是最大功率的概念
在寿命方程中 C_w^* 或 B' 的含义	大型梯形中的全部面积	整个过程中所做的全部功

表 3 – 3　高周疲劳下损伤速率和寿命预测计算

项目名	内容	
所属学科	损伤力学	
加载方式	单轴高周疲劳加载下	
计算方法	无缺陷材料损伤计算	
曲线方向	正向	反向
曲线名	绿色 $A'AA_1B'A_2(\sigma_m=0)$； 蓝色 $D'DD_1D_2(\sigma_m\neq0)$	绿色 $A_2B'A_1AA'(\sigma_m=0)$ 蓝色 $D_2D_1DD'(\sigma_m\neq0)$
主要方程	(1) $dD/dN = C'_w\Delta L'^{m'}$, $\Delta L' = \Delta\sigma D^{1/m'}$, $dD/dN = C'_w\Delta\sigma^{m'}D$; (2) $dD/dN = A'_w\Delta H^{m'}$, $\Delta H = \Delta\sigma D^{1/m'}$, $dD/dN = A'_w\Delta\sigma^{m'}D$;	(1) $N_i = \int_{D_{th}}^{D_{eff}}\dfrac{dD}{C'_w\Delta\sigma^{m'}D}$ (cycle) (2) $N_i = \int_{D_{th}}^{D_{eff}}\dfrac{dD}{A'_w\Delta\sigma^{m'}D}$ (cycle)
综合材料常数	(1) $C''_w = 2(2K'\alpha)^{-m'}(2\varepsilon'_f\alpha_1{}^{-\lambda'}\sqrt{D_{1fc}})^{-\lambda'}$ $(\sigma_m=0)$ $C'_w = 2[2K'(1-R)\alpha_1]^{-m'}(2\varepsilon'_f{}^{-\lambda'}\sqrt{D_{1fc}})^{-\lambda'}$ $(\sigma_m\neq0)$; (2) $A^*_w = 2(2\sigma_f\alpha_1{}^{-m'}\sqrt{D_{1fc}})^{-m'}$ $(\sigma_m=0)$ $A^*_w = 2[2\sigma'_f(1-\sigma_m/\sigma'_f)\alpha_1{}^{-m'}\sqrt{D_{1fc}}]^{-m'}$ $(\sigma_m\neq0)$	
参数的含义	几何意义	物理意义
在速率方程中 A^*_w 或 A'_w 的含义	最大的微梯形面积	材料失效前在一个循环中释放出的最大能量,是最大功率的概念
在寿命方程中 A^*_w 或 A'_w 的含义	大型梯形中的全部面积	整个过程中所做的全部功

表 3 – 4　超高周疲劳下损伤速率和寿命预测计算

项目名	内容	
所属学科	损伤力学	
加载方式	单轴超高周疲劳加载下	
计算方法	无缺陷材料损伤计算	
曲线方向	正向	反向

续表

项目名	内容	
曲线名	绿色 $A'AA_1B'A_2(\sigma_m=0)$； 蓝色 $D'DD_1D_2(\sigma_m\neq0)$	绿色 $A_2B'A_1AA'(\sigma_m=0)$； 蓝色 $D_2D_1DD'(\sigma_m\neq0)$
主要方程	（1）$dD/dN=A_w\Delta H'^{m'}$， $\Delta H'=\Delta\sigma D^{1/m'}$， $dD/dN=A_w^*\Delta\sigma^{m'}D$； （2）$(dD/dN)_{i=01\to tr}=[A_w'(\Delta\sigma_i\sqrt[m']{D_i})^{m'}]\leqslant$ $(dD/dN)_{i=tr}=[A_w'(\Delta\sigma_i\sqrt[m']{D_i})^{m'}]\leqslant$ $(dD/dN)_{i=tr\to eff}=[A_w'(\Delta\sigma_i\sqrt[m']{D_i})^{m'}]$	（1）$\sum N=\int_{D_{01}}^{D_{eff}}\dfrac{dD}{A_w\Delta\sigma^{m'}D}$； （2）$\sum N=\int_{D_{01}}^{D_{th}}\dfrac{dD}{A_w'\Delta\sigma^{m'}D}+$ $\int_{D_{tr}}^{D_{tr}}\dfrac{dD}{A_w'\Delta\sigma^{m'}D}+$ $\int_{D_{tr}}^{D_{eff}}\dfrac{dD}{A_w'\Delta\sigma^{m'}D}$
综合材料常数	$A_w^*=2(2\sigma_f'\alpha_1\sqrt[-m']{D_{1fc}})^{-m'}(\sigma_m=0)$ $A_w^*=2(2\sigma_f'(1-R)\alpha_1\sqrt[-m']{D_{1fc}})^{-m'}(\sigma_m\neq0)$ $A_w'=2(2\sigma_f'\alpha_2\sqrt[-m']{D_{2fc}})^{-m'}(\sigma_m\neq0)$ $A_w'=2[2\sigma_f'(1-R)\alpha_2\sqrt[-m']{D_{2fc}}]^{-m'}(\sigma_m\neq0)$	
参数的含义	几何意义	物理意义
A_w^* 或 A_w' 的含义	最大的微梯形面积	材料失效前在一个循环中释放出的最大能量，是最大功率的概念
在寿命方程中 A_w^* 或 A_w' 的含义	大型梯形中的全部面积	整个过程中所做的全部功

表 3-5　高低周载荷下一式多级载荷损伤速率和寿命预测计算

项目名	内容	
加载方式	单轴高低周载荷下	
计算方法	无缺陷材料计算	
曲线方向	正向	反向
曲线名	绿色 $A'AA_1B'A_2(\sigma_m=0)$； 蓝色 $D'DD_1D_2(\sigma_m\neq0)$	绿色 $A_2B'A_1AA'(\sigma_m=0)$； 蓝色 $D_2D_1DD'(\sigma_m\neq0)$

311

项目名	内容	
主要方程	$da/dN = A(\Delta\sigma_i \sqrt{\pi D_i})^{m'}$ (damage − unit/cycle)	$N = \int_{D_i}^{D_{eff}} \dfrac{dD}{A2(\varphi\Delta\sigma \sqrt{\pi D})^{m'2}}$ (cycle)
综合材料常数	$A = 2(2\sigma'_f\alpha \sqrt{\beta\pi D_{2fc}})^{-m'}$ $A = 2[2\sigma'_f(1-R)\alpha \sqrt{\beta\pi D_{2fc}}]^{-m'}$	

参数的含义	几何意义	物理意义
A 的含义	最大的微梯形面积	材料失效前在一个循环中释放出的最大能量,是最大功率的概念
在寿命方程中 A 的含义	大型梯形中的全部面积	整个过程中所做的全部功

3. 多轴疲劳下全过程强度问题计算

多轴疲劳下全过程强度计算见表 3-6。

表 3-6　多轴疲劳下全过程强度计算

项目名	内容
所属学科	损伤力学
计算方法	全过程连续强度计算
加载方式	多轴疲劳加载下
主要计算式	
(1) 按第一损伤强度理论准则	$H'_{1equ-I} = \sigma_{1equ} \sqrt[m']{D} \leqslant [H'_I] = H'_{Ifc}/n;\ H'_{Ifc} = \sigma'_s \sqrt[m']{D_{1fc}}$
H'_{1equ-I} 和 H'_{Ifc} 的定义与物理含义	H'_{1equ-I} 是 I 型当量应力强度因子,是复杂应力状况下损伤扩展的推动力;H'_{Ifc} 是损伤临界应力强度因子,是材料抵抗外力作用达到屈服应力 σ'_s 时所释放出的总能量;n 是安全系数
H'_{Ifc} 的几何含义	H'_{Ifc} 相当于图 3-1 中三角形($\triangle JEHJ$)的总面积
(2) 按第二损伤强度理论准则	$H'_{2equ-I} = \dfrac{\sigma_{1equ}}{1+\mu} \sqrt[m']{D} \leqslant (0.7\sim0.8) H'_{1fc}/n$

项目名	内容
H'_{2equ-I} 与 H'_{Ifc} 的物理含义	H'_{2equ-I} 是复杂应力状况下损伤扩展的推动力；H'_{Ifc} 是损伤临界应力强度因子，是材料抵抗外力作用达到屈服应力 σ'_s 时所释放出的总能量
H'_{Ifc} 的几何含义	相当于图 3-1 中三角形（$\triangle JEHJ$）或三角形（$\triangle JEE'GG'HH'J$）的总面积
按第三损伤强度理论准则	$H'_{3equ-I} = \sigma_{3equ}\sqrt[m']{D} \leq [H'_{3fs}]$；$H'_{3equ-I} = 0.5\sigma_{1equ-I}\sqrt[m']{D} \leq 0.5[H'_{Ifs}]$
H'_{3equ-I} 和 H'_{Ifs} 的物理含义	H'_{3equ-I} 是复杂应力状况下损伤扩展的推动力；H'_{Ifs} 是损伤临界应力强度因子，是材料抵抗外力作用达到屈服应力 σ'_s 时所释放出的总能量
H_{Ifs} 的几何含义	H_{Ifs} 相当于图 3-1 中三角形（$\triangle JEHJ$）或三角形（$\triangle JEE'GG'HH'J$）的总面积
按第四损伤强度理论准则	$H'_{4equ-I} = \dfrac{\Delta H_I}{2\sqrt{3}} < H'_{4fc}$；$\sigma_{4equ} = \dfrac{\sigma_{1equ}}{\sqrt{3}} \leq [\sigma] = \dfrac{\sigma_{1fc-equ}}{n\sqrt{3}}$
H'_{4equ-I} 和 H'_{4fc} 的物理含义	H'_{4equ-I} 是复杂应力状况下损伤扩展的推动力；H'_{4fc} 是损伤临界应力强度因子，是材料抵抗外力作用达到屈服应力 σ'_s 时所释放出的总能量
H'_{4fc} 的几何含义	相当于图 3-1 中三角形（$\triangle JEHJ$）或三角形（$\triangle JEE'GG'HH'J$）的总面积

4. 多轴疲劳下损伤速率和寿命连续预测计算

多轴疲劳下损伤速率和寿命的预测计算见表 3-7 ～ 表 3-10。

表 3-7　按第一损伤强度理论就损伤速率和寿命的预测计算

项目名	内容	
应力状态和加载方式	复杂应力和低周疲劳加载下	
计算方法	按第一损伤强度理论计算	
曲线方向	正向	反向
曲线名	棕色 $2,2'(CC_1B'C_2)$	棕色 $2',2(C_2B'C_1C)$
主要方程	$dD/dN = B'_{1eq-u2}\left(\Delta\sigma_{1equ}\sqrt[m']{D}\right)^{m'}$	$N = \displaystyle\int_{D_{01orth}}^{D_{Ifc}} \dfrac{dD}{B'_{1equ}\Delta\sigma_{1equ}^{m'}D}$
综合材料常数 B'_{1equ}	$B'_{1equ} = 2\left(2\sigma'_f\alpha^{-m'}\sqrt{D_{2fc}}\right)^{-m'}$	
B'_{1equ} 的含义	几何含义	物理含义
B' 的含义	大型梯形中的最大微梯形面积	它是一个最大的功率，是失效前材料在一个循环中抵抗力的作用所释放出的最大能量
应力状态和加载方式	复杂应力和高周疲劳加载下	

项目名	内容	
曲线方向	正向	反向
曲线名（标志）	绿色 $A'AA_1B'A_2$（$\sigma_m=0$）； 蓝色 $D'DD_1D_2$（$\sigma_m\neq0$）	绿色 $A_2B'A_1AA'$（$\sigma_m=0$）； 蓝色 D_2D_1DD'（$\sigma_m\neq0$）
主要方程	（1）$dD/dN = A'_{1equ-1}\Delta H'^{m'}_{1equ-I}$； （2）$dD/dN = A'_{1\tau-v}\Delta H^{m'}_{II}$	（1）$N = \int_{D_{01orth}}^{D_{1fc}}\dfrac{dD}{A'_{1equ-1}\Delta\sigma^{m'}_{1equ}D}$； （2）$N = \int_{D_{01(或D_{th})}}^{D_{1fc}}\dfrac{dD}{A'_{1\tau}\Delta\tau^{m'}_{equ-II}D}$
综合材料常数	（1）$A'_{1equ-1} = 2(2H_{1fc-equ}\alpha)^{-m'}$（$\sigma_m=0$） $A'_{1equ-1} = 2[2H_{1fc-equ}(1-R)\alpha]^{-m'}$（$\sigma_m\neq0$）； （2）$A'_{1\tau-v} = 2(2\tau_f\alpha^{-m'}\sqrt{D_{2fc}})^{-m'}$（$\tau_m=0$） $A'_{1\tau} = 2[2\tau_f(1-\tau_m/\tau_f)\alpha^{-m'}\sqrt{D_{2fc}}]^{-m'}$（$\tau_m\neq0$）	
A'_{1equ-1} 或 $A'_{1\tau-v}$ 的含义	几何含义	物理含义
在速率方程中 $A'_{1\tau-v}$ 或 A'_{1equ-1} 的含义	大型梯形中的最大微梯形面积	它是最大的功率，是失效前材料在一个循环中抵抗力的作用所释放出的最大能量
在寿命方程中 $A'_{1\tau-v}$ 或 A'_{1equ-1} 的含义	大型梯形中的全部面积	整个过程中所做的全部功

表 3-8　按第二损伤强度理论就损伤速率和寿命的预测计算

项目名	内容	
应力状态和加载方式	复杂应力和低周疲劳加载下	
计算方法	按第一损伤强度理论计算	
曲线方向	正向	反向
曲线名	棕色 $2,2'$（$CC_1B'C_2$）	棕色 $2',2$（$C_2B'C_1C$）
主要方程	$dD/dN = B'_{2equ-1}\left[\dfrac{\Delta H'_{1equ-1}}{2(1+\mu)}\right]^{m'}$	$N = \int_{D_{01(或D_{th})}}^{D_{1fc}}\dfrac{dD}{B'_{2equ-1}\left[\dfrac{\Delta\sigma_{1equ}}{2(1+\mu)}\right]^{m'}D}$（cycle）
综合材料常数 B'_{2equ-1}	$B'_{2equ-1} = 2\left[\dfrac{2\sigma'_f}{(1+\mu)}\alpha_1^{-m'}\sqrt{D_{1fc}}\right]^{-m'}$	
	几何含义	物理含义

项目名	内容	
$B'_{2\text{equ}-1}$ 的含义	大型梯形中的最大微梯形面积	它是最大的功率,是失效前材料在一个循环中抵抗力的作用所释放出的最大能量
应力状态和加载方式	复杂应力和高周或疲劳加载下	
曲线方向	正向	反向
曲线名(标志)	绿色 $A'AA_1B'A_2(\sigma_\text{m}=0)$; 蓝色 $D'DD_1D_2(\sigma_\text{m}\neq 0)$	绿色 $A_2B'A_1AA'(\sigma_\text{m}=0)$; 蓝色 $D_2D_1DD'(\sigma_\text{m}\neq 0)$
主要方程	(1) 高周 $$dD/dN = A'_{2\text{equ}}\left[\frac{\Delta H'_{1\text{equ}-\text{I}}}{(1+\mu)}\right]^{m'};$$ (2) 超高周 $$dD/dN = A'_{2\text{equ}-v}\left[\frac{\Delta H_{1\text{equ}-\text{I}}}{(1+\mu)}\right]^{m'}$$	(1) 高周 $$N = \int_{D_{01\text{orth}}}^{D_{1\text{fc}}}\frac{dD}{A'_{2\text{equ}}\left[\frac{\Delta\sigma_{1-\text{equ}}}{(1+\mu)}\right]^{m'}D}\,(\text{cycle});$$ (2) 超高周 $$N = \int_{D_{01\text{orth}}}^{D_{1\text{fc}}}\frac{dD}{A'_{2\text{equ}-v}\left[\frac{\Delta\sigma_{1-\text{equ}}}{(1+\mu)}\right]^{m'}D}\,(\text{cycle})$$
综合材料常数	(1) 高周 $$A'_{2\text{equ}} = 2\left[\frac{2\sigma'_\text{f}}{(1+\mu)}\alpha_1^{-m'}\sqrt{D_{1\text{fc}}}\right]^{-m_1}(\sigma_\text{m}=0)$$ $$A'_{2\text{equ}} = 2\left[\frac{2\sigma'_\text{f}}{(1+\mu)}(1-R)\alpha_1^{-m'}\sqrt{D_{1\text{fc}}}\right]^{-m'}(\sigma_\text{m}=0)$$ (2) 超高周 $$A'_{2\text{equ}-v} = 2\left[\frac{2\sigma'_\text{f}}{(1+\mu)}\alpha_2^{-m'}\sqrt{D_{2\text{fc}}}\right]^{-m'}(\sigma_\text{m}=0)$$ $$A'_{2\text{equ}-v} = 2\left[\frac{2\sigma'_\text{f}}{(1+\mu)}(1-R)\alpha_2^{-m'}\sqrt{D_{2\text{fc}}}\right]^{-m'}(\sigma_\text{m}\neq 0)$$	
$A'_{2\text{equ}}$ 或 $A'_{2\text{equ}-v}$ 的含义	几何含义	物理含义
在速率方程中 $A'_{2\text{equ}}$ 或 $A'_{2\text{equ}-v}$ 的含义	大型梯形中的最大微梯形面积	它是最大的功率,是失效前材料在一个循环中抵抗力的作用所释放出的最大能量
在寿命方程中 $A'_{2\text{equ}}$ 或 $A'_{2\text{equ}-v}$ 的含义	大型梯形中的全部面积	整个过程中所做的全部功

表 3 – 9　按第三损伤强度理论就损伤速率和寿命的预测计算

项目名	内容	
应力状态和加载方式	复杂应力和低周疲劳加载下	
计算方法	按第一损伤强度理论计算	
曲线方向	正向	反向
曲线名	棕色 $2,2'(CC_1B'C_2)$	棕色 $2',2(C_2B'C_1C)$
主要方程	$\mathrm{d}D/\mathrm{d}N = B'_{3\mathrm{equ}-1}$ $(0.5\Delta H_{1\mathrm{equ}-\mathrm{I}}/2)^{m'}$	$N = \dfrac{\ln D_{1\mathrm{fc}} - \ln D_{01\,\text{或}\,D_{\mathrm{th}}}}{B'_{3\mathrm{equ}-1}(0.5\Delta\sigma_{1\mathrm{equ}}/2)^{m'}}$
综合材料常数 $B'_{2-\mathrm{equl}}$	$B'_{3\mathrm{equ}-1} = 2\left[\sigma'_\mathrm{s}\alpha^{-m'}\sqrt{D_{1\mathrm{fc}}}\right]^{-m'}$	
	几何含义	物理含义
$B'_{3\mathrm{equ}-1}$ 的含义	大型梯形中的最大微梯形面积	它是最大的功率,是失效前材料在一个循环中抵抗力的作用所释放出的最大能量
应力状态和加载方式	复杂应力和高周疲劳加载下	
曲线方向	正向	反向
曲线名(标志)	绿色 $A'AA_1B'A_2(\sigma_\mathrm{m}=0)$; 蓝色 $D'DD_1D_2(\sigma_\mathrm{m}\neq0)$	绿色 $A_2B'A_1AA'(\sigma_\mathrm{m}=0)$; 蓝色 $D_2D_1DD'(\sigma_\mathrm{m}\neq0)$
主要方程	(1) 高周 $\mathrm{d}D/\mathrm{d}N = A_{3\mathrm{equ}}(0.5\Delta\sigma_{3\mathrm{equ}})^{m'}D$; (2) 超高周 $\mathrm{d}D/\mathrm{d}N = A_{3\mathrm{equ}-\mathrm{v}}(0.5\Delta\sigma_{3\mathrm{equ}})^{m'}D$	(1) 高周 $N = \displaystyle\int_{D_{01}\text{或}D_{\mathrm{th}}}^{D_{1\mathrm{fc}}} \dfrac{\mathrm{d}D}{A'_{3\mathrm{equ}}(0.5\Delta\sigma_{1\mathrm{equ}})^{m'}D}$; (2) 超高周 $N = \displaystyle\int_{D_{01}\text{或}D_{\mathrm{th}}}^{D_{1\mathrm{fc}}} \dfrac{\mathrm{d}D}{A'_{3\mathrm{equ}-\mathrm{v}}(0.5\Delta\sigma_{1\mathrm{equ}})^{m'}D}$
综合材料常数	(1) 高周 $A_{3\mathrm{equ}} = 2(\sigma'_\mathrm{f}\alpha_1^{-m'}\sqrt{D_{1\mathrm{fc}}})^{-m'}$ $A_{3\mathrm{equ}} = 2[\sigma'_\mathrm{f}(1-\sigma_\mathrm{m}/\sigma'_\mathrm{f})\alpha_1^{-m'}\sqrt{D_{1\mathrm{fc}}}]^{-m'}$; (2) 超高周 $A'_{3\mathrm{equ}-\mathrm{v}} = 2(\sigma'_\mathrm{f}\alpha_2^{-m'}\sqrt{D_{2\mathrm{fc}}})^{m'}$ $A'_{3-\mathrm{equ}} = 2[\sigma'_\mathrm{f}(1-\sigma_\mathrm{m}/\sigma'_\mathrm{f})\alpha_2^{-m'}\sqrt{D_{2\mathrm{fc}}}]^{m'}$	
$A'_{3\mathrm{equ}}$ 或 $A'_{3\mathrm{equ}-\mathrm{v}}$ 的含义	几何含义	物理含义
在速率方程中 $A_{3\mathrm{equ}}$ 或 $A'_{3\mathrm{equ}-\mathrm{v}}$ 含义	大型梯形中的最大微梯形面积	它是最大的功率,是失效前材料在一个循环中抵抗力的作用所释放出的最大能量
在寿命方程中 $A_{3\mathrm{equ}}$ 或 $A'_{3\mathrm{equ}-\mathrm{v}}$ 含义	大型梯形中的全部面积	整个过程中所做的全部功

表 3 – 10　按第四损伤强度理论就全过程连续损伤速率和寿命的连续预测计算

项目名	内容	
应力状态和加载方式	复杂应力和低周疲劳加载下	
曲线方向	正向	
曲线方向	正向	反向
曲线名(标志)	棕色 2,2′($CC_1B′C_2$)	棕色 2′,2($C_2B′C_1C$)
主要方程	$\mathrm{d}D/\mathrm{d}N = B'_{4\mathrm{equ}-1}$ $(\Delta H_{1\mathrm{equ}-1}/2\sqrt{3})^{m'}$	$N = \displaystyle\int_{D_{01}\text{或}D_{\mathrm{th}}}^{D_{1\mathrm{fc}}} \dfrac{\mathrm{d}D}{B'_{4\mathrm{equ}-1}\left(\dfrac{\Delta\sigma_{4\mathrm{equ}}}{2\sqrt{3}}\right)^{m'}D}$
综合材料常数 $B'_{4\mathrm{equ}-1}$	$B'_{4\mathrm{equ}-1} = 2\left(\dfrac{2\sigma'_{\mathrm{f}}}{\sqrt{3}}\alpha_1{}^{-m'}\sqrt{D_{1\mathrm{fc}}}\right)^{-m'}$	
	几何含义	物理含义
$B'_{4\mathrm{equ}-1}$ 的含义	大型梯形中的最大微梯形面积	它是最大的功率,是失效前材料在一个循环中抵抗力的作用所释放出的最大能量
应力状态和加载方式	复杂应力和高周疲劳加载下	
曲线方向	正向	反向
曲线名(标志)	绿色 $A′AA_1B′A_2$($\sigma_{\mathrm{m}}=0$); 蓝色 $D′DD_1D_2$($\sigma_{\mathrm{m}}\neq0$)	绿色 $A_2B′A_1AA′$($\sigma_{\mathrm{m}}=0$); 蓝色 $D_2D_1DD′$($\sigma_{\mathrm{m}}\neq0$)
主要方程	(1) 高周 $\mathrm{d}D/\mathrm{d}N = B'_{4\mathrm{equ}-1}\left(\Delta H_{1\mathrm{equ}-1}/2\sqrt{3}\right)^{m'}$; (2) 超高周 $\mathrm{d}D/\mathrm{d}N = B'_{4\mathrm{equ}-\mathrm{v}}\left(\Delta H_{1\mathrm{equ}-1}/2\sqrt{3}\right)^{m'}$	(1) 高周 $N = \displaystyle\int_{D_{01}\text{或}D_{\mathrm{th}}}^{D_{1\mathrm{fc}}}\dfrac{\mathrm{d}D}{B'_{4\mathrm{equ}-1}\left(\dfrac{\Delta\sigma_{4\mathrm{equ}}}{2\sqrt{3}}\right)^{m'}D}$; (2) 超高周 $N = \displaystyle\int_{D_{01}\text{或}D_{\mathrm{th}}}^{D_{1\mathrm{fc}}}\dfrac{\mathrm{d}D}{B'_{4\mathrm{equ}-\mathrm{v}}\left(\dfrac{\Delta\sigma_{4\mathrm{equ}}}{2\sqrt{3}}\right)^{m'}D}$
综合材料常数	(1) $B_{4\mathrm{equ}} = 2\left(\dfrac{2\sigma'_{\mathrm{f}}}{\sqrt{3}}\alpha_1{}^{-m'}\sqrt{D_{1\mathrm{fc}}}\right)^{-m'}$ $B_{4\mathrm{equ}} = 2\left(\dfrac{2\sigma'_{\mathrm{f}}}{\sqrt{3}}\alpha_1(1-\sigma_{\mathrm{m}}/\sigma'_{\mathrm{f}})^{-m'}\sqrt{D_{1\mathrm{fc}}}\right)^{-m'}$; (2) $B_{4\mathrm{equ}-\mathrm{v}} = 2\left(\dfrac{2\sigma'_{\mathrm{f}}}{\sqrt{3}}\alpha_2{}^{-m'}\sqrt{D_{2\mathrm{fc}}}\right)^{-m'}$ $B_{4\mathrm{equ}-\mathrm{v}} = 2\left[\dfrac{2\sigma'_{\mathrm{f}}}{\sqrt{3}}(1-R)\alpha_2{}^{-m'}\sqrt{D_{2\mathrm{fc}}}\right]^{-m'}$	

续表

项目名	内容	
B_{4equ} 或 B_{4equ-v} 的含义	几何含义	物理含义
在速率方程中 B_{4equ} 或 B_{4equ-v} 的含义	大型梯形中的最大微梯形面积	它是最大的功率,是失效前材料在一个循环中抵抗力的作用所释放出的最大能量
在寿命方程中 B_{4equ} 或 B_{4equ-v} 的含义	大型梯形中的全部面积	整个过程中所做的全部功

3.2.2 含缺陷材料全过程损伤计算表

1. 单轴和低周疲劳下全过程损伤速率和寿命预测计算

单轴和低周疲劳下损伤速率和寿命预测计算见表 3-11~表 3~13。

表 3-11 第一阶段损伤速率和寿命预测分段计算

项目名	内容	
所属学科	损伤力学	
计算方法	分段计算	
加载方式	低周疲劳加载下	
曲线方向	正向	反向
曲线名和标志	棕色 $2(CC_1B')$	棕色 $2(B'C_1C)$
主要方程	(1) $\mathrm{d}D_1/\mathrm{d}N_1 = A_1^* \Delta\sigma^{m'} D_1$ (2) $\mathrm{d}D_1/\mathrm{d}N_1 = A_1^* (0.25\Delta\varepsilon\Delta\sigma)^{\frac{m'\lambda'}{m'+\lambda'}} D_1$	(1) $N_1 = \int_{D_{th}}^{D_{1fe}} \dfrac{\mathrm{d}D}{A_1^* \Delta\sigma^{m'} D}$, (cycle) (2) $N_1 = \int_{D_{th}}^{D_{1fe}} \dfrac{\mathrm{d}D}{A_1^* (0.25\Delta\varepsilon\Delta\sigma)^{\frac{m'\lambda'}{m'+\lambda'}} D}$
综合材料常数	(1) $A_1^* = 2(K'\alpha)^{-m'}(2\varepsilon_f' \sqrt[\lambda']{D_{1fc}})^{-\lambda'}$ (2) $A_1^* = 2\left(4\sigma_f'\varepsilon_f'\alpha_1 \sqrt[\frac{m'\lambda'}{m'+\lambda'}]{D_{1fc}}\right)^{\frac{m'\lambda'}{m'+\lambda'}}$	
指数	m', λ'	b', c'
m'、λ' 和 b'、c' 之间的关系	$m' = -1/b', \lambda' = -1/c'$	$b' = -1/m'; c' = -1/\lambda'$
A_1^* 的含义	几何含义	物理含义

318

续表

项目名	内容	
在速率方程中 A_1^* 的含义	梯形中的最大的微梯形面积	材料失效前一个循环中释放出的最大能量
在寿命方程中 A_1^* 的含义	第一阶段的梯形面积	第一阶段所做的功

表 3-12 第二阶段损伤速率和寿命预测分段计算

所属学科	损伤力学	
计算方法	分段计算	
加载方式	低周疲劳加载下	
曲线方向	正向	反向
曲线名和标志	棕色 $2'$ ——$C_1 B'C_2$	棕色 $2'$ ——$C_2 B'C_1$
主要方程	(1) $dD_2/dN_2 = B_2 \times \Delta\delta^{\lambda'}$ $\Delta\delta = \dfrac{0.5\pi\sigma_s y_2(\Delta\sigma/2\sigma_s + 1)D_2}{E}$ (2) $dD_2/dN_2 = B_2^* \Delta L^{\frac{m'\lambda'}{m'+\lambda'}}$ $\Delta L = 0.5(\Delta\sigma/2)\sigma_s'(\Delta\sigma/2\sigma_s' + 1)$ $(\sqrt{\pi D})^3/E$	(1) $N_2 = \displaystyle\int_{D_{tr}}^{D_{fc}\text{或}D_{2fc}} \dfrac{dD}{B_2(0.5\pi\sigma_s(\Delta\sigma/2\sigma_s + 1)/E)^{\lambda_2}}$ (2) $N_2 = \displaystyle\int_{D_{tr}}^{D_{fc}\text{或}D_{2fc}} \dfrac{dD}{B_1^*\left[0.5(\Delta\sigma/2)\sigma_s'(\Delta\sigma/2\sigma_s' + 1)\right.}$ $\left.(\sqrt{\pi D_2})^3/E\right]^{\frac{m'\lambda'}{m'+\lambda'}}$
综合材料常数	(1) $B_2 = 2\left[2 \times \pi\sigma_s'(\sigma_f'/\sigma_s + 1)^{-\lambda'}\sqrt{D_{2fc}}/E\right]^{-\lambda'} v_{pv}$ (2) $B_2^* = 2\left[\dfrac{\sigma_f'\sigma_s'(\sigma_f'/\sigma_s + 1)}{E}(\sqrt{\pi D_{2fc}})^3\right]^{-\frac{m'\lambda'}{m'+\lambda'}} v_{pv}$	
指数	m', λ'	b', c'
$m_2', \lambda_2', b_2', c_2'$ 间的关系	$m_2' = -1/b_2', \lambda_2' = -1/c_2'$	$b_2' = -1/m_2', c_2' = -1/\lambda_2'$
B_2 或 B_2^* 的含义	几何含义	物理含义
在速率方程中 B_2 或 B_2^* 的含义	梯形中的最大的微梯形面积	材料失效前一个循环中释放出的最大能量
在寿命方程中 B_2 或 B_2^*	第二阶段的梯形面积	第二阶段所做的功

表 3 - 13　低周疲劳下全过程损伤速率和寿命预测计算

项目名	内容	
所属学科	损伤力学	
计算方法	全过程再连接计算	
加载方式	低周疲劳加载下	
加载方式	低周疲劳加载下	
曲线名和标志	棕色 $2,2'(CC_1B'C_2)$	棕色 $2',2(C_2B'C_1C)$
主要方程	$\dfrac{\mathrm{d}D_1}{\mathrm{d}N_1} \leqslant \dfrac{\mathrm{d}D_{\mathrm{tr}}}{\mathrm{d}N_{\mathrm{tr}}} \leqslant \dfrac{\mathrm{d}D_2}{\mathrm{d}N_2}$ $(1)\left(\dfrac{\mathrm{d}D_1}{\mathrm{d}N_1}=A_1^*\Delta\sigma^{m'}D_1\right)_{D_{01}\to\mathrm{tr}} \leqslant$ $\left(\dfrac{\mathrm{d}D_{\mathrm{tr}}}{\mathrm{d}N_{\mathrm{tr}}}\right)_{D_{\mathrm{tr}}\to\mathrm{long}} \leqslant \dfrac{\mathrm{d}D_2}{\mathrm{d}N_2}=B_2\Delta\delta^{\lambda2}$ $(2)\dfrac{\mathrm{d}D_1}{\mathrm{d}N_1}=A_1^*\ (0.25\Delta\varepsilon\Delta\sigma)^{\frac{m'\lambda'}{m'+\lambda'}}D_1$ $\leqslant\left(\dfrac{\mathrm{d}D_{\mathrm{tr}}}{\mathrm{d}N_{\mathrm{tr}}}\right)_{D_{\mathrm{tr}}\to\mathrm{long}}\leqslant\dfrac{\mathrm{d}D_2}{\mathrm{d}N_2}=B_2^*\Delta L^{\frac{m'\lambda'}{m'+\lambda'}}$	$\sum N = N_1 + N_2$ $(1)\ \sum N = \displaystyle\int_{D_{\mathrm{th}}}^{D_{1\mathrm{fc}}(D_{oi},D_{\mathrm{tr}})}\dfrac{\mathrm{d}D}{A_1^*\Delta\sigma^{m'}D}+$ $\displaystyle\int_{D_{\mathrm{tr}}}^{D_{1\mathrm{fc},\mathrm{or}\,2\,\mathrm{fc}}}\dfrac{\mathrm{d}D}{B_2(0.5\pi\sigma_{\mathrm{s}}'(\Delta\sigma/2\sigma_{\mathrm{s}}'+1)/E)^{\lambda'}}$ $(2)\ \sum N = \displaystyle\int_{D_{\mathrm{th}}}^{D_{1\mathrm{fc}}}\dfrac{\mathrm{d}D}{A_1^*(0.25\Delta\varepsilon\Delta\sigma)^{\frac{m'\lambda'}{m'+\lambda'}}D}+$ $\displaystyle\int_{D_{\mathrm{tr}}}^{D_{1\mathrm{fc}}\text{或}D_{2\mathrm{fc}}}\dfrac{\mathrm{d}D}{B_1^*\left[0.5\left(\dfrac{\Delta\sigma}{2}\right)\sigma_{\mathrm{s}}'\left(\dfrac{\Delta\sigma}{2\sigma_{\mathrm{s}}'}+1\right)\left(\dfrac{\sqrt{\pi D_2}}{E}\right)^3\right]^{\frac{m'\lambda'}{m'+\lambda'}}}$

2. 单轴与高周或超高周疲劳下全过程损伤速率和寿命预测计算

单轴与高周或超高周疲劳下损伤速率和寿命预测计算见表 3 - 14 ~ 表 3 - 16。

表 3 - 14　单轴与高周或超高周疲劳下第一阶段损伤速率和寿命分段预测计算

项目名	内容	
所属学科	损伤力学	
计算方法	分段计算	
加载方式	高周疲劳下	
曲线方向	正向	反向
曲线名和标志	图 3 - 1 中绿色 1——$A'A_1B'$ 或蓝色 3——$D'D_1D_1'$	图 3 - 1 中绿 1——$B'A_1A'$ 或蓝色 3——$D_1'D_1D'$
主要方程	$(1)\ \dfrac{\mathrm{d}D_1}{\mathrm{d}N_1}=A_1\Delta H_1^{m'}$ $(2)\ \dfrac{\mathrm{d}D_1}{\mathrm{d}N_1}=A_1\Delta\sigma^{m'}D_1^{m'}$	$(1)\ N_1=\displaystyle\int_{D_{01}\text{或}D_{\mathrm{tr}}}^{D_{\mathrm{tr}}\text{或}D_{1\mathrm{fc}}}\dfrac{\mathrm{d}D}{A_1\Delta\sigma D_1}$ $(2)\ N_1=\displaystyle\int_{D_{01}\text{或}D_{\mathrm{th}}}^{D_{2\mathrm{fc}}\text{或}D_{1\mathrm{fc}}}\dfrac{\mathrm{d}D}{A_1\Delta\sigma D_1}$

项目名	内容	
综合材料常数	(1) $A_1 = 2\left[(2\sigma_f')\alpha_1{}^{-m'}\sqrt{D_{1fc}}\right]^{-m'}$ $(\sigma_m = 0)$ $A_1 = 2\left[2\sigma_f'(1-R)\alpha_1{}^{-m'}\sqrt{D_{1fc}}\right]^{-m'}$ $(\sigma_m \neq 0)$ (2) $A_1 = 2\left(2\sigma_f'\alpha_2{}^{-m'}\sqrt{D_{2fc}}\right)^{-m'}$ $(\sigma_m = 0)$ $A_1 = 2\left[2\sigma_f'\left(1-\dfrac{\sigma_m}{\sigma_f'}\right)\alpha_2{}^{-m'}\sqrt{D_{2fc}}\right]^{-m'}$ $(\sigma_m \neq 0)$	$A_1^{\#} = \Delta H_1^{m'}(N_{1fc} - N_{01})$ $A_1^{\#} = A_1(N_{1fc} - N_{01})$
参数关系	$A_1 = A_1^{\#}/(N_{1fc} - N_{01})$	$A_1^{\#} = A_1(N_{1fc} - N_{01})$
指数	m'	b'
m' 和 b' 关系	$m' = -1/b'$	$b' = -1/m'$
A_1 的含义	几何含义	物理含义
方程中 A_1 的含义	相当于最大的微梯形面积	材料失效前一个循环中释放的最大能量
$A_1^{\#}$ 的含义	相当于一三角形面积	全过程所做的功

表 3 – 15　单轴与高周或超高周疲劳下第二阶段损伤速率和寿命分段预测计算

项目名	内容	
所属学科	损伤力学	
计算方法	分段计算	
加载方式	高周疲劳下	
曲线方向	正向	反向
曲线名和标志	图 3 – 1 中绿色 $1' - AB'A_2$ 或蓝色 $3' - D_1D_1'D_2$	图 3 – 1 中绿色 $1' - A_2B'A_1$ 或蓝色 $3' - D_2D_1'D_1$
主要方程	(1) $\dfrac{\mathrm{d}D_2}{\mathrm{d}N_2} = A_2'\Delta\sigma^{m'}D_2$ (2) $\dfrac{\mathrm{d}D_2}{\mathrm{d}N_2} = A_2'\Delta K_2^{m'_2}$	(1) $N_2 = \displaystyle\int_{D_{tr}}^{D_{1fc}或D_{2fc}} \dfrac{\mathrm{d}D}{A_2\Delta\sigma^{m'}D}$ (2) $N_2 = \displaystyle\int_{D_{tr}}^{D_{1fc}} \dfrac{\mathrm{d}D}{A_2\left(\Delta\sigma\sqrt{\pi}\right)^{m'_2}}$

项目名	内容	
综合材料常数	(1) $A_2 = 2(2\sigma_f' \alpha^{-m_2'} \sqrt{D_{2fc}})^{-m_2'}$ $(\sigma_m = 0)$ $A_2 = 2[2\sigma_f'(1-R)\alpha^{-m_2'}\sqrt{D_{2fc}}]^{-m_2'}$ $(\sigma_m \neq 0)$ (2) $A_2 = 2\left[2\sigma_f'\left(1-\dfrac{\sigma_m}{\sigma_f'}\right)\alpha\sqrt{\pi D_{1fc}}\right]^{-m_2'}$ $(\sigma_m = 0)$ $A_2 = 2\left[2\sigma_f'\left(1-\dfrac{\sigma_m}{\sigma_f'}\right)\alpha\sqrt{\pi D_{1fc}}\right]^{-m_2'}$ $(\sigma_m \neq 0)$	$A_2^{\#'} = \Delta K_2'^{m_2'}(N_{2fc} - N_{02})$ $A_2^{\#'} = A_2'(N_{2fc} - N_{02})$
参数关系	$A_2' = A_2^{\#'}/(N_{2fc} - N_{02})$	$A_2^{\#} = A_2(N_{2fc} - N_{02})$
指数	b_2'	m_2'
m_2 与 b_2' 关系	$m_2' = -1/b_2'$	$b_2' = -1/m_2'$
A_2 的含义	几何含义	物理含义
A_2 的含义	相当于最大的微梯形面积	材料失效前一个循环中释放的最大能量
$A_2^{\#}$ 的含义	相当于第二阶段梯形面积	全过程所做的功

表 3 – 16　单轴与高周或超高周疲劳下全过程损伤速率和寿命预测计算

项目名	内容	
计算方法	全过程连接计算	
加载方式	高周或超高周疲劳下	
曲线方向	正向	反向
曲线名和标志	绿色 $1,1' - A'AA_1B'A_2$ 或 蓝色 $3,3' - D'DD_1D_1'D_2$	绿色 $1,1' - A_2B'A_1AA'$ 或 蓝色 $3,3' - D_2D_1'D_1DD'$
主要方程	$\dfrac{\mathrm{d}D_1}{\mathrm{d}N_1} < = \dfrac{\mathrm{d}D_{tr}}{\mathrm{d}N_{tr}} < = \dfrac{\mathrm{d}D_2}{\mathrm{d}N_2}$ $\left(\dfrac{\mathrm{d}D_1}{\mathrm{d}N_1} = A_1'\Delta\sigma^{m'}D_1\right)_{D_{01}\to tr}$ $\leqslant \left(\dfrac{\mathrm{d}D_{tr}}{\mathrm{d}N_{tr}} = A_1'\Delta\sigma^{m'}D_{tr}\right)_{D_{tr}\to long}$ $\leqslant \left[\dfrac{\mathrm{d}D_2}{\mathrm{d}N_2} = A_2'(\Delta\sigma\sqrt{\pi D_2})^{m_2'}\right]_{D_{nac}\to any}$	$\sum N = N_1 + N_2$ $\sum N = \displaystyle\int_{D_{01}}^{D_{tr}} \dfrac{\mathrm{d}D}{A_1'\Delta\sigma^{m'}D} +$ $\displaystyle\int_{D_{tr}}^{D_{1fe}} \dfrac{\mathrm{d}D}{A_2(\Delta\sigma\sqrt{\pi D})^{m_2'}}$

项目名	内容	
综合材料常数	$A_1 = 2(2\sigma'_f \alpha_1{}^{-m'}\sqrt{D_{1fe}})^{-m'}$ $(\sigma_m = 0)$ $A_1 = 2[2\sigma'_f(1-R)\alpha_1{}^{-m'}\sqrt{D_{1fe}}]^{-m'}$ $(\sigma_m \neq 0)$ $A_2 = 2(2\sigma'_f \alpha_2{}^{-m'_2}\sqrt{\pi D_{2fe}})^{-m'_2}$ $(\sigma_m = 0)$ $A_2 = 2\left[2\sigma'_f\left(1-\dfrac{\sigma_m}{\sigma'_f}\right)\alpha_2{}^{-m'_2}\sqrt{\pi D_{2fe}}\right]^{-m'_2}$ $(\sigma_m \neq 0)$	
参数关系	$A_1 = A_1^{\#}/(N_{1fe} - N_{01})$ $A_2 = A_2^{\#}/(N_{2fe} - N_{02})$	$A_1^{\#} = A_1(N_{1fe} - N_{01})$ $A_2^{\#} = A_2(N_{2fe} - N_{02})$
A_1, $A_2^{\#}$ 和 $A_w^{\#}$ 的含义	几何含义	物理含义
A_1, $A_1^{\#}$ 的含义	A_1 为第一阶段最大的微梯形面积	$A_1^{\#}$ 为第一阶段所做的功
$A_2 A_2^{\#}$ 的含义	A_2 为第二阶段最大的微梯形面积	$A_2^{\#}$ 为第二阶段所做的功
$A_w^{\#} = A_1^{\#} + A_1^{\#}$ 的含义	整个过程所做的全部功	

3. 多轴和低周疲劳下全过程损伤速率和寿命连接计算

多轴和低周疲劳下损伤速率和寿命连接计算见表 3-17。

表 3-17　多轴和低周疲劳下损伤速率和寿命连接计算

项目名	内容	
所属学科	损伤力学	
加载方式	复杂应力和低周疲劳加载下	
第一阶段计算方法	按第四损伤强度理论计算	
曲线方向	正向	反向
曲线名和标志	棕色 2(CC_1B')	棕色 2($B'C_1C$)
主要方程	$\dfrac{dD_1}{dN_1} = B'_{4equ} \times$ $\left(\dfrac{\Delta\sigma_{4equ}}{\sqrt{3}}\right)^{m'} D_1$	$N = \displaystyle\int_{D_{01}或D_{th}}^{D_{tr}} \dfrac{dD}{B'_{4equ}\left(\Delta\sigma_{4equ}/\sqrt{3}\right)^{m'} D}$
综合材料常数 B'_{4equ}	$B'_{4equ} = 2\left(\dfrac{2\sigma'_f}{\sqrt{3}}\alpha^{-m'}\sqrt{D_{1fe}}\right)^{-m'}$	

项目名	内容	
B'_{4equ}	几何含义	物理含义
的含义	相当于最大的微梯形面积	材料失效前一个循环中释放的最大能量
第二阶段计算方法	按第四损伤强度理论计算	
曲线方向	正向	反向
曲线名和标志	棕色 2′——$C_1B'C_2$	棕色 2′——$C_2B'C_1$
主要方程	$\mathrm{d}D_2/\mathrm{d}N_2 = B_{2equ}^* \Delta L_{equ}^{\frac{m'\lambda'}{m'+\lambda'}}$ $\Delta L = \left[\dfrac{0.5\sigma_s'(\Delta\sigma/2)(\Delta\sigma/2\sigma_s+1)}{E} \right.$ $\left. (\sqrt{\pi D_2})^3 \right]^{1/\left[\frac{m'\lambda'}{m'+\lambda'}\right]}$	$N_2 = \displaystyle\int_{D_{tr}}^{D_{1fc}} \dfrac{D_2}{B_{2equ}^*\left[0.5\frac{\Delta\sigma}{2}\sigma_s'\left(\frac{\Delta\sigma}{2\sigma_s'}+1\right)(\sqrt{\pi D_2})^3/E\right]^{\frac{m'\lambda'}{m'+\lambda'}}}$
综合材料常数 B_{2equ}^*	$B_{2equ}^* = 2\left[\dfrac{\sigma_f'\sigma_s'(\sigma_f'/\sigma_s'+1)}{E}(\sqrt{\pi D_{1fc}})^3 \right]^{-\frac{m'\lambda'}{m'+\lambda'}} v_{pv}$	
	几何含义	物理含义
B_{2equ}^* 的含义	相当于最大的微梯形面积	材料失效前一个循环中释放的最大能量
含缺陷材料损伤计算	全过程连接计算	
加载方式	低周疲劳加载下	
曲线方向	正向	反向
曲线名和标志	棕色22′——$C'C_1C_2$	棕色 2′2——C_2C_1C'
主要方程	$\dfrac{\mathrm{d}D_1}{\mathrm{d}N_1} \leqslant \dfrac{\mathrm{d}D_{tr}}{\mathrm{d}N_{tr}} \leqslant \dfrac{\mathrm{d}D_2}{\mathrm{d}N_2}$ $\left[\dfrac{\mathrm{d}D_1}{\mathrm{d}N_1} = B_{4equ}'(\Delta H_{1equ}'/\sqrt{3})^{m_1}\right]_{D_{01\to tr}}$ $\leqslant \left(\dfrac{\mathrm{d}D_{tr}}{\mathrm{d}N_{tr}}\right)_{D_{tr\to long}}$ $\leqslant \left(\dfrac{\mathrm{d}D_2}{\mathrm{d}N_2}\right)_{D_{long\to any}} = F_{2equ}\Delta M_{equ}^{\frac{m'\lambda'}{m'+\lambda'}}$	$\sum N = N_1 + N_2 + N_3$ $N_1 = \displaystyle\int_{D_{01(或D_{th})}}^{D_{tr}} \dfrac{\mathrm{d}D_1}{B_{4equ}'\left(\frac{\Delta\sigma_{equ-1}}{2\sqrt{3}}\right)^{m'}D_1} + N_1$ $= \displaystyle\int_{D_{tr}}^{D_{1fc}} \dfrac{\mathrm{d}D_1}{B_{4equ}'\left(\frac{\Delta\sigma_{equ-1}}{2\sqrt{3}}\right)^{m'}D_{tr}}$ $N_2 = \displaystyle\int_{D_{tr}}^{D_{1fc}(或D_{2fc})} \dfrac{\mathrm{d}D_2}{F_{2equ}^*\Delta M_{equ}^{\frac{m'\lambda'}{m'+\lambda'}}}, (\mathrm{cycle})$
当量因子	$\Delta H_{1equ-I}' = \Delta\sigma_{equ-1}/2\sqrt{3}$ $\Delta M_{equ}' = 0.5(\Delta\sigma_{equ}'/2)\sigma_s'(\Delta\sigma_{equ}'/2\sigma_s'+1)(\sqrt{\pi D_2})^3/(\sqrt{3}E)$	

续表

项目名	内容
综合 材料常数	$B'_{4equ} = 2\left(2\dfrac{\sigma'_s}{\sqrt{3}}\alpha \times \sqrt[-m']{D_{1fc}}\right)^{-m'}$ $F^*_{2equ} = 2\left[\dfrac{\sigma'_f\sigma'_s(\sigma'_f/\sigma'_s+1)}{\sqrt{3}E}(\sqrt{\pi D_{1fc}})^3\right]^{\frac{m'\lambda'}{m'+\lambda'}} v_{pv}$

4. 多轴与高周或超高周疲劳下全过程损伤速率和寿命预测计算

多轴与高周或超高周疲劳下全过程损伤速率和寿命预测计算见表 3 - 18。

表 3 - 18　多轴与高周或超高周疲劳下全过程损伤速率和寿命预测计算

项目名	内容	
所属学科	损伤力学	
第一阶段加载方式	复杂应力和高周疲劳下	
计算方法	按第一损伤强度理论	
曲线方向	正向	反向
曲线名和标志	绿色 $A'AA_1B'(\sigma_m=0)$； 蓝色 $D'DD_1D_2(\sigma_m\neq0)$	绿色 $B'A_1AA'(\sigma_m=0)$； 蓝色 $D_1DD'(\sigma_m\neq0)$
主要方程	$dD_1/dN_1 = A_{1equ}(\Delta\sigma_{equ})^{m'}D_1$	$N = \displaystyle\int_{D_{01}}^{D_{tr}}\dfrac{dD}{A'_{1equ}\Delta\sigma_{4equ}{}^{m'}D}$
综合材料常数	$A'_{1equ} = 2[2\sigma'_f(1-R)\alpha_1\sqrt[-m']{D_{1fc}}]^{-m'}, \sigma_m=0$	
A'_{1equ}的含义	几何含义	物理含义
A'_{1equ}的含义	相当于最大的微梯形面积	材料失效前一个循环中释放的最大能量
第二阶段加载方式	复杂应力和高周疲劳下	
计算方法	按第一损伤强度理论	
曲线方向	正向	反向
曲线名和标志	图 3 - 1 中绿色 $AA_1A_2(\sigma_m=0)$； 蓝色 $DD_1D_2(\sigma_m\neq0)$	图 3 - 1 中绿色 $A_2A_1A(\sigma_m\neq0)$； 蓝色 $D_2D_1D(\sigma_m\neq0)$
主要方程	$dD_2/dN_2 = A'_{2equ-1}(\Delta K_{1equ-I})^{m'_2}$	$N_2 = \displaystyle\int_{D_{tr}}^{D_{1fc}}\dfrac{dD}{A'_{2equ-1}[y(a/b)\Delta\sigma_{4equ-I}\sqrt{\pi D}]^{m'_2}}$
综合材料常数	$A'_{2equ-1} = 2(2\sigma'_f\alpha_1\sqrt{\pi D_{1fc}})^{-m'}, \sigma_m=0$ $A'_{2equ-1} = 2[2\sigma'_f(1-R)\alpha_1\sqrt{\pi D_{1fc}}]^{-m'}, \sigma_m\neq0$	

项目名	内容	
A'_{2equ} 的含义	几何含义	物理含义
A'_{2equ} 的含义	相当于最大的微梯形面积	材料失效前一个循环中释放的最大能量
全过程计算方法	全过程连接计算	
加载方式	高周或超高周疲劳下	
曲线方向	正向	反向
曲线名和标志	图 3 – 1 中绿色 1,1′ – $A'AA_1B'A_2$ 或蓝色 3,3′ – $D'DD_1D'_1D_2$	图 3 – 1 中绿色 1,1′ – $A_2B'A_1AA'$ 或蓝色 3,3′ – $D_2D'_1D_1DD'$
主要方程	$\dfrac{dD_1}{dN_1} \leqslant \dfrac{dD_{tr}}{dN_{tr}} \leqslant \dfrac{dD_2}{dN_2}$ $\left[\dfrac{dD_1}{dN_1} = A'_{1equ} \Delta H_{equ}^{\ m'} \right]_{D_{01} \to tr}$ $\leqslant \left(\dfrac{dD_{tr}}{dN_{tr}} \right)_{D_{tr} \to long}$ $\leqslant \left[\dfrac{dD_2}{dN_2} = A_2 (\Delta \sigma \sqrt{\pi D_2})^{m'_2} \right]_{D_{nac} \to axy}$	$\sum N = N_1 + N_2 + N_3$ $\sum N = \displaystyle\int_{D_{01}}^{D_{th}} \dfrac{dD}{A_{1equ} \Delta \sigma_{equ}^{m'} D} +$ $\displaystyle\int_{D_{th}}^{D_{tr}} \dfrac{dD}{A_{1equ} (\Delta \sigma)_{equ}^{m'} D} +$ $\displaystyle\int_{D_{tr}}^{D_{eff}} \dfrac{dD}{A_{1equ} \Delta \sigma_{equ} \sqrt{\pi D}^{m'_2}}$

参考文献

［1］YU Y G（Yangui Yu）. Calculations on Damages of Metallic Materials and Structures［M］. Moscow：KNORUS,2019:395 – 423.

［2］YU Y G（Yangui Yu）. Calculations on Fracture Mechanics of Materials and Structures［M］. Moscow：KNORUS,2019:421 – 425.

［3］YU Y G（Yangui Yu）. Describing of mechanical behaviours in whole process on damage to elastic – plastic materials［C］. 13th international conference on the mechanical behaviours of materials（ICM13）,melbourne,Australia,2019:10 – 14.

［4］YU Y G（Yangui Yu）. Calculations on Damage ing Strength in Whole Process to Elastic – Plastic Materials—The Genetic Elements and Clone Technology in Mechanics and Engineering Fields［J］. American Journal of Science and Technology,2016,3(6):162 – 173.

［5］YU Y G（Yangui Yu）. Two Kinds of Calculation Methods in Whole Process and A Best New Comprehensive Figure of Metallic Material Behaviors［J］. Journal of Mechanics Engineering and Automation,2018(8):179 – 188.

［6］YU Y G（Yangui Yu）. The Calculations of Crack Propagation Life in Whole Process Realized

with Conventional Material Constants[J]. AASCIT Engineering and Technology,2015,2(3):
146 – 158.

[7] Yu Y G(Yangui Yu). The Life Predicting Calculations in Whole Process Realized with Two
kinks of Methods by means of Conventional Materials Constants under Low Cycle Fatigue Loading
[J]. Journal of Multidisciplinary Engineering Science and Technology(JMEST),2014,1(5):
210 – 224.

[8] YU Y G(Yangui Yu),LI Z H,BI B X,et al. To accomplish Integrity Calculations of Structures
and Materials with Calculation program in Whole Evolving Process on Fatigue – Damage – Frac-
ture[C]. Engineering Structural Integrity:Research,Development and Application,Proceedings
of the UK Forum for Engineering Structural Integrity's Ninth International Conference on Engi-
neering Structural Integrity Assessment,Beijing,2007:180 – 183.

[9] YU Y G(Yangui Yu). Studies and Applications of Three Kinds of Calculation Methods by De-
scribing Damage Evolving Behaviors for Elastic – Plastic Materials[J]. Chinese Journal of
Aeronautics,2006,19(1):52 – 58.

[10] YU Y G(Yangui Yu),Fatigue Damage Calculated by the Ratio – Method to Materials and Its
Machine Parts[J]. Chinese Journal of Aeronautics(English Edition),2013,16(3):157
– 161.

[11] YU Y G(Yangui Yu). Several kinds of Calculation Methods on the Damage growth Rates for
Elastic – Plastic Steels[C]. 13th International Conference on fracture(ICF13)June 16 – 21,
2013,Beijing,China,In CD,ID S17 – 045

[12] YU Y G(Yangui Yu). The Calculation in whole Process Rate Realized with Two of Type Vari-
able under symmetrical cycle for Elastic – Plastic Materials Behavior[C]. 19th European Con-
ference on Fracture Kazan,Russia,2012.

[13] YU Y G(Yangui Yu),XU FENG. Studies and applications of calculation methods on small
damage growth behaviors for elastic – plastic materials[J]. Chinese Journal of Mechanical En-
gineering,2007,43(12):240 – 245.

[14] YU Y G(Yangui Yu),LIU X,ZHANG C S,et al. Fatigue damage calculated by Ratio – Meth-
od Metallic Material with small damage under un – symmetric Cyclic Loading[J]. Chinese
Journal of Mechanical Engineering,2006,19(2):312 – 315.

[15] YU Y G(Yangui Yu). Fatigue Damage of Materials with Small Crack Calculated by the Ratio
Method under Cyclic,Macro – Meso – Micro – and Nano – Mechanics of Materials[J]. Trans
Tech Publications,2005:80 – 86.

[16] YU Y G(Yangui Yu),ZHAO E J. Calculations to Damage Evolving Life under Symmetric Cy-
clic Loading[C]. Proceedings of the Seventh International Fatigue Congress,Beijing.

[17] YU Y G(Yangui Yu). Correlations between the Damage Evolving Law and the Basquin's Law
under Low – Cycle Fatigue of Components[C]. Proceeding of the Asian – Pacific Conference

on Aerospace Technology and Science. International Academic Publishers. Sponsored and organized by Beijing University of Aeronautics and Astronautics. 1994,178 – 181.

[18] Yu Y G (Yangui Yu). Correlations between the Damage Evolving Law and the Manson – Coffin's Law under High – Cycle Fatigue of Components[C]. Proceeding of the Asian – Pacific Conference on Aerospace Technology and Science. International Academic Publishers,1994: 182 – 188.

[19] YU Y G (Yangui Yu), JIANG X L, CHEN J Y, et al. The fatigue damage Calculated with Method of the Multiplication $\Delta\varepsilon_e\Delta\varepsilon_p$ [C]. Proceedings of the Eighth International fatigue Congress,2002:2815 – 2822.

[20] YU Y G (Yangui Yu). The Calculations to its damage Process for a Component under Cyclic Load[C]. Proceeding of International Symposium on fracture and Strength of Solids. Published by Huazhong University of Science and Technology(HUST),Wuhan,China,1994:277 – 281.

术语符号

1. 材料连续行为中的术语符号

D——全过程损伤变量，damage – unit。

D_i——各损伤值，damage – unit。

D_{th}——损伤门槛值，damage – unit。

D_e——弹性应变损伤值，damage – unit。

D_p——塑性应变损伤值，damage – unit。

D_w——全过程损伤值，damage – unit。

D_{1c}——单调载荷下对应于屈服应力 σ_s 的损伤临界值 damage – unit。

D_{2c}——单调载荷下对应于断裂应力 σ_f 的损伤临界值 damage – unit。

D_{1fc}——疲劳载荷下对应于屈服应力 σ_f' 的损伤值 damage – unit，$D_{2fc} = D_{1fe}$。

σ_I——单调载荷下 σ 损伤应力强度因子，MPa。

σ_{Ic}——单调载荷下 σ 临界损伤应力强度因子，MPa。

σ_{If}'——疲劳载荷下 σ 损伤应力强度因子，MPa。

σ_{Ifc}'——疲劳载荷下 σ 临界损伤应力强度因子，MPa。

φ——无缺陷材料同损伤形状和尺寸有关的修正系数（无量纲）。

β——有效值修正系数。

E——弹性模量，MPa。

K——单调载荷下强度系数，MPa。

n——单调载荷下应变硬化指数，%。

K'——低周疲劳载荷下循环强度系数，MPa。

n'——低周疲劳载荷下应变硬化指数，%。

σ_f——单调载荷下强度系数（断裂应力），MPa。

b——单调载荷下材料强度指数，%。

$D_{th} = D_{th-1}$——单调载荷下损伤第一门槛值。

$D_{th}' = D_{th-1}'$——疲劳载荷下损伤第一门槛值。

$D_{tr} = D_{tr-2}$——单调载荷下损伤过渡值（第二门槛值）。

329

$D'_{tr} = D'_{tr-2}$——疲劳载荷下损伤过渡值(第二门槛值)。

σ'_f——低周疲劳载荷下强度系数(断裂应力),MPa。

b'——低周疲劳载荷下强度指数,%。

ε_f——单调载荷下延性系数,%。

ε'_f——低周疲劳载荷下延性系数,%。

c——单调载荷下延性指数,%。

c'——低周疲劳载荷下延性指数,%。

L',Q'——低周疲劳载荷下全过程损伤应力强度因子,MPa·$\sqrt[m']{1000\mathrm{damage-unit}}$ 或 MPa·$\sqrt[m']{\mathrm{damage-unit}}$。

K'_y——低周疲劳载荷下对应于屈服应力的损伤应力强度因子,MPa·$\sqrt[m']{\mathrm{damage-unit}}$。

λ'——低周疲劳载荷下全过程损伤扩展方程指数。

$\Delta L',\Delta Q'$——低周疲劳载荷下全过程损伤应力强度因子范围,MPa·$\sqrt[m']{\mathrm{damage-unit}}$ 或 MPa·$\sqrt[m']{1000\mathrm{damage-unit}}$。

A_w^*,B_w^*,B——低周疲劳下全过程损伤综合材料常数。

dD/dN——全过程损伤扩展速率 damage-unit/cycle。

N——全过程寿命,cycle。

H'_a,Q'_a——低周疲劳下全过程损伤应力强度因子,MPa·$\sqrt[m']{\mathrm{damage-unit}}$。

$\Delta H',\Delta Q'$——低周疲劳下全过程损伤应力强度因子范围,MPa·$\sqrt[m']{\mathrm{damage-unit}}$。

m'——高周(超高周)疲劳下全过程损伤扩展速率方程指数。

A'_w——高周(超高周)疲劳下全过程损伤扩展速率方程综合材料常数,MPa·$\sqrt[-m']{\mathrm{damage-unit}}$·damage-unit/cycle。

C'_w——高周疲劳下全过程损伤扩展速率方程综合材料常数,MPa·$\sqrt[-m']{\mathrm{damage-unit}}$·damage-unit/cycle。

C_{1w}^*——低周疲劳下弹性材料损伤扩展速率方程综合材料常数,MPa·$\sqrt[\lambda']{\mathrm{damage-unit}}$。

C_{2w}^*——低周疲劳下塑性材料损伤扩展速率方程综合材料常数,MPa·$\sqrt[\lambda']{\mathrm{damage-unit}}$。

C_w^*——低周疲劳下塑性展速率方程综合材料常数,MPa·$\sqrt[\lambda']{\mathrm{damage-unit}}$。

2. 材料不连续行为中的术语符号

D_0——无缺陷损伤值,用材料平均晶粒大小作为损伤初始值,例如

$0.02\mathrm{damage-unit},0.04\mathrm{damage-unit}$。

D_{01}——实际损伤微观或细观初始值,例如$(0.05\sim0.29\mathrm{damage-unit})$。

D_2——宏观损伤变量,大于$0.3\mathrm{damage-unit}$。

D_{2c}——第二阶段静载荷下宏观损伤临界值,$\mathrm{damage-unit}$。

D_{2fc}——第二阶段疲劳载荷下宏观损伤临界值,$\mathrm{damage-unit}$。

D_{oj}——第二阶段中间损伤值,$D_{02}<D_{oj}<D_{2fc}$,$\mathrm{damage-unit}$。

D——全过程损伤变量,$\mathrm{damage-unit}$。

D_1——微观和细观损伤变量,$\mathrm{damage-unit}$。

D_{th}——损伤门槛值,$\mathrm{damage-unit}$。

D_{tr}——微观或细观损伤与宏观损伤(宏观)之间的损伤过渡值,mm。

D_y——对应于屈服应力的损伤值(长度),$\mathrm{damage-unit}$。

D_{mac}——宏观损伤形成值,$D_{mac}\approx D_{tr}$,$\mathrm{damage-unit}$。

D_{1c}——单调载荷下对应于屈服应力的损伤临界值,$\mathrm{damage-unit}$。

D_{1fc}——疲劳调载荷下对应于屈服应力的损伤临界值,$\mathrm{damage-unit}$。

D_{oi}——第一阶段中间损伤值,$D_{01}<D_{oi}<D_{1fc}$,$\mathrm{damage-unit}$。

H_1'——第一阶段损伤应力强度因子,$\mathrm{MPa}\cdot\sqrt[m']{\mathrm{damage-unit}}$。

H_{1c}'——单调载荷下第一阶段损伤应力强度因子,$\mathrm{MPa}\sqrt[m']{\mathrm{damage-unit}}$。

H_{1fc}'——疲劳载荷下第一阶段损伤应力强度因子,$\mathrm{MPa}\sqrt[m']{\mathrm{damage-unit}}$。

$\mathrm{d}D_1/\mathrm{d}N_1$——第一阶段扩展速率,$\mathrm{damage-unit/cycle}$。

A_1'——第一阶段扩展速率方程综合材料常数(应力参数法),$\mathrm{MPa}\cdot\mathrm{mm}^{-1/m'}\cdot\mathrm{mm/cycle}$。

B_1'——第一阶段扩展速率方程综合材料常数(应变参数法),$\%^{m'}\cdot\mathrm{damage-unit/cycle}$。

N_1——第一阶段寿命,cycle。

N_{1fc}——第一阶段临界寿命,cycle。

$K_2'=K_1'$——第二阶段损伤应力强度因子,$\mathrm{MPa}\sqrt{\mathrm{damage-unit}}$。

$\Delta K_2'=$——第二阶段应力损伤强度因子范围 $\mathrm{MPa}\sqrt{\mathrm{damage-unit}}$。

$K_{2c}'=K_{1c}'$——静载荷下第二阶段损伤临界应力强度因子 $\mathrm{MPa}\sqrt{\mathrm{damage-unit}}$。

$[K_2']$——损伤许用应力强度因子,$\mathrm{MPa}\sqrt{\mathrm{damage-unit}}$。

n——安全系数。

K_{2fc}'——疲劳载荷下第二阶段损伤临界应力强度因子,$\mathrm{MPa}\sqrt{\mathrm{damage-unit}}$。

$\Delta K'_{th}$——损伤门槛应力强度因子范围,MPa $\sqrt{damage-unit}$。

$\delta'_{2t}=\delta'_t$——静载荷下损伤尖端张开位移,damage-unit。

δ'_{2fc}——疲劳载荷下损伤尖端张开位移,damage-unit。

J'——J损伤积分,N/damage-unit。

$J',\Delta J'$——第二阶损伤J积分和J积分幅值,N/damage-unit。

J'_{2fc}——疲劳载荷下损伤临界J积分值,N/damage-unit。

C'_2——疲劳载荷下J积分速率方程综合材料常数,(N/damage-unit)^{w_2}·damage-unit/cycle。

w_2——J'积分速率方程延性指数(无量纲)。

c'——低周疲劳下材料延性指数(无量纲)。

λ'——低周疲劳下材料延性指数(无量纲),$\lambda'=-1/c'$。

dD_2/dN_2——第二阶段宏观损伤扩展速率(damage-unit/cycle)。

A'_2——第二阶段速率方程综合材料常数,MPa·(damage-unit)$^{-1/2}$·damage-unit/cycle。

N_2——第二阶段寿命,cycle。

N_{02}——宏观损伤初始寿命,cycle。

N_{2fc}——第二阶段断裂寿命,cycle。

N_{oj}——第二阶段中间寿命($N_{02}<N_{oj}<N_{2fc}$),cycle。

$y_2(a/b)$——含缺陷材料与构件缺陷形状有关的修正系数(无量纲)。

ε'_f——疲劳延性系数(无量纲)。

σ'_f——疲劳强度系数,MPa。

I'_1——第一阶段损伤应变因子,%·(damage-unit)$^{-1/m'}$。

I'_{1c}——静载荷下第一阶段损伤临界应变因子,%·(damage-unit)$^{-1/m'}$。

I'_{1fc}——疲劳载荷下第一阶段损伤临界应变因子,%·(damage-unit)$^{-1/m'}$。

$\Delta I'_1$——第一阶段应变因子范围值%·(damage-unit)$^{-1/m'}$。

A'_1——第一阶段损伤扩展速率方程综合材料常数($\sigma<\sigma'_s$),MPa·(damage-unit)$^{-1/m'}$·damage-unit/cycle。

B'_1——第一阶段损伤扩展速率方程综合材料常数($\sigma>\sigma'_s$),(damage-unit)$^{-1/m'}$·damage-unit/cycle。

K'——循环强度系数,MPa。

dD_1/dN_1——第一阶段损伤扩展速率,damage-unit/cycle。

H'_{1equ-I}——第一阶段复杂应力状态下第一强度理论第一阶段当量应力强

度因子，MPa $\cdot \sqrt[-m']{\text{mm}}$。

$H'_{2\text{equ}-\text{I}}$——第一阶段复杂应力状态下第二强度理论当量应力强度因子，MPa $\sqrt[m']{\text{damage} - \text{unit}}$。

$H'_{3\text{equ}-\text{I}}$——第一阶段复杂应力状态下第三强度理论当量应力强度因子，MPa $\sqrt[m']{\text{damage} - \text{unit}}$。

$H'_{4\text{equ}-\text{I}}$——第一阶段复杂应力状态下第四强度理论当量应力强度因子，MPa $\sqrt[m']{\text{damage} - \text{unit}}$。

H'_{I}——第一阶段 I – 型损伤应力强度因子，MPa $\sqrt[m']{\text{damage} - \text{unit}}$。

H'_{II}——第一阶段 II – 型损伤应力强度因子，MPa $\sqrt[m']{\text{damage} - \text{unit}}$。

H'_{III}——第一阶段 III – 型损伤应力强度因子，MPa $\sqrt[m']{\text{damage} - \text{unit}}$。

$A'_{1\text{equ}-1}$——第一阶段与第一强度理论有关的损伤当量综合材料常数。

$A'_{1\text{equ}-2}$——第一阶段与第二强度理论有关的当量综合材料常数。

$A'_{1\text{equ}-3}$——第一阶段与第三强度理论有关的当量综合材料常数。

$A'_{1\text{equ}-4}$——第一阶段与第四强度理论有关的当量综合材料常数。

$A'_{1\tau}$——第一阶段 II – 型损伤第一阶段综合材料常数。

K'_{I}——第二阶段 I – 型损伤应力强度因子，MPa $\sqrt[m']{\text{damage} - \text{unit}}$。

K'_{II}——第二阶段 II – 型损伤应力强度因子，MPa $\sqrt[m']{\text{damage} - \text{unit}}$。

K'_{III}——第二阶段 III – 型损伤应力强度因子，MPa $\sqrt[m']{\text{damage} - \text{unit}}$。

$K'_{1\text{equ}-\text{I}}$——第二阶段第一强度理论宏观损伤当量应力强度因子，MPa $\sqrt[m']{\text{damage} - \text{unit}}$。

$K'_{2\text{equ}-\text{I}}$——第二阶段第二强度理论宏观损伤当量应力强度因子，MPa $\sqrt[m']{\text{damage} - \text{unit}}$。

$K'_{3\text{equ}-\text{I}}$——第二阶段第三强度理论宏观损伤当量应力强度因子，MPa $\sqrt[m']{\text{damage} - \text{unit}}$。

$K'_{4\text{equ}-\text{I}}$——第二阶段第四强度理论当量宏观损伤应力强度因子，MPa $\sqrt[m']{\text{damage} - \text{unit}}$。

$\tau'_{2\text{fc}}$——第二阶段临界剪应力，MPa。

$A'_{2\text{equ}-1}$——第二阶段第一强度理论当量宏观损伤扩展速率方程综合材料常数，MPa $\cdot$ (damage – unit)$^{-1/2}$ $\cdot$ damage – unit/cycle。

$A'_{2\text{equ}-2}$——第二阶段第二强度理论当量宏观损伤扩展速率方程综合材料常数，MPa $\cdot$ (damage – unit)$^{-1/2}$ $\cdot$ damage – unit/cycle。

$A'_{2\mathrm{equ}-3}$——第二阶段第三强度理论当量宏观损伤扩展速率方程综合材料常数，MPa · (damage – unit)$^{-1/2}$ · damage – unit/cycle。

$A'_{2\mathrm{equ}-4}$——第二阶段第四强度理论当量宏观损伤扩展速率方程综合材料常数，MPa · (damage – unit)$^{-1/2}$ · damage – unit/cycle。

$A_{2\tau}$——第二阶段 II – 型宏观损伤扩展速率方程综合材料常数。